高职高专教育"十二五"规划建设教材

数控铣削一体化教程

数控专业高技能型人才教学用书

金双河　郝　杰　王　军　主编

中国农业大学出版社
·北京·

内容简介

本教材是根据高职高专数控专业(机电专业)的教学大纲,参考了国家"数控铣工"与"加工中心操作工"职业技能鉴定标准,结合典型零件的数控加工,以"任务驱动"教学法为教学目标,完成知识学习、技能训练、成绩评定、思考练习,是数控铣削技术理论与实训模块式一体化教材。

本教材以 FANUC 数控系统为例,主要内容由 10 个模块、33 个任务组成,前 5 个模块为中级数控铣工应具备的基本知识和技能,再通过模块 6 到模块 9 的提升和训练达到掌握高级工应具备的知识与技能。在模块 10 提供了相应的职业技能鉴定参考试卷的部分应知和应会内容,以便学生考级及正确认识自己掌握程度。

本书主要用于高职高专、成人教育院校、技工类院校、技师学院及应用型本科院校数控专业、模具设计与制造专业、机电一体化专业等机电类专业教材,也作为数控铣床加工中心考证与技能竞赛的培训教材,还可作为机电类专业课教师及从事数控铣技术的广大工程技术人员的参考用书。

图书在版编目(CIP)数据

数控铣削一体化教程/金双河,郝杰,王军主编.—北京:中国农业大学出版社,2014.8
ISBN 978-7-5655-0368-9

Ⅰ.①数… Ⅱ.①金…②郝…③王… Ⅲ.①数控机床-铣削-高等职业教育-教材
Ⅳ.①TG547

中国版本图书馆 CIP 数据核字(2011)第 154899 号

书　名　数控铣削一体化教程
作　者　金双河　郝　杰　王　军　主编

策划编辑　陈　阳　伍　斌　　**责任编辑**　洪重光
封面设计　郑　川　　**责任校对**　王晓凤　陈　莹
出版发行　中国农业大学出版社
社　址　北京市海淀区圆明园西路 2 号　　**邮政编码**　100193
电　话　发行部 010-62818525,8625　　读者服务部 010-62732336
编辑部 010-62732617,2618　　出　版　部 010-62733440
网　址　http://www.cau.edu.cn/caup　　**e-mail** cbsszs @ cau.edu.cn
经　销　新华书店
印　刷　涿州市星河印刷有限公司
版　次　2014 年 8 月第 1 版　2014 年 8 月第 1 次印刷
规　格　787×1 092　16 开本　20.75 印张　512 千字
定　价　43.00 元

主　编　金双河　郝　杰　王　军
副主编　仲健维　姜　阳　张英超　张　瑜　施雪燕
参　编　车　冰　胡春玲　陆静静

前　言

随着我国产业结构的调整、生产技术进步和社会经济的快速发展，为职业教育事业提供了巨大的推动力量和发展空间，同时也对职业教育教学改革提出了新的要求和挑战。

“数控加工技术”专业集多学科高新制造技术于一体，因此，本课程的理论知识与实践能力相互渗透、互为作用。根据现代职业教育特点及近几年的教学实践，在教学设计的指导思想上，我们本着“实用、够用”，贯彻“理论为实践服务”、“满足职业岗位的需求、贴近生产实践”的无缝对接原则，注重应用能力的培养，结合国家职业技能鉴定中、高级工标准，编写了这本《数控铣削一体化教程》。与以往的教材相比，本教材具有如下特点：

1. 在教学结构上，打破传统的理论与实践教学的分工界限，将实训教学内容明确纳入本教材；以企业典型产品作为案例，由简单到复杂，将课程的相关理论知识和技能分成若干个任务，每个任务都围绕等级工的具体工艺理论和技能要求进行，理论、实践一体化教学围绕同一任务展开，驱动整个教学过程。

2. 在内容上，本书共分 10 个模块、33 个任务，以目前国内使用广泛的日本 FANUC 0i-MB 系统数控铣床为例，为再学习华中或广数等其他的数控系统打下良好的基础。

3. 在形式上，本书采用“任务驱动教学法”，通过知识点、技能点、任务引入、相关知识、任务实施、技能训练、成绩评分标准、注意事项、思考与练习等环节引导学生，在学中做、做中学，避免理论教学与实际教学相脱节。

本教材由佳木斯职业学院金双河、王军和保定市职业技术教育中心郝杰主编，佳木斯职业学院仲健维、张英超、张瑜、施雪燕和沈阳航空航天大学姜阳副主编，其中模块 1、模块 2、模块 3 由郝杰编写，模块 4、模块 5 由仲健维编写，模块 6、模块 7 由姜阳、张英超编写，模块 8、模块 9 由金双河、张瑜编写，模块 10 及附录 1、附录 2、附录 3 由胡春玲、陆静静、车冰、施雪燕编写，全书由郝杰、车冰统稿，仲健维、姜阳、王军制图，金双河、钟健维、郝杰、张英超主审。在编写过程中借鉴了同行的许多资料和文献，在此表示衷心的感谢。

由于我们的水平有限，书中难免有欠妥之处，恳请读者指正并提出宝贵的意见。

编　者

2014 年 6 月

目　录

数控铣床基本操作

模块 1

任务 1　数控铣床基本知识

任务 2　数控铣床操作面板

任务 3　数控铣床手动操作与试切削

任务 4　数控铣床程序的输入与编辑

任务 5　数控铣床 MDI (MDA)操作及对刀

任务1 数控铣床基本知识

知识点

➢了解数控铣床种类
➢了解数控铣床的组成
➢了解数控铣床的特点
➢了解数控铣床的应用场合

【任务引入】

数控铣床与普通铣床在结构上具有明显差异，由于数控铣床种类很多，因此不同种类的数控铣床具有明显的特征和适应范围。

了解数控铣床的种类、组成及特点等基础知识是学习本课程的必要条件，我们将围绕这些问题进行介绍。

【相关知识】

一、数控铣床

数控铣床是用计算机数字化信号控制的铣床。它把加工过程中所需的各种操作（如主轴变速、进刀与退刀、开车与停车、选择刀具、供给切削液等）和步骤以及刀具与工件之间的相对位移量都用数字化的代码表示，通过控制介质或数控面板等将数字信息送入专用或通用的计算机，由计算机对输入的信息进行处理与运算，发出各种指令来控制机床的伺服系统或其他执行机构，使机床自动加工出所需要的工件。图 1-1-1 所示为立式数控铣床外形图。

加工中心是指带刀库和自动换刀装置的数控镗铣床，图 1-1-2 所示为立式加工中心。数控铣床（加工中心）上零件的加工过程如图 1-1-3 所示。

图 1-1-1 立式数控铣床外形

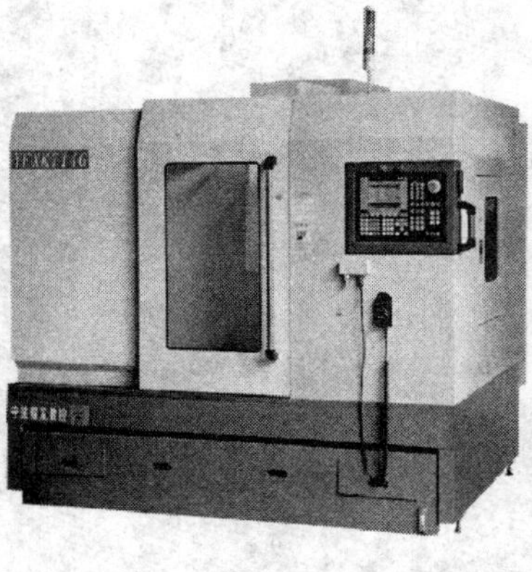

图 1-1-2 立式加工中心外形

二、数控铣床种类

1. 按机床形态分类

数控铣床有立式、卧式和龙门式三种。其中立式、卧式数控铣床应用较广。立式铣床主轴处于垂直位置，适宜加工高度方向尺寸相对较小的工件。卧式铣床主轴是水平设置的，结构比

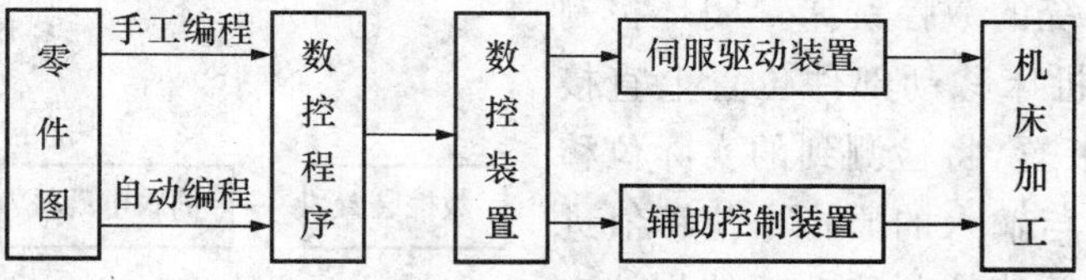

图 1-1-3　零件的加工过程

立式复杂，占地面积较大、价格较高，宜加工箱体类零件，如图 1-1-4 所示。龙门式铣床用于加工特大型零件。

图 1-1-4　卧式铣床

2. 按控制方式分类

按控制方式分，数控铣床可分为开环控制、半闭环控制和闭环控制三大类。

(1)开环控制系统的数控铣床　开环控制系统的数控铣床是指不带反馈装置的数控铣床。进给伺服系统采用步进电动机，数控系统每发出一个指令脉冲，经驱动电路功率放大后，驱动步进电动机旋转一个角度，然后经过减速齿轮和丝杠螺母机构，转换为工作台的直线移动。系统信息流是单向的，如图 1-1-5 所示为开环控制系统框图。

开环控制系统的数控铣床不具有反馈装置，对移动部件实际位移量的测量不能与原指令值进行比较，也不能进行误差校正，因此系统精度低。因其结构简单、成本低、技术容易掌握，故在中、小型控制系统的经济型数控铣床中得到应用，尤其适用于旧机床改造的简易数控铣床中。

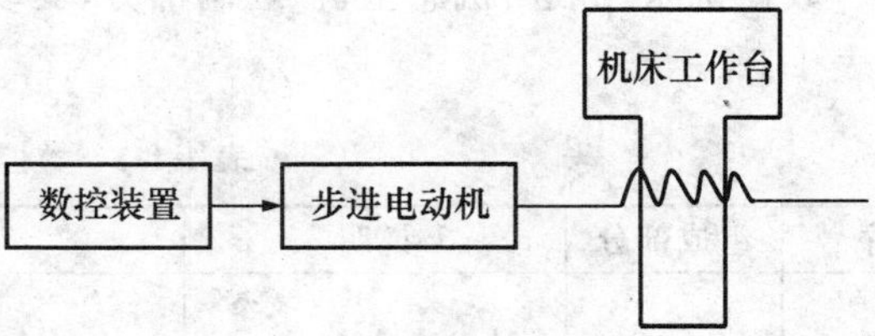

图 1-1-5　开环控制系统框图

(2)半闭环控制系统的数控铣床　半闭环控制系统的数控铣床在伺服机构中装有角位移检测装置，通过检测伺服机构的滚珠丝杠转角间接测量移动部件的位移，然后反馈到数控装置中，与输入原指令位移值进行比较，用比较后的差值进行控制，以弥补移动部件位移，直至误差消除为止。由于丝杠螺母机构不包括在闭环之内，所以丝杠螺母机构的误差仍然会影响移动部件的位移精度，如图 1-1-6 所示为半闭环控制系统框图。

半闭环控制系统的数控铣床(加工中心)采用伺服电动机，结构简单、工作稳定、使用维修方便，目前应用比较广泛。

(3)闭环控制系统的数控铣床　闭环控制系统的数控铣床在机床移动部件位置上直接装有直线位置检测装置，将检测到的实际位移反馈到数控装置中，与输入的原指令位移值进行比较，用比较后的差值控制移动部件作补充位移，直到差值消除时才停止，达到精度要求。图 1-1-7 所示为闭环控制系统框图。闭环控制系统数控铣床的优点是定位精度高(一般可达 0.01 mm，最高可达 0.001 mm)，但结构复杂、维修困难、成本高，一般用于加工精度要求很高的场合。

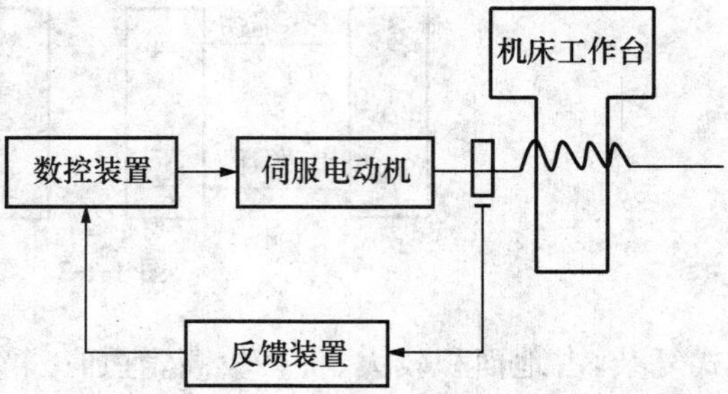

图 1-1-6　半闭环控制系统框图

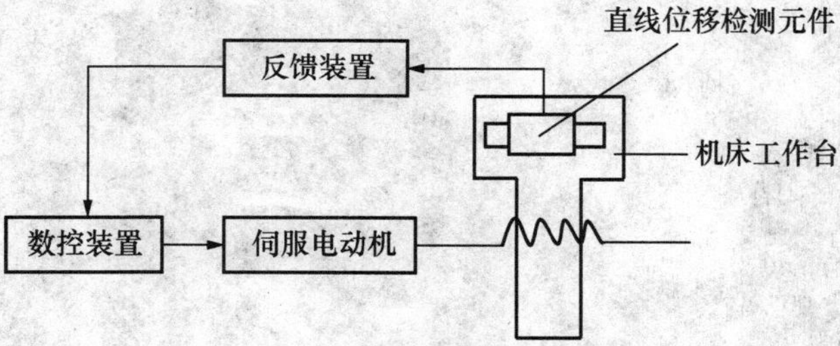

图 1-1-7　闭环控制系统框图

3. 按数控系统分类

目前工厂常用的数控系统有 FANUC(法那克)数控系统、SIEMENS(西门子)数控系统、华中数控系统、广州数控系统、三菱数控系统等。每一种数控系统又有多种型号，如 FANUC(法那克)系统从 0i 到 23i；SIEMENS(西门子)系统从 SINUMERIK 802S、802C 到 802D、810D、840D 等。各种数控系统指令各不相同，同一系统不同型号，其数控指令也略有差别，使用时应以数控系统说明书指令为准。本书以 FANUC(法那克)0i-MB 系统为例。

三、数控铣床组成

数控铣床一般由机床主机、控制部分、驱动部分、刀库及自动换刀装置、辅助部分等组成，见表 1-1-1。

表 1-1-1　数控铣床的组成部分

序号	组成部分	说明	图示
1	机床主机	它是数控铣床机械本体，包括床身、床鞍、工作台、立柱、主轴箱、进给机构等	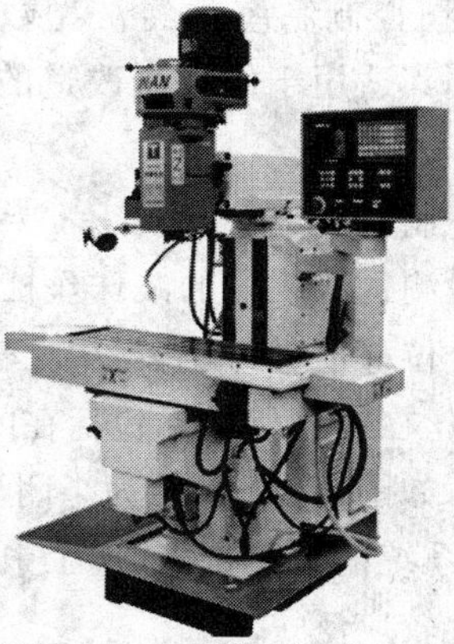

续表1-1-1

序号	组成部分	说明	图示
2	控制部分	它是数控铣床的控制核心，由各种数控系统完成对数控铣床的控制	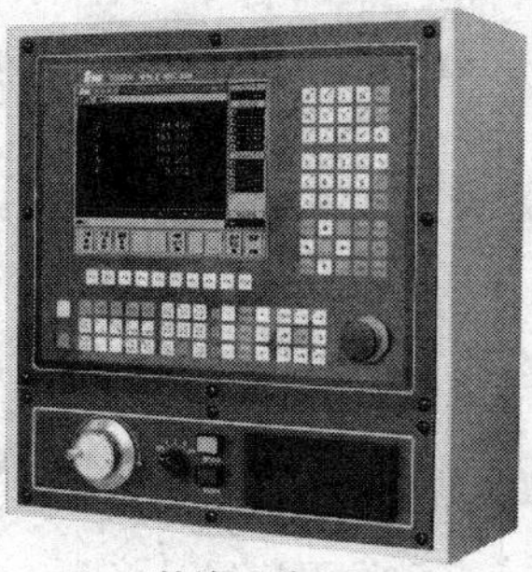 数控系统
3	驱动部分	驱动部分是数控铣床执行机构的驱动部件，包括主轴电动机和进给伺服电动机	 主轴变频电动机  伺服电动机
4	刀库	刀库及自动换刀装置是加工中心特有的部件。刀库是用来存储刀具和其他辅助工具的地方	 圆盘式刀库 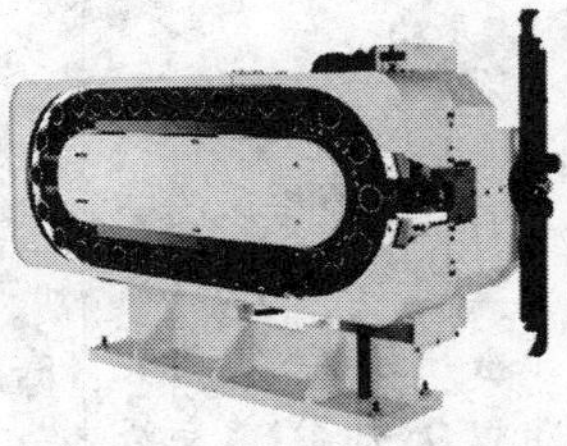 卧式刀库 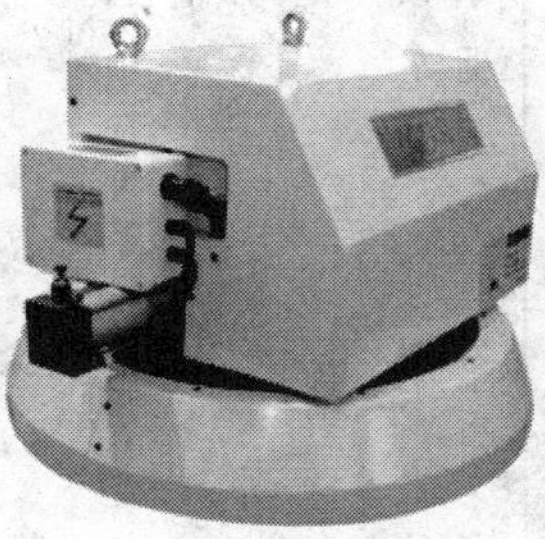 斗笠卧式刀库

续表1-1-1

序号	组成部分	说明	图示
5	自动换刀装置	自动换刀装置是将加工中心主轴上的刀具与刀库中的刀具交换的机构，根据换刀指令完成加工中心的换刀	 无机械手自动换刀装置  机械手换刀装置
6	辅助部分	它是数控铣床的一些配套部件，包括液压装置、气动装置、冷却系统、润滑系统、自动清屑器等	 冷却系统  润滑系统

四、数控铣床特点

数控铣床特点见表1-1-2。

表1-1-2　数控铣床特点

序号	特点	说明
1	能加工形状复杂零件	数控铣床(加工中心)因能实现多坐标联动,所以容易实现许多普通机床难以完成或无法加工的空间曲线、曲面,如形状复杂的模具加工
2	具有高柔性	柔性即“灵活”、“可变”,是相对“刚性”而言。使用数控铣床,当加工的零件改变时,只需要重新编写(或修改)数控加工程序即可实现对新的零件的加工,不需要重新设定模具、夹具等工艺装备,对多品种、小批量零件的生产,适应性强,生产周期短
3	加工精度高、质量稳定	数控铣床按照预定的加工程序自动加工工件。加工过程中消除了操作者人为的操作误差,能保证零件加工质量的一致性,而且还可以利用反馈系统进行校正及补偿加工精度。因此,可以获得比机床本身精度还要高的加工精度及重复精度
4	自动化程度高、工人劳动强度低	在数控铣床上加工零件时,操作者除了输入程序/装卸工件/对刀/关键工序的中间检测及观察机床运行之外,不需要进行其他复杂手工操作,劳动强度和紧张程度均大为减轻;此外,机床上一般都具有较好的安全防护、自动排屑、自动冷却等装置,操作者的劳动条件大为改善
5	生产效率高	数控铣床结构刚性好,主轴转速高,可以进行大切削用量的强力切削。此外,机床移动部件的空行程运动速度快,加工时所需的切削时间和辅助时间均比普通机床少,生产率比普通机床一般高2～3倍;加工形状复杂的零件,生产效率可高达十几倍到几十倍
6	经济效益高	使用数控机床加工零件时,分摊在每个零件上的设备费用是较昂贵的,但在单件、小批生产情况下,可以节省许多其他方面的费用,如减少画线、调整、检验时间而直接减少生产费用;节省工艺装备,减少装备费用等而获得良好的经济效益;此外,加工精度稳定,减少了废品率;数控机床还可实现一机多用,节省厂房、节省建厂投资等
7	有利于生产管理的现代化	用数控铣床加工零件,能准确地计算零件的加工工时,并有效地简化了检验和工夹具、半成品的管理工作。其加工及操作均使用数字信息与标准代码输入,最适于与计算机联系,目前已成为计算机辅助设计、制造及管理一体化的基础

五、数控铣床的应用场合

数控铣床比一般机床具备许多优点,但是这些优点都是以一定条件为前提的。数控机床的应用范围在不断扩大,但它并不能完全代替其他类型的机床,也还不能以最经济的方式解决机械加工中的所有问题。它适应于以下几种情况:

(1)多品种、小批量生产的零件。图1-1-8所示为三类机床的零件加工批量数与综合费用的关系。零件加工批量大时选用数控铣床是不利的,而选择专用机床效率高、费用低。通常,采用数控机床加工的合理生产批量为10～100件。

(2)结构较复杂的零件。图1-1-9所示为三类机床的被加工零件复杂程度与零件批量大小的关系。通常数控机床适宜加工结构比较复杂，在非数控机床上加工时需要有昂贵的工艺装备（工具、夹具和模具）或无法加工的零件。

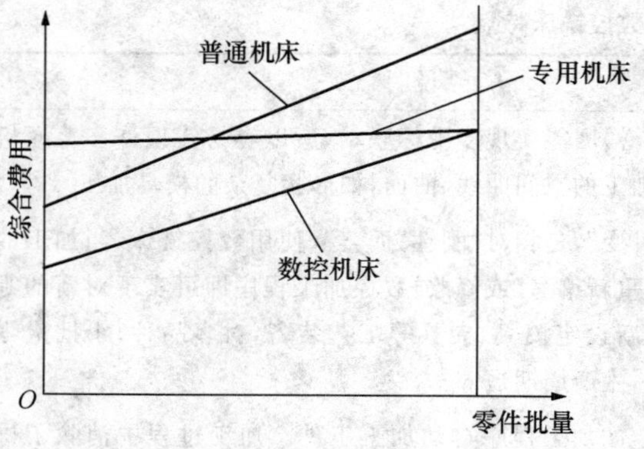

图 1-1-8 加工批量数与综合费用的关系

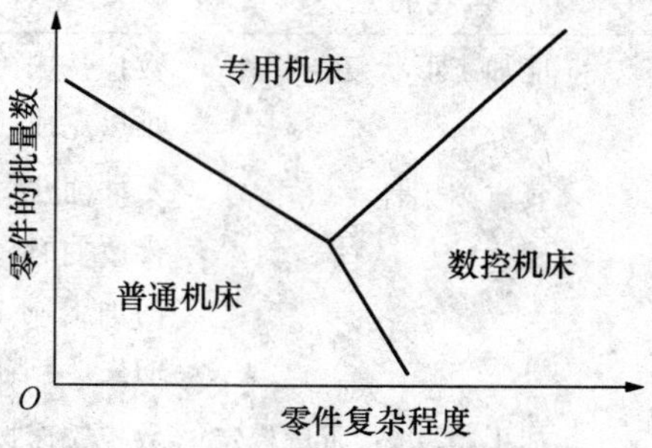

图 1-1-9 零件复杂程度与批量数的关系

（3）需要频繁改形的零件。当生产的产品不断更新，使用数控机床只需更改相应数控加工程序即可，从而节省大量的工艺装备，使综合费用降低。

（4）价值昂贵，不允许报废的关键零件。

（5）设计制造周期短的急需零件。

（6）批量较大、精度要求较高的零件。

【思考与练习】

1. 数控铣床由哪几个部分组成？

2. 目前工程中常用的数控系统有哪些？

3. 数控铣床加工特点有哪些？

4. 数控铣床适用于什么场合？

任务 2 数控铣床操作面板

知识点

- 掌握 FANUC（法那克）0i-MB 系统铣床操作面板的使用方法
- 掌握数控铣床安全操作规程
- 熟悉数控铣床的日常维护及保养

【任务引入】

掌握数控铣床面板功能和安全操作规程以及日常维护、保养的方法是为进一步正确、安全地操作机床打下良好的基础。

【相关知识】

一、FANUC（法那克）0i-MB 系统铣床操作面板

1. CRT/MDI 数控操作面板

图 1-2-1 所示为 FANUC（法那克）0i-MB 系统铣床操作面板。

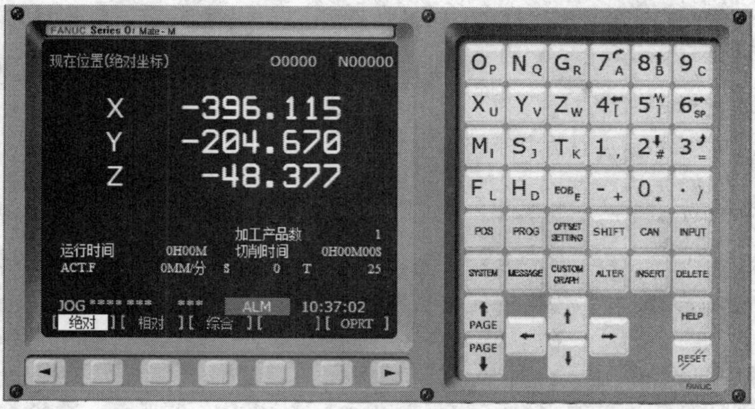

图 1-2-1　FANUC(法那克) 0i-MB 数控操作面板

各键的符号及用途如下：

(1)数字/字母键　数字/字母键用于输入数据到输入区域，系统自动判别取字母还是取数字。字母和数字键通过SHIFT(上档)键切换输入，例如 O-P，7-A(图 1-2-2)。

(2)编辑键

图 1-2-2　数字/字母键

ALTER替换键，用输入的数据替换光标所在的数据。

DELETE删除键，删除光标所在的数据，或者删除一个程序或者删除全部程序。

INSERT插入键，把输入区之中的数据插入到当前光标之后的位置。

CAN取消键，消除输入区内的数据。

EOB回车换行键，结束一行程序的输入并且换行。

SHIFT上档键。

(3)页面切换键

PROG程序显示与编辑页面。

POS位置显示页面。位置显示有三种方式，用 PAGE 按钮选择。

OFFSET SETTING参数输入页面。按第一次进入坐标系设置页面，按第二次进入刀具补偿参数页面，进入不同的页面后，用 PAGE 按钮切换。

SYSTEM系统参数页面。

MESSAGE信息页面，如“报警”信息。

CUSTOM GRAPH图形参数设置页面。

HELP系统帮助页面。

(4)翻页按钮(PAGE)

↑PAGE向上翻页。

PAGE↓向下翻页。

(5)光标移动键

向上移动光标。

向左移动光标。

向下移动光标。

向右移动光标。

(6)输入键

输入键,把输入区内的数据输入参数页面。

复位键。

2. 机床操作面板

以北京 FANUC 0i-M 标准操作面板为例,机床操作面板如图 1-2-3 所示,主要用于控制机床的运动和选择机床运行状态,由模式选择旋钮、数控程序运行控制开关等多个部分组成,每一部分的详细说明见表 1-2-1。

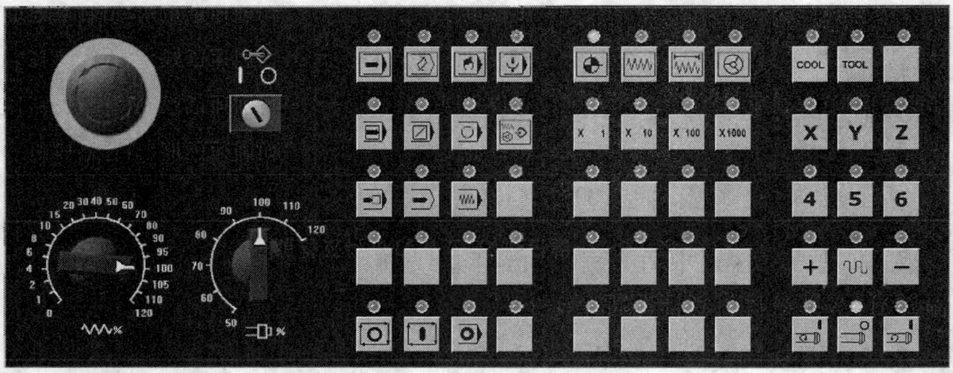

图 1-2-3 FANUC 0i-M 标准操作面板

表 1-2-1 FANUC 0i-M 机床操作面板按键功能

按键	功能
	AUTO(MEM 键)(自动模式键):进入自动加工模式
	EDIT 键(编辑键):用于直接通过操作面板输入数控程序和编辑程序
	MDI 键(手动数据输入键):用于直接通过操作面板输入数控程序和编辑程序
	文件传输键:通过 RS232 接口把数控系统与电脑相连并传输文件
	REF 键(回参考点键):通过手动回机床参考点
	JOG 键(手动模式键):通过手动连续移动各轴
	INC 键(增量进给键):手动脉冲方式进给

续表1-2-1

按键	功能
	HNDL键(手轮进给键):按此键切换成手摇轮移动各坐标轴
COOL	切削液开关键:按下此键,切削液开
TOOL	刀具选择键:按下此键在刀库中选刀
	SINGL键(单段执行键):自动加工模式和MDI模式中,单段运行
	程序段跳键:在自动模式下按此键,跳过程序开头带有"/"程序
	程序停键:自动模式下,遇有M00指令程序停止
	程序重启动键:由于刀具破损等原因自动停止后,程序可能从指定的程序段重新启动
	程序锁开关键:按下此键,机床各轴被锁住
	空运行键:按下此键,各轴以固定的速度运行
	机床主轴手动控制开关:手动模式下按此键,主轴正转
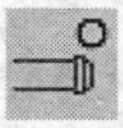	机床主轴手动控制开关:手动模式下按此键,主轴停
	机床主轴手动控制开关:手动模式下按此键,主轴反转
	循环停止键:数控程序运行中,按下此键停止程序运行
	循环(数控)启动键:模式选择旋钮在"AUTO"和"MDI"位置时按下此键自动加工程序,其余时间按下无效
X	X轴方向手动进给键
Y	Y轴方向手动进给键
Z	Z轴方向手动进给键
+	正方向进给键
	快速进给键,手动方式下,同时按住此键和一个坐标轴点动方向键,坐标轴以快速进给速度移动
−	负方向进给

续表1-2-1

按键	功能
X 1	选择手动移动时每一步的距离×1 为 0.001 mm
X 10	选择手动移动时每一步的距离×10 为 0.01 mm
X 100	选择手动移动时每一步的距离×100 为 0.1 mm
X1000	选择手动移动时每一步的距离×1 000 为 1 mm
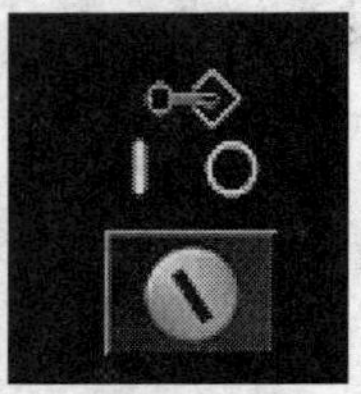	程序编辑开关：置于“ON”位置，可编辑程序
	进给速度(*F*)调节旋钮：调节进给速度，调节范围为 0～120％
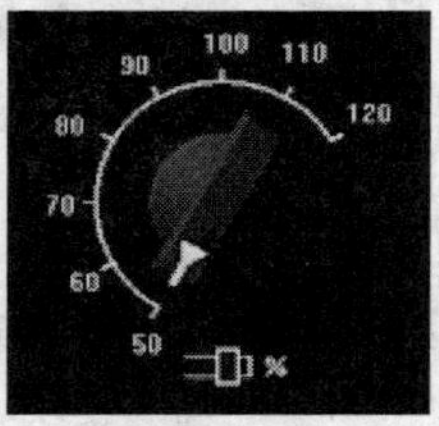	主轴速度调节旋钮：调节主轴速度，调节范围为 50％～120％
	紧急停止按钮：按下此旋钮，可使机床和数控系统紧急停止，旋转可释放

二、数控铣床安全操作规程

为了正确合理地使用数控铣床，保证机床正常运转，必须制定比较完善的数控铣床操作规程，通常包括以下内容。

(1)机床通电后，检查各开关、按钮、按键是否正常、灵活，机床有无异常现象。

(2)检查电压、气压、油压是否正常(有手动润滑的部位先要进行手动润滑)。

(3)检查各坐标轴是否回参考点，限位开关是否可靠；若某轴在回参考点前已在参考点位置，应先将该轴沿负方向移动一段距离后，再手动回参考点。

(4)机床开机后应空运转 5 min 以上，使机床达到热平衡状态。

(5)装夹工件时应定位可靠，夹紧牢固，所用螺钉、压板是否妨碍刀具运动，以及零件毛坯尺寸是否有误。

(6)数控刀具选择正确，夹紧牢固，刀具应根据程序要求，依次装入刀库。

(7)首件加工应采用单段程序切削，并随时注意调节进给倍率控制进给速度。

(8)试切削和加工过程中，刃磨刀具、更换刀具后，一定要重新对刀。

(9)加工结束后应清扫机床并加防锈油。

(10)停机时应将各坐标轴停在中间位置。

三、数控铣床日常维护及保养

1. 数控铣床日常维护及保养

(1)保持良好的润滑状态，定期检查、清洗自动润滑系统，增加或更换油脂、油液，使丝杠、导轨等各运动部位始终保持良好的润滑状态，以减小机械磨损。

(2)进行机械精度的检查调整，以减少各运动部件之间的装配精度。

(3)经常清扫。周围环境对数控机床影响较大，如粉尘会被电路板上静电吸引，而产生短路现象；油、气、水过滤器、过滤网太脏，会发生压力不够、流量不够、散热不好，造成机、电、液部分的故障等。

数控铣床日常维护内容见表 1-2-2。

表 1-2-2　数控铣床日常维护内容

序号	检查周期	检查部位	检查要求
1	每天	导轨润滑油箱	检查游标、油量，检查润滑泵能否定时启动供油及停止
2	每天	X、Y、Z 轴向导轨面	清除切屑及脏物，导轨面有无划伤
3	每天	压缩空气气源压力	检查气动控制系统压力
4	每天	主轴润滑恒温油箱	工作正常，油量充足并能调节温度范围
5	每天	机床液压系统	油箱、液压泵无异常噪声，压力指示正常，管路及接头无泄漏
6	每天	各种电气柜散热通风装置	各电器柜冷却风扇工作正常，风道过滤网无堵塞
7	每天	各种防护装置	导轨、机床防护罩等无松动、无漏水
8	每半年	滚珠丝杠	清洗丝杠上旧润滑脂，涂上新润滑脂
9	不定期	切削液箱	检查液面高度，经常清洗过滤器等
10	不定期	排屑器	经常清理切屑
11	不定期	清理废油池	及时取走滤油池中的废油，以免外溢
12	不定期	调整主轴驱动带松紧程度	按机床说明书调整
13	不定期	检查各轴导轨上镶条	按机床说明书调整

2. 数控系统日常维护及保养

数控系统使用一定时间以后，某些元器件或机械部件会老化、损坏。为延长元器件的寿命

和零部件的磨损周期应在以下几个方面注意维护:

(1)尽量少开数控柜和强电柜的门 车间空气中一般都含有油雾、潮气和灰尘。一旦它们落在数控装置内的电路板或电子元器件上,容易引起元器件间绝缘电阻下降,并导致元器件的损坏。

(2)定时清理数控装置的散热通风系统 散热通风口过滤网上灰尘积聚过多,会引起数控装置内温度过高(一般不允许超过55℃),致使数控系统工作不稳定,甚至发生过热报警。

(3)经常监视数控装置电网电压 数控装置允许电网电压在额定值的±10%范围内波动。如果超过此范围就会造成数控系统不能正常工作,甚至引起数控系统内某些元器件损坏。为此需要经常监视数控装置的电网电压。电网电压质量差时,应加装电源稳压器。

【资料链接】

数控机床长期不用时也应定期进行维护保养,至少每周通电空运行一次,每次不少于1h,特别是在环境温度较高的雨季更应如此,利用电子元器件本身的发热来驱散数控装置内的潮气,保证电子部件性能的稳定可靠。如果数控机床闲置半年以上不用,应将直流伺服电动机的电刷取出来,以免化学腐蚀作用使换向器表面腐蚀,换向性能变坏,甚至损坏整台电动机。机床长期不用还会出现后备电池失效,使机床初始参数丢失或部分参数改变,因此应注意及时更换后备电池。

【思考与练习】

1. 试述数控铣床的安全操作规程。
2. 数控铣床日常维护保养的内容有哪些?
3. 怎样做好数控系统的日常维护?
4. 试述数控机床各种加工模式及功能。

任务3 数控铣床手动操作与试切削

知识点

- ➢了解常用数控键槽铣刀(立铣刀)的种类和用途
- ➢了解数控刀柄、平口钳等工艺装备知识
- ➢掌握数控铣床机床坐标系知识

技能点

- ➢掌握回参考点操作
- ➢会装夹工件、装拆数控刀具
- ➢掌握数控铣床手动(JOG)操作方法
- ➢掌握数控铣床试切削加工方法

【任务引入】

该任务是数控机床操作的首要任务,为了完成该项任务,必须了解相应刀具的种类和用途,了解数控刀柄及平口钳等工艺装备知识,并充分理解机床坐标系和参考点的意义。

由于数控系统和数控机床生产厂家众多，即使是同一种数控系统的数控机床操作面板也不尽相同。所以，在本任务的学习过程中，尽可能组织学生进行现场参观，加强感性认识，做到举一反三、融会贯通。

【相关知识】

一、键槽铣刀、立铣刀种类、用途

键槽铣刀、立铣刀形状、用途见表 1-3-1。

表 1-3-1　键槽铣刀、立铣刀形状及用途

铣刀种类	用途	图示
二齿键槽铣刀	粗铣轮廓、凹槽等表面，可沿垂直铣刀轴线方向进给加工（垂直下刀）	
立铣刀（3～5 齿）	精铣轮廓、凹槽等表面，一般不能沿垂直铣刀轴线方向进给加工	

键槽铣刀、立铣刀材料及性能见表 1-3-2。

表 1-3-2　键槽铣刀、立铣刀材料及性能

铣刀材料	价格	性能
普通高速钢	价格低	切削速度低，刀具寿命短
特种性能高速钢（钴高速钢）	价格较高	切削速度高，刀具寿命较长
硬质合金铣刀	价格高	切削速度高，刀具寿命长
涂层铣刀	价格更高	切削速度更高，刀具寿命更长

键槽铣刀、立铣刀按结构不同有整体式和可转位式，如图 1-3-1 所示。

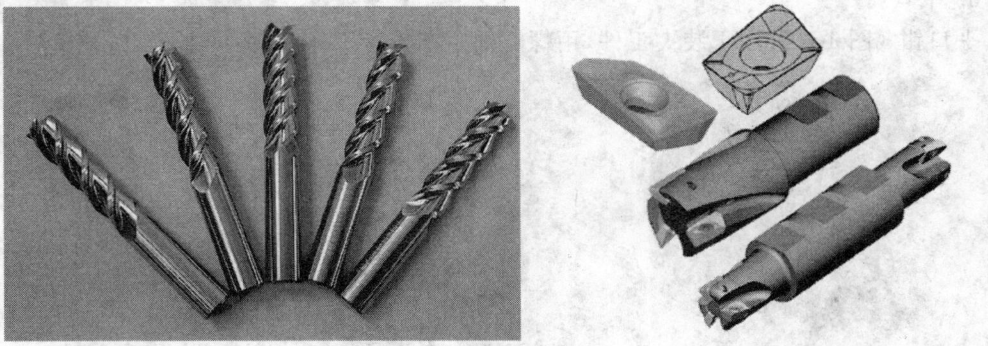

a　　　　b

图 1-3-1　铣刀

a. 整体式铣刀　b. 可转位式铣刀

二、数控铣刀刀柄、平口钳、卸刀座等装夹设备

1. 数控铣刀刀柄

数控铣床使用的刀具通过刀柄与主轴相连，刀柄通过拉钉紧固在主轴上，由刀柄夹持铣刀传递转速、转矩。刀柄与主轴的配合锥面一般采用 7∶24 的锥度。工厂中应用最广的是 BT40 和 BT50 系列刀柄和拉钉。以下是几种常用的刀柄。

(1)弹簧夹头刀柄、卡簧及拉钉如图 1-3-2 所示,用于装夹各种直柄立铣刀、键槽铣刀、直柄麻花钻等。卡簧装入数控刀柄前端夹持数控铣刀;拉钉拧紧在数控刀柄尾部的螺纹孔中,用于拉紧在主轴上。

(2)莫氏锥度刀柄如图 1-3-3 所示。莫氏锥度刀柄有莫氏锥度 2 号、3 号、4 号等,可装夹相应的莫氏钻夹头、立铣刀、攻螺纹夹头等。图 1-3-3a 所示为带扁尾莫氏圆锥孔刀柄,图 1-3-3b 所示为无扁尾莫氏锥孔刀柄。

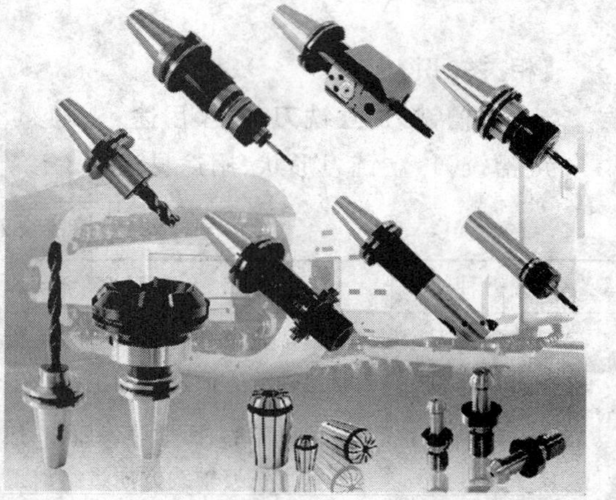

图 1-3-2 弹簧夹头刀柄、卡簧及拉钉

2. 卸刀座

卸刀座是用来将铣刀从铣刀柄上装卸的装置,如图 1-3-4 所示。

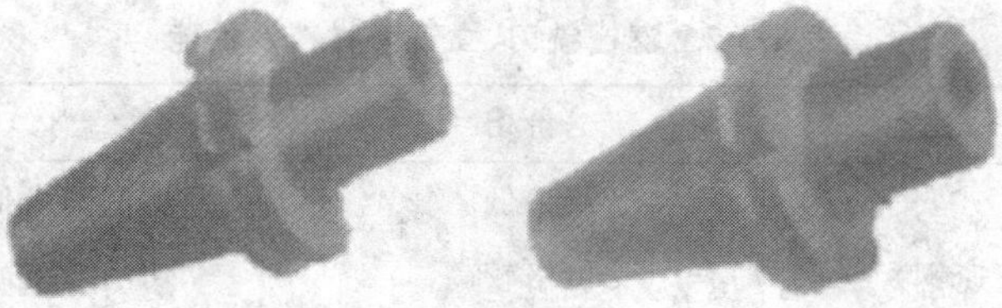

a b

图 1-3-3 莫氏锥度刀柄

a. 带扁尾莫氏圆锥孔刀柄 b. 无扁尾莫氏圆锥孔刀柄

3. 平口钳

平口钳(图 1-3-5)用于装夹工件,用螺钉固定在铣床工作台上。

图 1-3-4 卸刀座

图 1-3-5 平口钳

三、数控铣床机床坐标系

数控机床上,为确定机床运动的方向和距离,必须要有一个坐标系才能实现,我们把这种机床固有的坐标系称为机床坐标系;该坐标系的建立必须依据一定的原则。

1. 机床坐标系的确定原则

(1)假定刀具相对于静止的工件而运动的原则。这个原则规定,不论数控铣床是刀具运动还是工件运动，均以刀具的运动为准，工件看成静止不动，这样可按零件图轮廓直接确定数控铣床刀具的加工运动轨迹。

(2)采用右手笛卡儿直角坐标系原则。如图 1-3-6 所示，张开食指、中指与拇指且相互垂直，中指指向＋Z 轴，拇指指向＋X 轴，食指指向＋Y 轴(图 1-3-6a)。坐标轴的正方向规定为增大工件与刀具之间距离的方向。旋转坐标轴 A、B、C 的正方向根据右手螺旋法则确定(图 1-3-6b)。

(3)机床坐标轴的确定方法。Z 坐标轴的运动由传递切削动力的主轴所规定，对于铣床，Z 坐标轴是带动刀具旋转的主轴；X 坐标轴一般是水平方向，它垂直于 Z 轴且平行于工件的装夹平面；最后根据右手笛卡儿直角坐标系原则确定 Y 轴的方向(图 1-3-6c)。

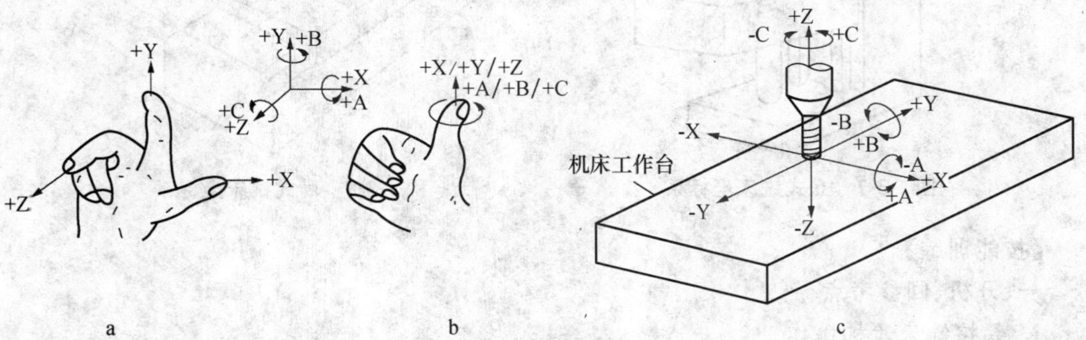

图 1-3-6　右手笛卡儿直角坐标系

2. 数控铣床机床坐标系

(1)立式铣床机床坐标系如图 1-3-7 所示，Z 坐标轴与立式铣床主轴同轴。向上远离工件为正方向。站在工作台前，面对主轴，主轴向右移动方向为 X 坐标轴的正方向，Y 坐标轴的正方向为主轴远离操作者方向。

(2)卧式铣床坐标系，如图 1-3-8 所示，Z 坐标轴与卧式铣床的水平主轴同轴，远离工件方向为正；站在工作台前，主轴向左(工作台向右)运动方向为 X 坐标轴的正方向，Y 坐标轴的正方向向上。

3. 机床原点、机床参考点

(1)机床原点。即数控机床坐标系的原点，又称机床零点，是数控机床上设置的一个固定点，它在机床装配、调试时就已设置好，一般情况下不允许用户进行更改。数控机床原点又是数控机床进行加工运动的基准参考点，一般设置在刀具远离工件的极限位置，即各坐标轴正方向的极限点处。

(2)机床参考点。该点在机床制造厂出厂时已调好，并将数据输入到数控系统中。对于大多数数控机床，开机时必须首先进行刀架返回机床参考点操作，以确认机床参考点。回参考点的目的就是为了建立数控机床坐标系，并确定机床坐标系的原点。只有机床回参考点以后，机床坐标系才建立起来，刀具移动才有了依据，否则不仅加工无基准，而且还会发生碰撞等事故。机床参考点位置在机床原点处，故回机床参考点操作可以称为回机床零点操作，简称“回零”。

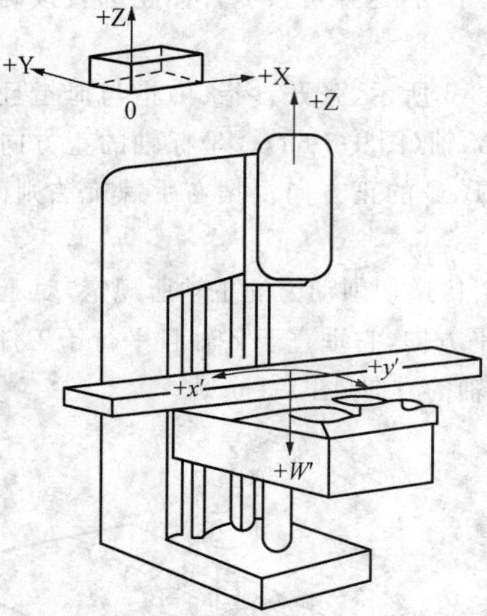

图 1-3-7 立式铣床坐标系

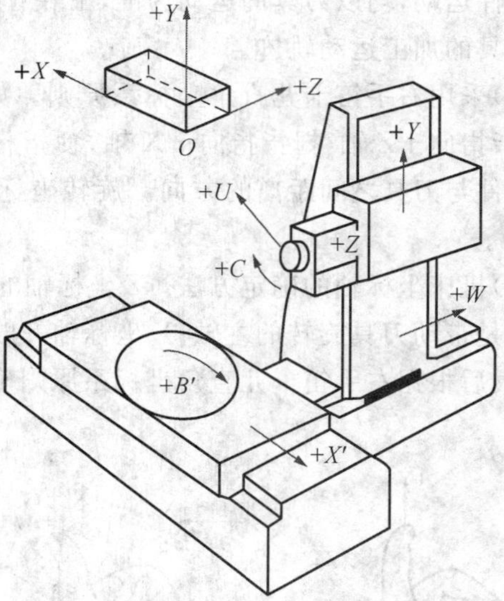

图 1-3-8 卧式铣床坐标系

【技能训练】

一、开机、回参考点

1. 数控铣床开机操作

操作步骤：

接通数控铣床电源→打开机床电源开关→启动数控系统电源按钮。

2. 回参考点操作

操作步骤：

(1)按回参考点 REF 键⊕，按住 X Y Z 方向键，即可回参考点。

(2)在“回参考点”窗口中可观察是否已回参考点，如图 1-3-9 所示。

机械坐标系坐标为 0 时，表明坐标轴已回到参考点，如 X、Y 轴。机械坐标系坐标不为 0 时，表明坐标轴尚未回到参考点，如 Z 轴。

⊕表示坐标轴已到达参考点，如 X、Y 轴。

○表示坐标轴未到达参考点，如 Z 轴。

3. 操作注意事项

(1)严格遵守数控铣床起动前操作要求。

(2)开机后应首先执行“回参考点”操作。

(3)“回参考点”只有在 REF 模式下进行。

(4)X、Y、Z 三坐标轴可同时回参考点(一般应先回 Z 轴参考点预防发生撞刀现象)，未到达参考点前不可松开坐标轴点动方向键。

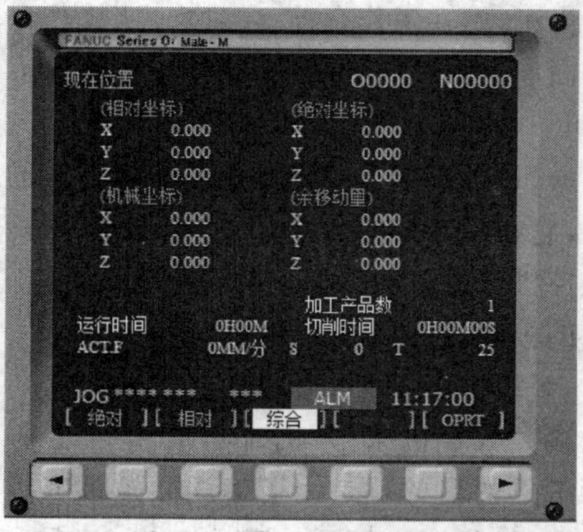

图 1-3-9 FANUC 系统回参考点屏幕显示

(5)坐标轴手动回参考点(回零)时，若某坐标轴在回参考点前已处于零位，则应将该轴沿负方向移动一段距离后，再行回参考点。

(6)回参考点后用 AUTO(MEM)自动、JOG(手动)或 MDA(MDI)手动输入等工作模式结束回参考点操作。

(7)当数控机床断电后(或按下紧急停止按钮),应重新回机床参考点。

二、手动(JOG)操作与试切削

1. 手动(JOG)操作

(1)坐标轴控制

①按下 JOG 键,选择手动工作模式,按住方向键 +X +Y +Z 或 -X -Y -Z(或先按坐标轴 X、Y、Z 键,再按＋、一方向键)可以移动单轴、两轴或三轴,移动速度由进给旋钮控制。

②如果同时按下快速移动键和相应的坐标轴键,则坐标轴以快进速度运行。

③按下 JOG 键,选择手动工作模式,再按下手轮模式键,可实现用手持操作器控制各坐标轴增量移动,增量值大小由手持操作器中步距按钮控制。

④坐标轴以步进增量方式运行,见表 1-3-3。

表 1-3-3　法那克系统步进增量运行操作步骤

系统	操作步骤
FANUC(法那克)系统	按下 (INC)键选增量模式,按动方向键 +X +Y +Z 或 -X -Y -Z 可使坐标轴以增量方式运行,增量值大小由键 X 1　X 100　X 10　X1000 确定。

(2)主轴控制　按下 JOG 键,选择手动工作模式,按 键,主轴正转;按 键,主轴停;按 键,主轴反转。

2. 工件装夹、刀具装夹训练

(1)工件装夹训练

①将 0～150 mm 平口钳放置在铣床(加工中心)工作台上,并用 T 形螺钉将其固定在工作台上,校正平口钳位置的操作步骤如下。松开平口钳旋转部位螺钉,将百分表座固定在机床主轴上,百分表测量头接触平口钳钳口,手动沿 X 方向往复移动工件台,观察百分表指针,校正钳口对 X 轴方向的平行度,百分表指针变化范围不超过 0.03 mm,拧紧旋转部位螺钉。

②将工件装夹在平口钳上,下用垫铁支承,使工件高于钳口 10 mm 左右,工件放置平稳并夹紧。

(2)刀具装夹训练　选 ϕ10 mm 键槽铣刀(或立铣刀),8～10 mm 弹簧夹头,把刀柄放置在卸刀座上,通过弹簧夹头把键槽铣刀(或立铣刀)装夹到铣刀刀柄中并夹紧,再把刀柄装夹到机床主轴中。加工结束,把刀柄从铣床主轴上卸下,再放到卸刀座上,拆下铣刀及弹簧夹头。训练中所用工、量、刃具见表 1-3-4。

3. 试切削训练

(1)按 JOG 键,选择手动工作模式,按 键,使主轴正转。

(2)按下相应方向键,使铣刀接近工件上表面任意一角,距离 2～5 mm。

(3)调小进给速度,进给倍率一般选 2%～4%。按下 -Z 键,使刀具试切到工件上表面。

(4)移动 X 或 Y 坐标,使刀具离开工件。

(5)Z 坐标向下移动 1～2 mm。

表 1-3-4　工、量、刃具清单(确定位置)

工、量、刃具清单				精度/mm	单位	数量
种类	序号	名称	规格			
工具	1	平口钳	QH135		个	1
	2	扳手			把	1
	3	平行垫铁			副	1
	4	塑胶锤子			个	1
	5	磁性表座			副	1
量具	1	游标卡尺	0～150	0.02	把	1
	2	百分表	0～5 mm	0.01	只	1
刃具	1	键槽(立)铣刀	ϕ10 mm		个	1

(6)调节进给速度旋钮,选择 30～60 mm/min 的进给速度,依次按下 +X 、 +Y 方向按钮,移动 X、Y 坐标,完成工件上表面的试切削。

(7)切削结束,拆下工件和铣刀并清理机床。

【资料链接】

数控铣床(加工中心)回机床参考点动作一般由系统及生产厂家设置确定,常有以下三种情况:①在回机床参考点(REF )模式下一直按住 +X +Y +Z 键或 -Z -X -Y 键直至回到机床参考点为止。②在回机床参考点(REF )模式下,点动 +X +Y +Z 键或 -Z -X -Y 即可实现机床回参考点。③开机后,机床自动完成回参考点动作。本教材以第一种回参考点方式为准。

【操作注意事项】

(1)机床回参考点后切换成手动模式(JOG 模式)时不能再按 +X +Y +Z 键,否则机床会因超程而报警;沿－X、－Y、－Z 移动时也应注意不能超过机床移动行程。

(2)刚开始训练时应尽量不用  键(快速移动键),尤其是－Z 方向,以避免发生刀具撞到工件表面或机床工作台等。

(3)工件的装夹、铣刀的拆卸应严格遵守安全操作规程。

(4)试切削过程中,应随时注意调节进给速度旋钮,避免进给速度过快而损伤铣刀。

【思考与练习】

1. 常用键槽铣刀和立铣刀有何区别?各用于哪些场合?
2. 机床坐标系建立的原则有哪些?
3. 数控铣床在什么情况下需回参考点?
4. 数控铣床机床原点一般处于什么位置?

任务4　数控铣床程序的输入与编辑

知识点

- 掌握数控铣床程序结构与组成
- 掌握数控铣床程序命名规则
- 了解数控铣床程序段、程序字含义

技能点

- 掌握数控程序的输入方法
- 会对数控程序进行复制、删除等编辑操作
- 会进行程序内容的编辑处理

【任务引入】

数控系统是按照操作人员输入的程序进行加工的，数控程序的输入与校对是数控加工中必不可少的一个步骤。因此，掌握数控铣床程序结构、组成及命名原则等相关知识，熟记机床面板中与程序输入相关按钮，手动输入与编辑加工程序，是操作人员、编程人员必须熟练掌握的技能。

【相关知识】

数控机床程序都是由程序名、程序内容和程序结束三部分组成的。程序内容由若干程序段组成，程序段由若干程序字组成，每个程序字又是由字母（地址）和数字组成，即程序字组成程序段，程序段组成数控程序。

一、程序名

所有数控程序都要取一个程序名，用于存储、调用。不同的数控系统有不同的取名规则，FNAUC（法那克）系统命名规则见表1-4-1。

表1-4-1　法那克系统命名规则

系统	程序命名规则
法那克系统	以字母“O”开头，后跟四位数字从O0000～O9999，如O0030、O0230、O0456等等

注：数控程序有主程序与子程序之分，法那克系统主程序与子程序命名规则相同。

二、程序内容

程序内容由程序段组成，每一程序段完成数控机床某种执行动作，前一程序段动作结束后才开始执行下一程序段内容。程序段与程序段之间用EOB(end of block)(;)分隔。具体示例见表1-4-2。

三、程序结束

法那克系统用指令M02或M30结束程序。

M02程序结束，光标停在程序结束处；M30程序结束，光标自动返回程序开头处。

四、程序段组成

程序段是由程序字组成（一般有七大类功能字），程序字又是由字母（或地址）和数字组成（表1-4-2），如N20M3S1000T01。

表 1-4-2 法那克系统程序段示例

数控系统	程序示例
法那克系统	N10G54G40G90M3S1000T01 N20G0X0Y0Z100 N30G1X10Y10Z5… 每段程序输完后按 EOB 键再按 INSERT 键进行换行。

程序字是机床数字控制的专用术语。它的定义是：一套有规定次序的字符，可以作为一个信息单元存储、传递和操作，如 X50 就是一个程序字或称功能字（或字）。程序字按其功能的不同可分为 7 种类型，它们分别称为顺序号字、尺寸字、进给功能字、主轴转速功能字、刀具功能字、辅助功能字和准备功能字（具体见模块 2 任务 1 介绍）。

【技能训练】

一、数控程序的输入

新程序输入按以下步骤进行。

（1）按 EDIT 键，选择编辑工作模式。

（2）按 PROG（程序）键，显示程序画面或程序目录画面，如图 1-4-1 所示。

（3）输入新程序名如“O0003”。

（4）按 INSERT（输入）键，开始输入程序。

（5）按 EOB → INSERT 键，换行后继续输入程序，如图 1-4-1a 所示。

（6）按 CAN 可依次删除最后一个字符，按 DIR 软键可显示数控系统中已有程序目录，如图 1-4-1b 所示。

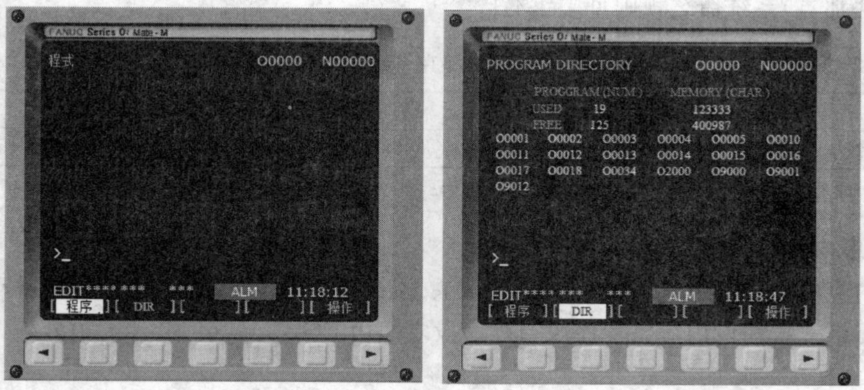

a　　　　b

图 1-4-1 法那克系统数控程序的输入

二、数控程序的编辑

1. 程序的查找与打开

方法一：

(1)按 EDIT 键或 MEM 键，使机床处于编辑或自动工作模式下。

(2)按 PROG(程序)键，显示程序画面。

(3)按 PROG[程序]软健，再按[操作]软键，出现 O 检索，如图 1-4-1 所示。

(4)按[O 检索]软键，便可依次打开存储器中的程序。

(5)输入程序名(如“O0003”)，再按[O 检索]软键便可打开该程序。

方法二：

(1)按 EDIT 键或 MEM 键，使机床处于编辑或自动工作模式下。

(2)按 PROG(程序)键，显示程序画面。

(3)输入要打开的程序名，如“O0003”。

(4)按 ↓ 光标向下移动键即可打开该程序。

2. 程序的复制

程序的复制步骤如下：

(1)按 EDIT 键，使机床处于编辑工作模式下。

(2)按 PROG(程序)键，显示程序画面。

(3)按下[操作]软键。

(4)按扩展键。

(5)按下软键[EX—EDT]。

(6)检查复制的程序是否已经选择，并按下软键[COPY]。

(7)按下软键[ALL]。

(8)输入新建的程序号(只输入数字，不输地址“O”)并按下 INPUT 键。

(9)按下软键[EXEC]即可。

3. 程序的删除

程序的删除步骤如下：

(1)按 EDIT 键，使机床处于编辑工作模式下。

(2)按 PROG(程序)键，显示程序画面。

(3)输入要删除的程序名。

(4)按 DELETE(删除)键，即可把该程序删除掉。

(5)如输入“O9999”，再按 DELETE(删除)键，可删除所有程序。

4. 字的查找

打开某一程序，并处于 EDIT(编辑)工作模式下。

方法一：

(1)按光标键 →，光标向后一个字一个字地移动，光标显示在所选的字上。

(2)按光标键 ←，光标往回一个字一个字地移动，光标显示在所选的字上。

(3)按光标键 ↑，光标检索上一程序段的第一个字。

(4)按光标键 ↓，光标检索下一程序段的第一个字。

(5)按翻页键 PAGE↓,显示下一页,并检索该页中第一个字。

(6)按翻页键 ↑PAGE,显示前一页,并检索该页中第一个字。

方法二:

(1)输入要找查的字,如“T03”。

(2)按下软键[检索 ↑]向上查找,光标停留在“T03”上。

(3)按下软键[检索 ↓]向下查找,光标停留在“T03”上。

(4)若按下软键方向相反时,会执行相反方向的检索操作。

5. 字的插入

字的插入步骤如下:

(1)查找字要插入的位置。

(2)输入要插入的字。

(3)按下 INSERT 键即可。

6. 字的替换

字的替换步骤如下:

(1)查找将要被替换的字。

(2)输入替换的字。

(3)按下 ALTER 键即可。

7. 字的删除

字的删除步骤如下:

(1)找到将要删除的字。

(2)按下 DELETE 键即可删除。

【资料链接】

构成程序字的最小单元是字符,如 26 个英文字母、数字和小数点、正负号等,而数控系统与通用计算机一样只能接受二进制数信息,故必须把字符转换成二进制数才能被数控系统所接受,即需把字符进行编码,把每一个字符用一个二进制八位数与之对应,早期的数控机床都是采用八单位穿孔纸带作为信息载体,穿孔纸带上的每一行有 8 个信息孔和一个同步孔,由每行 8 个信息孔位上有孔与无孔的排列,来表示一个二进制 8 位数,即代表一个字符,输入时用光电阅读机,把纸带上有孔、无孔的排列转变成二进制八单位电信号传入数控系统的编码系统。国际上普遍采用两种编码规则,一种是 ISO 代码(国际标准化代码);另一种是 EIA 代码(美国电子工业信息码)。如今数控系统与普通计算机日益接近,数控机床通信功能日益强大,已基本不用穿孔纸带作为信息载体,但编码规则没变,且在大多数数控机床上两种代码都可以使用。

【操作注意事项】

(1)程序命名时不能取相同的程序名。

(2)不可随意删除程序特别是机床内部固定程序。

(3)禁止修改机床参数值。

(4)不允许随意进入不熟悉的数控界面,进行乱操作。

【思考与练习】

1. 数控机床程序由哪些部分组成?

2. 程序字的功能如何?程序字又是由什么组成的?

任务5　数控铣床MDI(MDA)操作及对刀

知识点

➢掌握工件坐标系及建立方法

➢掌握可设定的零点偏置指令

➢掌握主轴正转、反转和主轴转速指令

技能点

➢掌握MDI(MDA)操作方法

➢掌握数控铣床对刀方法及验证方法

➢会处理数控铣床简单报警

【任务引入】

学习数控铣床对刀方法及验证方法,对刀练习毛坯图如图1-5-1所示,材料为硬铝。

【相关知识】

一、工件坐标系

1. 工件坐标系的概念

工件坐标系又称编程坐标系,是编程人员为方便编写数控程序而人为建立的坐标系,一般建立在工件上或零件图样上。

2. 工件坐标系的建立原则

为编程方便,工件坐标系建立应有一定的准则,否则无法编写数控加工程序或编写的数控程序无法加工,具体有以下几个方面。

(1)工件坐标系方向的选择　工件坐标系的方向必须与所采用的数控机床坐标系相一致,如在立式数控铣床上加工工件,工件坐标系Z轴正方向应垂直向上,X轴正方向水平向右,Y轴正方向向前,与立式铣床机床坐标系方向一致,如图1-5-2所示。

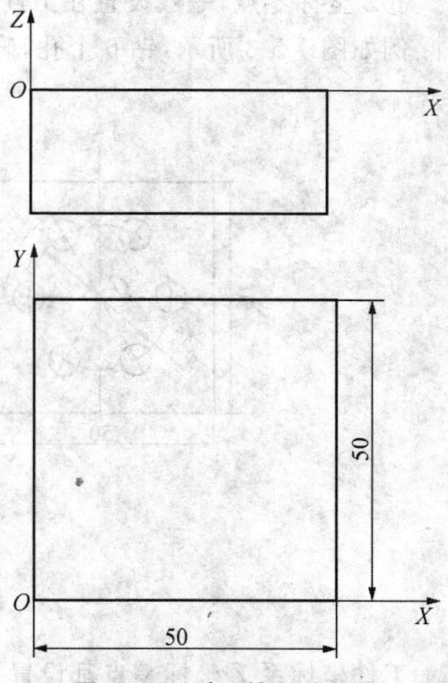

图1-5-1　对刀练习毛坯图

(2)工件坐标系原点位置的选择　工件坐标系的原点又称为工件零点或编程零点,理论上编程原点的位置可以任意设定,但为方便求解工件轮廓上基点坐标进行编程,一般按以下要求进行设置。

①工件零点应尽量选择在零件的设计基准或工艺基准上。

②工件零点尽量选择在精度较高的工件表面,以提高加工零件的加工精度。

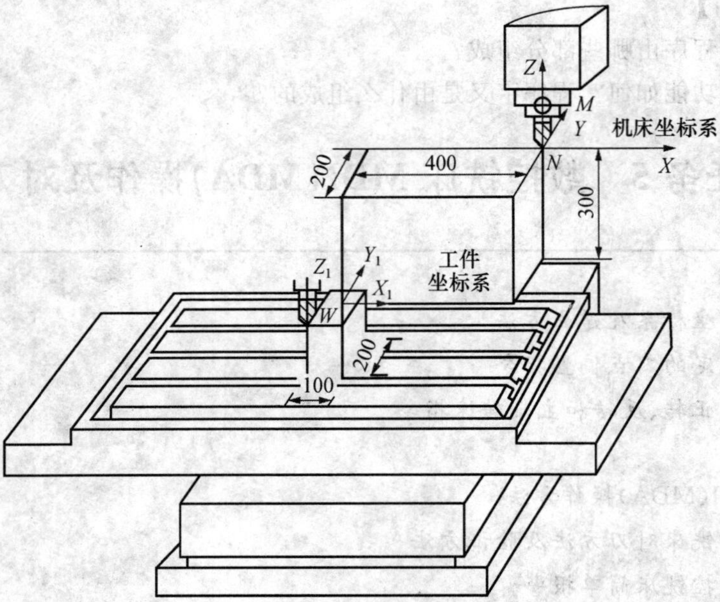

图 1-5-2 工件坐标系

③对于对称的零件，工件零点应选择在对称中心上。

④对于一般零件，工件零点可选择在工件外轮廓的某一角上。

⑤Z 坐标零点，一般设置在工件上表面。

例如图 1-5-3 所示，钻 6 个孔，确定图 1-5-3a、b 工件坐标系。

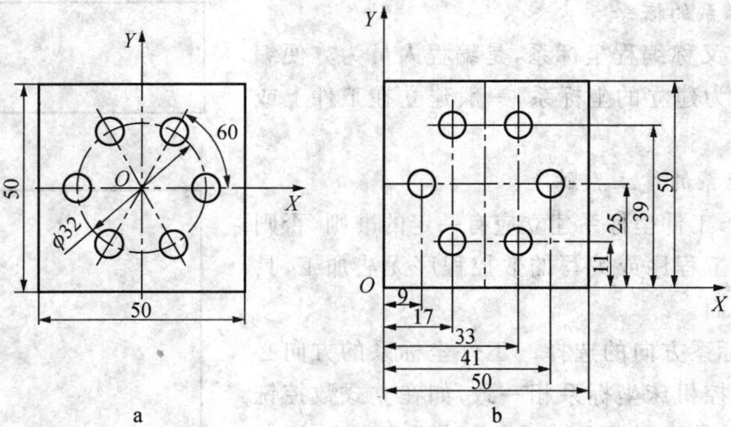

图 1-5-3 钻孔工件坐标系

工件坐标系 Z 坐标零点都设置在工件上表面。

X、Y 坐标零点因工件标注方式不同，设计基准不一样。图 1-5-3a 所示零件的设计基准为工件几何中心，故工件坐标系零点设置在工件几何中心上，各个孔的坐标很容易求解。

图 1-5-3b 所示零件的 6 个孔的设计基准为工件的左边和下边，故工件坐标系零点设置在工件左下角，6 个孔的坐标一目了然。

二、程序指令

1. 可设定的零点偏置指令

（1）指令代码　可设定的零点偏置指令有 G54、G55、G56、G57、G58、G59 等。

（2）指令功能　可设定的零点偏置指令是将机床坐标系原点偏置到工件坐标系原点上，使机床坐标系与工件坐标系重合。通过对刀操作将工件原点在机床坐标系中的位置（偏移量）输入到数控系统相应的存储器（G54、G55 等）中，以实现机床坐标系与工件坐标系的重合，如图 1-5-2 所示。

（3）指令应用　举例如下：

N10G0X0Y0Z-10；刀具运行到机床坐标系中坐标为（0，0，−10）位置。

N20G54；调用 G54 零点偏置指令。

N30G0X0Y0Z20；刀具运行到工件坐标系中（0，0，20）位置。

（4）指令使用说明

①6 个可设定的零点偏置指令均为模态有效指令，一旦使用，一直有效。

②6 个可设定的零点偏置功能一样，使用中可任意使用其中之一。

③执行零点偏移指令后，机床不作移动，只是在执行程序时把工件原点在机床坐标系中位置量代入数控系统内部计算。

④法那克系统说明书中一般又称 G54、G55、…、G59 为选择工件坐标系指令，其含义相同。

2. 主轴转速功能指令

地址：S。

功能：表示主轴的转速，单位为 r/min。例如，S1500 表示主轴转速为 1 500 r/min。

3. 主轴正、反转转动指令

功能：M03 表示主轴正转，M04 表示主轴反转。

M03、M04 指令一般与 S 指令结合在一起使用。例如，M03S1000；主轴正转，转速 1 000 r/min。

【技能训练】

一、MDI（MDA）手动输入操作

（1）法那克系统手动输入操作步骤见表 1-5-1。

表 1-5-1　法那克系统[MDI]手动输入操作步骤

数控系统	手动输入操作步骤
法那克系统	①按下键，使机床运行于 MDI（手动输入）工作模式
	②按下 PROG 程序键，屏幕显示如图 1-5-4 所示
	③按[MDI]软键，自动出现加工程序名“O0000”
	④输入测试程序，如“M03 S500”
	⑤按数控启动键，运行测试程序
	⑥如遇 M02 或 M30 指令停止运行或按 RESET 复位键结束运行

（2）MDI（MDA）手动输入操作说明如下。

①MDI（MDA）手动输入程序不能被存储。

②按动“数控启动”键后，运行中的程序段不能被编辑。

③执行完毕后，输入区的内容仍保留。当数控启动键再次被按下时，机床重新运行。

④最多可输入 10 个程序段。

二、“试切法”对刀及检验方法

1. 工件装夹

平口钳安装在铣床（加工中心）工作台上，用百分表校平（钳口与 X 轴方向平行）。将 50 mm×50 mm×20 mm 坯料装入平口钳中，下用垫铁，工件露出钳口 10 mm，放平且夹紧。

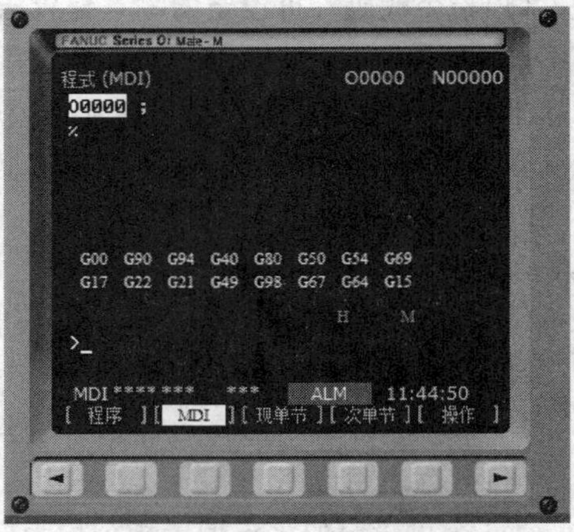

图 1-5-4 手动输入屏幕显示

2. 刀具装夹

把ϕ10 mm 键槽铣刀（立铣刀）、8～10 mm 卡簧，装入铣刀刀柄，再把铣刀刀柄连同铣刀装入铣床主轴。

3. 对刀操作

使用 G54、G55、…、G59 等零点偏置指令，将机床坐标系原点偏置到工件坐标系零点上。本次对刀，工件坐标系在工件左下角上表面处（图 1-5-1），通过对刀将偏置距离测出并输入存储到 G54 中，步骤如下：

(1)MDI（或 MDA）模式下输入 M3S500 指令，按循环启动键，使主轴转动，或手动方式按主轴正转按钮，使主轴转动。

(2)X 轴对刀。手动（JOG）模式下移动刀具让刀具刚好接触工件左侧面，Z 方向提起刀具，进行面板操作，操作步骤见表 1-5-2。

表 1-5-2 法那克系统 X 轴对刀面板操作步骤

数控系统	面板操作步骤
法那克系统	①按 OFFSET SETTING 参数键（OFFSET）出现如图 1-5-5 所示画面 ②按软键[坐标系]，出现画面如图 1-5-6 所示 ③光标移至 G54 的 X 轴数据 ④输入刀具在工件坐标系的 X 坐标值，此处为 X-5，按软键[操作]，再按软键[测量]，完成 X 轴对刀

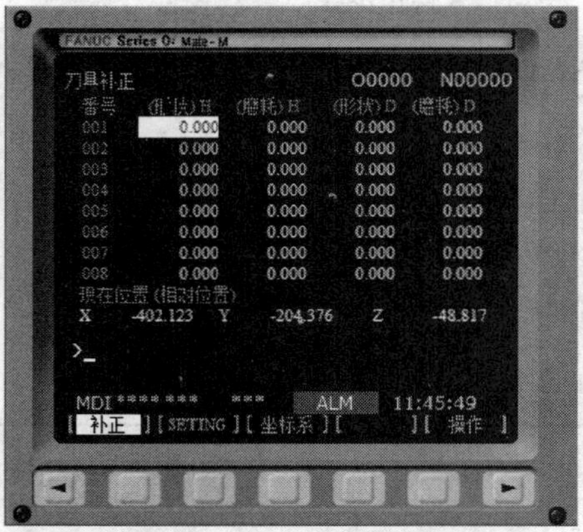

图 1-5-5 按参数键显示画面

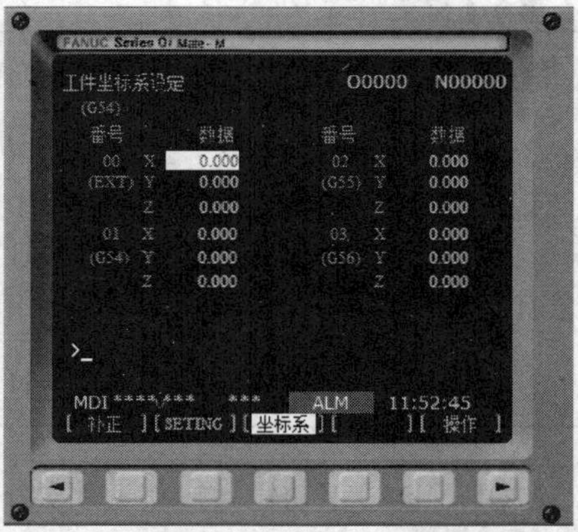

图 1-5-6 按坐标系键显示画面

(3)Y轴对刀。手动(JOG)模式下,移动刀具让刀具刚好接触工件前侧面,Z方向提起刀具,进行面板操作,操作步骤见表1-5-3。

表1-5-3　法那克系统Y轴对刀面板操作步骤

数控系统	面板操作步骤
法那克系统	①按OFFSET SETTING参数键(OFFSET)出现如图1-5-5所示画面 ②按软键[坐标系],出现画面如图1-5-6所示 ③光标移至G54的Y轴数据 ④输入刀具在工件坐标系中的Y坐标值,此处为Y－5,按软键[操作],再按软键[测量],完成Y轴对刀

(4)Z向对刀。手动(JOG)模式下移动刀具让刀具刚好接触工件上表面,进行面板操作。操作步骤见表1-5-4。

表1-5-4　法那克系统Z轴对刀面板操作步骤

数控系统	面板操作步骤
法那克系统	①按OFFSET SETTING参数键(OFFSET)出现如图1-5-5所示画面 ②按软键[坐标系],出现画面如图1-5-6所示 ③光标移至G54的Z轴数据 ④输入Z0,按软键[操作],再按软键[测量] ⑤Z方向提起刀具,完成对刀

4. 对刀检验

对刀检验步骤见表1-5-5。

表1-5-5　法那克系统对刀检验步骤

数控系统	面板操作步骤
法那克系统	①按下键,使机床运行于MDI(手动输入)工作模式。 ②按下PROG程序键。 ③按[MDI]软键,自动出现加工程序名“O0000”。 ④输入测试程序“G0G54X0Y0Z10”(或“G1G54X0Y0Z0F500”)。 ⑤按数控启动键,运行测试程序。 ⑥程序运行结束后,观察刀具是否处于工件左下角工件原点上方10 mm处,如“是”则对刀正确;如“不是”则对刀操作不正确,需查找原因,重新对刀。

三、数控铣床报警与诊断

当数控铣床出现故障或操作失误等,数控系统就会报警。通过查找报警信息可知报警原因并加以消除。

当法那克系统出现报警时,处理如下。

(1)按MESSAGE(信息)功能键。

(2)按[HISTRY]软键,显示报警信息如下。

①出现报警的日期。

②报警号。

③报警信息(有些没有信息)。

④页号。

(3)用翻页键进行换页,查找其他报警信息。

(4)要删除记录信息,按软键[操作],然后再按软键[DELETE]。

(5)根据报警号查法那克系统说明书中报警表,得知报警内容及删除方法(表 1-5-6)。

表 1-5-6 数控机床常见报警情况及删除方法

序号	报警类型	报警情况、原因及删除方法
1	回参考点失败	原因:回参考点时,方向选择错误或是中途松开按键、回参考点起点太靠近参考点或紧急停止按钮被按下等 删除方法:释放紧急停止按钮、按复位键后重回参考点
2	X、Y、Z 方向超程	原因:手动移动各坐标轴过程中或编写程序中,刀具移动位置超出＋X、＋Y、＋Z 或－X、－Y、－Z 极限开关 删除方法:手动(JOG)方式下,反方向移动该坐标轴或修改程序中 X、Y、Z 数据,再按复位键
3	操作模式错误	原因:在前一工作模式未结束情况下,启用另一工作模式 删除方法:按复位键后重新启用新的工作模式
4	程序错误	原因:非法 G 代码、指令格式错误、数据错误等 删除方法:修改程序
5	机床硬件故障	原因:机床限位开关松动、接触器跳闸、变频器损坏等 删除方法:修理机床硬件

【操作注意事项】

(1)MDI(MDA)手动输入操作、对刀练习前,机床应已回参考点。

(2)练习 MDI(MDA)手动输入操作时不可随意运行快速移动等指令,以避免撞刀。

(3)手动(JOG)模式中,移动方向不能错,否则会损坏刀具、机床。

(4)对刀练习中,刀具接近工件侧面、上表面时。进给倍率应较小,一般为 1%～2%。进给倍率过大会损坏刀具或机床设备。

(5)测试对刀时,应调小进给倍率,避免速度过快发生撞刀。

(6)对刀测试程序尽可能用“GIX0Y0Z10F500”,以避免对刀错误引起撞刀事故。

【资料链接】

数控机床操作中如发生意外事故可采取以下几种办法解决:

(1)把进给倍率调到 0%。

(2)按复位键,停止机床动作。

(3)按下紧急停止按钮。

(4)关闭电源开关。

【思考与练习】

1. 什么是工件坐标系？工件坐标系建立的原则有哪些？

2. 简述法那克系统对刀步骤。

3. 对如图 1-5-7 所示工件，工件坐标系如何建立？为什么？

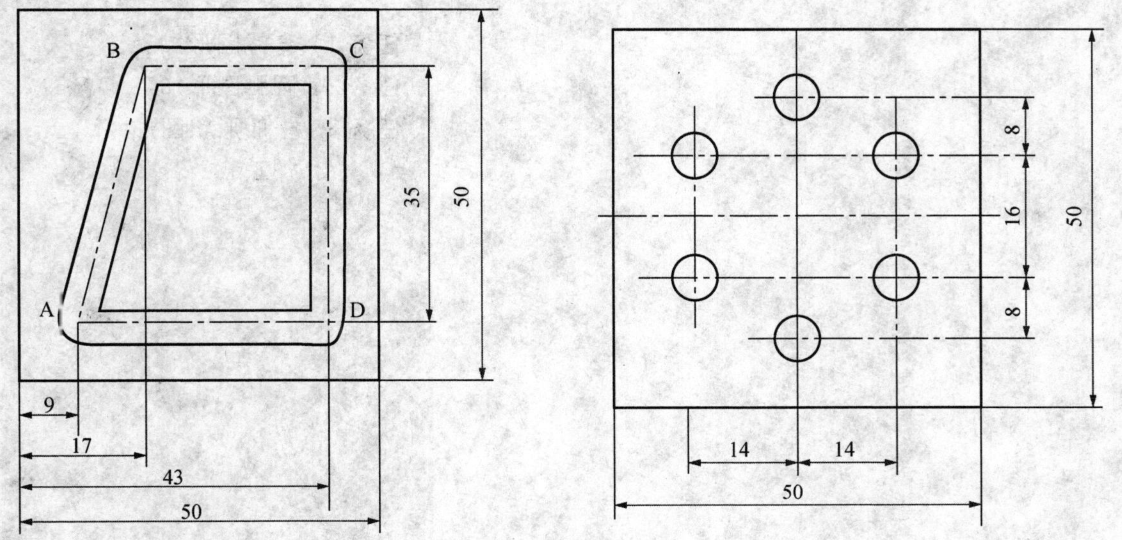

a　　b

图 1-5-7　题 3 图

平面图形加工

模块 2

任务 1　直线图形加工

知识点

- ➢掌握 N、F、S、T、M、G 等七大类程序字功能
- ➢掌握 G00、G01、M 指令及应用
- ➢会编制完整数控加工程序
- ➢了解法那克系统常用 G 指令

技能点

- ➢熟练掌握试切法对刀
- ➢会制订加工方案
- ➢掌握空运行及单段加工方法

【任务引入】

完成如图 2-1-1 所示的零件的编程和加工，其三维效果如图 2-1-2 所示，材料为硬铝。

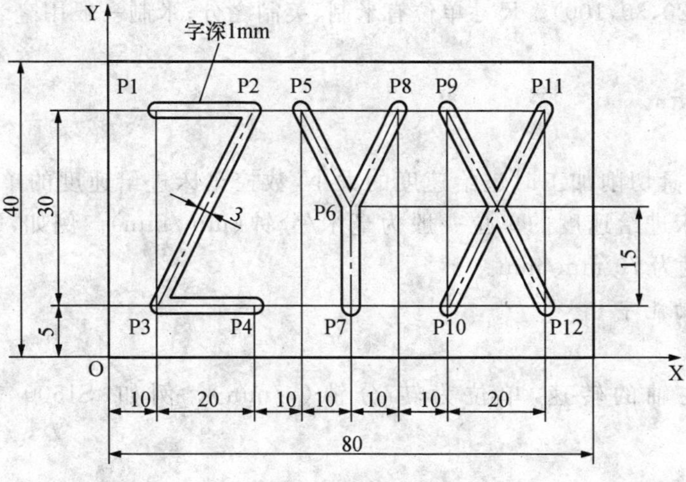

图 2-1-1　零件图

图 2-1-2　三维效果

【相关知识】

程序指令包括七大类数控机床程序字、快速点定位指令和直线插补指令。

一、七大类数控机床程序字(功能字)

数控机床每个程序字表示一种功能,由程序字组成一个个程序段,完成数控机床某一预定动作。根据程序字的功能类别可分为七大类,分别为顺序号字、尺寸字、进给功能字、刀具功能字、主轴转速功能字、辅助功能字和准备功能字。

1. 顺序号字(或程序段号)

地址:N1～N9999,一般放在程序段段首。

功能:表示该程序段的号码,一般间隔 5～10,在以后插入程序时不会改变程序段号的顺序。

如:N10…

N20…

N30…

指令使用说明:顺序号字不代表数控机床执行顺序,可以不连续,一般由小到大排列,仅用于程序的校对和检索等。

2. 尺寸字

地址:XYZ(此外还有 A、B、C,I、J、K 等)。

功能:表示机床上刀具运动到达的坐标位置或转角。例如,G00X20Y30Z100;表示刀具运动终点的坐标为(20,30,100)。尺寸单位有米制、英制之分;米制一般用毫米(mm)表示,英制用英寸(in)表示。

3. 进给功能字

地址:F。

功能:表示刀具切削加工时进给速度的大小,数控车床进给速度的单位一般为毫米/转(mm/r);数控铣床进给速度的单位一般为毫米/分钟(mm/min)。例如,N10G1X20Y10F70 表示刀具进给速度为 70 mm/min。

4. 主轴转速功能字

地址:S。

功能:表示主轴的转速,单位为转/分钟(r/min)。例如,S1500 表示主轴转速为 1 500 r/min。

5. 刀具功能字

地址:T。

功能:表示指定加工时所选用的刀具号。例如,T6 表示选 6 号刀。

6. 辅助功能字

地址:M 从 M00～M99(或 M999),前置的"0"可省略不写,如 M02 与 M2、M03 与 M3 可以互用。

功能:表示数控机床辅助装置的接通和断开,一般由 PLC(可编程序控制器)控制,FANUC(法那克)系统常用辅助指令含义见表 2-1-1。

7. 准备功能字(G 代码或 G 功能字)

地址:G 从 G00 到 G99(或 G999),前置的 0 可以省略。如 G00 与 G0,G01 与 G1 等可以互用。

功能:是建立机床或控制系统工作方式的一种命令。

表 2-1-1　法那克系统常用辅助指令及含义

指令	含义	指令	含义
M00	程序停止	M05	主轴停止
M01	计划停止	M06	换刀
M02	程序结束	M08	切削液开
M03	主轴顺时针旋转	M09	切削液关
M04	主轴逆时针旋转	M30	程序结束

指令使用说明：

(1)不同数控系统 G 代码各不相同，同一数控系统中不同型号 G 代码也有变化，使用中应以数控机床使用说明书为准。

(2)G 代码有模态代码和非模态代码两种，模态代码一经使用持续有效，直至同组的 G 代码出现为止。非模态代码仅在本程序段中有效，又称程序段有效代码。FANUC(法那克)0i 系统常用 G 代码功能见表 2-1-2。

表 2-1-2　FANUC 0i 系统常用 G 代码功能

G 代码	组别	法那克系统含义
G00	1	快速点定位(快速移动)
G01	1	直线插补
G02	1	顺时针方向圆弧插补
G03	1	逆时针方向圆弧插补
G04	0	暂停
G17	2	XY 面选择
G18	2	ZX 面选择
G19	2	YZ 面选择
G20	6	英寸输入
G21	6	毫米输入
G28	0	返回参考点
G29	0	从参考点返回
G40	7	取消刀具半径补偿
G41	7	刀具半径左补偿
G42	7	刀具半径右补偿
G43	8	正向刀具长度补偿
G44	8	负向刀具长度补偿
G49	8	取消刀具长度补偿
G50.1	9	取消可编程镜像

续表2-1-2

G代码	组别	法那克系统含义
G51.1	9	可编程镜像有效
G52	10	可编程的坐标系偏移
G53	0	取消可设定的零点偏置(或选择机床坐标系)
G54	5	第一可设定零点偏置
G55	5	第二可设定零点偏置
G56	5	第三可设定零点偏置
G57	5	第四可设定零点偏置
G58	5	第五可设定零点偏置
G59	5	第六可设定零点偏置
G68	10	坐标轴偏转
* G69	10	取消坐标轴偏转
* G80	1	取消固定循环
G81	1	钻孔、中心孔循环
G73	1	高速深孔钻循环
G83	1	深孔钻削循环
G74	1	左螺旋切削循环
G84	1	右螺旋切削循环
G76	1	精镗孔循环
G82	1	反镗孔循环
G85	1	镗孔循环
G86	1	镗孔循环
G87	1	反向镗孔循环
G88	1	镗孔循环
G89	1	镗孔循环
* G90	3	绝对值编程
G91	3	增量值编程
G92	0	设置工件坐标系
* G94	4	每分钟进给
G95	4	每转进给
* G98	11	固定循环返回起始点
G99	11	返回固定循环R点

注:1.指令前带“*”法那克系统需通过参数设置才能在程序启动时生效。

2.“0”组指令为非模态代码即程序段有效代码。程序段中功能字位置可以不固定,一般习惯顺序为:N__G__X__Y__Z__F__S__T__D__M__。

二、快速点定位 G00(或 G0)指令

1. 指令功能

指刀具以机床规定的速度(快速)运动到目标点。

2. 指令格式

G00X_ Y_Z_;

其中,X、Y、Z 为目标点的坐标。如图 2-1-3 所示,刀具空间快速运动至 P 点(40,30,5),数控程序为"G00X40Y30Z5;"。

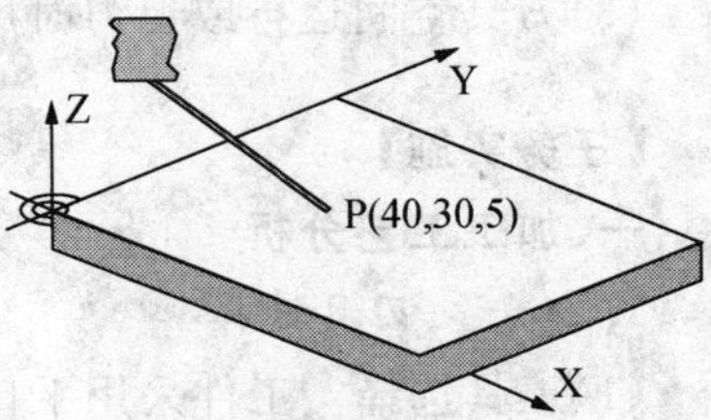

图 2-1-3　快速点定位

3. 指令使用说明

(1)用 G00 指令快速移动时地址 F 下编程的进给速度无效。

(2)G00 一经使用持续有效,直到被同组 G 代码(G1、G2、G3、…)取代为止。

(3)G00 指令刀具运动速度快,容易撞刀,只能使用在退刀及空中运行的场合,能减少运动时间,提高效率。

(4)向下运动时,不能以 G00 速度运动切入工件,一般应离工件有 5～10 mm 的安全距离,不能在移动过程中碰到机床、夹具等,如图 2-1-4 所示。

三、直线插补 G01(或 G1)指令

1. 指令功能

刀具以给定的进给速度运动到目标点。

2. 指令格式

G01X___Y___Z___F___;

其中,X、Y、Z 为目标点的坐标;F 为刀具进给速度大小,单位一般为毫米/分钟(mm/min)。

如图 2-1-5 所示,刀具起点在 P1 点,直线加工至 P2 点,再直线加工至 P3 点。数控程序为:

N20G1X80Y90F70;由 P1 直线插补至 P2,进给速度为 70 mm/min。

N30X120Y70;由 P2 直线插补至 P3(G1、F70 为续效指令可不写)。

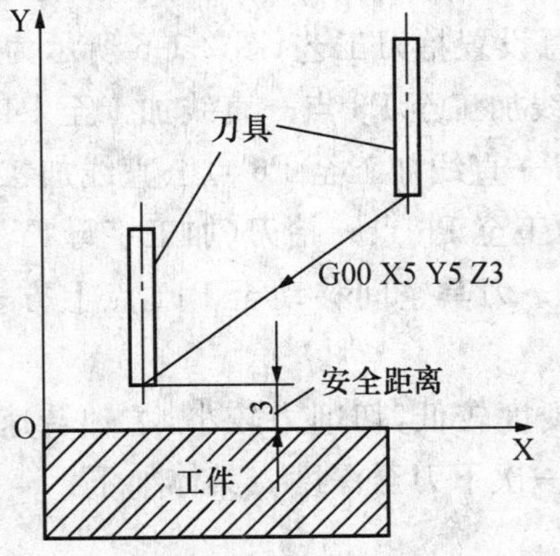

图 2-1-4　安全距离

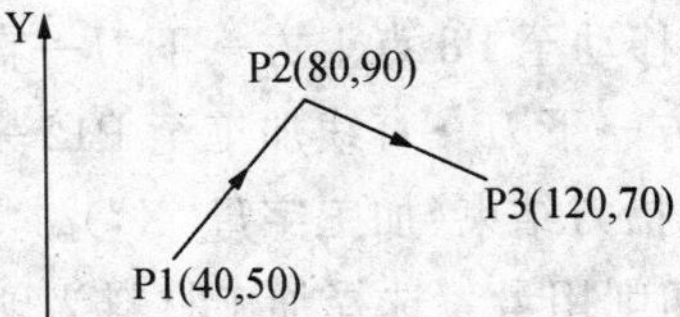

图 2-1-5　应用实例

3. 指令使用说明

(1)用于直线切削加工,必须给定刀具进给速度。

(2)G01 为续效代码,一经使用持续有效,直到被同组 G 代码(G0、G2、G3、…)取代为止。

(3)刀具空间运行或退刀时用此指令则运动时间长,效率低。

【任务实施】

一、加工工艺分析

1. 工、量、刀具选择

(1)工具选择 工件采用平口钳装夹,下用垫铁支承,其他工具见表 2-1-3。

(2)量具选择 加工尺寸精度要求不高,量具用 0～150 mm 游标卡尺,另用百分表校正平口钳,具体规格、参数见表 2-1-3。

(3)刀具选择 本任务加工图形深度为 1 mm,加工材料为硬铝,铣刀直径选取与图形宽度相同为 3 mm,铣刀材料选用价格较低的普通高速钢,加工中需垂直下刀,故选用键槽铣刀为宜。

表 2-1-3 直线图形加工工、量、刀具清单

图号:图 2-1-1

种类	序号	名称	规格/mm	精度/mm	单位	数量
工具	1	平口钳	QH135		个	1
	2	扳手			把	1
	3	平行垫铁			副	1
	4	塑胶锤子			个	1
量具	1	游标卡尺	0～150	0.02	把	1
	2	百分表及表座	0～10	0.01	个	1
刀具	1	键槽铣刀	$\phi 3$		个	1

2. 加工工艺方案

(1)加工工艺路线 不用分粗、精加工,一次垂直下刀至要求的深度尺寸。加工路线考虑路径最短原则即可,对于不连续图形,刀具应注意设置抬刀工艺,图 2-1-6 所示为参考路线。

刀具从 P1 点下刀→直线加工至 P2 点→直线加工至 P3 点→直线加工至 P4 点→抬刀(加工字母“Z”)。刀具空间移动至 P5 点上方→下刀→直线加工至 P6 点→直线加工至 P7 点→抬刀→刀具空间移动至 P8 点上方→下刀→直线加工至 P6 点→抬刀(加工字母“Y”)。刀具空间移至 P9 点上方→下刀→直线加工至 P12→抬刀→刀具空间移动至 P11 点上方→下刀→直线加工至 P10 点抬刀结束(加工字母“X”)。

(2)合理切削用量 选择加工材料为硬铝,硬度较低,切削力较小,主轴转速可选较高;刀具直径较小,进给速度应选择较小;字深 1 mm,一次下刀至深度。具体如下:

主轴转速,1 200 r/min。

进给速度,垂直加工 50 mm/min;表面加工 70 mm/min。

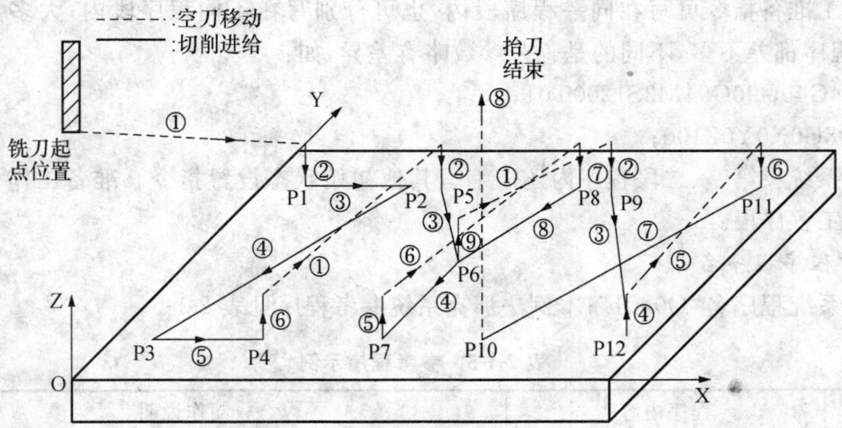

图 2-1-6　加工工艺路线

二、参考程序编制

1. 工件坐标系建立

根据工件坐标系建立原则，Z 坐标零点设置在工件上表面，X、Y 零点设置在设计基准上，此工件宜设置在工件左下侧顶点上（见图 2-1-1）。

2. 基点坐标计算

零件各几何要素之间的连接点，称为基点，如零件轮廓上两条直线的交点、直线与圆弧的交点或切点等，基点坐标是编程中需要的重要数据。此图形简单，P1～P12 等基点（见图 2-1-1）的坐标很容易算出，见表 2-1-4。

表 2-1-4　基点坐标　mm

基点	坐标（X,Y）	基点	坐标（X,Y）	基点	坐标（X,Y）
P1	(5,35)	P5	(30,35)	P9	(55,35)
P2	(25,35)	P6	(40,20)	P10	(55,5)
P3	(5,5)	P7	(40,5)	P11	(75,35)
P4	(25,5)	P8	(50,35)	P12	(75,5)

3. 程序编制准备

程序编制加工前必须做好各项准备工作，编程时这些准备工作的数控指令应编写在程序前面第一、二段程序内，然后才开始编写加工程序，准备工作指令一般有：

（1）将机床坐标系原点偏置到工件坐标系原点指令：G54、G55、G56、G57 等。

（2）主轴起动及转速指令：M03（或 M04 反转很少用）、S 指令代码等。

（3）加工所用的刀具号，即 T 指令代码，如 T1、T2 等。

（4）切削液打开指令，即 M08（如不用切削液则可不编写）。

（5）法那克系统初始状态设置指令，如取消刀具半径补偿（G40）、取消长度补偿（G49）、绝对尺寸编程（G90）、每分钟进给速度（G94）、米制尺寸输入（G21）、取消固定循环（G80）、取消坐标系偏转（G69）、XY 平面选择（G17）等指令。

（6）刀具起点位置（也可不设置刀具起点位置但必须保证刀具运行时不发生撞刀）。

以上加工准备指令可写在同一程序段内，也可分别写在不同程序段内；大多数加工第一段、第二段程序都差不多，不同的是工艺参数略有差异，如：

N10G54G40G90G94M3S1200T01；

N20M08G0X0Y0Z100；

法那克系统在第一、二段程序内还需编写其他初始状态设置指令。准备工作做好后就可编写其他加工程序段。

4. 参考程序程序名

法那克系统程序名“O0021”；本例法那克系统参考程序见表 2-1-5。

表 2-1-5 参考程序示例

程序段号	程序内容	动作说明
N10	G54G90G40M3S1200T01；	设置零点偏移，主轴正转，转速 1 200 r/min，T01 号刀具
N20	G00X5Y35Z5；	刀具空间快速点移动到 P1 点上方 5 mm 处
N30	G01Z－1F50；	以 G1 速度垂直下刀，深 1 mm，进给速度为 50 mm/min
N40	X25F70；	以 G1 速度加工到 P2 点，进给速度为 70 mm/min
N50	X5Y5；	以 G1 速度加工到 P3 点，进给速度为 70 mm/min
N60	X25；	以 G1 速度加工到 P4 点，进给速度为 70 mm/min
N70	G00Z5；	以 G0 速度抬刀，Z 向坐标为 5 mm
N80	X30Y35；	刀具空间快速点移动到 P5 点上方 5 mm 处
N90	G01Z－1F50；	以 G1 速度垂直下刀，深 1 mm，进给速度为 50 mm/min
N100	X40Y20F70；	以 G1 速度加工到 P6 点，进给速度为 70 mm/min
N110	Y5；	以 G1 速度加工到 P7 点，进给速度为 70 mm/min
N120	G00Z5；	以 G0 速度抬刀，Z 向坐标为 5 mm
N130	X50Y35；	刀具空间快速点移动到 P8 点上方 5 mm 处
N140	G01Z－1F50；	以 G1 速度垂直下刀，深 1 mm，进给速度为 50 mm/min
N150	X40Y20F70；	以 G1 速度加工到 P6 点，进给速度为 70 mm/min
N160	G00Z5；	以 G0 速度抬刀，Z 向坐标为 5 mm
N170	X55Y35；	刀具空间快速点移动到 P9 点
N180	G01Z－1F50；	以 G1 速度垂直下刀，深 1 mm，进给速度为 50 mm/min
N190	X75Y5F70；	以 G1 速度加工到 P12 点，进给速度为 70 mm/min
N200	G00Z5；	以 G0 速度抬刀，Z 向坐标为 5 mm
N210	X75Y35；	刀具空间快速移动到 P11 点上方
N220	G01Z－1F50；	以 G1 速度垂直下刀，深 1 mm，进给速度为 50 mm/min
N230	X55Y5F70；	以 G1 速度加工到 P10 点，进给速度为 70 mm/min
N240	G0Z100；	以 G0 速度抬刀，Z 向坐标为 100
N250	M02；	程序结束

注：法那克系统在第一段程序中一般还需添加 G49（取消长度补偿）、G21（选择米制尺寸输入）、G80（取消固定循环）等指令，如第一段程序指令过多，可把第一段程序分成两段编写。

【资料链接】

(1)数控机床程序字除常用的七大类功能字外还有一些表示其他功能的字,一般由一字母及数字组成,法那克系统常见的其他字有:D 表示刀具半径补偿号;H 表示刀具长度补偿号;R 表示圆弧半径;P 表示子程序指定和重复次数等。

(2)除准备功能指令分模态有效和程序段有效两种类型外,其他功能指令也分为模态有效和程序段有效两类。模态有效一经出现,持续有效,直到同组指令取代为止;程序段有效则只在本程序段中有效。大多数尺寸指令、刀具指令、进给指令、辅助指令等都是模态有效指令。

【技能训练】

一、加工准备

(1)检查毛坯尺寸。

(2)开机、回参考点。

(3)程序输入:把编写好的程序通过数控面板输入数控机床。

(4)工件装夹:先把平口钳装夹在铣床工作台上,用百分表校正平口钳,使钳口与铣床 X 方向平行。工件装夹在平口钳上,下用垫铁支承,使工件放平并伸出钳口 5～10 mm,夹紧工件。

(5)刀具装夹:选用ϕ3 mm 键槽铣刀、2～4 mm 弹簧夹头,把弹簧夹头装入铣刀刀柄中,再装入铣刀并夹紧;最后把刀柄装入铣床或加工中心主轴。

二、对刀

X、Y、Z 轴均采用试切法对刀,并把操作得到的零偏值输入到 G54 等偏置寄存器中。

三、空运行

法那克系统空运行是指刀具按参数指定的速度运行,而与程序中指定的进给速度无关,用来在机床不装工件时检查刀具的运动(一般为避免撞刀常把基础坐标系中 Z 值提高 50～100 mm 后运行程序)。

1. 空运行操作

(1)按参数键(OFFSET)。

(2)按软键[坐标系]。

(3)把基础坐标系中 Z 方向值变为“+50”。

(4)选择 MEM 工作模式,按下空运行开关,按下循环启动按钮,观察程序及加工轨迹。

(5)空运行结束后,把空运行开关复位,基础坐标系中 Z 值恢复为“0”。

2. 机床锁住操作

按下机床操作面板上的机床锁住开关,启动程序后,刀具不再移动,但是显示器上每一轴运动的位移在变化,就像刀具在运动一样。

3. 辅助功能锁住操作

按下机床操作面板上辅助功能锁住,M、S、T 代码被禁止输出并且不能执行,只运行一遍程序。

四、零件单段运行加工

零件单段工作模式是按下数控启动按钮后,刀具在执行完程序中的一段程序后停止。通过单段加工模式可以逐段地执行程序,便于仔细检查数控程序。

操作步骤:按单段运行开关,选择 MEM(自动加工)工作模式,调好进给倍率,打开程序,按下循环启动按钮进行程序加工;每段程序运行结束后,继续按循环启动按钮即可逐段执行程序加工。

五、零件加工及评分标准

零件加工及评分标准见表 2-1-7。

表 2-1-7 数控铣床任务评分表

班级			姓名		学号	
任务			ZYX 字母加工	零件编号		图 2-1-1
基本检查		序号	检测内容	配分	学生自评	教师评分
	编程	1	切削加工工艺制订正确	10		
		2	切削用量选择合理	5		
		3	程序正确、简单、规范	20		
	操作	4	设备操作、维护保养正确	5		
		5	安全、文明生产	10		
		6	刀具选择、正确安装、规范	5		
		7	工件找正、安装正确、规范	5		
工作态度		8	行为规范、纪律表现	10		
尺寸检测		9	工件加工完整	30		
综合得分				100		

【操作注意事项】

(1)加工时垂直进给,刀具只能选用二齿键槽铣刀,不能使用立铣刀加工。

(2)刀具、工件应按要求夹紧。

(3)对刀操作应准确熟练,时刻注意手动移动方向及调整进给倍率大小,避免因移动方向错误和进给倍率过大而发生撞刀现象。

(4)加工前应仔细检查程序,尤其检查垂直下刀是否用 G0 指令、一个轮廓加工完毕设置抬刀以避免撞刀现象的关键程序。

(5)加工时应关好防护门。

(6)首次切削禁止采用自动方式加工,以避免意外事故发生。

(7)法那克系统机床坐标系和工件坐标系的位置关系在机床锁住前后有可能不一致,故使用机床锁住功能后,应手动重回参考点。

(8)如有意外事故发生,按复位键或紧急停止按钮,查找原因。

【思考与练习】

1. 如何编写完整加工一个零件的数控程序?
2. 常用数控程序功能字有哪几大类?各有何功能?
3. G00、G01 指令格式如何?使用时二者有何区别?
4. 编写加工如图 2-1-7 所示工件的程序(图形深 1 mm)。

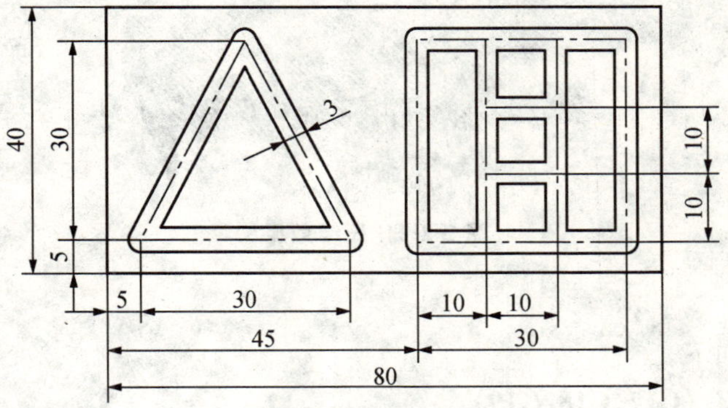

图 2-1-7　题 4 图

任务 2　圆弧图形加工

知识点

- 了解 G17、G18、G19 平面选择指令含义
- 掌握 G02、G03 圆弧插补指令及应用
- 会计算基点坐标

技能点

- 掌握圆弧加工方法
- 掌握零件自动加工方法

【任务引入】

完成如图 2-2-1 所示零件的编程和加工,其立体图如图 2-2-2 所示,材料为硬铝。

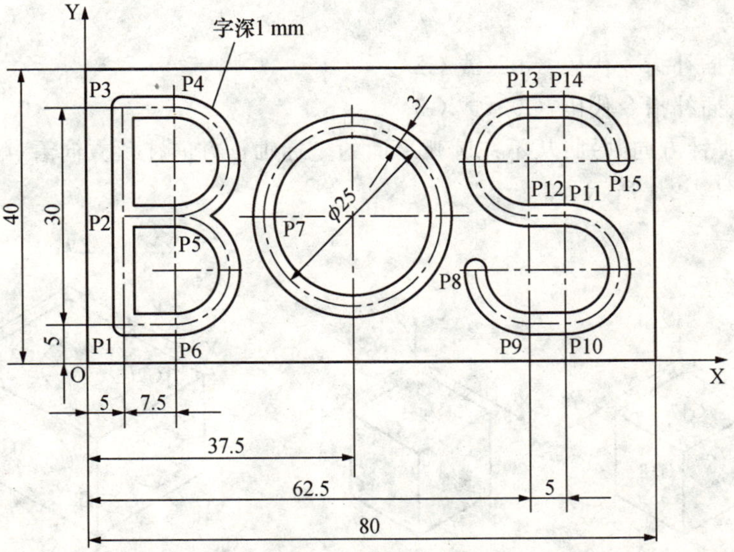

图 2-2-1　BOS 零件图

图 2-2-2 三维效果图

【相关知识】

编程指令介绍如下。

一、平面选择指令(G17、G18、G19)

1. 指令功能

在圆弧插补、刀具半径补偿及刀具长度补偿时必须首先确定一个平面,即确定一个由两个坐标轴构成的坐标平面。在此平面内可以进行圆弧插补、刀具半径补偿及在此平面垂直坐标轴方向进行长度补偿。铣床 3 个坐标轴构成 3 个平面,法那克系统指令代码见表 2-2-1 和图 2-2-3。

表 2-2-1 坐标平面指令代码

G 代码	平面	垂直坐标轴(再钻削、铣削时的长度补偿)
G17	X/Y	Z
G18	Z/X	Y
G19	Y/Z	X

2. 指令使用说明

立式铣床及加工中心上加工圆弧及刀具半径补偿平面为 XOY 平面。即 G17 平面,长度补偿方向为 Z 轴方向,且 G17 代码程序启动时生效。

二、圆弧插补指令

1. 指令功能

使刀具按给定进给速度沿圆弧方向进行切削加工。

2. 指令代码

顺时针圆弧插补指令代码:G02(或 G2)。

逆时针圆弧插补指令代码:G03(或 G3)。

顺时针、逆时针方向判别:从不在圆弧平面的坐标轴正方向往负方向看,顺时针用 G02,逆时针用 G03,如图 2-2-4 所示。

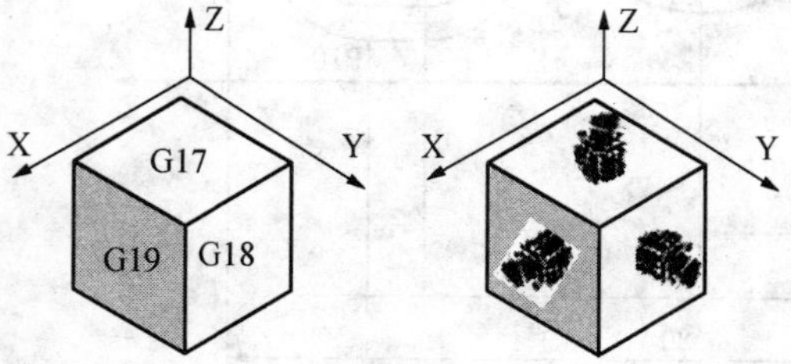

图 2-2-3 平面选择指令

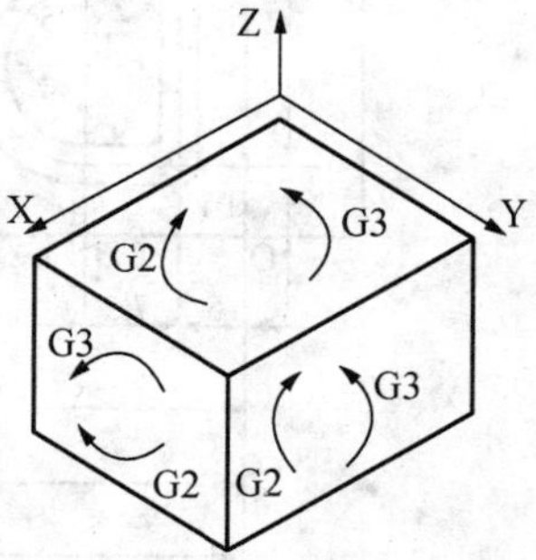

图 2-2-4 圆弧插补指令

3. 指令格式

(1)格式一:终点坐标+圆弧半径(表 2-2-2)。

表 2-2-2　法那克系统圆弧插补指令

系统	指令格式
法那克系统	G17G02(G03)X_Y_R_F_;

其中,X、Y 为圆弧终点坐标;R 为圆弧半径;F 为圆弧插补进给速度。如图 2-2-5 所示,加工圆弧起点在 A 点,终点为 B 点。

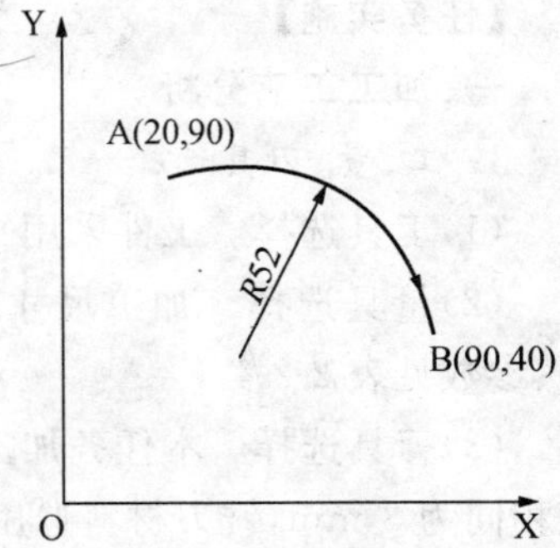

图 2-2-5　格式一

加工程序:N30 G17 G02 X90 Y40 R52 F60;

(2)格式二:终点坐标+圆心坐标。

G17G02(G03)X_Y_I_J_F_;

其中,X、Y 是圆弧终点坐标;I、J 是表示圆弧圆心相对于圆弧起点的增量坐标;F 是圆弧插补进给速度。

4. 指令使用说明

(1)终点坐标+圆弧半径格式中,当圆弧圆心角小于 180°时,半径为正;圆弧圆心角大于 180°时,半径为负。

(2)终点坐标+圆弧半径格式不能编制整圆零件加工。

(3)终点坐标+圆心坐标格式不仅可用于加工一般圆弧,还可用于整圆加工。

(4)终点坐标+圆心坐标格式中不管是用 G90 还是用 G91 指令,I、J 均表示圆弧圆心相对于圆弧起点的增量值。如图 2-2-6 所示,圆弧起点 A(30、85),终点 B(100、44),圆心 O′(49、37)。

加工程序:G17 G02 X100 Y44 I19 J-48 F60;

例如图 2-2-7 所示,加工整圆,刀具起点在 A 点,逆时针加工。

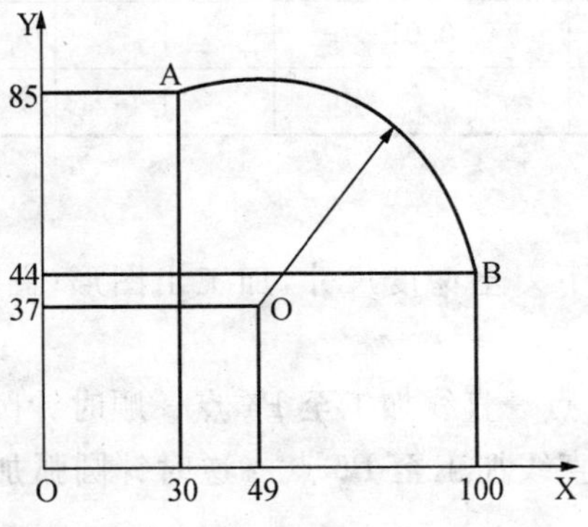

图 2-2-6　格式二

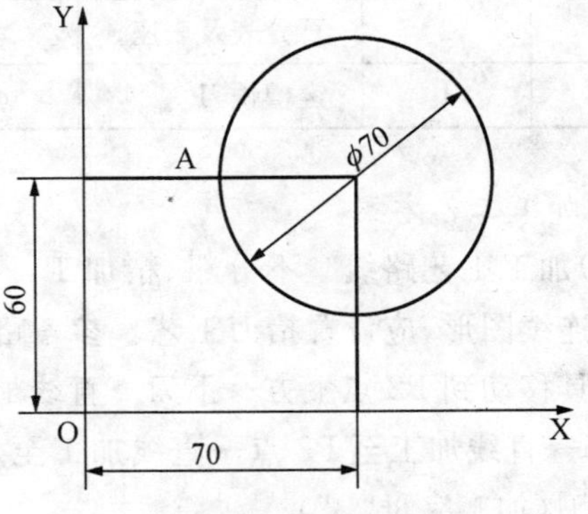

图 2-2-7　参考示例

解:用格式一(终点坐标+圆弧半径):把整圆分两段加工,先加工半圆再加工另半圆。

用格式二(终点坐标+圆心坐标):直接用一段程序即可加工出整圆。参考程序见表 2-2-3。

表 2-2-3 参考示例程序

格式	法那克系统指令
格式一	N10G03X105Y60R35F50； N20X35Y60R35；
格式二	N10G03X35Y60I35J0F50；

【任务实施】

一、加工工艺分析

1. 工、量、刃具选择

(1)工具选择　工件采用平口钳装夹，下用垫铁支承。其他工具见表 2-2-4。

(2)量具选择　加工尺寸精度要求不高，用游标卡尺测量，另用百分表校正平口钳，其规格、参数见表 2-2-4。

(3)刃具选择　本任务加工图形深度为 1 mm，加工材料为硬铝，铣刀直径选择与图形宽度相同为 3 mm，铣刀材料选用价格较低的普通高速钢，加工中需垂直下刀，故选用键槽铣刀为宜。

表 2-2-4 圆弧图形加工工、量、刃具清单

图号：图 2-2-1

种类	序号	名称	规格/mm	精度/mm	单位	数量
工具	1	平口钳			个	1
	2	扳手			把	1
	3	平行垫铁			副	1
	4	塑胶锤子			个	1
量具	1	游标卡尺	0～150	0.02	把	1
	2	百分表及表座	0～10	0.01	个	1
刃具	1	键槽铣刀	ϕ3 mm		个	1

2. 加工工艺方案

(1)加工工艺路线　不分粗、精加工，一次垂直下刀至深度尺寸，加工出图形(图 2-2-1)。对于不连续图形，应设置抬刀工艺。参考路线如下：

刀具移动到 P2 点上方→下刀→直线加工至 P3 点→直线加工至 P4 点→顺时针圆弧加工至点 P5→直线加工至 P2 点→直线加工至 P1 点→直线加工至 P6 点→逆时针圆弧加工至点 P5→抬刀(加工字母“B”)。

刀具空间移至 P7 点上方→下刀→圆弧加工至 P7 点→抬刀(加工字母“O”)。

刀具空间移至 P8 点上方→下刀→逆时针圆弧加工至 P9 点→直线加工至 P10 点逆时针圆弧加工至 P11 点→直线加工至 P12 点→顺时针圆弧加工至 P13 点→直线加工至 P14 点→顺时针圆弧加工至 P15 点→抬刀(加工字母“S”)。结束。

(2)合理切削用量选择　加工材料为硬铝，硬度较低，切削力较小，切削速度可选大些；刀

具直径较小,进给速度选择小一些;字深 1 mm,一次下刀至深度。

主轴转速:1 200 r/min。

进给速度:垂直进给速度 50 mm/min;表面进给速度 70 mm/min。

二、参考程序编制

1. 工件坐标系建立

根据工件坐标系建立原则:X 轴、Y 轴零点取在零件的设计基准或工艺基准上,Z 轴零点取在零件上表面,故工件坐标系设置在 O 点,如图 2-2-1 所示。

2. 基点坐标计算

坐标系建立后应计算基点 Pl、P2、…、P15 等(图 2-2-1)坐标,其中字母 B、S 圆弧半径为 7.5 mm,字母 O 圆弧半径为 12.5 mm,具体基点坐标见表 2-2-5。

表 2-2-5　基点坐标　mm

基点	坐标(X,Y)	基点	坐标(X,Y)
P1	(5,5)	P9	(62.5,5)
P2	(5,20)	P10	(67.5,5)
P3	(5,35)	P11	(67.5,20)
P4	(12.5,35)	P12	(62.5,20)
P5	(12.5,20)	P13	(62.5,35)
P6	(12.5,5)	P14	(67.5,35)
P7	(25,20)	P15	(75,27.5)
P8	(55,12.5)		

3. 参考程序

法那克系统程序名为“O0022”,见表 2-2-6。

表 2-2-6　参考程序示例

程序段号	程序内容	动作说明
N10	G0G54G17G90X0Y0Z100M3S1200T01;	设置工件坐标系,起刀点位置,正转转速 1 200 r/min,刀具 T01
N20	X5Y20Z5;	刀具快速运动到 P2 点上方 5 mm 处
N30	G01Z－1F50;	以 G01 速度下刀,深 1 mm
N40	Y35F70;	从 P2 点直线加工到 P3 点,进给速度为 70 mm/min
N50	X12.5;	从 P3 点直线加工到 P4 点
N60	G02X12.5Y20I0J－7.5;	顺时针圆弧加工到 P5 点
N70	G01X5;	直线加工到 P2 点
N80	Y5;	直线加工到 P1 点
N90	X12.5;	直线加工到 P6 点

续表2-2-6

程序段号	程序内容	动作说明
N100	G03Y20I0J7.5；	逆时针圆弧加工到 P5 点
N110	G00Z5；	字母“B”加工完毕抬刀，Z 坐标 5 mm
N120	X25Y20；	刀具空间快速运动到 P7 点上方
N130	G01Z－1F50；	以 G01 速度下刀，深 1 mm
N140	G02I12.5J0F70；	用圆弧中点坐标＋圆心坐标格式加工字母“0”
N150	G00Z5；	加工完毕抬刀，Z 坐标 5 mm
N160	X55Y12.5；	刀具空间快速运动到 P8 点上方
N170	G01Z－1F50；	以 G01 速度下到，深 1 mm
N180	G03X62.5Y5I7.5J0F70；	逆时针圆弧加工到 P9 点
N190	G01X67.5；	直线加工到 P10 点
N200	G03X67.5Y20I0J7.5；	逆时针圆弧加工到 P11 点
N210	G01X62.5；	直线加工到 P12 点
N220	G02Y35I0J7.5；	顺时针圆弧加工到 P13 点
N230	G01X67.5；	直线加工到 P14 点
N240	G02X75Y27.5I0J－7.5；	顺时针圆弧加工到 P15 点
N250	G00Z100；	加工完毕抬起刀具
N260	M5；	主轴停止
N270	M02；	程序结束

注：法那克系统在第一段程序中一般还需添加 G49（取消长度补偿）、G21（选择米制尺寸输入）、G80（取消固定循环）等指令，如第一段程序指令过多，可把第一段程序分成两段编写。

【资料链接】

在 G18 或 G19 平面中进行圆弧插补时，若采用圆弧终点坐标＋圆心坐标指令格式其格式不同于 G17 平面中圆弧插补。

1. G18（X、Z）平面圆弧插补格式

G18G2/G3X_Z_I_K_F；

其中 X、Z 为圆弧终点坐标；I 为圆弧起点到圆心的在 X 轴方向增量；K 为圆弧起点到圆心的在 Z 轴方向增量值；F 为刀具进给速度。

2. G19（Y、Z）平面圆弧插补格式

G19 G2/G3Y_Z_J_K_F_；

其中 Y、Z 为圆弧终点坐标；J 为圆弧起点到圆心的在 Y 轴方向增量值；K 为圆弧起点到圆心的在 Z 轴方向增量值；F 为刀具进给速度。

【技能训练】

一、加工准备

(1)检查毛坯尺寸。

(2)开机、回参考点。

(3)程序输入:把编写好的程序通过数控面板输入数控机床。

(4)工件装夹:先把平口钳装夹在铣床工作台上,用百分表校正平口钳,使钳口与铣床 X 方向平行。工件装夹在平口钳上,下用垫铁支承,使工件放平并伸出钳口 5～10 mm,夹紧工件。

(5)刀具装夹:选用ϕ3 mm 键槽铣刀、2～4 mm 弹簧夹头,把弹簧夹头装入铣刀刀柄中,再装入铣刀并夹紧,最后把刀柄装入铣床或加上中心主轴。

二、对刀

X、Y、Z 轴均采用试切法对刀,并把操作得到的零偏值输入到 G54 等偏置寄存器中。

三、空运行

把基础坐标系中 Z 轴值变为“＋50”,选择 MEM(自动加工)工作模式,打开程序,按下空运行按钮,按循环启动按钮,观察加工轨迹。空运行结束后使空运行按钮复位。

四、零件自动加工方法

改变基础坐标系中 Z 轴值为 0,选择 MEM(自动加工)工作模式,打开程序,调好进给倍率,按下循环启动按钮。

五、零件加工及评分标准

零件加工及评分标准见表 2-2-7。

表 2-2-7　圆弧图形加工评分表

班级		姓名		学号		
任务		字母 BOS 加工		零件编号		图 2-2-1
基本检查		序号	检测内容	配分	学生自评	教师评分
	编程	1	切削加工工艺制定正确	10		
		2	切削用量选择合理	5		
		3	程序正确、简单、规范	20		
	操作	4	设备操作、维护保养正确	5		
		5	安全、文明生产	10		
		6	刀具选择、安装正确、规范	5		
		7	工件找正、安装正确、规范	5		
工作态度		8	行为规范、纪律表现	10		
尺寸检测		9	工件加工完整	30		
综合得分				100		

六、整理

加工结束,清理机床。

【操作注意事项】

(1)刀具、工件应按要求夹紧。

(2)加工前做好各项检查工作。

(3)铣刀直径较小,垂直下刀应调小进给倍率。

(4)首件加工时可采用单段加工,程序准确无误后,再采用自动方式加工以避免意外。加工时关好机床防护门。

【思考与练习】

1. 分析圆弧插补指令中终点坐标+半径与终点坐标+圆心坐标两种指令有何区别,用终点坐标+半径格式编写图 2-2-1 零件加工法那克程序。

2. 指出立式铣床圆弧插补所在平面。

3. 如图 2-2-8 所示,圆弧起点分别在 A、B、C、D 点时,用终点坐标+圆心坐标编写整圆加工程序。

4. 编写图 2-2-9 所示"CNC"字母加工程序并加工,字宽 3 mm,字深 1 mm。

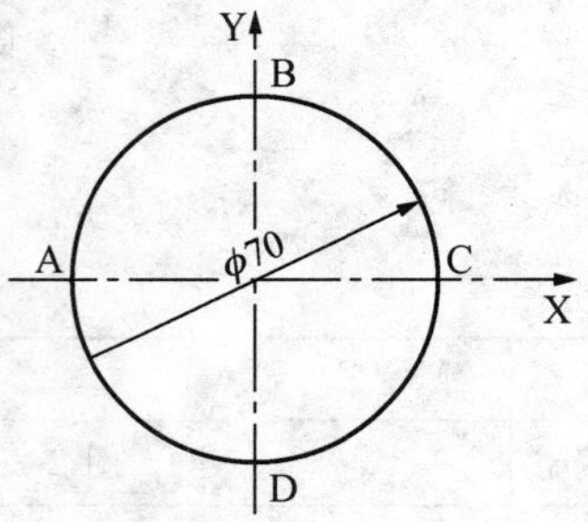

图 2-2-8 题 3 图

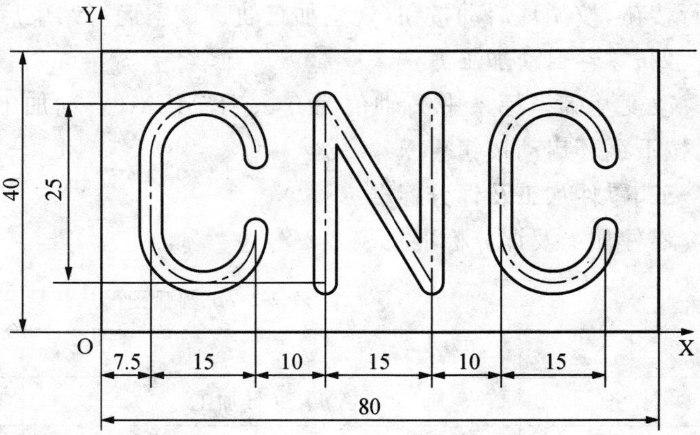

图 2-2-9 题 4 图

任务 3 一般形状图形加工

知识点

- ➢掌握绝对坐标、相对坐标指令
- ➢掌握形状复杂基点坐标计算方法
- ➢掌握一般形状图形加工刀具、工艺参数及路径确定方法

技能目标

- ➢会用教学仿真软件进行仿真练习
- ➢掌握工件原点处于不同位置时对刀方法

【任务引入】

完成如图 2-3-1 所示零件的编程和加工,其三维效果如图 2-3-2 所示,材料为硬铝。

【相关知识】

绝对坐标、相对坐标指令介绍如下。

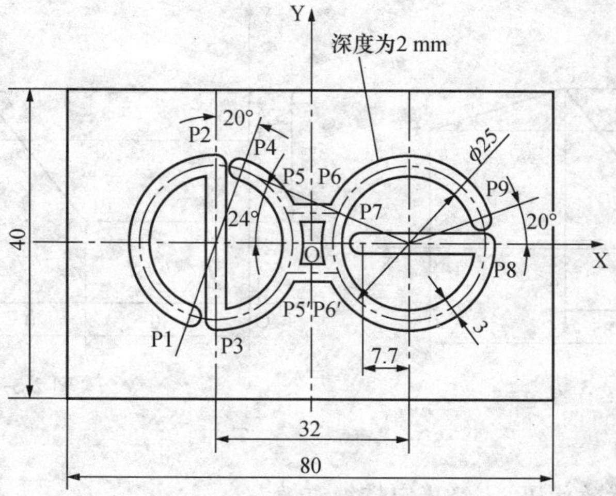

图 2-3-1　零件图

图 2-3-2　三维效果图

一、指令代码

绝对坐标指令代码:G90。

相对坐标指令代码:G91。

二、指令功能

1. G90

绝对坐标指令,只输入尺寸表示目标点坐标值,即绝对坐标值。

如图 2-3-3 所示,刀具起点在 P1 点,直线加工至 P2 点,再直线加工至 P3 点,用 G90 绝对坐标指令编程。

N10 G90 G1 X50 Y40 F50;刀具从 P1 点加工至 P2 点。

N20 X85 Y30; 刀具从 P2 点加工至 P3 点。

其中,第一段程序 X50Y40 为 P2 点绝对坐标,第二段程序 X85 Y30 为 P3 点绝对坐标。

2. G91

相对(增量)坐标指令,指输入尺寸表示目标点相对于前一位置的移动增量(正负号由移动方向定)或相对于前一位置点坐标。如图 2-3-4 所示,刀具起点在 P1 点,直线加工到 P2 点,再从 P2 点加工到 P3 点,用 G91 增量坐标指令编程。

N10G91G1X20Y25F50;刀具从 P1 点加工至 P2 点。

N20X35Y－10;刀具从 P2 点加工至 P3 点。

其中,第一段程序中 X20Y25 为 P2 点相对于 P1 点的坐标(移动增量),第二段程序中 X35Y－10 为 P3 点相对于 P2 点的坐标(移动增量)。

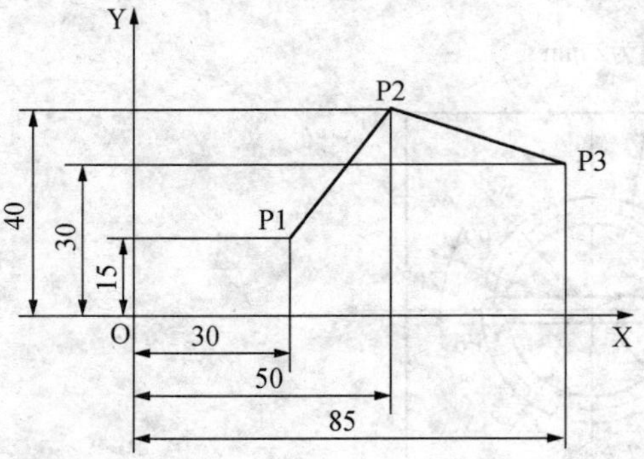

图 2-3-3

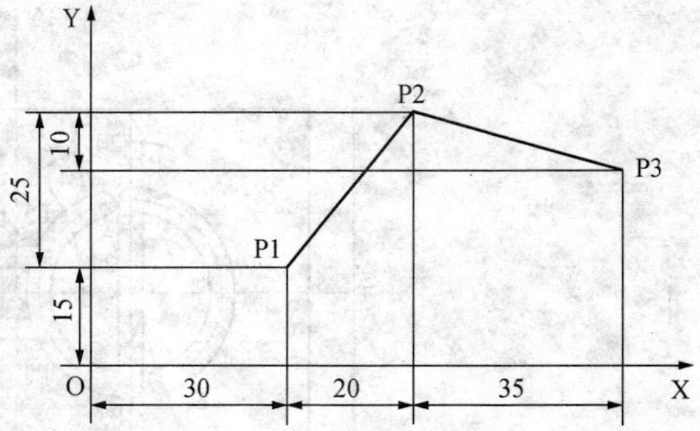

图 2-3-4

三、指令使用说明

(1)G90、G91 为续效代码，一经指定持续有效。

(2)一般情况下 G90 为机床默认指令，程序启动后 G90 有效，直到 G91 替代为止。

(3)法那克系统中还可用 U、V、W 表示相对坐标，X、Y、Z 表示绝对坐标且可以绝对坐标、相对坐标混合编程(用 U、V、W 分别表示 X、Y、Z 方向的增量)。对如图 2-3-4 所示的加工路线用绝对坐标与相对坐标混合编程：

N10G0X30Y15;刀具移动到 P1 点，P1 点绝对坐标为 X30Y15。

N20G1U20V25F50;从 P1 点加工到 P2 点，P2 点相对于 P1 在 X 方向增量为 20。Y 方向增量为 25。

N30X85Y30;刀具直线加工到 P3 点，P3 点绝对坐标为 X85Y30。

【任务实施】

一、加工工艺分析

1. 工、量、刀具选择

(1)工具选择　工件采用平口钳装夹，下用垫铁支承，其他工具见表 2-3-1。

表 2-3-1　一般图形加工工、量、刀具清单

图号：图 2-1-1

种类	序号	名称	规格/mm	精度/mm	单位	数量
工具	1	平口钳	QH135		个	1
	2	扳手			把	1
	3	平行垫铁			副	1
	4	塑胶锤子			个	1
量具	1	游标卡尺	0～150	0.02	把	1
	2	百分表及表座	0～10	0.01	个	1
刀具	1	键槽铣刀	ϕ3 mm		个	1

(2)量具选择　加工尺寸精度要求不高，量具用游标卡尺，另用百分表校正平口钳，其规格、参数见表 2-3-1。

(3)刀具选择　本任务加工图形深度为 2 mm，加工材料为硬铝，铣刀直径选择与图形宽度相同为 3 mm，铣刀材料选用价格较低的普通高速钢，加工中需垂直下刀，故选用键槽铣刀为宜。

2. 加工工艺方案

加工工艺路线：不分粗、精加工，一次垂直下刀至要求。对于不连续图形，应注意设置抬刀工艺。其参考加工路线如下：

刀具空间移动至 P1 上方→下刀→顺时针圆弧加工至 P2 点→直线加工至 P3 点→逆时针圆弧加工至 P4 点→抬刀→刀具空间移动至 P7 点上方→下刀→直线加工至 P8 点→顺时针圆弧加工至 P9 点→抬刀→刀具空间移动至 P5 点上方→下刀→直线加工至 P6 点→抬刀→刀具空间移动至 P5 上方→下刀→直线加工至 P6 点→抬刀结束加工。

3. 合理切削用量选择

加工材料为硬铝，硬度较低，切削力较小，切削速度可选大些；但刀具直径小，进给量应选择小一些；图形深 2 mm，一次下刀至尺寸，具体如下：

主轴转速：1 200 r/min。

进给速度：垂直加工 50 mm/min；表面加工 70 mm/min。

二、参考程序编制

1. 工件坐标系建立

图形处于零件对称中心，故工件坐标系 X、Y 零点应设置在零件几何中心上，Z 坐标零点仍设置在零件上表面，见图 2-3-1。

2. 基点坐标计算

图 2-3-1 中 P2、P3、P7、P8 等基点坐标容易得出，见表 2-3-2。

表 2-3-2　基点坐标　mm

基点	坐标(X、Y)	基点	坐标(X、Y)
P2	(−16,12.5)	P7	(8.3,0)
P3	(−16,−12.5)	P8	(28.5,0)

P1、P4、P5、P6、P9 等基点应采用正、余弦关系才能求出。如图 2-3-1 所示，P9 点坐标的计算方法：

$$X=16\ \text{mm}+12.5\ \text{mm}\times\cos20^\circ=27.746\ \text{mm}$$

$$Y=12.5\ \text{mm}\times\sin20^\circ=4.275\ \text{mm}$$

其余各点用类似方法求出，见表 2-3-3。

表 2-3-3　基点坐标

基点	坐标
P1	(−20.275,−11.746) $X=-16\ \text{mm}-12.5\ \text{mm}\times\sin20^\circ=-20.275\ \text{mm}$，$Y=-12.5\ \text{mm}\times\cos20^\circ=-11.746\ \text{mm}$
P4	(−11.725,11.746) $X=-16\ \text{mm}+12.5\ \text{mm}\times\sin20^\circ=-11.725\ \text{mm}$，$Y=12.5\ \text{mm}\times\cos20^\circ=11.746\ \text{mm}$

续表2-3-3

基点	坐标
P5	(−4.518,5.084) X=−16 mm+12.5 mm×cos24°=−4.518 mm,Y=−12.5 mm×sin24°=5.084 mm
P6	(4.581,5.084)与 P5 点关于 Y 轴对称
P5′	(−4.581,−5.084)与 P5 点关于 X 轴对称
P6′	(4.581,−5.084)与 P6 点关于 X 轴对称
P9	(27.746,4.275) X=16 mm+12.5 mm×cos20°=27.746 mm,Y=12.5 mm×sin20°=4.275 mm

3. 参考程序

参考程序见表 2-3-4。

程序名:法那克系统程序名为“O0023”。

表 2-3-4 参考程序

程序段号	程序内容	动作说明
N5	G40G49G90G80G21;	设置初始状态
N20	G54G17M3S1200T01;	设置加工参数
N30	G0X−20.275Y−11.746Z5;	刀具快速运动到 P1 点上方 5 mm 处
N40	G01Z−2F50;	刀具以 G01 速度下刀
N50	G02X−16Y12.5R12.5F70;	刀具顺时针加工到 P2 点
N60	G01Y12.5;	直线加工到 P3 点
N70	G03X−11.725Y11.746R12.5;	逆时针圆弧加工到 P4 点
N80	G00Z5;	刀具以 G00 速度抬刀
N90	X8.3Y0;	快速运动到 P7 点上方
N100	G01Z−2F50;	刀具以 G01 速度下刀
N110	X28.5F70;	直线加工到 P8 点
N120	G02X27.746Y4.275R−12.5;	顺时针圆弧加工到 P9 点
N130	G00Z5;	刀具以 G00 速度抬刀
N140	X−4.581Y5.084;	快速运动到 P5 点上方
N150	G01Z−2F50;	刀具以 G01 速度下刀
N160	X4.581F70;	直线加工到 P6 点
N170	G00Z5;	刀具以 G00 速度抬刀
N180	X−4.581Y−5.084;	快速运动到 P5′上方
N190	G01Z−2F50;	刀具以 G01 速度下刀
N200	X4.581F70;	直线加工到 P6′
N210	G00Z100;	抬刀,Z 轴坐标 100 mm
N220	M5;	主轴停止
N230	M02;	程序结束

【技能训练】

一、加工准备

(1)检查毛坯尺寸。

(2)开机、回参考点。

(3)程序输入:把已仿真的数控程序输入数控机床。

(4)工件装夹:把平口钳固定在工作台上,用百分表校正,使钳口与铣床 X 轴方向平行。工件装夹在平口钳中,底部用垫块垫起,使工件伸出钳口高度 5～10 mm,并放置平稳,夹紧。

(5)刀具装夹:选用ϕ3 mm 键槽铣刀、2～4 mm 弹簧夹头,弹簧夹头装入铣刀刀柄中,铣刀装夹在弹簧夹头中并夹紧,最后把刀柄装入铣床主轴或加工中心主轴。

二、对刀操作

X、Y、Z 轴均采用试切法对刀,并把操作得到的零偏值输入到 G54 偏置寄存器中。

三、零件自动加工

将仿真正确的数控程序输入数控系统,选择自动工作模式(AUTO 或 MEM),按下数控启动键,运行加工。

四、零件加工与评分标准

零件加工与评分标准见表 2-3-5。

表 2-3-5　一般图形加工评分表

班级			姓名		学号	
	任务		字母 BOS 加工	零件编号		图 2-3-1
基本检查		序号	检测内容	配分	学生自评	教师评分
	编程	1	切削加工工艺制定正确	10		
		2	切削用量选择合理	5		
		3	程序正确、简单、规范	20		
	操作	4	设备操作、维护保养正确	5		
		5	安全、文明生产	10		
		6	刀具选择、正确安装、规范	5		
		7	工件找正、安装正确、规范	5		
工作态度		8	行为规范、纪律表现	10		
尺寸检测		9	工件加工完整	30		
综合得分				100		

五、整理

加工结束、清理机床。

【资料链接】

目前市场上的数控仿真软件较多,如南京宇航、北京斐克、上海宇龙等。其功能相近,主要用于辅助教学,当数控机床数量较少时可利用仿真软件的优势,做到人手一机,进行仿真练习,提高实习效率;当数控机床数量较多时,应尽可能少用仿真软件,避免学生在虚拟环境中养成不好的操作习惯，此时仿真软件主要作用是对数控程序进行检验。

【操作注意事项】

(1)仿真练习在机房进行，一人一机，力求与真实环境一致进行操作，避免养成不良操作习惯。

(2)实际操作加工把进给倍率修调为0，再慢慢调大，避免出现意外。

(3)实际操作应避免出现仿真加工中的随意性操作。

(4)首件加工仍可采用单步运行，避免撞刀。

【思考与练习】

1. G90、G91指令有何区别？

2. 比较仿真软件与数控铣床操作上的异同。

3. 用增量坐标编程方式编制如图2-3-1所示零件的加工程序，并进行仿真和加工。

4. 编写图2-3-5所示图形加工的数控程序。

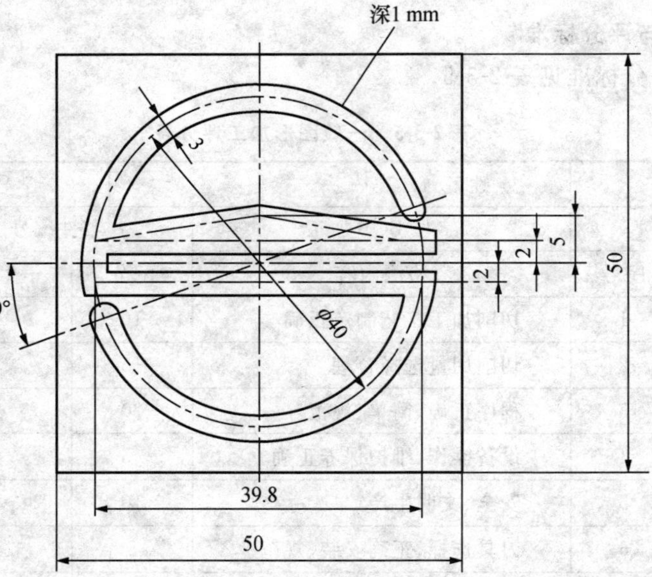

图 2-3-5 题4图

孔加工

模块 3

任务 1　钻孔
任务 2　铰孔
任务 3　铣孔
任务 4　镗孔
任务 5　攻内螺纹

任务1 钻　孔

知识点

- 了解孔的类型及加工方法
- 了解麻花钻、钻孔工艺及工艺参数选择
- 掌握刀具长度补偿指令
- 掌握孔加工循环指令

技能点

- 掌握浅孔、深孔加工
- 掌握循环指令加工浅孔、深孔的方法

【任务引入】

完成如图 3-1-1 所示零件的编程和加工,其三维效果如图 3-1-2 所示,材料为硬铝。

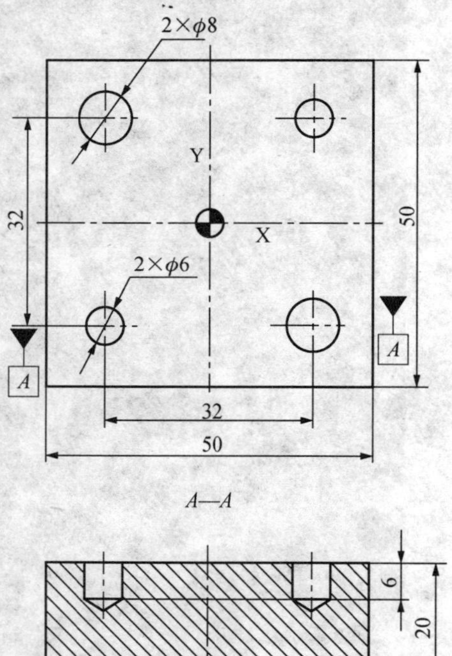

图 3-1-1　零件图

图 3-1-2　三维效果图

【相关知识】

编程指令有以下几种。

一、刀具长度补偿指令

1. 指令功能

通常在数控铣床(加工中心)上加工一个工件要使用多把刀具,由于每把刀具长度不同,所以每次换刀后，刀具Z方向移动时，需要对刀具进行长度补偿，让不同长度的刀具在编程时Z方向坐标统一。

2. 指令代码

法那克系统长度补偿代码见表3-1-1。

表3-1-1　法那克系统长度补偿指令

系统	法那克系统
指令代码	G43 正向长度补偿 G44 负向长度补偿 G49 取消长度补偿

3. 指令格式

法那克系统指令格式如下：

G43 Z_H_；

G44 Z_H_；

G49 或 H0；

其中，H是长度补偿寄存器号，H0中长度补偿值为0。

4. 长度补偿指令的使用

生产中刀具长度补偿常有以下3种用法。

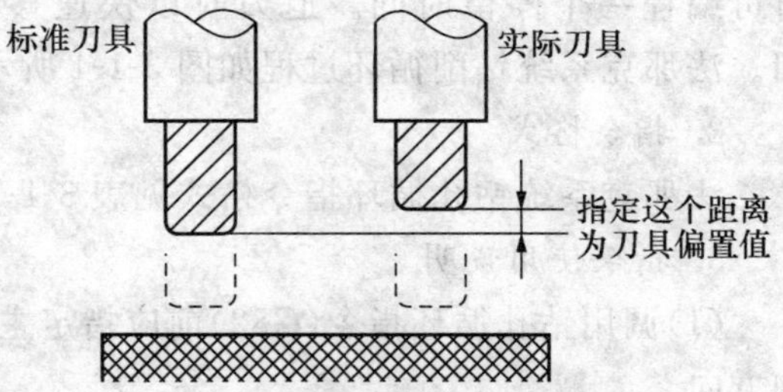

图3-1-3　刀具长度偏置值

(1)所用刀具都使用一个零点偏置代码(如G54)，则应预先确定基准刀具，测量出基准刀具的长度和其他每把刀具的长度差作为长度偏置值，如图3-1-3所示，并把此偏置值设定在数控系统的刀具数据寄存器中。实际操作时，通过对刀确定标准刀具在工件坐标系中的位置，并把Z方向对刀数值设置在零点偏置(即G54)中，然后换上其他刀具依次对刀，测出其在工件坐标系中相对于基准刀具的差值，记录在对应的寄存器中。编程时通过G43正补偿(或G44负补偿)及偏置号H确定刀具长度补偿。法那克系统常用此种方法。

(2)所用刀具都使用一个零点偏置代码(如G54)，将程序中所用的零点偏置代码(如G54)中的Z值设为0，每把刀具的长度值在对刀时都设定在对应长度补偿号H中，法那克系统编程时通过G43正补偿(或G44负补偿)及偏置号H确定刀具长度补偿。

(3)当所使用的刀具数少于零点偏置代码数时，每把刀具使用一个零点偏置代码，Z方向对刀数值设置在每个零点偏置中，刀具参数寄存器中的刀具长度都为0，在程序中用所用的零点偏置代码编程，把每把刀具长度补偿值调出。例如，T1号刀具对刀数值放在G54中；T2号刀具对刀数值放在G55中，T3号刀具对刀数值放在G56中等。编程时，不同刀具用各自对刀时的零点偏置代码。

5. 长度补偿指令使用说明

(1) G43和G44是模态G代码。它们一直有效，直到指定同组的G代码为止。

(2)H代码为刀具长度补偿值的存储器地址，H00～H99共100个，补偿量用MDI方式输入，补偿量与偏置号一一对应。

(3)法那克系统中用 H0 可替代 G49 指令作为取消刀具长度补偿。

6. 指令应用示例

指令应用示例程序见表 3-1-2。

表 3-1-2 示例程序

程序内容	程序说明
N10G0G54G49T1M3S500；	取消长度补偿
N20G43Z5H1；	调用长度补偿，刀具移动到工件坐标系 Z5 处
N30G1Z－2F100；	直线插补至工件坐标系 Z－2 处
N40G00Z50；	快速移动至工件坐标系 Z50 处
N50G49；	取消长度补偿
M2；	程序结束

二、钻孔循环指令

1. 指令功能

刀具以编程指定的主轴转速和进给速度进行钻孔，直至达到给定的钻削深度。在到达最终钻削深度时可编程一个停留时间。退刀时以快速移动速度退回。法那克系统钻削循环过程如图 3-1-4 所示。

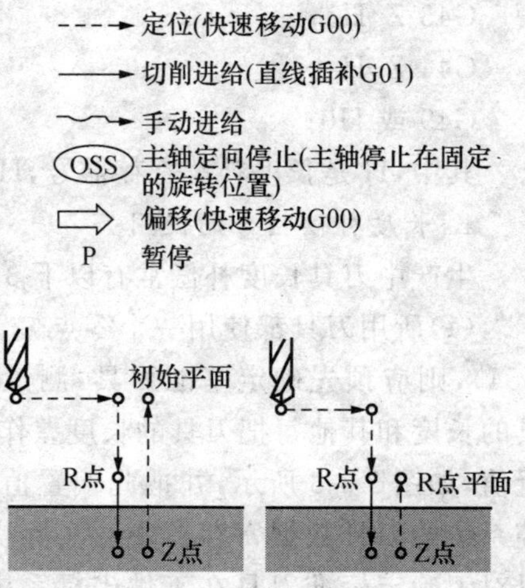

图 3-1-4 钻孔循环

2. 指令格式

法那克系统钻孔循环指令格式见表 3-1-3。

3. 指令使用说明

(1)调用钻孔循环指令(G82)前应指定主轴的转速和方向。

(2)在循环指令(G82)中指定进给速度大小。

(3)钻孔循环指令(G82)中，如用 G98 则刀具退回至初始平面，G99 则刀具退回至 R 平面。

(4)当指定重复次数 K 时，只对第一个孔执行 M 代码；对第二或以后的孔，不执行 M 代码。

表 3-1-3 法那克系统钻孔循环指令

数控系统	法那克系统
指令格式	G82X_Y_Z_R_F_P_K_； 其中，X_Y_：孔位 X、Y 坐标 Z_：孔底的位置坐标（绝对值时），从 R 到孔底的距离（增量值时） R_：从初始位置到 R 点位置的距离 F_：切削进给速度 P_：孔底停留时间 K_：重复次数 G80：取消循环

(5)指定刀具长度偏置(G43、G44 或 G49)时,在定位到 R 点的同时加偏置。

(6)法那克系统还常用 G81 循环钻孔,当 G82 指令停留时间为零时其用法同 G81。

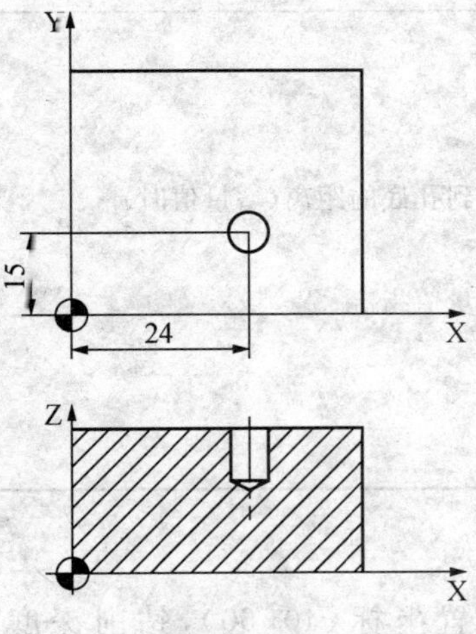

图 3-1-5　应用示例

4. 应用示例

如图 3-1-5 所示,在 XY 平面(24,15)位置加工深度为 24 mm 的孔,孔底停留时间 2 s,钻孔坐标轴方向距离为 3 mm。参考程序见表 3-1-4。

表 3-1-4　法那克系统参考程序

段号	法那克系统程序
N10	G17G90G54T1;设置初始参数
N20	S500M3;设置转速
N30	G43Z120H01;设置长度补偿
N40	G82G98X24Y15Z75R102P2F100;调用钻孔循环
N50	G80G0Z110;取消钻孔循环
N60	M30;程序结束

三、深孔钻削循环

1. 指令功能

当孔较深时,用此循环可使刀具间歇进给到孔的底部,钻孔过程中可从孔中排除切屑,以避免切屑阻塞麻花钻。

法那克系统深孔钻削过程如图 3-1-6 所示。

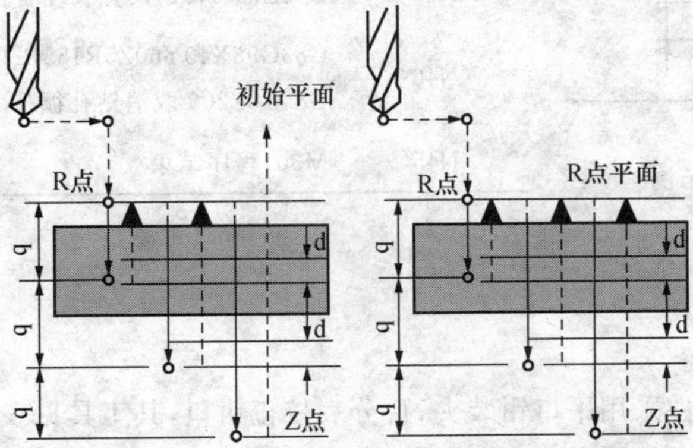

图 3-1-6　法那克系统 G83(G98、G99)深孔钻削循环指令动作过程

2. 指令格式

法那克系统深孔钻削循环指令格式见表 3-1-5。

3. 指令使用说明

(1)调用深孔钻削循环 G83 前应先指定主轴转速和方向。

(2)深孔钻削循环中,Q 表示每次切削进给的钻削深度,必须用增量值指定。

(3)深孔钻削循环中,Q 中必须指定正值,负值被忽略(无效)。

(4)深孔钻削循环中,如果 Z、Q、K 的移动量为零,该指令不执行。

表 3-1-5 法那克系统深孔钻削循环指令格式

数控系统	法那克系统程序
指令格式	G83X_Y_Z_R_Q_F_P_K_; 其中: X_Y_:孔位 X、Y 坐标 Z_:孔底的位置坐标(绝对值时),从 R 点到孔底的距离(增量值时) R_:从初始位置到 R 点位置的距离 Q_:每次切削进给的背吃刀量,必须用增量值指定 F_:切削进给速度 P_:孔底停留时间 K_:重复次数

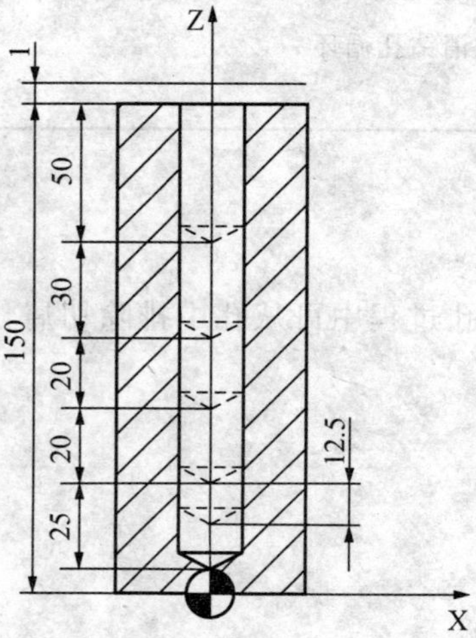

图 3-1-7 应用示例

4. 应用示例

如图 3-1-7 所示,孔位置坐标(40,60),钻削深度为 145 mm的深孔。参考程序见表 3-1-6。

表 3-1-6 法那克系统深孔加工参考程序

段号	法那克系统程序
N10	G54G17G90T2;设置初始参数
N20	S500M3;设置转速
N30	G43Z180H01;设置长度补偿
N40	G83G98X40Y60Z5R155P2Q20F100;调用钻孔循环 G80G0Z200 取消钻孔循环
N45	M30;程序结束

【任务实施】

一、加工工艺分析

1. 工、量、刃具选择

(1)工具选择 工件采用平口钳装夹,百分表校正钳口,其工具见表 3-1-7。

(2)量具选择 孔径、孔深、孔间距等尺寸精度较低,用游标卡尺测量即可,其规格见表3-1-7。

表 3-1-7 工、量、刃具清单

种类	序号	名称	规格	数量
工具	1	平口钳	QH160	1个
	2	平行垫铁		若干
	3	塑胶锤子		1个
	4	呆扳手		若干

续表3-1-7

种类	序号	名称	规格	数量
量具	1	游标卡尺	0～150 mm	1把
	2	百分表及表座	0～10 mm	1个
刃具	1	中心钻	A2	1个
	2	麻花钻	ϕ6 mm、ϕ8 mm	各1个

(3)刃具选择　钻孔前先用中心钻钻中心孔定心；然后用麻花钻钻孔。常用麻花钻的种类及选择如下。

直柄麻花钻传递转矩较小，一般为直径小于12 mm的钻头。锥柄麻花钻可传递较大转矩，一般为直径大于12 mm的钻头。本任务所钻孔径较小，选用直柄麻花钻，其具体规格、参数见表3-1-7。

2. 加工工艺方案

(1)孔的种类及常用加工方法

①按孔的深浅分浅孔和深孔两类；当长径比(L/D孔深与孔径之比)小于5时为浅孔，大于等于5时为深孔。浅孔加工可直接编程加工或调用钻孔循环(G82)；深孔加工因排屑困难、冷却困难，钻削时应调用深孔钻削循环加工。

②按工艺用途分，孔有以下几种，其特点及常用加工方法见表3-1-8。

表3-1-8　孔种类及其常用方法

序号	种类	特点	加工方法
1	中心孔	定心作用	钻中心孔
2	螺栓孔	孔径大小不一，精度较低	钻孔、扩孔、铣孔
3	工艺孔	孔径大小不一，精度较低	钻孔、扩孔、铣孔
4	定位孔	孔径较小，精度较高，表面质量高	钻孔、铰孔
5	支承孔	孔径大小不一，精度较高，表面质量高	钻孔＋镗孔(钻孔＋铰孔)
6	沉头孔	精度较低	锪孔

(2)加工工艺路线　钻孔前工件应校平，然后钻中心孔定心，再用麻花钻钻各孔，具体工艺如下。

①用中心钻钻2×ϕ6 mm及2×ϕ8 mm的中心孔。

②用ϕ6 mm钻头钻2×ϕ6 mm的不通孔。

③用ϕ8 mm钻头钻2×ϕ8 mm的不通孔。

(3)合理切削用量选择　加工铝件，钻孔深度较浅，切削速度可以提高，但垂直下刀进给量应小，参考切削用量参数见表3-1-9。

二、参考程序编制

1. 工件坐标系建立

根据工件坐标系建立原则，本任务工件坐标系建立在工件上表面中心位置。四个孔的坐标分别为(16,16)、(16,－16)、(－16,16)、(－16,－16)。

表 3-1-9 切削用量选择

刀具号	刀具规格	工序内容	V_f/(mm/min)	n/(r/min)
T1	A2 中心钻	钻 2×ϕ6 mm 及 2×ϕ8 mm 的中心孔	100	1 000
T2	ϕ6 mm 麻花钻	钻 2×ϕ6 mm 的不通孔	100	1 200
T3	ϕ8 mm 麻花钻	钻 2×ϕ8 mm 的不通孔	100	1 000

2. 参考程序

法那克系统(FANUC-0i-MB/MC)程序(程序名"O0311")见表 3-1-10。

表 3-1-10 法那克系统程序

程序段号	程序	说明
N10	G17G40G80G49;	设置初始状态
N20	G90G54G0X－16Y16;	绝对编程,工件坐标系建立,刀具快速移动到 X－16Y16 处
N30	M3S1000;	主轴顺时针方向旋转,转速为 1 000 r/min
N40	G43Z5H1M8;	调用 1 号刀具长度补偿,切削液开
N50	G99G82Z－3R5F100;	调用孔加工循环,钻中心孔深 3 mm,刀具返回 R 平面
N60	Y－16;	继续在 Y－16 处钻中心孔
N70	X16;	继续在 X16 处钻中心孔
N80	Y16;	继续在 Y16 处钻中心孔
N90	G80G0Z200;	取消钻孔循环,刀具沿 Z 轴快速移动到 Z200 处
N100	M9M5M00;	切削液关,主轴停止,程序停止,安装 T2 刀具
N110	G90G54G0X－16Y－16;	绝对编程,工件坐标系建立,刀具快速移动到 X－16Y－16 处
N120	M3S1200;	主轴顺时针方向旋转,转速为 1 200 r/min
N130	G43Z5H2M8;	调用 2 号刀具长度补偿,切削液开
N140	G99G83Z－7.732R5Q3F100;	调用孔加工循环,钻ϕ6 mm 孔,刀具返回 R 平面
N150	X16Y16;	继续在 X16Y16 处钻ϕ6 mm 孔
N160	G80G0Z200;	取消钻孔循环刀具沿 Z 轴快速移动到 Z200 处
N170	M9M5M00;	切削液关,主轴停止,程序停止,安装 T3 刀具
N180	G90G54G0X－16Y16;	绝对编程,工件坐标系建立,刀具快速移动到 X－16Y16 处
N190	M3S1000;	主轴顺时针方向旋转,转速 1 000 r/min
N200	G43Z5H3M8;	调用 3 号刀具长度补偿,切削液开
N210	G99G83Z－8.3094R5Q3F100;	调用孔加工循环,钻ϕ8 mm 孔,刀具返回 R 平面
N220	X16Y－16;	继续在 X16Y－16 处钻ϕ8 mm 孔
N230	G80G0Z200;	取消钻孔循环,刀具沿 Z 轴快速移动到 Z200 处
N240	M9M5M02;	切削液关,主轴停止,程序结束

【技能训练】

一、加工准备

(1)阅读零件图,并检查坯料的尺寸。

(2)开机,机床回参考点。

(3)输入程序并检查该程序。

(4)安装夹具,夹紧工件。

把平口钳安装在数控铣床(加工中心)工作台上,用百分表校正钳口。工件安装在平口钳上并用平行垫铁垫起,使工件伸出钳口 5 mm 左右,用百分表校平工件上表面并夹紧。

(5)刀具装夹,本任务共使用了 3 把刀具,把不同类型的刀具分别安装到对应的刀柄上,注意刀具伸出的长度应能满足加工要求,不能干涉,并考虑钻头的刚性,然后按序号依次放置在刀架上,分别检查每把刀具安装的牢固性和正确性。

二、对刀,设定工件坐标系

(1)X、Y 向对刀　通过试切法进行对刀操作得到 X、Y 零偏值并输入到 G54 中。

(2)Z 向对刀　测量 3 把刀的刀位点从参考点到工件上表面的 Z 数值(必须是机械坐标的 Z 值),分别输入到对应的刀具长度补偿中,供加工时调用(G54 中 Z 值为 0)。

三、空运行及仿真

注意空运行及仿真时,使机床机械锁定或使 G54 中的 Z 坐标为 50 mm,按下启动键,适当降低进给速度,检查刀具运动轨迹是否正确。若在机床机械锁定状态下,空运行结束后必回机床参考点;若在更改 G54 的 Z 坐标状态下,空运行结束后 Z 坐标改为 0,机床不需要回参考点。

四、零件自动加工

首先调整各个倍率开关到最小状态,按下循环启动键。机床正常加工过程中适当调整各个倍率开关,保证加工正常进行。

五、零件检测

零件加工结束后,进行尺寸检测,检测结果写在评分表中(表 3-1-11)。

六、加工结束,清理机床

松开夹具,卸下工件,清理机床。

表 3-1-11　钻孔评分表

班级		姓名			学号	
实训课题		钻孔			零件编号	
基本检查		序号	检测内容	配分	学生自评分	教师评分
	编程	1	切削加工工艺制定正确	5		
		2	切削用量选择合理	5		
		3	程序正确、简单、明确、规范	5		
	操作	4	设备操作、维修保养正确	5		
		5	安全、文明生产	10		
		6	刀具选择、安装正确、规范	5		
		7	工件找正、安装正确、规范	5		

续表3-1-11

班级		姓名			学号	
基本检查总计					40	
	序号	图样尺寸	配分	实测尺寸		尺寸得分
				学生自测	教师检测	
尺寸检测	1	2×ϕ6 mm	16			
	2	2×ϕ8 mm	16			
	3	32 mm(2 处)	12			
	4	6 mm(4 处)	16			
尺寸检测总计			60			
基本检测结果		尺寸检测结果			课题总成绩	

【资料链接】

加工中心换刀时，由于各生产厂家设置不同，换刀指令也略有差异。若采用无机械手换刀系统，用 M6Txx 进行换刀。采用机械手换刀系统的换刀指令含义见表 3-1-12。

表 3-1-12 有机械手换刀指令及含义

换刀指令	指令格式	说明
方式一	N40M6Txx;	方式一与方式二均表示刀库中的 Txx 号刀具转到换刀位置后，执行 M6 指令进行换刀
方式二	N40Txx; M50M6;	
方式三	N40M6; N50Txx;	表示先执行 M6 指令，然后刀库中的 Txx 号刀具转到换刀位置等待换刀
方式四	N40TxxM6;	表示刀具转到换刀位置，但不换刀

刀位点是指在加工程序编制时，用以表示刀具特征的点，也是对刀和加工的基准点。对于平面铣刀来说，刀位点为刀具轴线与刀具底面的交点；盘形铣刀的刀位点是刀具对称中心平面与其圆柱面上切削刃的交点；球形铣刀的刀位点为球形部分的中心；钻头的刀位点为其钻心。

【操作注意事项】

(1)毛坯装夹时，要考虑垫铁与加工部位是否干涉。

(2)钻孔加工前，要先钻中心孔，保证麻花钻起钻时不会偏心。

(3)钻孔加工时，要正确合理选择切削用量，合理使用钻孔循环指令。

(4)固定循环运行中，若利用复位或急停使数控装置停止，由于此时孔加工方式和孔加工数据还被存储着，所以在开始加工时要特别注意，使固定循环剩余动作进行到结束。

(5)当程序执行到 M00 暂停时，不允许手动移动机床，在停止位置手动换刀，继续执行程序。

(6)编程时应计算ϕ6 mm 和ϕ8 mm 钻头的顶点应加工的深度。

(7)通常直径大于ϕ30 mm 的孔应在普通机床上完成粗加工，留 4～6 mm 余量(直径方向)，再由数控铣床(加工中心)进行精加工；而小于ϕ30 mm 的孔可以直接在数控铣床(加工中心)上完成粗、精加工。

【思考与练习】

1. 法那克(FANUC-0i-MB/MC)系统中，G82 和 G83 有何区别？
2. 针对图 3-1-8 所示零件，编写钻 4 个ϕ5 mm 孔的加工程序并加工练习。

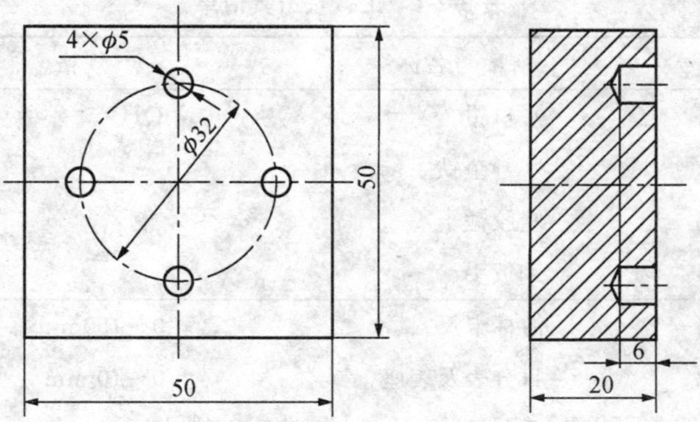

图 3-1-8　题 2 图

任务 2　铰　　孔

知识点

➢了解铰刀的形状、结构、种类

➢掌握铰削工艺参数选择

技能点

➢掌握铰刀的校正方法

➢掌握铰削工艺

【任务引入】

完成图 3-2-1、图 3-2-2 所示零件的编程和加工，材料为硬铝，毛坯尺寸 50 mm×50 mm×20 mm。

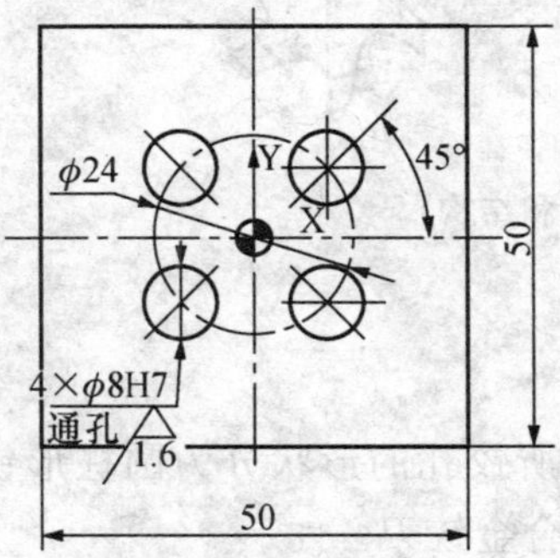

图 3-2-1　零件图

图 3-2-2　三维效果图

【相关知识】

一、加工工艺分析

1. 工、量、刃具选择

(1)工具选择　工件装夹在平口钳上,平口钳用百分表校正,其工具见表 3-2-1。

(2)量具选择　孔间距用游标卡尺测量;孔径尺寸精度较高用内径百分表或塞规测量,内径百分表用千分尺校对;表面质量用表面粗糙度样板比对。其规格、参数见表 3-2-1。

表 3-2-1　工、量、刃具清单

种类	序号	名称	规格	数量
工具	1	平口钳	QH160	1 个
	2	平行垫铁		若干
	3	塑胶锤子		1 个
	4	呆扳手		若干
量具	1	游标卡尺	0～150 mm	1 把
	2	百分表及表座	0～10 mm	1 个
	3	千分尺	0～25 mm	1 把
	4	内径百分表	6～10.5 mm	1 套
	5	塞规	ϕ8H7	1 个
	6	表面粗糙度样板	N0～N1	1 副
刃具	1	中心钻	A2	1 个
	2	麻花钻	ϕ7.8 mm	1 个
	3	铰刀	ϕ8H7	1 个

(3)刃具选择　铰孔为孔的精加工方法之一,铰孔前应安排用麻花钻钻孔等粗加工工序(钻孔前还需用中心钻钻中心孔定心)。铰孔所用刀具为铰刀,铰刀形状、结构、种类如下:

①铰刀的几何形状和结构如图 3-2-3 所示。

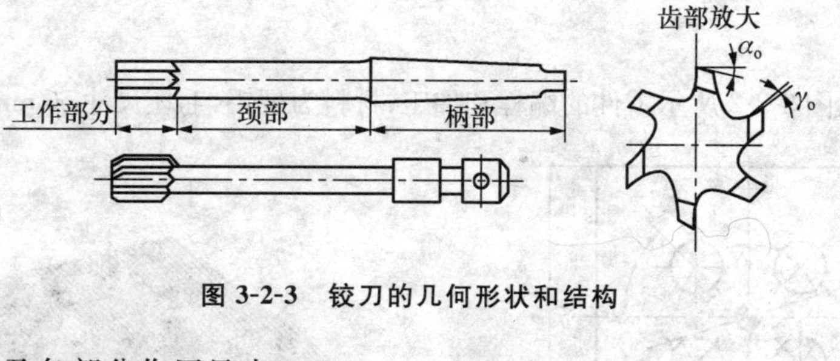

图 3-2-3　铰刀的几何形状和结构

②铰刀的组成及各部分作用见表 3-2-2。

③铰刀的种类、特点及应用。

铰刀按使用方法分为手用铰刀和机用铰刀两种;按所铰孔的形状分为圆柱形铰刀和圆锥形铰刀两种;按切削部分的材料分为高速钢铰刀和硬质合金铰刀。

铰刀是多刃切削刀具,有 6～12 个切削刃,铰孔时导向性好。由于刀齿的齿槽很浅,铰刀的横截面大，因此刚性好。铰孔的加工精度可高达 IT6～IT7，表面粗糙度 Ra0.4～0.8 μm，常作为孔的精加工方法之一，尤其适用于精度高的小孔的精加工。

本任务加工材料为硬铝，用数控铣床加工，所铰孔径小，宜选用圆柱形硬质合金机用铰刀，其工、量、刃具见表 3-2-1。

表 3-2-2　铰刀的组成部分及作用

结构		作用
柄部		装夹和传递转矩
工作部分	引导部分	导向
	切削部分	切削
	修光部分	定向、修光孔壁、控制铰刀直径和便于测量
	倒锥部分	减少铰刀与工件已加工表面的摩擦
颈部		标注规格及商标

2. 加工工艺方案

(1)加工工艺路线　对每个孔都应先钻中心孔，钻底孔，最后再铰孔。具体工序安排如下。

①用 A2 中心钻钻 4×ϕ8H7 中心孔。

②用ϕ7.8 mm 钻 4×ϕ8H7 底孔。

③用ϕ8H7 铰刀铰 4×ϕ8H7 的孔。

(2)合理切削用量选择　铰削余量不能太大也不能太小，余量太大铰削困难；余量太小，前道工序加工痕迹无法消除。一般粗铰余量为 0.15～0.30 mm，精铰余量为 0.04～0.15 mm。铰孔前如采用钻孔、扩孔等工序，铰削余量主要由所选择的钻头直径确定。

本任务加工铝件，钻孔、铰孔为通孔，切削速度可以较高，但垂直下刀进给量应小，参考切削月量参数见表 3-2-3。

表 3-2-3　切削用量选择

刀具号	刀具规格	工序内容	V_f/(mm/min)	n/(r/min)
T1	A2 中心钻	用 A2 中心钻钻 4×ϕ8H7 中心孔	100	1 000
T2	ϕ7.8 mm 麻花钻	用ϕ7.8 mm 钻 4×ϕ8H7 底孔	100	1 000
T3	ϕ8H7 铰刀	用ϕ8H7 铰刀铰 4×ϕ8H7 的孔	60	1 200

二、参考程序编制

1. 工件坐标系建立

根据工件坐标系建立原则，本任务工件坐标系建立在工件上表面中心位置。此时 4 个孔的坐标很容易求解，分别用公式：$X=\pm 12\times\cos 45^\circ$，$Y=\pm 12\times\sin 45^\circ$ 计算，其坐标分别为(8.485,8.485)、(−8.485,8.485)、(−8.485,−8.485)、(8.485,8.485)。

2. 参考程序

法那克系统(FANUC-0i-MB/MC)程序(程序名为“O0321”)见表 3-2-4。

表 3-2-4 法那克系统程序

程序段号	程序	说明
N10	G17G40G80G49;	设置初始状态
N20	G90G54;	绝对编程、设置工件坐标系
N30	G00X－8.485Y8.485;	刀具快速移动到 X－8.485Y8.485
N40	M03S1000M07;	主轴顺时针方向旋转，转速 1 000 r/min，切削液开
N50	G43Z5H01;	调用 1 号刀具补偿，刀具快速沿 Z 轴到 5 mm 处
N60	G99G81Z－3R5F100;	调用孔加工循环，钻心孔深 3 mm，刀具返回 R 平面
N70	Y－8.485;	继续钻 Y－8.485 处的中心孔
N80	X8.485;	继续钻 X8.485 处的中心孔
N90	Y8.485;	继续钻 Y8.485 处的中心孔
N100	G80G0Z200;	取消钻孔循环，刀具沿 Z 轴快速移动到 Z200 处
N110	M05M9M00;	主轴停止，切削液关，程序停止，安装 T2 刀具
N120	G54G0X－8.485Y8.485;	设置工作坐标系、刀具快速移动到 X－8.485Y8.485 处
N130	M03S1000M7;	主轴顺时针方向旋转、转速 1 000 r/min，切削液开
N140	G43Z5H02;	调用 2 号刀具长度补偿，刀具快速移动到 Z 轴到 5 mm 处
N150	G99G83Z－23R5Q3F100;	调用孔加工循环
N160	Y－8.485;	继续钻 Y－8.485 处的中心孔
N170	X8.485;	继续钻 X8.485 处的中心孔
N180	Y8.485;	继续钻 Y8.485 处的中心孔
N190	G80G0Z200;	取消钻孔循环，刀具沿 Z 轴快速移动到 Z200 处
N200	M05M9M00;	主轴停止，切削液关，程序停止，安装 T3 刀具
N210	G54G0X－8.485Y8.485;	设置工作坐标系、刀具快速移动到 X－8.485Y8.485 处
N220	M03S1200M7;	主轴顺时针方向旋转、转速 1 200 r/min，切削液开
N230	G43Z5H03;	调用 3 号刀具长度补偿，刀具快速沿 Z 轴到 5 mm 处
N240	G99G81Z－23R5F60;	调用孔加工循环(铰孔)
N250	Y－8.485;	继续钻 Y－8.485 处的中心孔
N260	X8.485;	继续钻 X8.485 处的中心孔
N270	Y8.485;	继续钻 Y8.485 处的中心孔
N280	G80G0Z200;	取消钻孔循环，刀具沿 Z 轴快速移动到 Z200 处
N290	M05M09M02;	主轴停止，切削液关，程序结束

【技能训练】

一、加工准备

(1)阅读零件图，并检查坯料的尺寸。

(2)开机，机床回参考点。

(3)输入程序并检查该程序。

(4)安装夹具，夹紧工件。

把平口钳安装在工作台面上，并用百分表校正钳口。工件装夹在平口钳上，用垫铁垫起，使工件伸出钳口 5 mm 左右，校平工件上表面并夹紧。

(5)刀具装夹。本任务共使用了 3 把刀具，把不同类型的刀具分别安装到对应的刀柄上，注意刀具伸出的长度应满足加工要求，不能干涉，并考虑钻头的刚性，然后按序号依次放置在刀架上，分别检查每把刀具安装的牢固性和正确性。

安装铰刀时尤其应注意铰刀的校正。校正方法是：

①清理主轴锥孔、刀柄及弹簧夹头等部位。

②将铰刀安装在刀柄上，连同刀柄装入主轴上。

③百分表固定在工作台上，使百分表测量头接触铰刀切削刃。

④手动旋转主轴，测出铰刀工作部分的径向圆跳动误差不超出被加工孔径公差的 1/3。

⑤若铰刀径向圆跳动误差超出被加工孔径公差的 1/3，查找原因，重新装夹、校正。

二、对刀，设定工件坐标系

(1)X、Y 向对刀　通过试切法进行对刀操作，得到 X、Y 零偏值，并输入到 G54 中。

(2)Z 向对刀　测量 3 把刀的刀位点从参考点到工件上表面的 Z 数值，分别输入到对应的刀具长度补偿中，加工时调用(G54 中的 Z 值为 0)。

三、空运行及仿真

注意空运行及仿真时，使机床机械锁定或使 G54 中的 Z 坐标中输入 50 mm。按下启动键，适当降低进给速度。检查刀具运动轨迹是否正确。若在机床机械锁定状态下，空运行结束后必须回机床参考点；若在更改 G54 的 Z 坐标状态下，空运行结束后 Z 坐标改为 0，机床不需要回参考点。

四、零件自动加工

首先使各个倍率开关达到最小状态，按下循环启动键。机床正常加工过程中适当调整各个倍率开关，保证加工正常进行。

五、零件检测

零件加工结束后，进行尺寸检测，检测结果写在评分表中(表 3-2-5)。

表 3-2-5　铰孔评分表

班级			姓名		学号	
任务		铰孔			零件编号	
基本检查		序号	检测内容	配分	学生自评分	教师评分
	编程	1	切削加工工艺制定正确	5		
		2	切削用量选择合理	5		
		3	程序正确、简单、明确、规范	5		
	操作	4	设备操作、维修保养正确	5		
		5	安全、文明生产	10		
		6	刀具选择、安装正确、规范	5		
		7	工件找正、安装正确、规范	5		
基本检查总计				40		

续表3-2-5

班级		姓名			学号	
尺寸检测	序号	图样尺寸	配分	实测尺寸		尺寸得分
				学生自测	教师检测	
	1	4×ϕ8H7	36			
	2	ϕ24 mm	4			
	3	45°	4			
	4	Ra1.6 μm	16			
尺寸检测总计			60			
基本检测结果		尺寸检测总计			任务总成绩	

六、加工结束，清理机床

松开夹具，卸下工件，清理机床。

【资料链接】

铰孔时，切削液对孔表面质量和尺寸精度有较大影响，应该根据加工情况.合理选择切削液一般铰钢件及韧性材料时选择全系统损耗用油（俗称机油）或乳化液；铰铸铁及脆性材料时选择煤油、煤油与矿物油的混合油；铰铜件或铝合金时选择植物油、专用锭子油（SH/T 0360—1992）和合成锭子油（SH/T 0111—1992）。

【操作注意事项】

（1）毛坯装夹时，应校平上表面并检测垫铁与加工部位是否干涉。

（2）铰孔加工之前，要先钻孔（含用中心钻钻中心孔定心），中心钻、麻花钻和铰刀对刀的一致性要好。

（3）铰孔加工时，要根据刀具机床情况合理选择切削参数；否则会在加工中产生噪声，影响孔的表面粗糙度。

（4）安装铰刀时，一定要用百分表校正铰刀，否则影响铰孔的直径尺寸。

（5）铰孔加工时要加注润滑液，否则影响孔的表面质量。

（6）当程序执行到 M00 暂停时，不允许手动移动机床，在停止位置手动换刀，继续执行程序。

【思考与练习】

针对图 3-2-4 所示零件，编写铰孔的加工程序。

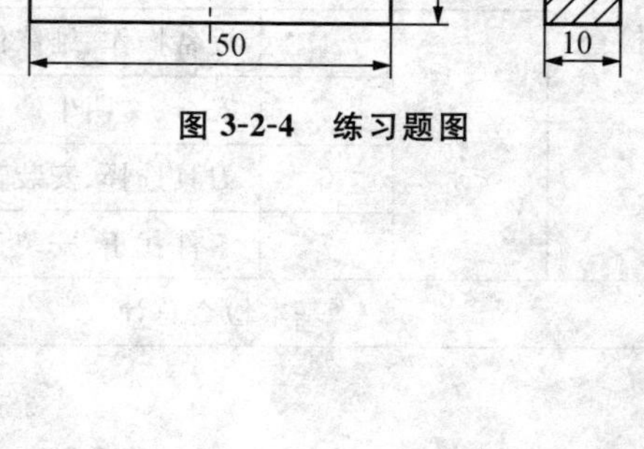

图 3-2-4 练习题图

任务3　铣　　孔

知识点

- 了解铣刀及工艺参数的选择
- 掌握暂停指令G04及其应用
- 掌握子程序及其应用
- 了解顺铣、逆铣及对表面质量的影响

技能点

- 掌握铣孔方法
- 进一步掌握钻孔方法

【任务引入】

完成图3-3-1、图3-3-2所示零件的铣孔，材料为硬铝。

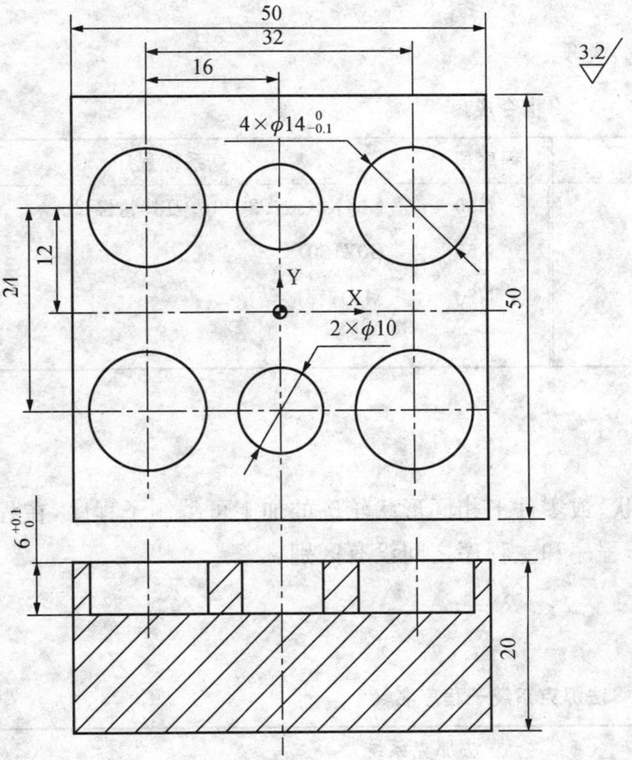

图3-3-1　零件图

图3-3-2　三维效果图

【相关知识】

编程指令介绍如下。

一、暂停指令

1. 指令功能

两个程序段之间插入一个暂停指令，可以使加工程序中断给定的时间。

2. 指令格式

暂停指令格式见表 3-3-1。

3. 指令使用说明

(1)使用 G04 指令时，刀具延时结束后执行下个程序段。

(2)G04 指令为非模态指令。

(3)法那克系统中当 G04 中 X 或 P 都不指定时，执行准确停止。

表 3-3-1 法那克系统暂停指令格式

指令格式	指令含义
G04X_;	暂停时间(s)，数值必须加小数点
G04P_;	暂停时间 1/1 000 s，数值不用小数点

4. 指令应用

指令应用见表 3-3-2。

表 3-3-2 指令应用

程序段号	法那克系统程序	程序段号	法那克系统程序
N10	G54G17G90T2；设置初始参数	N50	G04X2(或 P2000)；刀具暂停 2 s
N20	S500M3；设置转速	N60	G0Z100
N30	G43Z10H01；设置长度补偿	N70	M30；程序结束
N40	G1Z－5F100		

二、子程序

1. 子程序功能

对经常需要进行重复加工的轮廓形状，或零件上相同形状轮廓的加工可编制子程序，在程序适当的位置进行调用、运行。原则上子程序和主程序之间没有区别。

2. 子程序名

法那克系统子程序名见表 3-3-3。

表 3-3-3 法那克系统子程序名

数控系统	法那克系统
子程序名	子程序名与主程序名完全相同，由字母“O”开头，后跟四位数字，如“O1233”

3. 子程序结构

子程序结构与主程序结构完全相同，由各程序段组成。

4. 子程序结束及返回

法那克系统子程序结束及返回见表 3-3-4。

表 3-3-4　法那克系统子程序结束及返回

数控系统	法那克系统
子程序返回	用 M99 指令结束子程序并返回

5. 子程序调用

主程序可以在适当位置调用子程序，子程序还可以再调用其他子程序。法那克系统子程序调用见表 3-3-5。

表 3-3-5　法那克系统子程序调用

数控系统	法那克系统
子程序调用	M98P<u>xxxxxxx</u>; P 后跟子程序被重复调用次数及子程序名，例如： N20M98P2233；调用子程序“O2233” N40M98P31133；重复调用子程序“O1133”3 次

调用子程序时程序运行过程如图 3-3-3 所示。

6. 子程序使用说明

(1)主程序调用子程序，子程序还可再调用其他子程序，这被称为子程序嵌套，一般子程序嵌套深度为 3 层，也就是有 4 个程序界面(包括主程序界面)。注意固定循环是子程序的一种特殊形式，也属于 4 个程序界面中的一个。

(2)子程序可以重复调用，最多 999 次。

(3)在子程序中可以改变模态有效的 G 功能，比如 G90～G91 的变换。在返回调用程序时注意检查一下所有模态有效的功能指令，并按照要求进行调整。

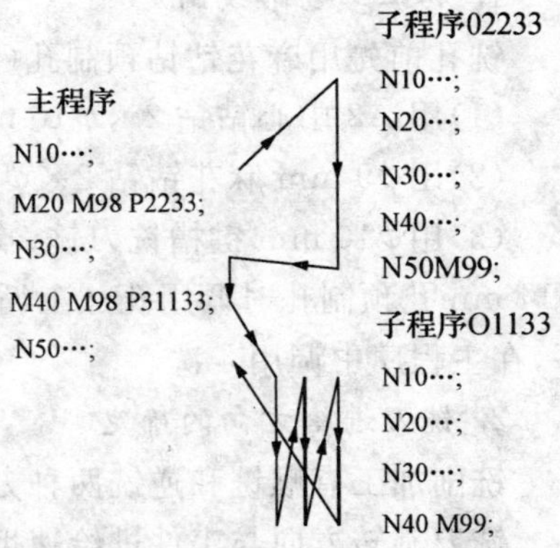

图 3-3-3　法那克系统程序运行路线

【任务实施】

一、工、量、刃具选择

(1)工具选择　工件装夹在平口钳上，平口钳用百分表校正，其他工具见表 3-3-6。

(2)量具选择　孔间距用游标卡尺测量；孔深用深度游标卡尺测量；孔径精度较高用内径千分尺测量。

表 3-3-6　铣孔加工工、量、刃具清单

种类	序号	名称	规格	数量
工具	1	平口钳	QH160	1个
	2	平行垫铁		若干
	3	塑胶锤子		1个
	4	呆扳手		若干

续表3-3-6

种类	序号	名称	规格	数量
	1	游标卡尺	0～150 mm	1把
	2	百分表及表座	0～10 mm	1个
量具	3	内径千分尺	5～25 mm	1个
	4	深度游标卡尺	0～200 mm	1把
	5	表面粗糙度样板	N0～N1	1副
	1	中心钻	A2	1个
刃具	2	麻花钻	ϕ9 mm	1个
	3	键槽铣刀	ϕ10 mm	1个

(3)刃具选择　铣孔用键槽铣刀铣削，铣孔前用麻花钻钻预制孔(含用中心钻钻中心孔定心)。

二、加工工艺方案

1. 加工工艺路线制定

铣孔前先用麻花钻钻预制孔(含用中心钻钻中心孔定心)，具体加工路线如下。

(1)用 A2 中心钻钻 2×ϕ10 mm 和 4×ϕ14 mm 中心孔。

(2)用ϕ9 mm 麻花钻钻 2×ϕ10 mm 和 4×ϕ14 mm 孔深 6 mm。

(3)用ϕ10 mm 键槽铣刀铣 2×ϕ10 mm 和 4×14 mm 不通孔深 6.05 mm。钻中心孔和ϕ14 mm孔预制孔时调用孔加工循环；铣 4 个ϕ14 mm 孔，因加工内容相同，可编写一个子程序，在主程序中调用 4 次。

2. 铣刀进给方向的确定

铣削加工有顺铣和逆铣两种方式。

铣刀旋转方向与工件进给速度方向相同的铣削方式，称为顺铣(图 3-3-4a)。铣刀旋转方向与工件进给速度方向相反的铣削方式，称为逆铣，如图 3-3-4b 所示。

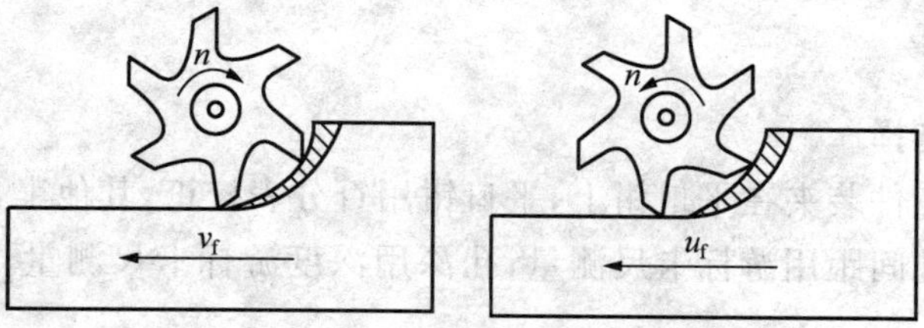

a　　b

图 3-3-4　铣削方式

a. 顺铣　b. 逆铣

顺铣时铣刀刀齿切入工件时的切削厚度由最大逐渐减小到零。刀齿切入容易，且铣刀后面与已加工表面的挤压、摩擦小，切削刃磨损慢，加工出的工件表面质量较高；但顺铣时，刀齿从工件的外表面切入工件，当表面有硬皮和杂质时，容易磨损和损坏刀具。

逆铣时在铣刀中心进入工件端面后，切削刃沿已加工表面切入工件，刀齿存在“滑行”，已加工表面质量差，刀齿易磨损；但铣削表面有硬皮的毛坯件时对铣刀刀齿损坏的影响小。

铣孔时，当铣刀沿孔顺时针方向铣削时，铣刀旋转方向与工件进给方向相反属于逆铣；铣刀沿孔逆时针方向铣削时，铣刀旋转方向与工件进给方向相同属于顺铣。如图 3-3-5 所示。顺铣表面质量好，刀齿磨损小，故铣孔时铣刀应沿孔作逆时针方向进给。

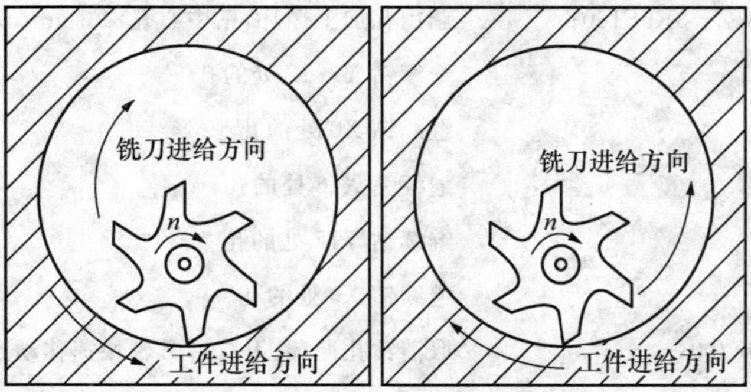

a　　b

图 3-3-5　铣孔

a. 逆铣　b. 顺铣

3. 合理切削用量选择

加工铝件，铣孔深度较浅，切削速度可以提高，但垂直下刀进给量应小，参考切削用量参数见表 3-3-7。

表 3-3-7　切削用量选择

刀具号	刀具规格	工序内容	V_f(mm/min)	n/(r/min)
T1	A2 中心钻	钻 2×ϕ10 mm 和 4×$\phi14^{0}_{0.1}$ mm 中心孔	100	1 000
T2	ϕ9 mm 麻花钻	钻 2×ϕ10 mm 和 4×$\phi14^{0}_{0.1}$ mm 孔深 6 mm	100	1 000
T3	ϕ10 mm 键槽铣刀	用ϕ10 mm 键槽铣刀铣 2×ϕ10 mm 和 4×$\phi14^{0}_{0.1}$ mm不通孔深 6.05 mm	80	1 200

三、参考程序编制

1. 工件坐标系建立

选择工件上表面中心位置为工件坐标系的原点。工件坐标系建立后，6 个孔的位置坐标便可以求出，分别为(−16,12)、(0,12)、(16,12)、(−16,12)、(0,−12)、(16,−12)。

2. 参考程序

法那克系统程序见表 3-3-8。

表 3-3-8　法那克系统程序

程序段号	程序	说明
N10	G17G40G80G49；	设置初始状态
N20	G90G54G0X−16Y12；	绝对坐标编程、设置工件坐标系，刀具快速移动到 X−16Y12 处
N30	M3S1000；	主轴顺时针方向旋转，转速 1 000 r/min

续表3-3-8

程序段号	程序	说明
N40	G43Z5H01M8；	调用1号刀具长度补偿，刀具快速沿Z轴到5 mm处
N50	G99G81Z－3R5F100；	调用孔加工循环，钻中心孔深3 mm，刀具返回R平面
N60	Y－12；	继续钻Y－12处的孔
N70	X0；	继续钻X0处的孔
N80	X16；	继续钻X16处的孔
N90	Y12；	继续钻Y12处的孔
N100	X0；	继续钻X0处的孔
N110	G80G0Z200；	取消钻孔循环、刀具沿Z轴快速移动到Z200处
N120	M5M9M00；	主轴停止，程序停止，安装T2刀具
N130	G90G54G0X－16Y12；	绝对编程、设置工件坐标系，刀具快速移动到X－16Y12处
N140	M3S1000；	主轴顺时针方向旋转，转速1 000 r/min
N150	G43Z5H02M8；	调用2号刀具长度补偿，刀具快速沿Z轴到5 mm处
N160	G99G83Z－6R5Q3F100；	调用孔加工循环，钻孔深6 mm，刀具返回R平面
N170	Y－12；	继续钻Y－12处的孔
N180	X0；	继续钻X0处的孔
N190	X16；	继续钻X16处的孔
N200	Y12；	继续钻Y12处的孔
N210	X0；	继续钻X0处的孔
N220	G80G0Z200；	取消钻孔循环、刀具沿Z轴快速移动到Z200处
N230	M5M9M00；	主轴停止，程序停止，安装T3刀具
N240	G90G54G0X0Y12；	绝对编程、设置工件坐标系，刀具快速移动到X－16Y12处
N250	M3S1200；	主轴顺时针方向旋转1 200 r/min
N260	G43Z5H03M8；	调用3号刀具长度补偿，刀具快速沿Z轴到5 mm处
N270	G1Z－6.05F80；	钻孔深6.05 mm，进给速度80 mm/min
N280	G04X5；	暂停5 s
N290	G1Z5F200；	刀具抬起5 mm，进给速度200 mm/min
N300	G0Y－12；	刀具快速移动到Y－12处
N310	G1Z－6.05F80；	钻孔深6.05 mm，进给速度80 mm/min
N320	G04X5；	暂停5 s
N330	G1Z5F200；	刀具抬起5 mm，进给速度200 mm/min
N340	G0Y16Y－12；	刀具快速移动到X16Y－12处
N350	M98P3311；	调用子程序
N360	G0X16Y12；	刀具快速移动到X16Y12处

续表3-3-8

程序段号	程序	说明
N370	M98P3311;	调用子程序
N380	G0X－16Y12;	刀具快速移动到 X－16Y12 处
N390	M98P3311;	调用子程序
N400	G0X－16Y－12;	刀具快速移动到 X－16Y－12 处
N410	M98P3311;	调用子程序
N420	G0Z200;	刀具快速抬起 200 mm
N430	M9M5M2;	主轴停止,程序结束

子程序(子程序名为“O3311”)见表 3-3-9。

表 3-3-9　法那克系统子程序

程序段号	程序	说明
N10	G90G1Z－6.05F80;	绝对坐标编程铣孔深度 6.05 mm,进给速度 80 mm/min
N20	G91G1X1.975;	增量方式编程刀具沿 X 正方向移动 1.975 mm
N30	G2I－1.975;	刀具顺时针铣圆
N40	G1X－1.975;	刀具沿 X 轴负方向移动 1.975 mm
N50	G90G0Z5;	绝对方式刀具抬起 5 mm
N60	M99;	子程序结束

【资料链接】

铣孔时,若用键槽铣刀或四刃铣刀(横刃过中心)加工,可以直接在工件表面下刀,但下刀时进给速度应低;若用三刃立铣刀或四刃铣刀(横刃不过中心)加工,不可直接在工件表面下刀,应先用钻头钻好预钻孔,而后再下刀加工。

【技能训练】

一、加工准备

(1)阅读零件图,并检查坯料的尺寸。

(2)开机,机床回参考点。

(3)输入程序,并检查该程序。

(4)安装夹具,夹紧工件。

把平口钳安装在工作台面上,并用百分表校正钳口。工件装夹在平口钳上并用垫铁垫起,使工件伸出钳口 5 mm 左右,校平工件上表面并夹紧。

(5)刀具装夹,本任务共使用了 3 把刀具,把不同类型的刀具分别安装到对应的刀柄上,注意刀具伸出的长度应能满足加工要求,不能干涉,并考虑钻头的刚性,然后按序号依次放置在刀架上,分别检查每把刀具安装的牢固性和正确性。

二、对刀,设定工件坐标系

(1)X、Y 向对刀　通过试切法进行对刀操作得到 X、Y 零偏值,并输入到 G54 中。

(2)Z 向对刀　利用试切法分别测量 3 把刀的刀位点从参考点到工件上表面的 Z 数值，并把 Z 数值分别输入到对应的刀具长度补偿值中(G54 中 Z 值为 0)。

三、空运行及仿真

注意空运行及仿真时，使机床机械锁定或向 G54 中的 Z 坐标中输入 50 mm，按下启动键，适当降低进给速度，检查刀具运动轨迹是否正确。若在机床机械锁定状态下，空运行结束后必须重回机床参考点；若在更改 G54 的 Z 坐标状态下，空运行结束后 Z 坐标改为 0，机床不需要回参考点。

四、零件自动加工

首先使各个倍率开关达到最小状态，按下循环启动键。机床正常加工过程中适当调整各个倍率开关，保证加工正常进行。

五、零件检测结果

零件加工结束后，进行尺寸检测，检测结果写在评分表中(表 3-3-10)。

表 3-3-10　铣孔评分表

<table>
<tr><td>班级</td><td></td><td colspan="3">姓名</td><td>学号</td><td></td></tr>
<tr><td colspan="2">实训课题</td><td colspan="3">钻孔</td><td>零件编号</td><td></td></tr>
<tr><td rowspan="8">基本检查</td><td></td><td>序号</td><td>检测内容</td><td>配分</td><td>学生自评分</td><td>教师评分</td></tr>
<tr><td rowspan="3">编程</td><td>1</td><td>切削加工工艺制定正确</td><td>5</td><td></td><td></td></tr>
<tr><td>2</td><td>切削用量选择合理</td><td>5</td><td></td><td></td></tr>
<tr><td>3</td><td>程序正确、简单、明确、规范</td><td>5</td><td></td><td></td></tr>
<tr><td rowspan="4">操作</td><td>4</td><td>设备操作、维护保养正确</td><td>5</td><td></td><td></td></tr>
<tr><td>5</td><td>安全、文明生产</td><td>10</td><td></td><td></td></tr>
<tr><td>6</td><td>刀具选择、安装正确、规范</td><td>5</td><td></td><td></td></tr>
<tr><td>7</td><td>工件找正、安装正确、规范</td><td>5</td><td></td><td></td></tr>
<tr><td colspan="4">基本检查总计</td><td>40</td><td></td><td></td></tr>
<tr><td rowspan="7">尺寸检测</td><td rowspan="2">序号</td><td rowspan="2">图样尺寸</td><td rowspan="2">配分</td><td colspan="2">实测尺寸</td><td rowspan="2">尺寸得分</td></tr>
<tr><td>学生自测</td><td>教师检测</td></tr>
<tr><td>1</td><td>$4\times\phi14^{0}_{-0.1}$ mm</td><td>32</td><td></td><td></td><td></td></tr>
<tr><td>2</td><td>$2\times\phi10$ mm</td><td>8</td><td></td><td></td><td></td></tr>
<tr><td>3</td><td>$6^{+0.1}_{0}$ mm</td><td>6</td><td></td><td></td><td></td></tr>
<tr><td>4</td><td>16 mm，32 mm，
12 mm，24 mm</td><td>10</td><td></td><td></td><td></td></tr>
<tr><td>5</td><td>$Ra3.2\ \mu m$</td><td>4</td><td></td><td></td><td></td></tr>
<tr><td colspan="3">尺寸检测总计</td><td>60</td><td></td><td></td><td></td></tr>
<tr><td colspan="2">基本检查总计</td><td colspan="3">尺寸检测总计</td><td colspan="2">任务总成绩</td></tr>
<tr><td colspan="2"></td><td colspan="3"></td><td colspan="2"></td></tr>
</table>

六、加工结束,清理机床

松开夹具,卸下工件,清理机床。

【操作注意事项】

(1)钻预制孔及钻中心孔时,中心钻和钻头要保证对刀的一致性。

(2)用铣刀进行铣孔时,应选择能垂直下刀的铣刀或采用螺旋下刀方式。

(3)采用刀心轨迹编程,需计算铣刀刀心移动轨迹坐标。

(4)铣孔时尽可能采用顺铣,以保证已加工表面质量。

【思考与练习】

1. 简述铣削加工中顺铣和逆铣的优缺点。

2. 简述法那克系统(FANUC-0i-MB/MC)子程序调用时注意事项。

3. 针对如图 3-3-6 所示零件,编写铣孔加工程序并加工零件。

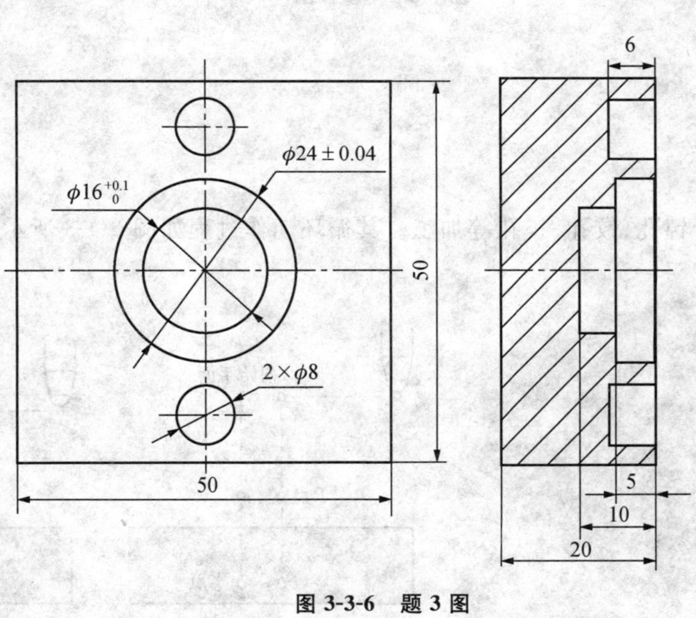

图 3-3-6　题 3 图

任务 4　镗　　孔

知识点

➢了解镗孔刀形状、结构、种类

➢掌握镗孔工艺参数选择

➢了解镗孔循环指令及使用方法

技能点

➢掌握镗孔方法

➢掌握镗孔尺寸控制及微调镗刀的使用

【任务引入】

完成如图 3-4-1、图 3-4-2 所示零件的镗孔，材料为硬铝。

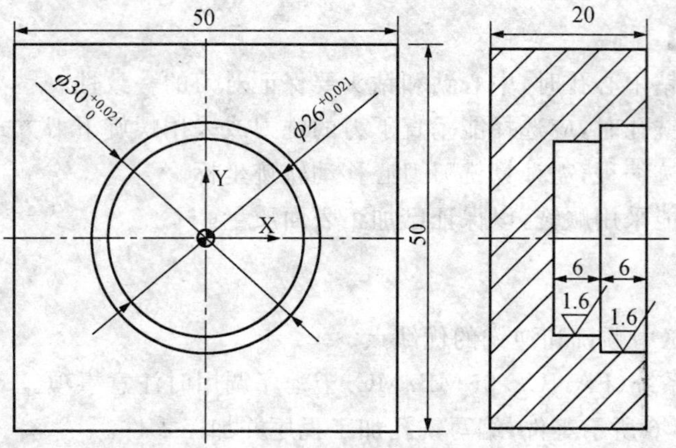

图 3-4-1 零件图

【相关知识】

编程指令如下。

一、镗孔循环指令

1. 指令功能

该指令可以用于镗孔、铰孔、扩孔等加工。其循环动作过程如图 3-4-3 所示。

图 3-4-2 三维效果图

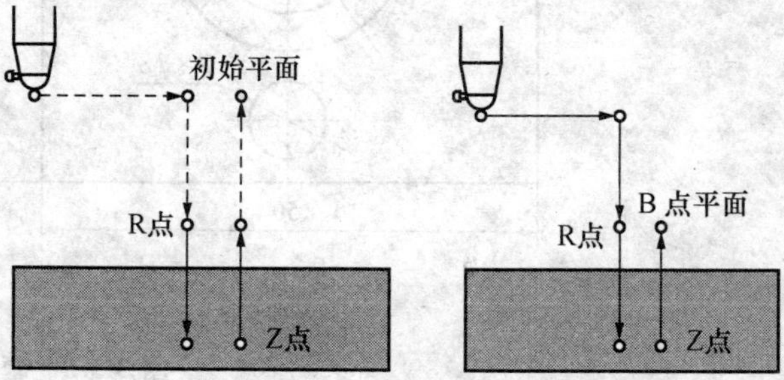

图 3-4-3 G85(G98、G99)镗孔循环动作过程

2. 指令格式

镗孔指令格式见表 3-4-1。

表 3-4-1 法那克系统镗孔循环指令格式

数控系统	法那克系统
指令格式	G85X_Y_Z_R_F_K_; 其中，X_Y_:孔位 X、Y 坐标 Z_:孔底的位置坐标(绝对值时)，从 R 点到孔底的距离(增量值时) R_:从初始位置到 R 点位置的距离 F_:切削进给速度 K_:重复次数

3. 指令使用说明

(1)调用镗孔循环 G85 前,应先指定主轴转速和方向。镗孔位置有循环指令 G85 中 X、Y 坐标值确定,刀具先运行到孔位置再进行镗孔。

(2)沿着 X 轴和 Y 轴定位后快速移动到 R 点,然后从 R 点到 Z 点执行镗孔。当到达孔底(Z 点)时,执行切削进给,最后返回 R 点。

4. 应用示例

在 XY 平面 X0Y0 处调用循环 G85,Z 轴为镗孔轴,如图 3-4-4 所示。不设置停留时间。参考程序见表 3-4-2

表 3-4-2　法那克系统参考程序

段号	法那克系统
N10	G90G54G0X0Y0T1;
N20	M3S1000;主轴顺时针方向旋转,转速 s1000
N30	G43Z10H1;刀具快速移动 Z10 处
N40	G98G85Z－10R5F100;镗孔
N50	G80G0Z200;刀具快速移动 Z200 处
N60	M30;程序结束

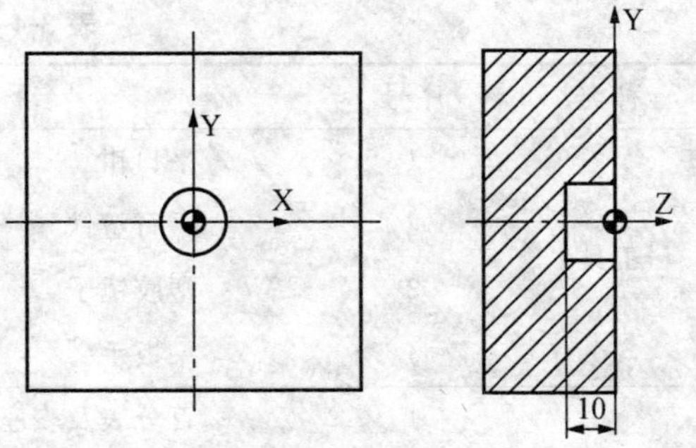

图 3-4-4

二、法那克系统精镗孔循环

1. 指令功能

精镗孔循环镗削精密孔。当到达孔底时,主轴停止,切削刀具离开工件的被加工表面并返回。其动作过程如图 3-4-5 所示。

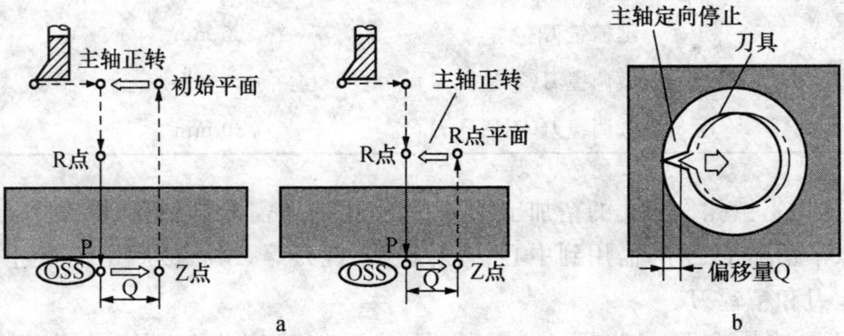

图 3-4-5　精镗孔动作过程

a. G76(G98、G99)　b. 孔底动作示意图

2. 指令格式

G76X_Y_Z_Q_P_F_K_;

3. 指令使用说明

(1)Q 表示孔底的偏移量;P 表示孔底的暂停时间。

(2)当到达孔底时,主轴在固定的旋转位置停止,刀具先向刀尖的相反方向移动退刀。然后快速退刀。这样既保证加工面不被破坏,又实现了精密和有效的镗削加工。

(3)刀尖反向位移量用地址 Q 指定,其值 q 为正值。位移方向有 MDI 设定,可为“+X”、“-X”、“+Y”、“-Y”中的任一个。

【任务实施】

一、加工工艺分析

1. 工、量、刃具选择

(1)工具选择　工件用平口钳装夹,平口钳用百分表校正,其工具见表 3-4-3。

(2)量具选择　因尺寸精度较高,孔深用深度游标卡尺测量;孔径尺寸用内径百分表测量,内径百分表用千分尺校对;表面质量用表面粗糙度样板比对。具体规格、参数见表 3-4-3。

表 3-4-3　工、量、刃具清单

种类	序号	名称	规格	数量
工具	1	平口钳	QH160	1 个
	2	平行垫铁		若干
	3	塑胶锤子		1 个
	4	呆扳手		若干
量具	1	百分表及表座	0～10 mm	1 个
	2	千分尺	25～50 mm	1 把
	3	内径百分表	18～35 mm	1 把
	4	深度游标卡尺	0～200	1 把
	5	表面粗糙度样板	N0～N1	1 副
刃具	1	中心钻	A5	1 个
	2	麻花钻	ϕ25 mm	1 个
	3	键槽铣刀	ϕ20 mm	1 个
	4	微调镗刀(不通孔刀)	ϕ26 mm	1 把
	5	微调镗刀(不通孔刀)	ϕ30 mm	1 把

(3)刃具选择　镗孔作为孔的精加工方法之一,之前还需安排钻孔(含钻中心孔定心)、扩孔、铣孔等粗、半精加工工序,需用到中心钻、麻花钻、铣刀等刀具;最后用镗刀进行加工,其中镗刀分为粗镗刀和精镗刀。

粗镗孔刀的结构和形状如图 3-4-6 所示,其调整精度为每调整一个刻度刀头移动 0.01 mm。精镗孔刀具的结构和形状如图 3-4-7 所示,其调整精度每调整一个刻度刀头移动 0.002 mm。刃具规格见表 3-4-3。

2. 加工工艺方案

(1)加工工艺路线

①用 A5 中心钻钻中心孔。

②用ϕ25 mm 麻花钻钻孔深 12 mm。

③用ϕ20 mm 键槽铣刀铣ϕ26 mm 和ϕ30 mm 不通孔底孔深度至尺寸要求。

④用微调镗刀镗ϕ26 mm 深 12 mm。

⑤用微调镗刀镗ϕ30 mm 深 6 mm。

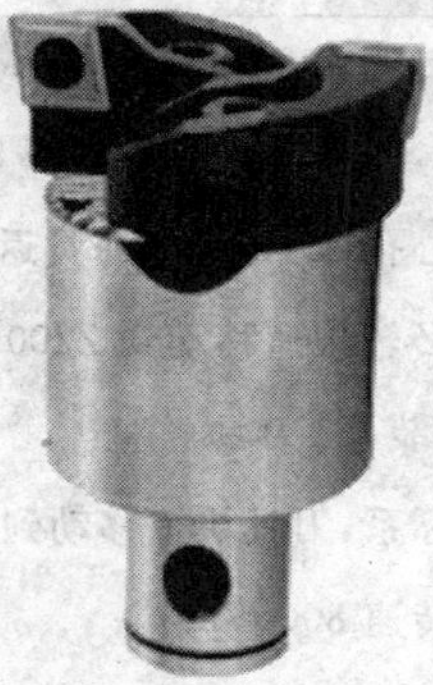

图 3-4-6　粗镗刀

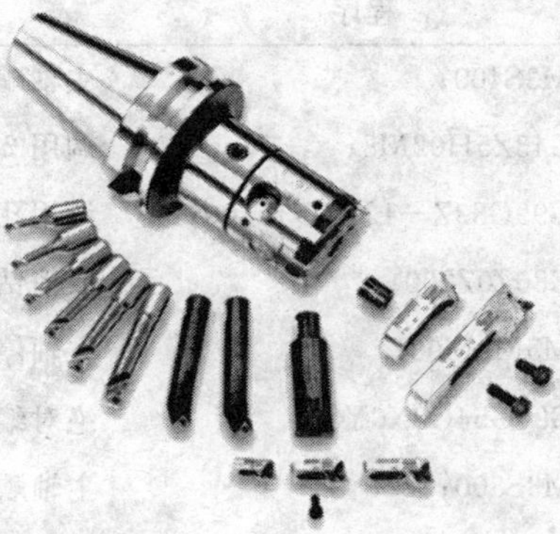

图 3-4-7　精镗刀

(2)合理切削用量选择　加工铝件钻孔和粗铣孔速度要低，镗孔精度要求较高，可以减少切削余量，提高主轴转速，降低进给速度，参考切削用量参数见表 3-4-4。

表 3-4-4　切削用量选择

刀具号	刀具规格	工序内容	V_f/(mm/min)	n/(r/min)
T1	A5 中心钻	钻中心孔	100	1 000
T2	ϕ25 mm 麻花钻	钻孔深 12 mm	100	400
T3	ϕ20 mm 键槽铣刀	铣ϕ26 mm 和ϕ30 不通孔	100	800
T4	ϕ26 mm 微调镗刀	镗$\phi 26_0^{+0.021}$ mm 深 12 mm	80	1 200
T5	ϕ30 mm 微调镗刀	镗$\phi 30_0^{+0.021}$ mm 深 6 mm	80	1 200

二、参考程序编制

1. 工件坐标系选择

选择工件上表面中心位置为工件坐标系原点。

2. 参考程序

法那克系统(FANUC-0i-MB/MC)程序(程序名为“O0341”)见表 3-4-5。

表 3-4-5　法那克系统程序

程序段号	程序	说明
N0010	G40G80G17G49;	设置初始状态
N0020	G90G54G0X0Y0;	绝对坐标编程、设置工件坐标系，刀具快速移动到 X0Y0 处
N0030	M3S1000;	主轴顺时针方向旋转，转速 1 000 r/min
N0040	G43Z5H01M8;	调用 1 号刀具长度补偿，刀具快速沿 Z 轴到 5 mm 处
N0050	G99G81Z－3R5F100;	调用孔加工循环，钻中心孔深 3 mm，刀具返回 R 平面
N0060	G80Z0Z200;	取消钻孔循环，刀具沿 Z 轴快速移动到 Z200 处
N0070	M5M9M00;	主轴停止，程序停止，安装 T2 刀具
N0080	G90G54G0X0Y0;	绝对编程、设置工件坐标系，刀具快速移动到 X0Y0 处

续表3-4-5

程序段号	程序	说明
N0090	M3S400;	主轴顺时针方向旋转,转速 400 r/min
N0100	G43Z5H02M8;	调用 2 号刀具长度补偿,刀具快速沿 Z 轴到 5 mm 处
N0110	G99G83Z－12R5Q3F100;	调用孔加工循环,钻中心孔深 12 mm,刀具返回 R 平面
N0120	G80Z0Z200;	取消钻孔循环,刀具沿 Z 轴快速移动到 Z200 处
N0130	M5M9M00;	主轴停止,程序停止,安装 T3 刀具
N0140	G90G54G0X0Y0;	绝对编程、设置工件坐标系,刀具快速移动到 X0Y0 处
N0150	M3S800;	主轴顺时针方向旋转,转速 800 r/min
N0160	G43Z5H03M8;	调用 3 号刀具长度补偿,刀具快速沿 Z 轴到 5 mm 处
N0170	G1Z－6F100;	铣孔深 6 mm 进给速度 100 mm/min
N0180	G91G1X4.9;	增量编程方式,刀具沿 X 方向移动 4.9 mm
N0190	G21－4.9;	顺时针圆弧插补
N0200	G90G1X0Y0;	绝对方式编程,刀具回到 X0Y0 处
N0210	G1Z－12;	刀具向 Z 负方向到 Z－12 处
N0220	G91G1X2.9;	增量编程方式,刀具沿 X 正方向移动 2.9 mm
N0230	G21－2.9;	顺时针圆弧插补
N0240	G90G1X0Y0;	绝对方式编程,刀具回到 X0Y0 处
N0250	G0Z200;	刀具沿 Z 轴快速移动到 Z200 处
N0260	M5M9M00;	主轴停止,程序停止,安装 T4 刀具
N0270	G90G54G0X0Y0;	绝对编程、设置工件坐标系,刀具快速移动到 X0Y0 处
N0280	M3S1200;	主轴顺时针方向旋转,转速 800 r/min
N0290	G43Z5H04M8;	调用 4 号刀具长度补偿,刀具快速沿 Z 轴到 5 mm 处
N0300	G99G85Z－12R5F80;	调用镗孔循环,镗孔深度 12 mm
N0310	G80G0Z200;	取消钻孔循环,刀具沿 Z 轴快速移动到 Z200 处
N0320	M5M9M00;	主轴停止,程序停止
N0330	G90G54G0X0Y0;	绝对编程、设置工件坐标系,刀具快速移动到 X0Y0 处
N0340	M3S1200;	主轴顺时针方向旋转,转速 1 200 r/min
N0350	G43Z5H05M8;	调用 5 号刀具长度补偿,刀具快速沿 Z 轴到 5 mm 处
N0360	G99G85Z－6R5F80;	调用镗孔循环,镗孔深度 6 mm
N0370	G80G0Z200;	取消钻孔循环,刀具沿 Z 轴快速移动到 Z200 处
N0380	M5M9M2;	主轴停止,程序结束

【技能训练】

一、加工准备

(1)阅读零件图,并检查坯料的尺寸。

(2)开机,机床回参考点。

(3)输入程序并检查该程序。

(4)安装夹具,夹紧工件。

把平口钳安装在工作台面上,并用百分表校正钳口位置。工件装夹在平口钳上,用垫铁垫起,使工件伸出钳口 5 mm 左右,校平上表面并夹紧。

(5)刀具装夹。本任务共使用了 5 把刀具,把不同类型的刀具分别安装到对应的刀柄上,注意刀具伸出的长度应能满足加工要求,不能干涉,并考虑钻头的刚性,然后按序号依次放置在刀架上,分别检查每把刀具安装的牢固性和正确性。

二、对刀,设定工件坐标系

(1)X、Y 向对刀 通过试切法进行对刀操作得到 X、Y 零偏值,并输入到 G54 中。

(2)Z 向对刀 利用试切法分别测量 5 把刀的刀位点从参考点到工件上表面的 Z 数值,并把 Z 数值分别输入到对应的刀具长度补偿值中(G54 中 Z 值为 0)。

三、空运行及仿真

注意空运行及仿真时,使机床机械锁定或向 G54 中的 Z 坐标中输入 50 mm,按下启动键,适当降低进给速度,检查刀具运动轨迹是否正确。若在机床机械锁定状态下,空运行结束后必须回机床参考点;若在更改 G54 的 Z 坐标状态下,空运行结束后 Z 坐标改为 0,机床不需要回参考点。

四、零件自动加工及尺寸控制

首先使各个倍率开关达到最小状态,按下循环启动键。机床正常加工过程中适当调整各个倍率开关,保证加工正常进行。镗孔时孔径尺寸控制方法是通过对镗刀进行调整、试切、试测的步骤实现。具体方法如下。

(1)松开刀头锁紧螺钉,调节刀头伸出长度后锁紧(图 3-4-8),伸出长度按经验公式计算:

$$L=(d_1-d_3)/2$$

$$L=l+d_2$$

其中,l 为刀头伸出长度;d_1 为预制孔直径;d_2 为镗刀杆直径;L 为游标卡尺测量长度(L 应比所需尺寸小 0.5~0.3 mm)。

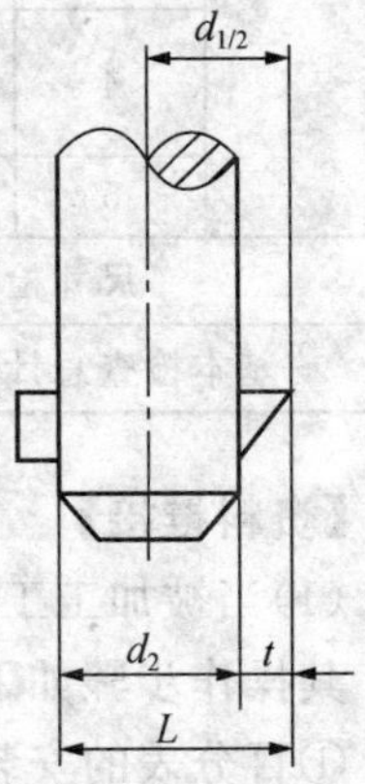

图 3-4-8 调节刀头伸出长度

(2)试切与试测,用自动方式使主轴到达孔轴线位置,在孔口处试切 1~2 mm,检验孔的轴线位置是否正确;如果已经切到孔的表面则进行测量在根据测量尺寸调整刀头伸出长度,仍在孔口处试切 1~2 mm 并测量,直接达到要求。

(3)试切法调整镗刀一定要遵循"少进多试",的原则。如果镗刀尺寸偏大会出现废品。粗镗刀调整精度可在±0.05 mm 内,精镗刀一定要调整到精度要求范围内。

五、零件检测

零件加工结束后,进行尺寸检测,检测结果写在评分表中(表 3-4-6)。

六、加工结束,清理机床

松开夹具,卸下工件,清理机床。

表 3-4-6 镗孔评分表

<table>
<tr><td colspan="2">班级</td><td colspan="2"></td><td>姓名</td><td></td><td>学号</td><td></td></tr>
<tr><td colspan="2">实训课题</td><td colspan="4">镗孔</td><td>零件编号</td><td></td></tr>
<tr><td rowspan="8">基本检查</td><td rowspan="4">编程</td><td>序号</td><td colspan="2">检测内容</td><td>配分</td><td>学生自评分</td><td>教师评分</td></tr>
<tr><td>1</td><td colspan="2">切削加工工艺制定正确</td><td>5</td><td></td><td></td></tr>
<tr><td>2</td><td colspan="2">切削用量选择合理</td><td>5</td><td></td><td></td></tr>
<tr><td>3</td><td colspan="2">程序正确、简单、明确、规范</td><td>5</td><td></td><td></td></tr>
<tr><td rowspan="4">操作</td><td>4</td><td colspan="2">设备操作、维护保养正确</td><td>5</td><td></td><td></td></tr>
<tr><td>5</td><td colspan="2">安全、文明生产</td><td>10</td><td></td><td></td></tr>
<tr><td>6</td><td colspan="2">刀具选择、安装正确、规范</td><td>5</td><td></td><td></td></tr>
<tr><td>7</td><td colspan="2">工件找正、安装正确、规范</td><td>5</td><td></td><td></td></tr>
<tr><td colspan="5">基本检查总计</td><td>40</td><td></td><td></td></tr>
<tr><td rowspan="7">尺寸检测</td><td rowspan="2">序号</td><td colspan="2" rowspan="2">图样尺寸</td><td rowspan="2">配分</td><td colspan="2">实测尺寸</td><td rowspan="2">尺寸得分</td></tr>
<tr><td>学生自测</td><td>教师检测</td></tr>
<tr><td>1</td><td colspan="2">$26_0^{+0.021}$ mm</td><td>20</td><td></td><td></td><td></td></tr>
<tr><td>2</td><td colspan="2">$2\times\phi10$ mm</td><td>20</td><td></td><td></td><td></td></tr>
<tr><td>3</td><td colspan="2">$6_0^{+0.1}$ mm</td><td>10</td><td></td><td></td><td></td></tr>
<tr><td>4</td><td colspan="2">16 mm,32 mm,
12 mm,24 mm</td><td>10</td><td></td><td></td><td></td></tr>
<tr><td>5</td><td colspan="2"></td><td></td><td></td><td></td><td></td></tr>
<tr><td colspan="4">尺寸检测总计</td><td>60</td><td></td><td></td><td></td></tr>
<tr><td colspan="3">基本检查总计</td><td colspan="3">尺寸检测总计</td><td colspan="2">任务总成绩</td></tr>
</table>

【资料链接】

(1)当被加工工件为圆盘类零件时，常采用百分表或千分尺进行对刀，实现工件坐标系设定。其操作步骤如下：

①百分表的安装：直径小于 40 mm 的孔或外圆，可用钻夹头刀柄直接夹持百分表，如图 3-4-9a 所示；直径大于 40 mm 的孔或外圆.可将磁性表座直接吸附在主轴上，如图 3-4-9b 所示。

②调整百分表的触头，使其与 Y 方向的两个极限点 A、C 接触，用手拨动主轴，观察 A、C 两点在表盘上的偏移量 Δ，然后在手轮方式下只调整主轴 Y 方向的位置，使其向读数偏小的一方移动 Δ/2。如此反复，再进行测量调整，直到 A、C 两点在表盘上的读数相同。此时主轴所在位置为孔的轴线在 Y 方向的位置。同理可测量 X 轴方向的两个极限点 B、D 调整主轴在 X 方向的位置，用手拨动主轴使主轴旋转，百分表指针在 B、D 两点位置相同.此时主轴所在位置为孔的轴线在 X 向的位置。通过对刀操作，将操作得到的数值输入到零点偏置代码(G54)中。

③由于百分表的量程较小，事先要进行粗找正，使轴线偏移精度在百分表的量程之内。若毛坯表面粗糙度值较大，可用铁丝代替百分表进行粗找正。图 3-4-9 用百分表对刀。

(2)镗刀的选择应根据所加工孔的直径，尽可能选择截面积大的刀杆；选择刀杆的长度时，只需选择刀杆伸出长度略大于孔深即可；为了减少切削过程中由于受径向力作用而产生振动，镗刀的主偏角一般选得较大。镗铸铁孔或精镗孔时，一般取 $kr=90°$。粗镗钢件孔时，取 $kr=$

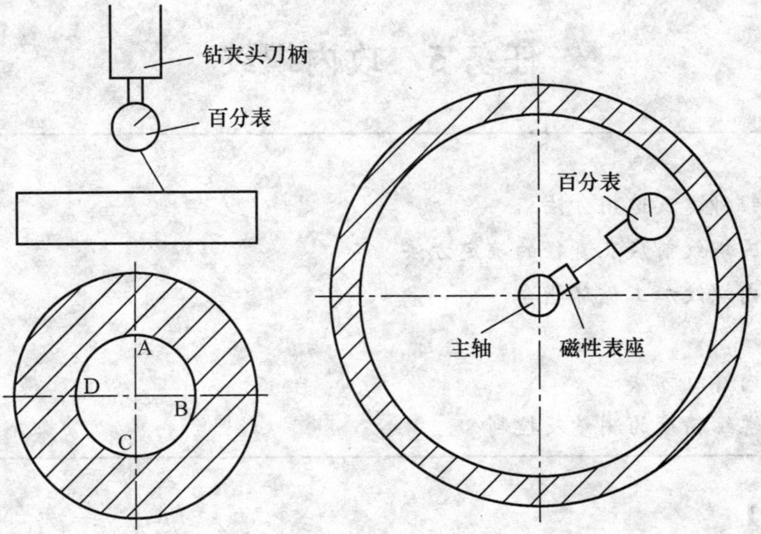

图 3-4-9　用百分表对刀

a. 孔径较小　b. 孔径较大

60°～75°，以提高刀具使用寿命。对于微调镗刀的调整应先用对刀板或百分表将镗刀刀尖预调至较精确的尺寸（±0.1 mm），然后再进行微调。微调后，将镗刀紧固即可使用。

【操作注意事项】

（1）毛坯装夹时，要考虑垫铁与加工部位是否干涉。

（2）镗孔试切对刀时要准确找正预镗孔的中心位置，保证试切一周切削均匀。

（3）镗孔刀对刀时，工件零点偏置值可以直接借用前道工艺中应用麻花钻或铣刀测量得到的 X、Y 值，Z 值通过试切获得。

【思考与练习】

1. 简述如何调整镗刀的尺寸。

2. 编写程序并加工如图 3-4-10 所示零件中的成形孔。

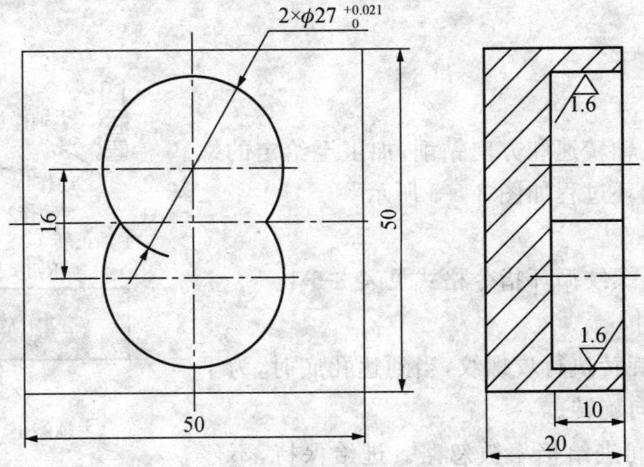

图 3-4-10　题 2 图

任务5 攻内螺纹

知识点

- 了解丝锥种类及选用方法
- 掌握攻内螺纹前底孔直径的确定方法
- 掌握攻内螺纹加工循环指令

技能点

- 掌握攻内螺纹方法
- 掌握内螺纹精度的测量及控制

【任务引入】

完成如图 3-5-1、图 3-5-2 所示零件的编程和加工。零件所用材料为硬铝。

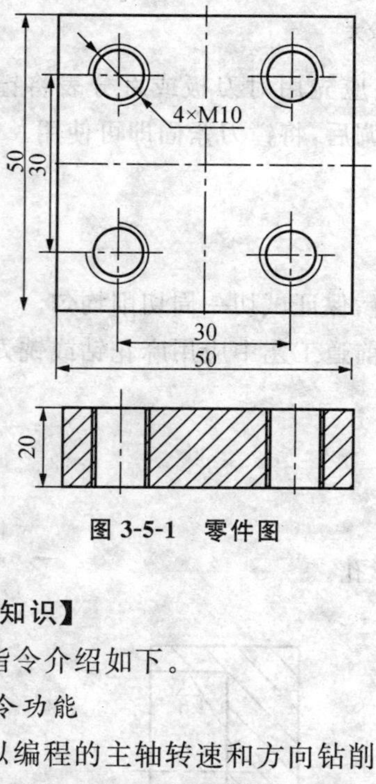

图 3-5-1 零件图

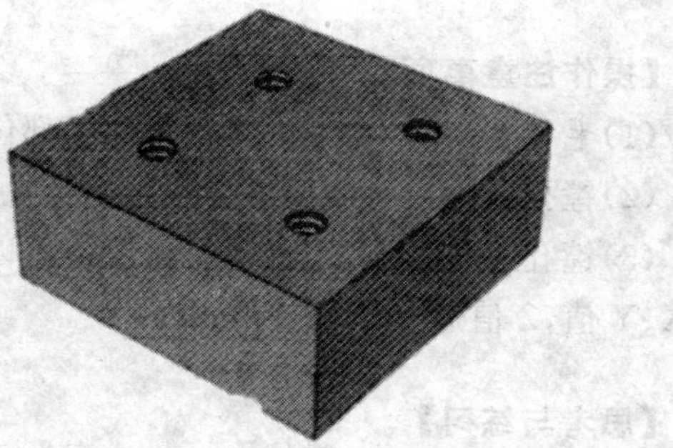

图 3-5-2 三维效果图

【相关知识】

编程指令介绍如下。

1. 指令功能

刀具以编程的主轴转速和方向钻削，加工至给定的螺纹深度。攻内螺纹循环过程如图 3-5-3 所示。

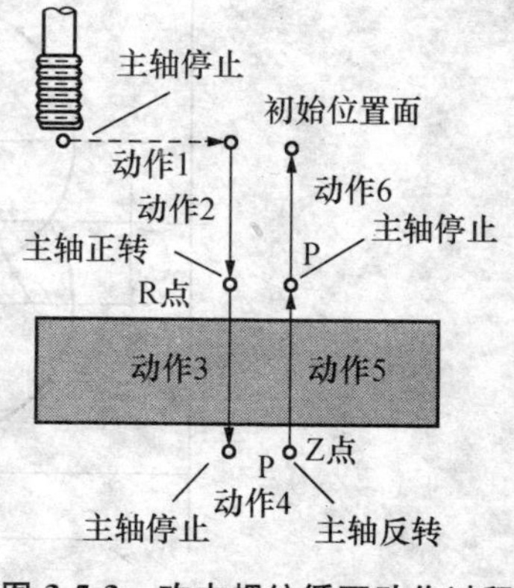

图 3-5-3 攻内螺纹循环动作过程

2. 指令格式

法那克系统攻内螺纹循环指令格式见表 3-5-1。

3. 指令使用说明

(1)主轴顺时针旋转执行攻螺纹，当到达孔底时，为了返回，主轴以相反方向旋转。

(2)在攻螺纹期间进给倍率被忽略。进给保持，不停止机床，直到返回动作完成。

表 3-5-1　法那克系统攻螺纹循环指令格式

数控系统	法那克系统
指令格式	G84X_Y_Z_R_P_F_K_; 其中 X_Y_:孔位 X、Y 坐标 Z_:孔底的位置坐标(绝对值时) R_:从初始位置到 R 点的距离 F_:切削进给速度 P_:孔底停留时间 K_:重复次数

(3)调用攻螺纹循环 G84 前应先指定主轴转速和方向。

(4)法那克系统进给速度严格按公式计算。进给速度 V_F = 转速(n)×螺距(p)。

(5)法那克系统钻孔循环指令(G84)中,如用 G98 则刀具退回至初始平面,G99 则刀具退回至 R 平面。

(6)法那克系统钻孔循环指令(G84)中,当指定重复次数 K 时,只对第一个孔执行 M 代码;对第二或以后的孔,不执行 M 代码。

(7)法那克系统钻孔循环(G84)中,指定刀具长度偏置(G43、G44 或 G49)时,在定位到 R 点的同时加偏置。

(8)主轴必须是位置控制主轴(带实际值编码器)时才可以应用此循环。循环在运行时本身并不检查主轴是否具有实际值编码器。

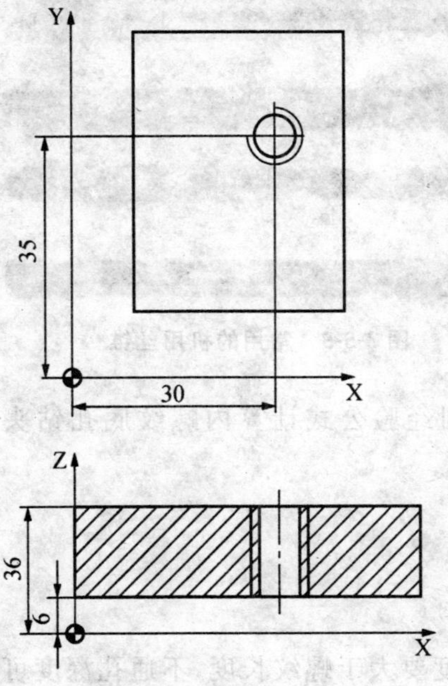

图 3-5-4　应用实例

4. 应用示例

XY 平面 X30Y35 处攻 M10×1.5 螺纹,钻削轴为 Z 轴。不设定停留时间,如图 3-5-4 所示。参考程序见表 3-5-2。

表 3-5-2　法那克系统参考程序

段号	法那克系统
N10	G54G80G49T2;设置初始参数
N20	G0X30Y35Z50;回到钻孔位
N30	G43Z40H01;设置长度 M3S1000;主轴正转转速 1 000 r/min
N40	G98G84Z2R40F150;调用攻螺纹循环 G0G80Z200;取消循环
N50	M30;程序结束

【任务实施】

一、加工工艺分析

1. 工、量、刃具选择

(1)工具选择 工件装夹在平口钳中，平口钳用百分表校正位置，其工具见表 3-5-3。

表 3-5-3 攻内螺纹工、量、刃具清单

种类	序号	名称	规格	数量
工具	1	平口钳	QH160	1 个
	2	平行垫铁		若干
	3	塑胶锤子		1 个
	4	呆扳手		若干
量具	1	百分表及表座	0～10 mm	1 个
	2	螺纹塞规	M10	1 个
	3	游标卡尺	0～150 mm	1 把
	4	表面粗糙度样板	N0～N1	1 副
刃具	1	中心钻	A5	1 个
	2	麻花钻	ϕ8.5 mm	1 个
	3	丝锥	M10	1 个

(2)量具选择 内螺纹用螺纹塞规测量；内螺纹间距用游标卡尺测量；表面质量用表面粗糙度样板比对。

(3)刃具选择 攻内螺纹前应钻螺纹底孔(含钻中心孔定心)，需用到中心钻及麻花钻；攻内螺纹用丝锥进行加工。丝锥分手用丝锥和机用丝锥两种。加工中心上常用机用丝锥直接攻螺纹，常用的机用丝锥有直槽机用丝锥、螺旋槽机用丝锥和挤压机用丝锥等(图 3-5-5)。

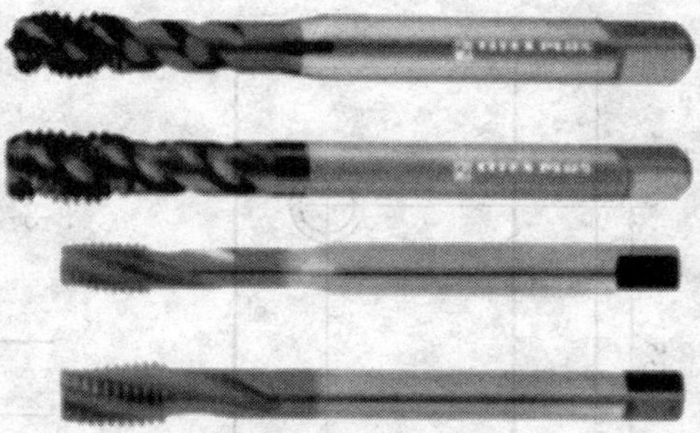

图 3-5-5 常用的机用丝锥

攻内螺纹时，丝锥主要是切削金属，但也有挤压金属的作用。加工塑性好的材料时，挤压作用尤其明显。因此，攻螺纹前的底孔直径(即钻孔直径)必须大于螺纹标准中规定的螺纹内径。一般用下列经验公式计算内螺纹底孔钻头直径 d_0。

对钢料及韧性金属：$d_0 \approx d-P$

对铸铁及脆性金属：$d_0 \approx d-(1.05 \sim 1.1)P$

式中，d_0 为底孔直径；d 为螺纹公称直径；P 为螺距。

攻不通孔的螺纹时，因丝锥不能攻到底，所以孔的深度要大于螺纹长度，不通孔深度可按下列公式计算：

$$孔的深度 = 所需螺纹孔深度 + 0.7d$$

2. 加工工艺方案

(1)加工工艺路线

①用 A5 中心钻钻中心

②用ϕ8.5 mm 麻花钻钻螺纹底孔。

③用 M10 丝锥攻 4×M10 螺纹。

(2)合理切削用量选择　加工铝件,钻孔速度可以提高,但攻螺纹时可以低速和高速加工,工件较薄时可以选择高速攻螺纹,本任务宜低速攻螺纹。参考切削用量见表 3-5-4。

表 3-5-4　参考切削用量

刀具号	刀具规格	工序内容	V_F/(mm/min)	n/(r/min)
T1	A5 麻花钻	钻中心孔	100	1 000
T2	ϕ8.5 mm 麻花钻	钻孔螺纹底孔	100	800
T3	M10 丝锥	攻 4×M10 螺纹	150	100

二、参考程序编制

1. 工件坐标系建立

选择工件上表面中心位置为工件坐标系原点,4 个螺纹孔坐标分别为(15,15)、(－15,15)、(15、－15)、(－15、－15)。

2. 参考程序

法那克系统(FANUC-0i-MB/MC)程序,程序名为“O0351”见表 3-5-5。

表 3-5-5　法那克系统程序

程序段号	程序	说明
N0010	G40G80G49;	初始状态设置
N0020	G90G54G0X－15Y15;	绝对编程、设置工件坐标系,刀具快速移动到 X－15Y15 处
N0030	M3S1000;	主轴顺时针方向旋转,转速 1 000 r/min
N0040	G43Z5H01M8;	调用 1 号刀具长度补偿,刀具快速沿 Z 轴到 5 mm 处
N0050	G99G81Z－3R5F100;	调用孔加工循环,钻中心孔深 3 mm,刀具返回 R 平面
N0060	Y－15;	继续钻 Y－15 处中心孔
N0070	X15;	继续钻 X15 处中心孔
N0080	Y15;	继续钻 Y15 处中心孔
N0090	G80G0Z200;	取消钻孔循环,刀具沿 Z 轴快速移动到 Z200 处
N0100	M5M9M00;	主轴停止,程序停止,安装 T2 号刀具
N0110	G90G54G0X－15Y15;	绝对编程、设置工件坐标系,刀具快速移动到 X－15Y15 处
N0120	M3S800;	主轴顺时针方向旋转,转速 800 r/min
N0130	G43Z5H02M8;	调用 2 号刀具长度补偿,刀具快速沿 Z 轴到 5 mm 处
N0140	G99G83Z－23R5Q3F100;	调用孔加工循环
N0150	Y－15;	继续钻 Y－15 处中心孔

续表3-5-5

程序段号	程序	说明
N0160	X15；	继续钻 X15 处中心孔
N0170	Y15；	继续钻 Y15 处中心孔
N0180	G80G0Z200；	取消攻螺纹循环，刀具沿 Z 轴快速移动到 Z200 处
N0190	M5M9M00；	主轴停止，程序停止，安装 T3 号刀具
N0200	G90G54G0X－15Y15；	绝对编程、设置工件坐标系，刀具快速移动到 X－15Y15 处
N0210	M3S100；	主轴顺时针方向旋转，转速 100 r/min
N0220	G43Z5H03M8；	调用 3 号刀具长度补偿，刀具快速沿 Z 轴到 5 mm 处
N0230	G99G84Z－23R5F150；	调用攻螺纹加工循环
N0240	Y－15；	继续钻 Y－15 处中心孔
N0250	X15；	继续钻 X15 处中心孔
N0260	Y15；	继续钻 Y15 处中心孔
N0270	G80G0Z200；	取消攻螺纹循环，刀具沿 Z 轴快速移动到 Z200 处
N0280	M5M9M2；	主轴停止，程序结束

【技能训练】

一、加工准备

(1)阅读零件图，并检查坯料的尺寸。

(2)开机，机床回参考点。

(3)输入程序并检查该程序。

(4)安装夹具，夹紧工件。把平口钳安装在工作台面上，并用百分表校正钳口位置。安装工件并用平行垫铁垫起毛坯，零件的底面上要保证垫出一定厚度的标准块，用平口钳夹紧工件，伸出钳口 5 mm 左右。

(5)刀具装夹。本任务共使用了 3 把刀具，把不同类型的刀具分别安装到对应的刀柄上，注意刀具伸出的长度应能满足加工要求，不能干涉，并考虑钻头的刚性，然后按序号依次放置在刀架上，分别检查每把刀具安装的牢固性和正确性。

二、对刀，设定工件坐标系

(1)X、Y 向对刀　通过试切法进行对刀操作得到 X、Y 零偏值，并输入到 G54 中。

(2)Z 向对刀　利用试切法分别测量 3 把刀的刀位点从参考点到工件上表面的 Z 数值，并把 Z 数值分别输入到对应的刀具长度补偿值中(G54 中 Z 值为 0)。

三、空运行及仿真

注意空运行及仿真时，使机床机械锁定或向 G54 中的 Z 坐标中输入 50 mm，按下启动键，适当降低进给速度，检查刀具运动轨迹是否正确。若在机床机械锁定状态下.空运行结束后必须回机床参考点；若在更改 G54 的 Z 坐标状态下，空运行结束后 Z 坐标改为 0，机床不需要回参考点。

四、零件自动加工

首先使各个倍率开关达到最小状态，按下循环启动键。机床正常加工过程中适当调整各个倍率开关，保证加工正常进行。

三、零件检测

零件加工结束后，进行尺寸检测，检测结果写在评分表中(表 3-5-6)。

六、加工结束，清理机床

松开夹具，卸下工件，清理机床。

表 3-5-6　镗孔评分表

班级		姓名		学号		
	任务 5		镗孔	零件编号		
基本检查		序号	检测内容	配分	学生自评	教师评分
	编程	1	切削加工工艺制定正确	5		
		2	切削用量选择合理	5		
		3	程序正确、简单、规范	5		
	操作	4	设备操作、维护保养正确	5		
		5	安全、文明生产	10		
		6	刀具选择、正确安装、规范	5		
		7	工件找正、安装正确、规范	5		
基本检查总计				40		
尺寸检测	序号	图样尺寸	配分	实测尺寸		尺寸得分
				学生自评	教师检测	
	1	4×M10	38			
	2	30 mm(2 处)	22			
尺寸检测总计			60			
基本检查总计		尺寸检测总计		任务总成绩		

【资料链接】

对于批量有螺纹孔加工的产品时，为了提高生产效率常采用在数控铣床(加工中心)上完成螺纹底孔的加工，在攻螺纹机上完成螺纹加工，以便提高生产效率。

【操作注意事项】

(1)毛坯装夹时，要考虑垫铁与加工部位是否干涉。

(2)钻孔加工之前，要利用中心钻钻中心孔，然后再进行钻孔、攻螺纹，所以要保证中心钻、麻花钻和丝锥对刀的一致性；否则会折断麻花钻、丝锥。

(3)攻螺纹加工时，要正确合理选择切削参数，合理使用攻螺纹循环指令。

(4)攻螺纹加工时，暂停按钮无效，主轴速度修调旋钮保持不变，进给修调旋钮无效。

(5)加工钢件时，攻螺纹前必须把孔内的铁屑清理干净，防止丝锥阻塞在孔内。

(6)一般情况下，M20 以上的螺纹孔可在加工中心通过螺纹铣刀加工；M6 以上、M20 以下的螺纹孔可在加工中心上完成攻螺纹加工。

【思考与练习】

1. 试述法那克(FANUC-0i-MB/MC)系统中 G84 指令用法。

2. 针对如图 3-5-6 所示零件,编写攻螺纹的加工程序。

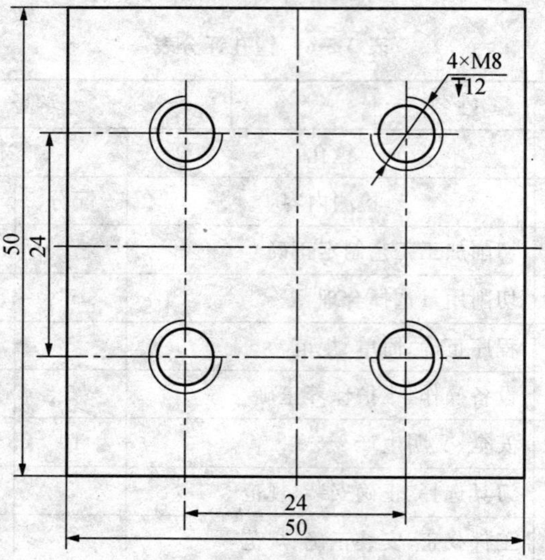

图 3-5-6 题 2 图

模块 4

轮廓加工

任务1　平面加工

知识点

- ➢了解平面铣刀的选用方法
- ➢了解米、英制尺寸设定指令
- ➢掌握进给速度单位设定指令(G94、G95)
- ➢掌握平面铣削工艺的制定及编程方法

技能点

- ➢掌握平面铣削方法
- ➢掌握平面质量控制方法

【任务引入】

完成图 4-1-1、图 4-1-2 所示零件的轮廓加工,材料为硬铝。

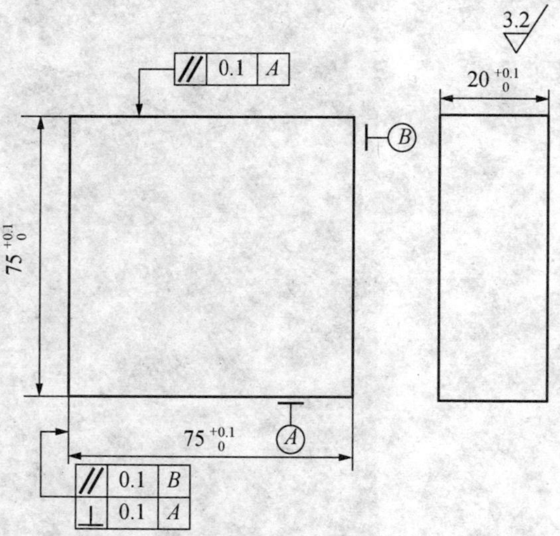

图 4-1-1　零件图

图 4-1-2　三维效果图

【相关知识】

编程指令如下。

一、米、英制尺寸设定指令

1. 指令功能

米、英制尺寸设定指令是指选定输入的尺寸是英制还是米制。

2. 指令代码

G21;　米制

G20;　英制

本教材所用数控系统采用米制尺寸输入指令,程序启动时指令生效。

米制尺寸与英制尺寸输入编程实例如下：

N10G20；开始输入英制尺寸

N15G00X10Y30；G20；继续有效

……

N80G21；开始输入米制尺寸

N85X19Z20；继续为米制尺寸输入

3. 指令使用说明

(1)法那克系统 G20、G21 指令必须在设定坐标系之前，并在程序的开头以单独程序段指定。

(2)在程序段执行期间，均不能切换米、英制尺寸输入指令。

(3)G20、G21(G70、G71)均为模态有效指令。

(4)在米制/英制转换之后，将改变下列值的单位制。

①由 F 代码指定的进给速度。

②位置指令。

③工件零点偏移值。

③刀具补偿值。

⑤手摇脉冲发生器的刻度单位。

⑥在增量进给中的移动距离。

二、进给速度单位设定指令

1. 指令功能

确定直线插补或圆弧插补中进给速度的单位。

2. 指令格式

G94F_； 每分钟进给量，尺寸为米制或英制时，单位分别为 mm/min、in/min。

G95F_； 每转进给量，尺寸为米制或英制时，单位分别为 mm/r、in/r。例：

N10G94F100；进给速度为 100 mm/min

N100S400M3；主轴正转，转速为 400 r/min

N110G95F0.5；进给速度为 0.5 mm/r

3. 每分钟进给量与每转进给量关系

$$\nu = nf$$

式中，ν 为每分钟进给量；n 为主轴转速；f 为每转进给量。

例：每转进给量为 0.15 mm/r，主轴转速为 1 000 r/min，则每分钟进给速度 $\nu = nf =$ 0.15×1 000 mm/min=150 mm/min。

4. 指令使用说明

(1)数控车床中常默认 G95 有效；数控铣床中常默认 G94 有效。

(2)G95 指令只有在主轴为旋转轴时才有意义。

(3)G94、G95 更换时要求写入一个新的地址 F。

(4)G94、G95 均为模态有效指令。

【任务实施】

一、工、量、刃具选择

(1)工具选择　工件采用平口钳装夹,试切法对刀。其他工具见表 4-1-1。

表 4-1-1　工、量、刃具清单

图号:图 4-1-1						
种类	序号	名称	规格	精度	单位	数量
工具	1	平口钳	QH135		个	1
	2	扳手			把	1
	3	平行垫铁			副	1
	4	平扳	300 mm×300 mm	1 级	副	1
	5	塑胶锤子			个	1
量具	1	游标卡尺	0～150 mm	0.02	把	1
	2	百分表及表座	0～10 mm	0.01	个	1
	3	直角尺	90°		个	1
	4	表面粗糙度样板	N0-N1	12 级	副	1
刃具	1	键槽铣刀	ϕ20 mm		个	1
	2	立铣刀	ϕ20 mm		个	1

(2)量具选择　平面间距离尺寸用游标卡尺测量,形位公差用百分表检测,表面质量用表面粗糙度样板检测,另用百分表校正平钳口。

(3)刃具选择　平面用面铣刀(旧称端铣刀)铣削,数控铣床(加工中心)常用硬质合金面铣刀,外形如图 4-1-3 所示。

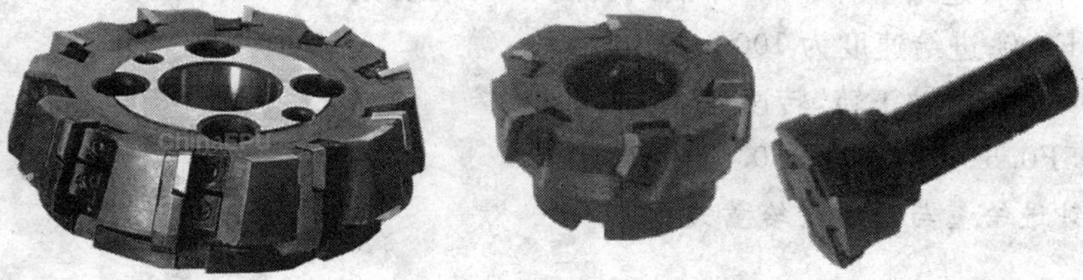

a　　b

图 4-1-3　硬质合金面铣刀

本次任务采用ϕ20 mm 键槽铣刀和ϕ20 mm 立铣刀替代面铣刀,粗加工用键槽铣刀铣平面,精加工用立铣刀侧边下刀铣平面。

二、加工工艺方案

1. 端面铣削方式

端面铣削时根据铣刀相对于工件安装位置不同可分为对称铣削和不对称铣削两种,如图 4-1-4 所示。

(1)端面对称铣削　面铣刀轴线位于铣削弧长的中心位置;铣刀切入点到铣刀轴线位置为切入部分(切入角为 δ),切削厚度由小变大,相当于逆铣。铣刀轴线到铣刀切出点为切出部分

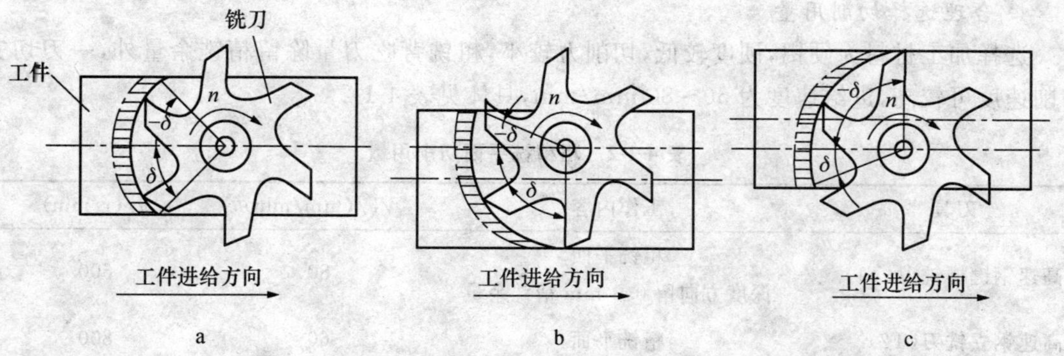

图 4-1-4　端面铣削方式

a. 对称铣削　b. 不对称逆铣　c. 不对称顺铣

(切出角为$-\delta$),切削厚度由大变小,相当于顺铣,如图 4-1-4a 所示。

(2)端面不对称铣削　端面不对称铣削又分为不对称顺铣和不对称逆铣两种;当切入部分多于切出部分(或切入角 δ 大于切出角$-\delta$)为不对称逆铣,如图 4-1-4b 所示;切出部分大于切入部分(或切入角 δ 小于切出角$-\delta$)为不对称顺铣,如图 4-1-4c 所示;其中不对称逆铣对刀具损坏影响最大,不对称顺铣对刀具损坏影响最小。

2. 平面铣削工艺路径

平面铣削加工路径有:

(1)单向平行切削路径。刀具以单一的顺铣或逆铣方式切削平面,如图 4-1-5a 所示。

(2)往复平行铣切削路径。刀具以顺、逆铣混合方式切削平面,如图 4-1-5b 所示。

(3)环切切削路径。刀具以环状走刀方式铣削平面,可从里向外或从外向里的方式,如图 4-1-5c 所示。

通常粗铣平面采用往复平行切削法,切削效果好,空刀时间少。精铣平面采用单向平行切削路径,表面质量易于保证。

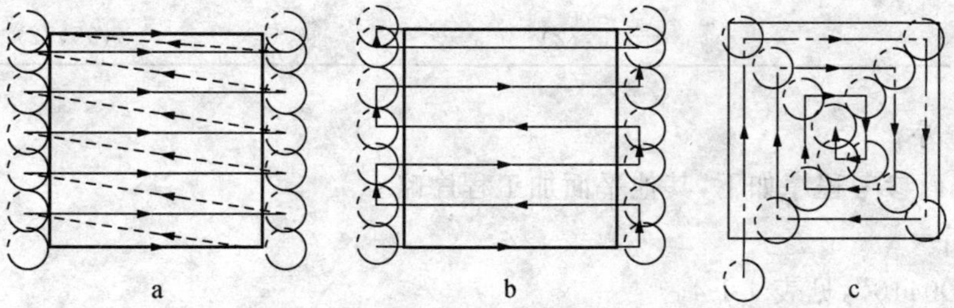

图 4-1-5　平面铣削路径

3. 6 个平面加工步骤

(1)粗、精加工上表面。

(2)粗、精加工下表面,控制厚度尺寸。

(3)粗、精加工左(右)侧面。

(4)粗、精加工右(左)侧面,控制长度尺寸。

(5)粗、精加工前(后)侧面。

(6)粗、精加工后(前)侧面,控制宽度尺寸。

4. 合理选择切削用量

选择加工材料为硬铝，硬度较低，切削力较小，粗铣背吃刀量除留精铣余量外，一刀切完。切削速度可较高，进给速度为 50～80 mm/min，具体见表 4-1-2。

表 4-1-2 粗精铣平面切削用量

刀具	工作内容	V_F/(mm/min)	n/(r/min)
高速钢键槽铣刀(T1)	粗铣平面 深度方向留 0.3 mm 精铣余量	80	600
高速钢立铣刀(T2)	精铣平面	60	800

三、参考程序编制

1. 工件坐标系建立

该工件形状较为简单，易于数控编程，工件坐标系原点取在工件左下角上表面顶点处，刀具加工起点选在距工件上表面 10 mm 处。

2. 刀心坐标计算

本任务粗铣采用往复平行切削法，精加工采用单向平行切削法；下刀起点在(－15、0)处，行距为 18 mm(行距一般取铣刀直径 50%～90%)，如图 4-1-5 所示；编程时直接用刀心运动轨迹坐标编程。左右刀心坐标见表 4-1-3。

表 4-1-3 左右刀心坐标

序号	左侧各点坐标(X,Y)	右侧各点坐标(X,Y)
1	(－15,0)	(95,0)
2	(－15,18)	(95,18)
3	(－15,36)	(95,36)
4	(－15,54)	(95,54)
5	(－15,72)	(95,72)

3. 参考程序

加工上表面参考程序如下，其他平面加工程序略。

(1)主程序

程序名“O0410”，见表 4-1-4。

表 4-1-4 程序示例

程序段号	程序内容	动作说明
N5	G49G80G69G90G40;	设置初始状态
N10	G0G54G21G94M3S600T01;	设置加工参数，米制尺寸输入，每分钟进给量
N20	G0X－15Y0G43Z10H01;	刀具运动至(－15.0,10)点
N30	G0Z－2;	下刀
N40	G1X95F80;	粗加工表面

续表4-1-4

程序段号	程序内容	动作说明
N50	Y18；	…
N60	Z－15；	…
N70	Y36；	…
N80	X95；	…
N90	Y54；	…
N100	X－15；	…
N110	Y72；	…
N120	X95；	…
N130	G0Z100；	粗加工表面结束，抬刀
N140	M5；	主轴停止
N150	M0；	程序停
N160	M3S800T2；	换精铣刀
N170	G0X－15Y0；	刀具移动至下刀点
N180	G43Z5H02；	下刀至 Z5 处
N190	M98P0080；	调用子程序精加工平面
N200	G0X－15Y18；	空间移动至左侧
N210	M98P0080；	调用子程序精加工平面
N220	G0X－15Y36；	空间移动至左侧
N230	M98P0080；	调用子程序精加工平面
N240	G0X－15Y72；	空间移动至左侧
N250	M98P0080；	调用子程序精加工平面
N260	G0Z100；	抬刀
N270	M2；	程序结束

(2)子程序

程序名“O0080”，见表 4-1-5。

表 4-1-5　子程序

程序段号	程序内容	动作说明
N10	G0Z－2.5；	下刀
N20	G1X95F80；	左侧直线加工到右侧
N30	G0Z5；	抬刀
N40	M99；	子程序结束

用加工中心加工时。只需把手动换刀指令换成自动换刀指令即可，即把 N170 段指令转成。自动换刀指令 M6T2。

【技能训练】

一、加工准备

(1)检查毛坯尺寸。

(2)开机、回参考点。

(3)程序输入：将数控程序通过面板输入数控系统或将仿真后的程序输入数控系统。

(4)工件装夹：将平口钳装夹在铣床工作台上，用百分表校正。工件装夹在平口钳上，底部用等高垫块垫起，并伸出钳口 5～10 mm。

(5)刀具装夹。共采用两把铣刀，一把粗加工键槽铣刀，一把为精加工立铣刀，通过弹簧夹头把铣刀装夹入铣刀刀柄中。根据加工情况分别把粗、精加工铣刀柄装入铣床主轴(加工中心则把粗、精铣刀全部装入刀库中)。

二、对刀

1. X、Y 方向对刀

X、Y 方向采用试切法对刀，将机床坐标系原点偏置到工件坐标系原点上，通过对刀操作得到 X、Y 偏置值输入到 G54 中，G54 中 Z 坐标输入 0。

2. Z 方向对刀

依次安装粗、精加工铣刀，测量每把刀的刀位点从参考点到工件上表面的 Z 数据输入到相应的刀具长度补偿号中，加工时调用。

三、空运行及仿真

把基础坐标系中 Z 方向值变为＋50 mm，进行空运行或用机床锁住功能进行空运行，观察程序运行情况及加工轨迹；空运行结束后，取消空运行设置。通过机床锁住功能进行空运行后机床应重回参考点。

用仿真软件在计算机上进行仿真练习，测试程序及加工情况。

四、零件自动加工与尺寸控制

加工时先安装粗加工键槽铣刀进行粗加工，遇 M0、M5 指令后换精加工刀具进行精加工。当上表面加工完成后，加工下表面时应通过“试测法”进行工件高度尺寸的控制。具体做法如下：

换精加工刀具时设置刀具长度补偿值(或长度磨损值)后运行精加工程序，精加工完成后用游标卡尺测量高度尺寸，根据实际尺寸修调长度补偿值(或长度磨损值)再重新运行精加工程序以保证高度尺寸的正确。例如，刀具长度磨损值为＋0.30 mm，假设精加工后测得高度 25.0＋0.1 mm 的实际尺寸为 25.30 mm，比图样要求尺寸还大 0.20～0.30 mm，取中间值 0.25 mm，则把刀具长度磨损值修改为 0.30 mm－0.25 mm＝0.05 mm，然后重新运行精加工程序即可保证高度尺寸合格。

平行度、垂直度主要通过装夹工件来保证，装夹工件时应放平校正。加工其他面时长度、宽度尺寸的控制方法同上。

五、零件检测与评分

零件加工后，进行尺寸检测，检测结果写入评分表中(表 4-1-6)。

表 4-1-6　平面加工评分表

班级		姓名			学号	
任务		平面加工			零件编号	图 4-1-1
基本检查		序号	检测内容	配分	学生自评	教师评分
基本检查	编程	1	切削加工工艺制定正确	8		
基本检查	编程	2	切削用量选择合理	3		
基本检查	编程	3	程序正确、简单、规范	10		
基本检查	操作	4	设备操作、维护保养正确	3		
基本检查	操作	5	安全、文明生产	10		
基本检查	操作	6	刀具选择、安装正确、规范	3		
基本检查	操作	7	工件找正、安装正确、规范	3		
工作态度		8	行为规范、纪律表现	10		
尺寸检测		9	长度尺寸 $75^{+0.1}_{0}$ mm	10		
尺寸检测		10	宽度尺寸 $75^{+0.1}_{0}$ mm	10		
尺寸检测		11	高度尺寸 $20^{+0.1}_{0}$ mm	10		
尺寸检测		12	平行度公差 0.1 mm(两处)	10		
尺寸检测		13	垂直度公差 0.1 mm	5		
表面粗糙度		14	Ra3.2 μm	5		
综合得分				100		

六、整理

加工结束，拆下工件，清理机床。

【资料链接】

数控铣床(加工中心)夹具选择：数控铣床(加工中心)可以加工形状复杂的零件，但数控铣床(加工中心)所使用的夹具往往并不很复杂，只要求有简单的定位、夹紧机构就可以了。选择铣床(加工中心)夹具时，通常需要考虑产品的生产批量、生产效率、质量保证及经济性。在产量小或研制时，应尽量采用组合夹具或通用夹具；小批量或成批生产时可考虑采用专用夹具；生产批量较大时，可考虑采用多工位夹具或气动、液压夹具。

【操作注意事项】

(1)加工表面的形位公差主要由工件装夹来保证，故装夹工件时应注意工件校平、校正。

(2)本任务直接按刀具中心运动轨迹的坐标值来编程。

(3)为了避免出现接刀痕迹，每两刀之间要有一定量的重叠。

(4)在保证加工质量的前提下，尽量缩短加工路线，以提高生产率。

(5)平面加工也可用直径较大的面铣刀采用直线插补的方式进行加工。

(6)在工件外侧边可用 G0 指令下刀，以缩短时间，但必须注意下刀过程中不能碰到工件或机床夹具，否则将发生撞刀。

【思考与练习】

1. 铣刀直径ϕ20 mm，主轴转速为1 000 r/min，每分钟进给速度为70 mm/min，则每转进给量是多少？

2. 平面铣削进刀方式有哪几种？各有何特点？

3. 工件装夹过程中，哪些因素会影响到工件的形位精度？

4. 针对如图4-1-6所示零件，试编写程序并加工练习。

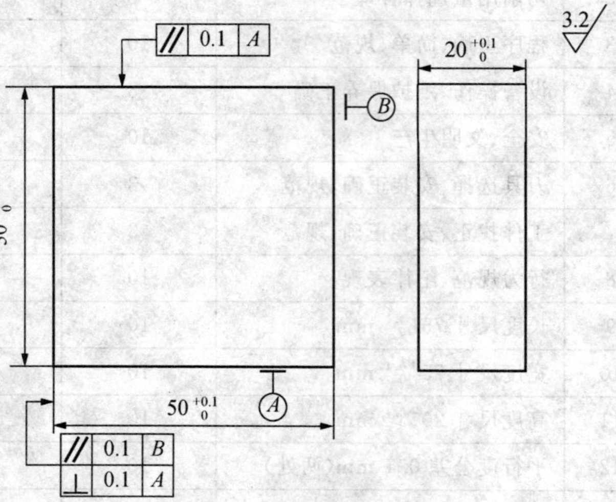

图4-1-6 题4图

任务2 平面外轮廓加工

知识点

- 掌握圆弧过渡、直线过渡指令及编程
- 掌握刀具半径补偿指令及使用
- 掌握平面外轮廓切向切入、切出方式
- 掌握平面外轮廓加工工艺的制定方法

技能点

- 掌握平面外轮廓加工方法及尺寸控制
- 会解决平面外轮廓多余材料的处理方法

【任务引入】

完成图4-2-1、图4-2-2所示零件的编程和加工，材料为硬铝。

【相关知识】

一、倒圆、倒角指令

1. 指令功能

在一个轮廓拐角处可以插入倒角或倒圆。

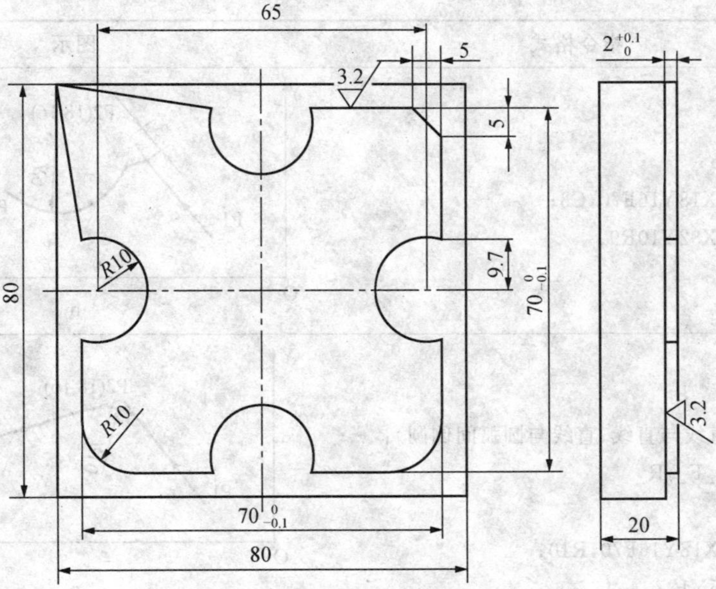

图 4-2-1　平面外轮廓零件图

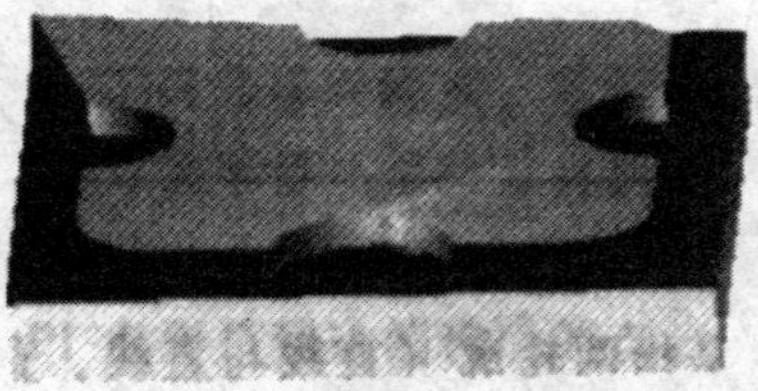

图 4-2-2　三维效果图

2. 指令格式

指令格式见表 4-2-1。

3. 指令使用说明

(1)指令格式中 X、Y 坐标是指两轮廓(直线与直线、直线与圆弧)间虚拟交点 P2 点的坐标值。

(2)C 表示从虚拟交点到拐角起点和终点的距离,倒角的方向与两轮廓角平分线垂直。

(3)倒圆指令中的 R 表示倒圆部分圆弧半径,该圆弧与两轮廓相切。

表 4-2-1　法那克系统指令格式

项目	指令格式	图示
倒角	格式(直线与直线、直线与圆弧间倒角): G1X_Y_F_,C_; 例:图 a N20G1X50Y40F70,C7; N30X85Y30;	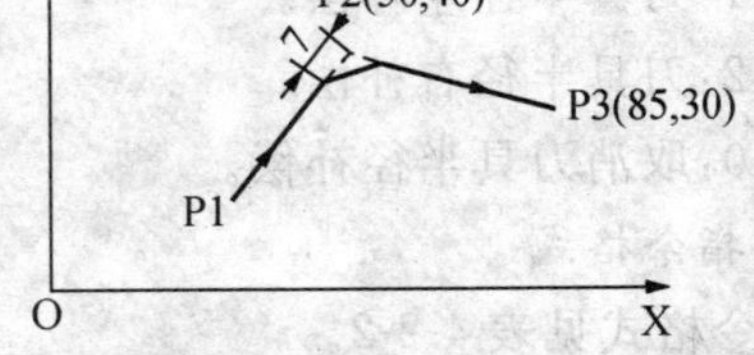

续表4-2-1

项目	指令格式	图示
倒角	例:图 b N20G1X18Y16F70,C3; N30G3X32Y10R9;	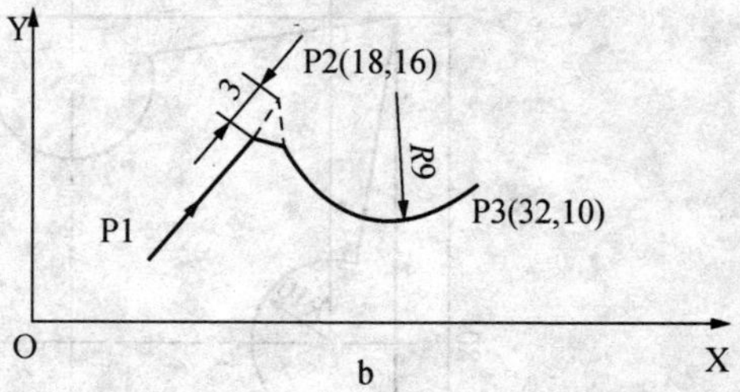 b
倒圆	格式(直线与直线、直线与圆弧间倒圆): G1X_Y_F_,R_ 例:图 c N20G1X18Y16F70,R10; N30X35Y12;	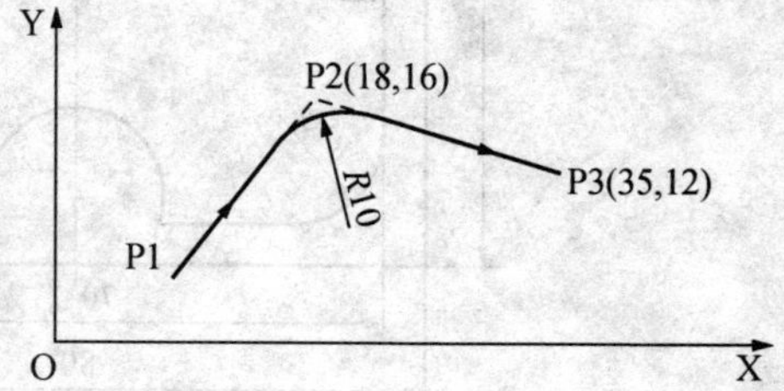 c
	例:图 d N20G1X18Y16F70,R5; N30G3X36Y10R12;	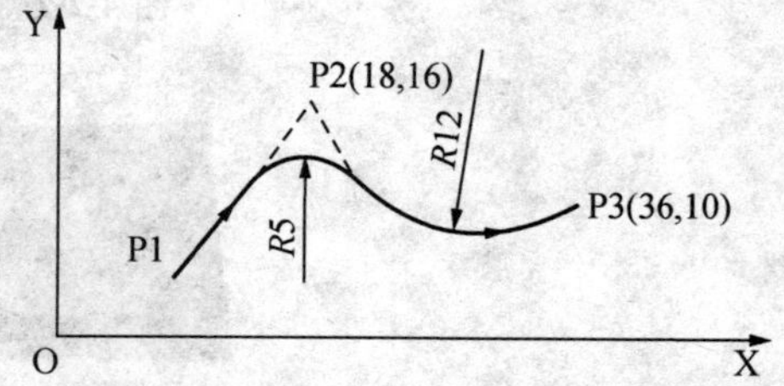 d

(4)倒角、倒圆指令不仅可用于直线与直线、直线与圆弧之间,也可用于圆弧与直线、圆弧与圆弧之间的过渡。

(5)倒角、倒圆指令只能在(G17、G18 或 G19)指定平面内执行,在平面切换过程中,不能指定倒角或倒圆。

(6)如果超过 3 个程序段中不含移动指令时,不能进行倒角或倒圆。

(7)不能进行任意角度倒角和拐角圆弧过渡。

二、刀具半径补偿指令(G41/G42)

1. 指令功能

使刀具在所选择的平面内向左或向右偏置一个半径值,编程时只需按零件轮廓编程,不需要计算刀具中心运动轨迹,从而方便、简化计算和程序编制。

2. 指令代码

G41:刀具半径左补偿。

G42:刀具半径右补偿。

G40:取消刀具半径补偿。

3. 指令格式

指令格式见表 4-2-2。

表 4-2-2　法那克系统刀具半径补偿指令格式

段号	法那克系统
N10	G0/G1G41X_Y_D_;建立刀具半径左补偿
N20	G0/G1G42X_Y_D_;建立刀具半径右补偿
N30	G0/G1G40X_Y_;取消刀具半径补偿
N40	G40;仅取消偏置方式

其中,X、Y 为建立刀具半径补偿(或取消刀具半径补偿)时目标点坐标;D 为刀具半径补偿号。

刀具半径左补偿、右补偿方向判别:在补偿平面内,沿着刀具进给方向看,刀具在轮廓左边用左补偿,沿着刀具进给方向看,刀具在轮廓右边,用右补偿,如图 4-2-3 所示。

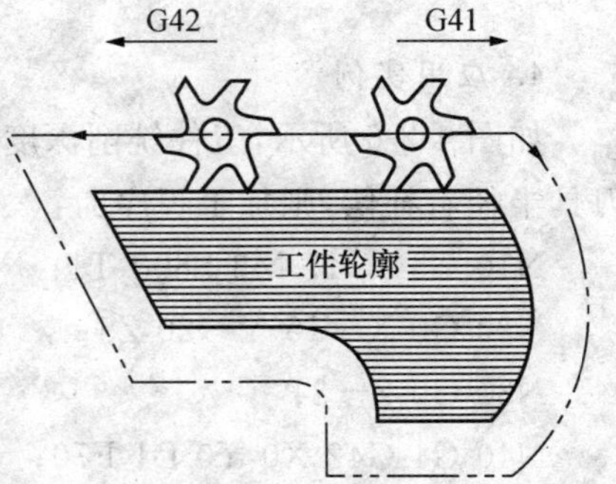

图 4-2-3　刀具半径补偿

按刀具补偿过程中运动轨迹,可分为建立刀具半径补偿、使用刀具半径补偿、取消刀具半径补偿 3 个步骤。

(1)建立补偿时,刀具以直线运动接近工件轮廓,并在轮廓起始点处与轨迹切向垂直。正确选择起始点,才能保证刀具运行时不发生碰撞。建立刀具半径补偿后刀具轨迹如图 4-2-4 所示。例如,P1 点坐标为(20,10),执行刀具半径补偿指令 N20G1G42X20Y10D1,刀心轨迹并不是到达 P1 点而是到达偏移后的点。

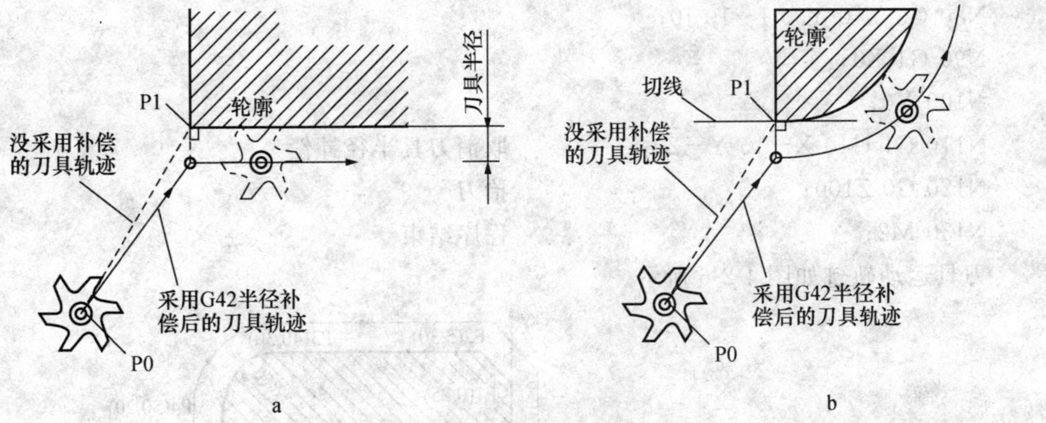

图 4-2-4　刀具轨迹

(2)使用刀具半径补偿,建立刀具半径补偿指令后,刀具在运行中始终按偏离一个刀具半径值进行移动。系统在进入补偿(G41/G42)状态时不得变换补偿平面(如从 G17 平面切换到 G18 平面),否则会发生报警。

(3)刀具半径补偿的取消,用 G40 取消刀具半径补偿,此状态也是编程开始所处的状态。只有在直线移动命令中才能取消补偿运行,否则只能取消补偿状态。取消刀具半径补偿时刀心轨迹如图 4-2-5 所示。

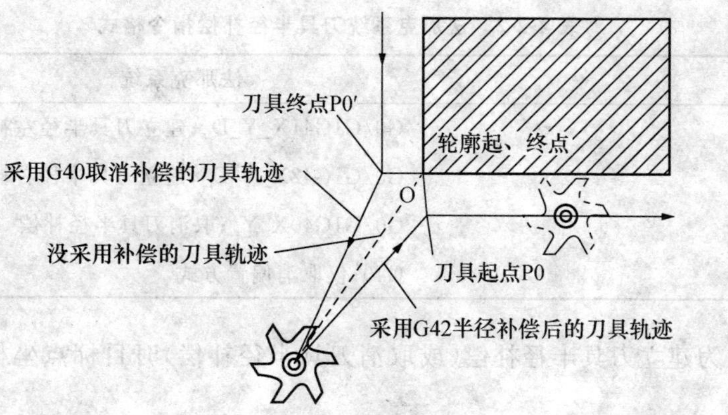

图 4-2-5 刀心轨迹

4. 应用实例

如图 4-2-6 所示，工件铣削深度 3 mm，建立刀补前的刀具位置坐标为(－15，－20)，采用刀具半径右补偿，则加工程序为：

N10 G54 G17 M3 S800 T1;	设置工艺参数
N20 G0 X－15 Y－20 Z5;	快速移动到补偿前位置点上方
N30 G0 Z－3;	下刀
N40 G1 G42 X0 Y0 D1 F70;	建立刀具半径右补偿
N50 X37 Y0;	加工轮廓
N60 G2 X50 Y13 I13 J0;	
N70 G1 Y20;	
N80 G3 X40 Y30 I－10 J0;	
N90 G1 X0;	
N100 Y0;	
N110 G1 G40 X－15 Y－20;	取消刀具半径补偿
N120 G0 Z100;	抬刀
N130 M2;	程序结束

刀具运动轨迹如图 4-2-6 所示。

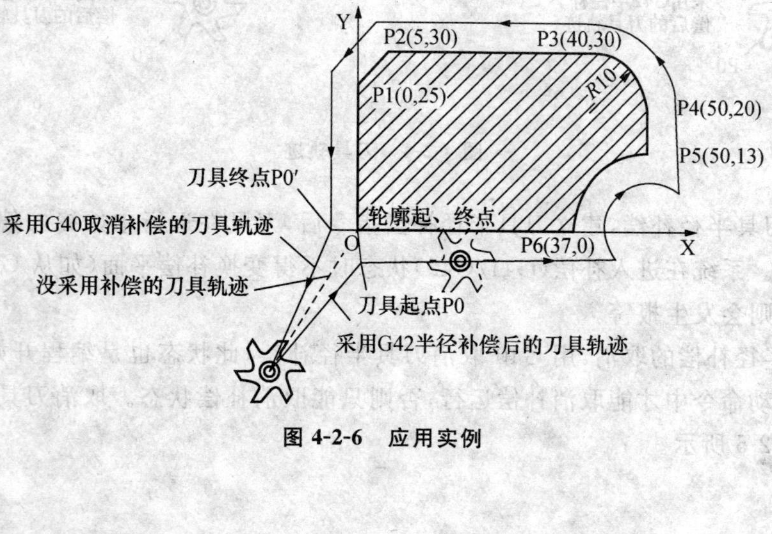

图 4-2-6 应用实例

5. 指令使用说明

(1)只有在直线移动命令中才可以进行 G41/G42 选择。取消补偿时也只有在移动命令中才能取消补偿运行。

(2)刀具半径补偿指令应指定所在的补偿平面(G17/G18/G19)。

(3)建立刀具半径补偿 G41/G42 程序段之后,应紧接着是工件轮廓的第一个程序段(除 M 指令或在补偿的平面内没有位移的程序段)。

(4)在使用刀具半径补偿过程中不可以切换补偿平面(如从 G17 切换到 G18 平面)。

【任务实施】

一、工、量、刃具选择

(1)工具选择　工件采用平口钳装夹,试切法对刀。其他工具见表 4-2-3。

(2)量具选择　轮廓尺寸用游标卡尺测量,深度尺寸用深度游标卡尺测量,表面质量用表面粗糙度样板检测,另用百分表校正平口钳及工件上表面。

(3)刃具选择　4 个圆弧轮廓直径为ϕ20 mm,所选铣刀直径不得大于ϕ20 mm,此任务选用直径为ϕ16 mm 铣刀。粗加工用键槽铣刀铣削,精加工用立铣刀侧面下刀铣平面。工件材料为硬铝,铣刀材料用普通高速钢铣刀即可。

表 4-2-3　工量刃具清单

图号:图 4-2-1						
种类	序号	名称	规格	精度/mm	单位	数量
工具	1	平口钳	QH135		个	1
	2	扳手			把	1
	3	平行垫铁			副	1
	4	塑胶锤子			个	1
量具	1	游标卡尺	0～150 mm	0.02	把	1
	2	深度游标卡尺	0～200 mm	0.02	把	1
	3	百分表及表座	0～10 mm	0.01 mm	个	1
	4	表面粗糙度样板	N0－N1	12 级	副	1
刃具	1	键槽铣刀	ϕ16 mm		个	1
	2	立铣刀	ϕ16 mm		个	1

二、加工工艺方案

1. 加工工艺路线

(1)切入、切出方式选择　铣削平面外轮廓零件时,一般采用立铣刀侧刃进行切削。由于主轴系统和刀具刚性变化,当铣刀沿工件轮廓切向切入工件时,也会在切入处产生刀痕。为了减少刀痕,切入、切出时可沿零件外轮廓曲线延长线的切线方向切入、切出工件,如图 4-2-9 所示。

(2)铣削方向选择　图 4-2-7 所示为铣刀沿工件轮廓顺时针方向铣削时,铣刀旋转方向与工件进给方向一致的顺铣;图 4-2-8 所示为铣刀沿工件轮廓逆时针方向铣削时,铣刀旋转方向与工件进给方向相反的逆铣。一般情况下尽可能采用顺铣,即外轮廓铣削时宜采用沿工件顺时针方向铣削。

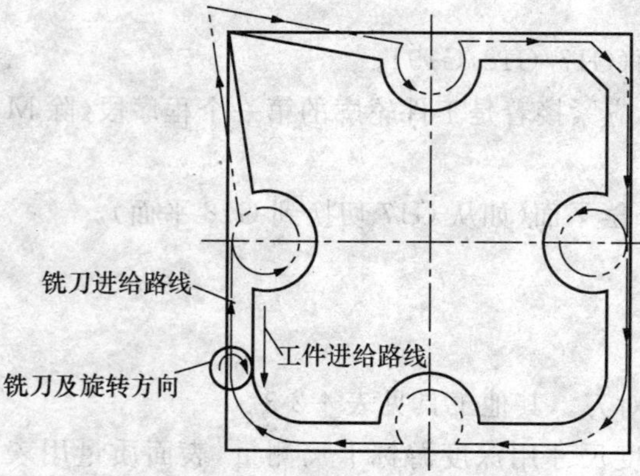

图 4-2-7 顺铣

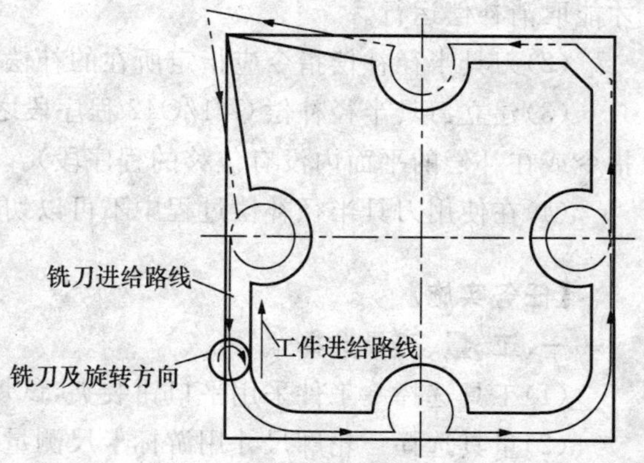

图 4-2-8 逆铣

(3)铣削路线 刀具由 1 点运行至 2 点(轨迹的延长线上)建立刀具半径补偿,然后按 3→4→5→…→16→17 的顺序铣削加工。切出时由 17 点插补到 18 点取消。

刀具半径补偿如图 4-2-9 所示。

加工中,用键槽铣刀粗加工→立铣刀精加工→手动铣削剩余岛屿材料或编程铣削剩余岛屿材料。精加工(轮廓)余量用刀具半径补偿控制;精加工尺寸精度由调试参数值控制。

2. 合理切削用量的选择

加工材料为硬铝,硬度低,切削力较小,粗铣深度除留精铣余量外,一刀切完;切削速度选择较高,进给速度 50～80 mm/min,具体见表 4-2-4。

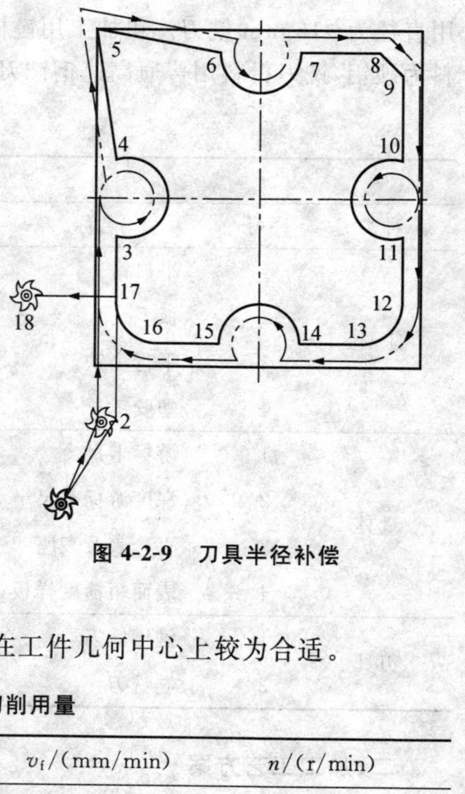

图 4-2-9 刀具半径补偿

三、参考程序编制

1. 工件坐标系建立

根据工件坐标系建立原则,此任务工件坐标系建立在工件几何中心上较为合适。

表 4-2-4 铣削外轮廓合理切削用量

刀具	工作内容	v_f/(mm/min)	n/(r/min)
高速钢键槽铣刀(T1)	粗铣外轮廓 留精加工余量 0.3 mm	70	800
高速钢立铣刀(T2)	精铣外轮廓	60	1 000

2. 基点坐标计算

加工中采用刀具半径补偿功能,只需计算工件轮廓上基点坐标即可,不需计算刀心轨迹及坐标,基点如图 4-2-9 所示,各点坐标见表 4-2-5。其中,点 8、9 处,点 12、13 处用倒角指令和倒圆指令，只需求出虚拟交点坐标。

表 4-2-5　各点坐标

基点	坐标(X,Y)	基点	坐标(X,Y)
1	(−45,−60)	10	(35,9.7)
2	(−35,−50)	11	(35,−9.7)
3	(−35,−9.7)	12、13 虚拟交点坐标	(35,−35)
4	(−35,9.7)	14	(10,−35)
5	(−40,40)	15	(−10,−35)
6	(−10,35)	16	(−25,−35)
7	(10,35)	17	(−35,−25)
8、9 虚拟交点坐标	(35,35)	18	(−50,−25)

3. 参考程序

(1)主程序　程序名“O0420”，见表 4-2-6。

表 4-2-6　主程序

程序段号	程序内容	动作说明
N5	G40G49G80G90；	设置初始状态
N10	G54M3S800T1M08；	设置加工参数
N20	G0G43X−45Y−60Z10H1；	空间快速移动至 1 点上方
N30	Z−1.7F70；	下刀
N40	M98P0050；	调用子程序，粗加工轮廓
N50	G0Z100；	抬刀
N60	M5；	主轴停止
N70	M0；	程序停，换精铣刀具
N80	M3S1000T2F60；	设置精加工参数
N90	G0X−45Y−60；	空间快速移动至 1 点上方
N100	G43Z−2H2；	下刀
N110	M98P0050；	调用子程序，精加工轮廓
N120	G0Z100；	抬刀
N130	M2；	程序结束

(2)子程序　程序名“O0050”，见表 4-2-7。

表 4-2-7　子程序

程序段号	程序内容	动作说明
N10	G0G41X−35Y−50D1；	建立刀具半径左补偿
N20	G1Y−9.7；	直线加工至 3 点
N30	G3Y9.7R−10；	圆弧加工至 4 点

续表4-2-7

程序段号	程序内容	动作说明
N40	G1X－40Y40；	直线加工至5点
N50	X－10Y35；	直线加工至6点
N60	G3X10R10；	圆弧加工至7点
N70	G1X35Y35,C5；	利用倒角指令加工8、9
N80	Y9.7；	直线加工至10点
N90	G3Y－9.7R－10；	圆弧加工至11点
N100	G1Y－35,10；	利用倒圆角指令加工12、13
N110	X10；	直线加工至14点
N120	G3X－10R10；	圆弧加工至15点
N130	G1X－25；	直线加工至16点
N140	G2X－35Y－25R10；	圆弧加工至17点
N150	G1G40X－60Y－25；	取消半径补偿到18点
N160	M99；	子程序结束

用加工中心加工时，只需把手动换刀指令换成自动换刀指令即可，即N70段程序改成自动换刀指令M6T2。

【资料链接】

使用刀具半径补偿指令加工内、外轮廓和内角时，常出现以下几种临界加工情况引起的过切现象。

(1)如图4-2-10所示，轮廓过渡时轮廓位移小于刀具半径($B<R$)产生的过切。

(2)如图4-2-11所示，凹槽宽度小于铣刀直径时($B<2R$)产生的过切。

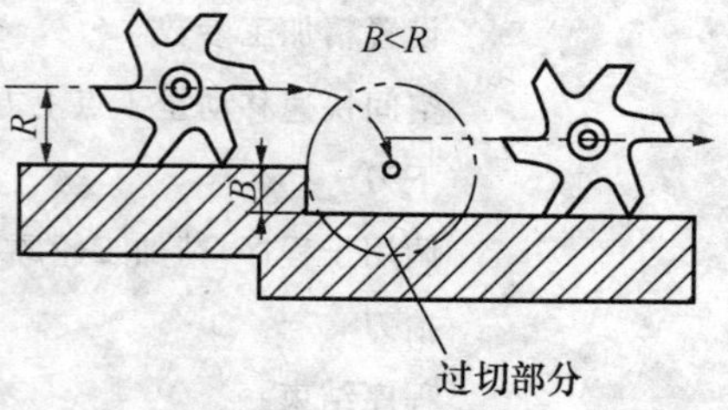

图4-2-10　过切(一)

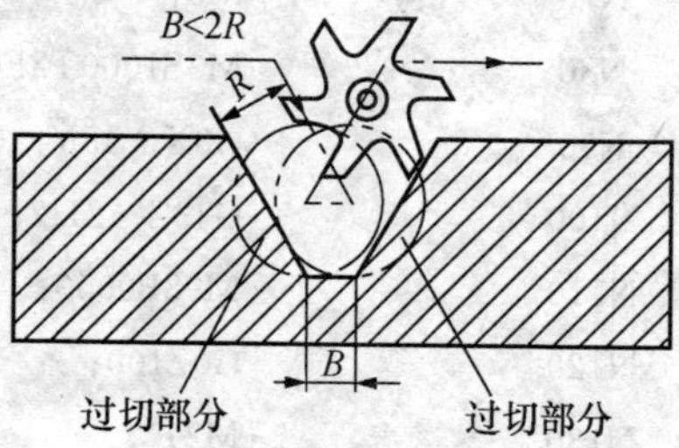

图4-2-11　过切(二)

(3)如图4-2-12所示，内轮廓加工，当铣刀半径大于内轮廓圆弧半径时产生的过切。

以上几种情况，一般数控系统都会发出报警信息，必须更改轮廓参数或铣刀半径才能消除报警。

【技能训练】

一、加工准备

(1)检查毛坯尺寸。

(2)开机、回参考点。

(3)程序输入:将数控程序通过面板输入到数控系统中。

(4)工件装夹:平口钳装夹在工作台上,用百分表校正其位置;工件装夹在平口钳上,底部用垫块垫起,使工件伸出钳口 5～10 mm,用百分表校平上表面。

(5)刀具装夹:共采用两把铣刀,一把粗加工键槽铣刀,一把精加工立铣刀。通过弹簧夹头把铣刀装夹在铣刀刀柄中。根据加工情况分别把粗、精加工铣刀柄装入铣床主轴(加工中心则把粗、精铣刀全部装入刀库中)。

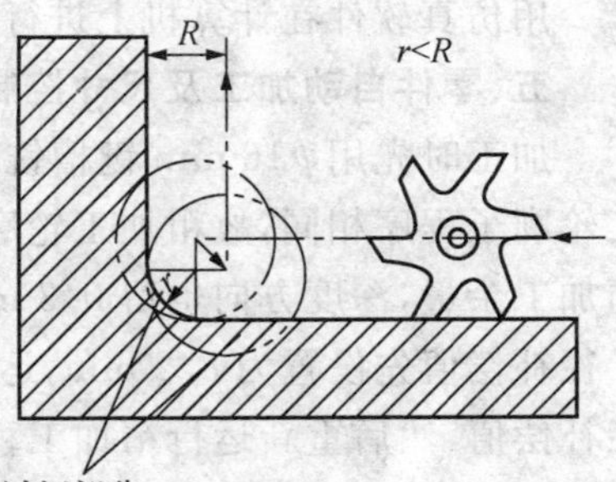

图 4-2-12　过切(三)

二、对刀操作

(1)X、Y 方向对刀　X、Y 方向采用试切法对刀,将机床坐标系原点偏置到工件坐标系原点,通过对刀操作得到 X、Y 偏置值输入到 G54 中,G54 中 Z 坐标输入 0。

(2)Z 方向对刀　依次安装粗、精加工铣刀,测量每把刀的刀位点从参考点到工件上表面的 Z 数据输入到相应的刀具长度补偿号中,加工时调用。

三、机床刀具半径补偿值的调整

采用刀具半径补偿功能时,机床中刀具半径补偿值应作相应调整,调整方法如下:

按[参数]键,按[补正]软键出现如图 4-2-13 画面;把光标移动至所用刀具号的(形状)D 处,输入刀具半径值“8”,按[输入]软键即可。

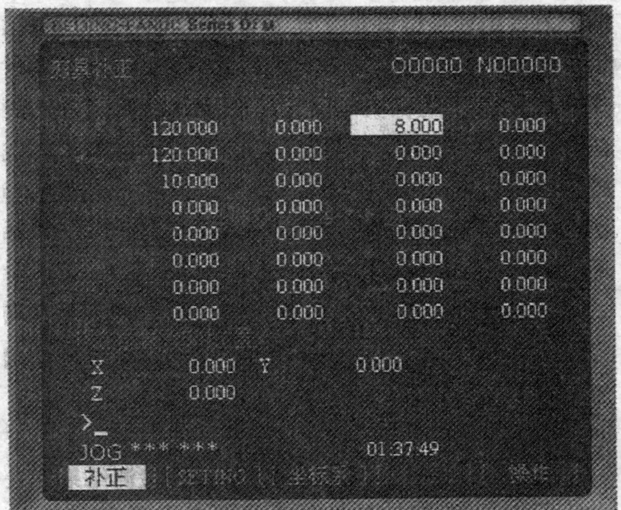

图 4-2-13　刀具补偿画面

四、空运行及仿真

调整机床刀具半径补偿值,把基础坐标系中 Z 方向值变为“+50”,打开程序,选择 MEM 工作模式,按下空运行按钮,按循环启动按钮,观察加工情况及程序运行情况;或用机床锁住功能进行空运行。空运行结束后,使空运行按钮复位。

用仿真软件在计算机上进行仿真练习，测试程序及加工情况。

五、零件自动加工及尺寸控制

加工时先用ϕ16 mm 键槽铣刀进行粗加工，后用ϕ16 mm 立铣刀进行精加工。因粗、精加工轮廓子程序相同，故粗加工轮廓时把机床中刀具半径补偿值设置为 8.3 mm，轮廓留 0.3 mm 精加工余量，深度方向也留 0.3 mm 精加工余量，由程序控制。用立铣刀精加工时机床中刀具半径补偿值先设置为 8.2 mm，运行完精加工程序后，根据轮廓实测尺寸再修改机床中刀具半径补偿值，然后重新运行精加工程序，以保证轮廓尺寸符合图样要求，具体做法如下：

若第一次运行精加工程序后，用游标卡尺测得轮廓 70 mm 实际尺寸为 70.55 mm，比图样要求尺寸还大 0.45～0.55 mm，单边大 0.225～0.275 mm（取中间值 0.25mm），则机床中刀具半径补偿值应修改为 8.2－0.25＝7.95 mm，然后重新运行精加工程序进行精加工，即可保证轮廓尺寸符合图样尺寸要求。

深度尺寸也用类似方法进行控制，通过设置长度补偿值（或长度磨损值）。第一次精加工程序运行后，测量实际深度尺寸，再修改长度补偿值（或长度磨损值），然后重新运行精加工程序以保证深度尺寸。

六、零件检测与评分

程序执行完毕后，进行尺寸检测，检测结果写入评分表中（表 4-2-8）。

表 4-2-8 平面外轮廓加工评分表

班级		姓名			学号	
任务		平面外轮廓加工			零件编号	图 4-2-1
基本检查		序号	检测内容	配分	学生自评	教师评分
	编程	1	切削加工工艺制定正确	8		
		2	切削用量选择合理	3		
		3	程序正确、简单、规范	10		
	操作	4	设备操作、维护保养正确	3		
		5	安全、文明生产	10		
		6	刀具选择、安装正确、规范	3		
		7	工件找正、安装正确、规范	3		
工作态度		8	行为规范、纪律表现	10		
尺寸检测		9	$70^{0}_{-0.1}$ mm（两处）	15		
		10	$2^{+0.1}_{0}$ mm	10		
		11	R10 mm（4 处）	5		
		12	R10 mm（2 处）	5		
		13	5 mm	5		
		14	9.7 mm	5		
表面粗糙度		15	Ra3.2 μm	5		
综合得分				100		

七、整理

加工结束，拆下工件，清理机床。

【操作注意事项】

(1)编程时采用刀具半径补偿指令，加工前应设置好机床中半径补偿值，否则刀具将不按半径补偿加工。

(2)首件加工都是采用“试测法”控制轮廓及深度尺寸，故加工时应及时测量工件尺寸和修改数控机床中刀具半径、长度补偿(或长度磨损)等参数。首件加工合格后，就不需调整机床中半径、长度补偿等参数，除非刀具在加工过程中磨损。

(3)为保证工件轮廓表面质量，最终轮廓应安排在最后一次进给中连续加工完成。

(4)尽量避免切削过程中途停顿，减少因切削力突然变化造成弹性变形而留下的刀痕。

(5)平面外轮廓粗加工时，通常采用由外向内逐渐接近工件轮廓铣削的方式进行，并可采取通过改变刀具半径补偿值的方法实现。

(6)铣削平面外轮廓时尽量采用顺铣方式，以提高表面质量。

(7)工件装夹在平口钳上应校平上表面，否则深度尺寸不易控制；也可在对刀前(或程序中)用面铣刀铣平上表面。

【思考与练习】

1. 采用倒角、倒圆指令只能加工出什么样尺寸要求的倒角、倒圆？
2. 如何判断刀具半径补偿方向？
3. 什么是刀具半径补偿？使用刀具半径补偿指令应注意哪些问题？
4. 如何确定外轮廓切入、切出方向？
5. 针对如图 4-2-14 所示零件，试编写程序并加工。

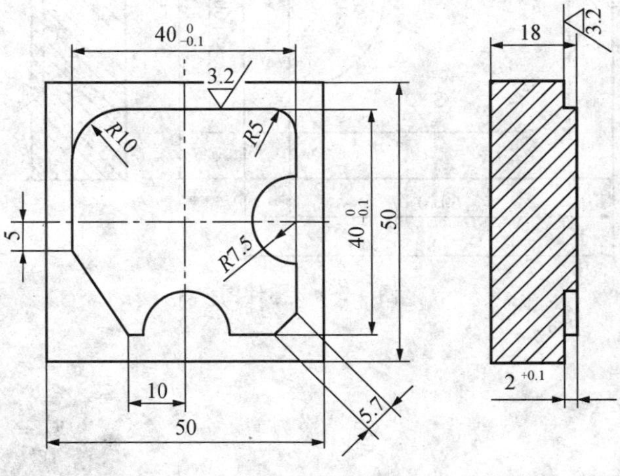

图 4-2-14　题 5 图

任务 3　平面内轮廓加工

知识点

- 了解回参考点指令和回固定点指令
- 掌握平面内轮廓加工进给路线的制定方法
- 掌握平面内轮廓加工刀具及合理切削用量的选择

技能点

- 会用 CAD 软件查找基点坐标
- 掌握平面内轮廓加工方法
- 掌握平面内轮廓尺寸控制方法

【任务引入】

完成图 4-3-1、图 4-3-2 所示零件的内轮廓加工，材料为硬铝，毛坯尺寸 80 mm×80 mm×20 mm。

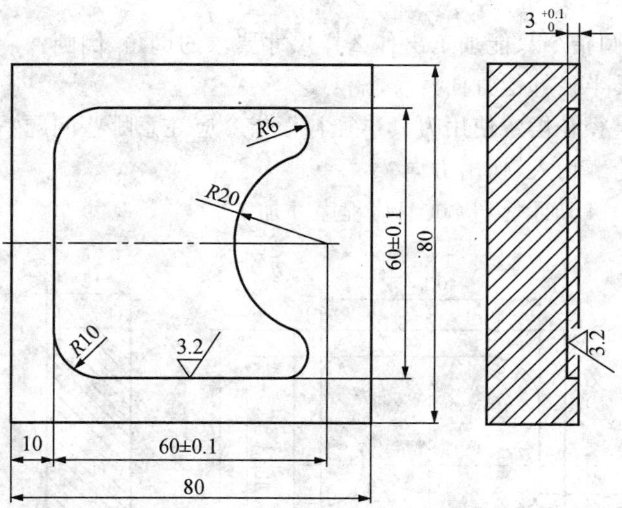

图 4-3-1　零件图

【相关知识】

一、回参考点指令

1. 指令功能

参考点是机床上的一个固定点，用该指令可以使刀具非常方便地移动到该位置。

2. 指令格式

指令格式见表 4-3-1。

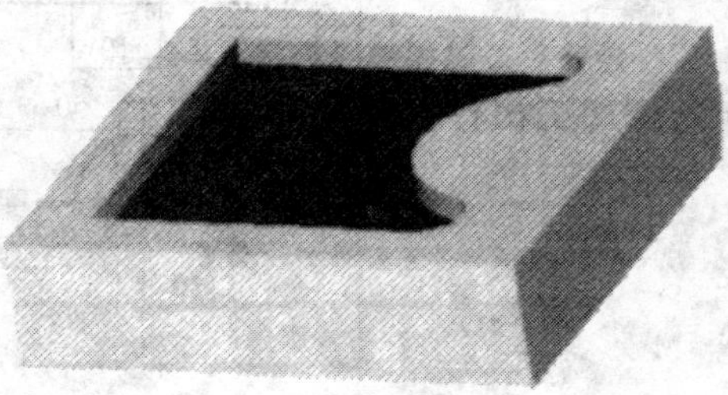

图 4-3-2　三维效果图

表 4-3-1　法那克系统回参考点指令格式

G28IP_；IP 是指定中间点位置的指令
例 N10G28X40Y0；中间点(X40，Y0)
N20G28Y60；中间点(X40，Y60)

3. 指令使用说明

(1)用 G28(G74)指令返回参考点的各轴速度储存在机床数据中(快速)。

(2)使用回参考点指令前，为安全起见应取消刀具半径补偿和长度补偿。

(3)回参考点指令必须指定中间点坐标，刀具经中间点回到参考点。

(4)返回参考点指令为程序段有效指令。

二、返回固定点指令

1. 指令功能

指刀具自动返回到机床上某一指定的固定点，如换刀点。

2. 指令格式

指令格式见表 4-3-2。

表 4-3-2　法那克系统回固定点指令格式

G29IP_；IP 是指从参考点返回目标点的指令
例 N20G29X40Y60；目标点(X40，Y60)

3. 指令使用说明

(1)返回固定点指令为程序段有效指令。

(2)返回固定点指令之后的程序段中原来的 G0、G1、G2、G3 将再次生效。

【任务实施】

一、工、量、刃具选择

(1)工具选择　工件采用平口钳装夹，试切法对刀。其他工具见表 4-3-3。

表 4-3-3　工、量、刃具清单

图号：图 4-3-1						
种类	序号	名称	规格	精度/mm	单位	数量
工具	1	平口钳	QH135		个	1
	2	扳手			把	1
	3	平行垫铁			副	1
	4	塑胶锤子			个	1
量具	1	游标卡尺	0～150 mm	0.02	把	1
	2	深度游标卡尺	0～200 mm	0.02	把	1
	3	百分表及表座	0～10 mm	0.01 mm	个	1
	4	表面粗糙度样板	N0～N1	12 级	副	1

续表 4-3-3

种类	序号	名称	规格	精度/mm	单位	数量
刃具	1	键槽铣刀	ϕ10 mm		个	1
	2	立铣刀	ϕ10 mm		个	1

(2)量具选择　轮廓尺寸用游标卡尺测量,深度尺寸用深度游标卡尺测量,表面质量用表面粗糙度样板检测,另用百分表校正平口钳及工件上表面。

(3)刃具选择　铣内轮廓刀具半径必须小于内轮廓最小圆弧半径,否则将无法加工出内轮廓圆弧。本任务内轮廓最小圆弧轮廓半径为 6 mm,故所选铣刀直径不得大于ϕ12 mm,此处选用直径为ϕ10 mm 铣刀。粗加工用键槽铣刀铣削;精加工用能垂直下刀的立铣刀或用键槽铣刀替代。加工材料为硬铝,铣刀材料用普通高速钢即可。

二、加工工艺方案

1. 加工工艺路线

(1)切入、切出方式选择　铣削封闭内轮廓表面时,刀具无法沿轮廓线的延长线方向切入、切出,只有沿法线方向切入、切出或圆弧切入、切出。本任务选择法线方向切入和切出,此种情况切入、切出点应选在零件轮廓两几何要素的交点上,而且进给过程中要避免停顿。

(2)铣削方向的确定　铣刀沿内轮廓逆时针方向铣削时,铣刀旋转方向与工件进给运动方向一致为顺铣,如图 4-3-3 所示。铣刀沿内轮廓顺时针方向铣削时,铣刀旋转方向与工件进给运动方向相反为逆铣,如图 4-3-4 所示。一般尽可能采用顺铣,即在铣内轮廓时采用沿内轮廓逆时针的铣削方向为好。

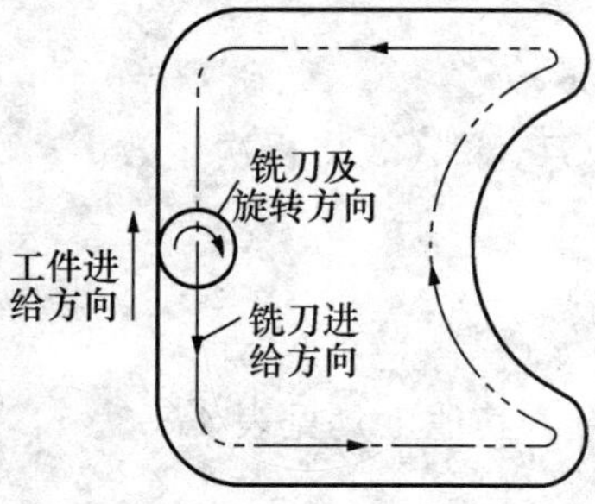

图 4-3-3　顺铣

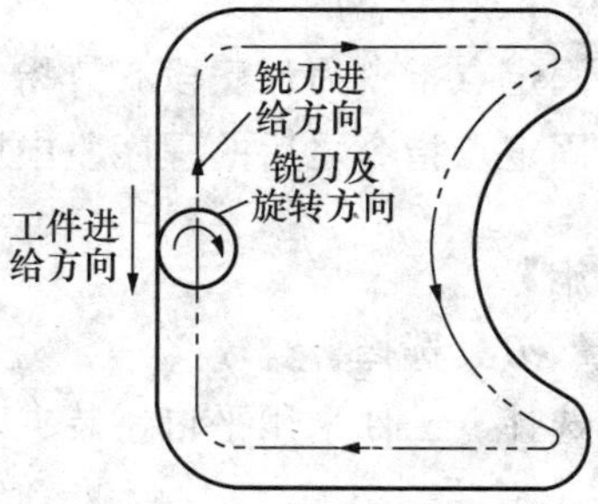

图 4-3-4　逆铣

(3)进给路线　内轮廓的进给路线有行切、环切和综合切削 3 种切削方法,图 4-3-5 所示为行切法;图 4-3-6 所示为环切法;综合切削法是先行切后环切。行切与环切进给路线都能切净内轮廓中的全部面积,不留死角,不伤轮廓,同时能尽量减少重复进给的搭接量。不同点是行切法的进给路线比环切法短,但行切法在每两次进给的起点与终点间留下残留面积,而达不到所要求的表面粗糙度。用环切法获得的表面粗糙度要好于行切法,但环切法需要逐次向外扩展轮廓线,刀位点计算复杂、刀具路径长。加工中可结合行切、环切的优点,采用综合切削法:先用行切法去除中间部分余量,最后用环切法加工内轮廓表面,既可缩短进刀路线,又能获得较好的表面质量。

本任务由于内轮廓余量不多,选择环切法并由里向外加工,加工中行距取刀具直径的 50%～90%,加工路线如图 4-3-6 所示。

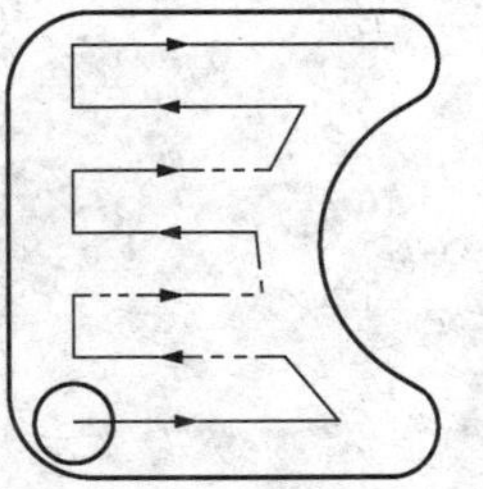

图 4-3-5　行切法

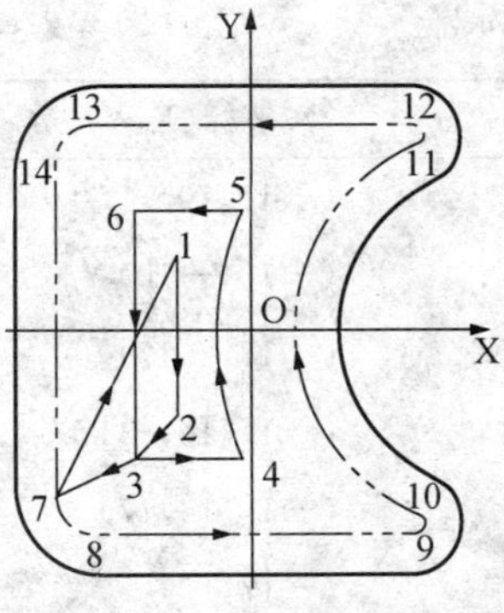

图 4-3-6　环切法

刀具由 1→2→3→4→5→6→7→8→9→10→11→12→13→14→7→1 的顺序按环切方式进行加工，刀具从点 3 运行至点 7 时建立刀具半径补偿，加工结束时刀具从点 7 运行至点 l 过程中取消刀具半径补偿。

2. 合理切削用量的选择

加工材料为硬铝，切削力较小，铣削深度除留 0.3 mm 精加工余量，其余一刀切完；切削速度可选较高，进给速度 50～80 mm/min，垂直进给速度较小，具体见表 4-3-4。

表 4-3-4　切削用量的选择

刀具	工作内容	v_f/(mm/min)	n/(r/min)
高速钢键槽铣刀(T1)	垂直进给深度留 0.3 mm 精加工余量	50	1 000
	粗铣内轮廓留 0.3 mm 精加工余量	70	1 000
高速钢立铣刀(T2)	垂直进给	50	1 200
	精铣内轮廓	70	1 200

三、参考程序编制

1. 工件坐标系建立

根据工件坐标系建立原则，本任务工件坐标系建立在工件几何中心上较为合适，Z 零点设置在工件上表面，如图 4-3-6 所示。

2. 基点坐标计算

本任务不仅要计算基点 7、8、9、10、11、12、13、14 等坐标，还要计算环切余量时点 1、2、3、4、5、6 坐标。其中，点 1、2、3、4、5、6、9、10、11、12 坐标不易计算，可采用 CAD 软件查找点坐标的方法，具体做法：在二维 CAD 软件(如 AUTOCAD 或 CAXA 电子图板)中画出内轮廓图形(注意工件坐标系与 CAD 软件坐标系一致，坐标原点重合)，然后把鼠标放置在各点上可通过软件屏幕下方显示出该点坐标或用软件查询工具查找各点坐标，见表 4-3-5。

3. 参考程序

(1)主程序　法那克系统程序名“O0430”，见表 4-3-6。

(2)子程序　子程序程序名为“O0043”，见表 4-3-7。

用加工中心加工时，只需把手动换刀指令换成自动换刀指令即可，即主程序中 N70 程序换成自动换刀指令 M6T02。

表 4-3-5 基点坐标

基点	坐标(X,Y)	基点	坐标(X,Y)
1	(−10,10)	8	(−20,−30)
2	(−10,−10)	9	(20,−30)
3	(−17,−17)	10	(22.308,−18.462)
4	(−1.716,−17)	11	(22.308,18.462)
5	(−1.716,17)	12	(20,30)
6	(−17,17)	13	(−20,30)
7	(−30,−20)	14	(−30,20)

表 4-3-6 加工程序

程序段号	程序内容	动作说明
N5	G90G49G40G80;	设置初始参数
N10	G54M3S1000T01;	设置加工参数
N20	G0G43X−10Y10Z5H01;	空间快速移动至1点上方
N30	G1Z−2.7F50;	下刀
N40	M98P0043;	调用子程序,粗加工轮廓
N50	G0Z100;	抬刀
N60	M5;	主轴停止
N70	M0;	程序停,换精铣刀具
N80	M3S1200T02;	主轴正转 1 200 r/min
N90	G0G43X0Y10Z5H02;	空间快速移动 X0Y10 处
N100	G1X−10Z−3F50;	斜坡下刀至1点
N110	M98P0043;	调用子程序,精加工轮廓
N120	G0Z100;	抬刀
N130	M2;	程序结束

表 4-3-7 子程序

程序段号	程序内容	动作说明
N10	G01 X−10 Y−10 F70;	从1点直线加工至2点
N20	X−17 Y−17;	直线加工至3点
N30	X−1.716;	直线加工至4点
N40	G2 Y17 R35;	直线加工至5点
N50	G1 X−17;	直线加工至6点

续表4-3-7

程序段号	程序内容	动作说明
N60	Y－17；	直线加工至 3 点
N70	G41 X－30 Y－20 D1；	建立半径补偿至 7 点
N80	G3X－20 Y－30 R10；	圆弧加工至 8 点
N90	G1 X20；	直线加工至 9 点
N100	G3 X22.308 Y－18.462 R6；	直线加工至 10 点
N110	G2 Y18.462 R20；	直线加工至 11 点
N120	G3 X20 Y30 R6；	直线加工至 12 点
N130	G1 X－20；	直线加工至 13 点
N140	G3 X－30 Y20 R10；	直线加工至 14 点
N150	G1 Y－20；	直线加工至 7 点
N160	G40 X－10 Y10；	移动至 1 点并取消刀补
N170	M99；	子程序结束

【资料链接】

型腔类零件下刀方法。加工型腔类零件在垂直进给时切削条件差，轴向抗力大，切削较为困难。一般根据具体情况采用以下几种方法进行加工：

(1)用钻头在铣刀下刀位置预钻一个孔，铣刀在预钻孔位置下刀进行型腔的铣削。此方法对铣刀种类没有要求，下刀速度不用降低，但需增加一把钻头，也增加了换刀和钻孔时间。

(2)用键槽铣刀(或有端面刃的立铣刀)直接垂直下刀进给，再进行型腔铣削。此方法下刀速度不能过快，否则会产生振动，损坏切削刃。

(3)使用 X/Y 和 Z 方向的线性坡切削下刀，达到轴向深度后再进行型腔铣削，此方法适宜加工宽度较窄的型腔。

(4)螺旋下刀，铣刀在下刀过程中沿螺旋线路径下刀，它产生的轴向力小，工件加工质量高，对铣刀种类也没什么要求，是最佳下刀方式。

【技能训练】

一、加工准备

(1)检查毛坯尺寸。

(2)开机、回参考点。

(3)程序输入：把编写好的程序或经仿真后的数控程序输入数控系统。

(4)工件装夹：平口钳装夹在铣床工作台上，用百分表校正其位置；工件装夹在平口钳上，底部用垫块垫起，伸出钳口 5～10 mm，用百分表校平工件上表面。

(5)刀具装夹：共采用两把铣刀，一把粗加工键槽铣刀，一把为精加工立铣刀，通过弹簧夹头把铣刀装夹在铣刀刀柄中。根据加工情况分别把粗、精加工铣刀柄装入铣床主轴(加工中心则把粗、精铣刀全部装入刀库中)。

二、对刀操作

(1)X、Y方向对刀　X、Y方向采用试切法对刀,将机床坐标系原点偏置到工件坐标系原点上。通过对刀操作得到X、Y偏置值输入到G54中,G54中Z坐标为0。

(2)Z方向对刀　依次安装粗、精加工铣刀,测量每把刀的刀位点,从参考点到工件上表面的Z数据输入到相应的刀具长度补偿号中,加工时调用。

三、空运行及仿真

调整机床中刀具半径补偿值,把基础坐标系中Z方向值变为"+50",打开程序,选择MEM工作模式,按下空运行按钮,按数控启动按钮,观察程序运行及加工情况;或用机床锁住功能进行空运行,空运行结束后,使空运行按钮复位。

用仿真软件在计算机上进行仿真练习,测试程序及加工情况。

四、零件自动加工及尺寸控制

加工时先用ϕ10 mm键槽铣刀进行粗加工,后用ϕ10 mm立铣刀进行精加工。

因粗、精加工轮廓子程序相同,故粗加工轮廓时把机床中刀具半径补偿值设置为5.3 mm,轮廓留0.3 mm精加工余量,深度方向留0.3 mm精加工余量,由程序控制。

用立铣刀精加工时机床中刀具半径补偿值先设置为5.2 mm,运行完精加工程序后,根据轮廓实测尺寸再修改机床中刀具半径补偿值,然后重新运行精加工程序,以保证轮廓尺寸符合图纸要求,具体做法如下:

若第一次运行精加工程序后,若用游标卡尺测得内轮廓(60±0.1)mm实际尺寸为59.45 mm,比图样要求尺寸还小0.45～0.65 mm,单边小0.225～0.325 mm(取中间值0.275 mm),则机床中半径补偿值修改为5.2−0.275=4.925 mm;然后重新运行精加工程序进行精加工,即可保证轮廓尺寸符合图样尺寸要求。

深度尺寸也用类似方法进行控制,通过设置长度补偿值(或长度磨损值)第一次精加工程序运行后,测量轮廓实际深度尺寸,再修改长度补偿值(或长度磨损值),然后重新运行精加工程序以保证深度尺寸。

五、零件检测与评分

零件加工完毕后,进行尺寸检测,检测结果写入评分表中(表4-3-8)。

六、整理

加工结束。拆下工件,清理机床。

【操作注意事项】

(1)铣刀半径必须小于或等于工件内轮廓凹圆弧最小半径的大小,否则无法加工出内轮廓圆弧。机床中半径参数设置也不能大于内轮廓圆弧半径,否则会发生报警。

(2)加工内轮廓尽可能采用顺铣以提高表面质量。

(3)平面内轮廓加工尽可能采用行切、环切相结合的路线,并从里往外加工。既可缩短切削时间,又可保证加工表面质量。

(4)内轮廓无法加工预制孔,精加工时用立铣刀应螺旋方式下刀或采用键槽铣刀替代。

(5)机床中半径参数值设置越大,内轮廓尺寸越小,与外轮廓刚好相反。

(6)工件装夹在平口钳上应校平上表面,否则深度尺寸不易控制;也可在对刀前(或程序中)用面铣刀铣平工件上表面。

表 4-3-8　平面内轮廓加工评分表

班级		姓名			学号	
任务			平面内轮廓加工	零件编号		图 4-3-1
基本检查		序号	检测内容	配分	学生自评	教师评分
	编程	1	切削加工工艺制定正确	8		
		2	切削用量选择合理	3		
		3	程序正确、简单、规范	10		
	操作	4	设备操作、维护保养正确	3		
		5	安全、文明生产	10		
		6	刀具选择、安装正确、规范	3		
		7	工件找正、安装正确、规范	3		
工作态度		8	行为规范、纪律表现	10		
尺寸检测		9	(60±0.1)mm(两处)	15		
		10	$3_0^{+0.1}$ mm	10		
		11	R10 mm(2 处)	5		
		12	R6 mm(2 处)	5		
		13	R20 mm	5		
		14	10 mm	5		
表面粗糙度		15	Ra3.2 μm	5		
综合得分				100		

【思考与练习】

1. 采用行切或环切时行距如何确定？
2. 法那克系统使用长度补偿与深度尺寸控制有何关系？
3. 编写如图 4-3-7 所示零件的程序并加工零件(用 CAD 软件找查各点坐标)。

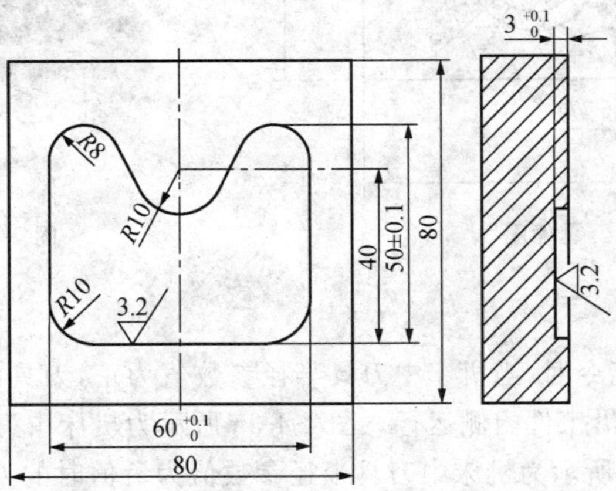

图 4-3-7　题 3 图

任务 4　轮廓综合加工

知识点

- ➢掌握轮廓综合加工工艺制定方法
- ➢了解相同形状内、外轮廓的编程方法

技能点

- ➢掌握轮廓综合加工方法
- ➢会进行相同形状内、外轮廓的加工
- ➢进一步掌握轮廓尺寸控制方法

【任务引入】

完成图 4-4-1、图 4-4-2 所示零件的轮廓综合加工，材料为硬铝。

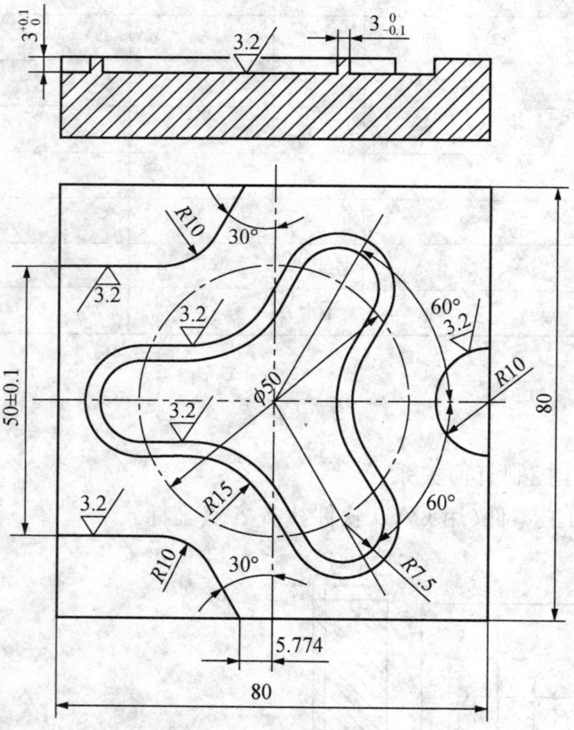

图 4-4-1　零件图

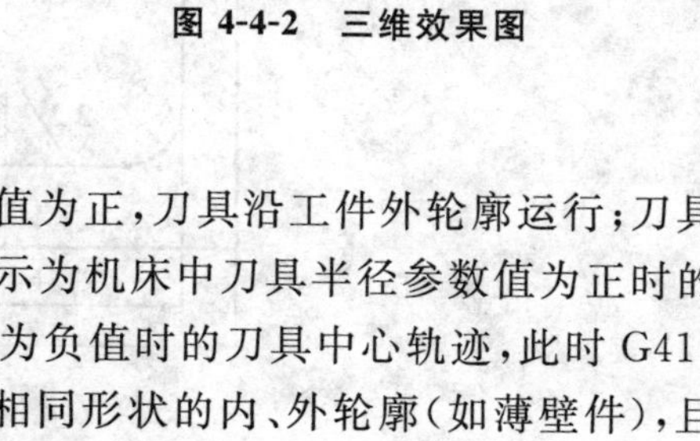

图 4-4-2　三维效果图

【相关知识】

使用刀具半径补偿指令时，当机床中刀具半径参数值为正，刀具沿工件外轮廓运行；刀具半径参数值为负，刀具将沿工件内侧运行。图 4-4-3a 所示为机床中刀具半径参数值为正时的刀具中心轨迹；图 4-4-3b 所示为机床中刀具半径参数值为负值时的刀具中心轨迹，此时 G41、G42 指令互换。用此方法可加工凹、凸配合形状零件或相同形状的内、外轮廓（如薄壁件），且它们之间的间隙（厚度）可通过调节半径参数值大小来控制。

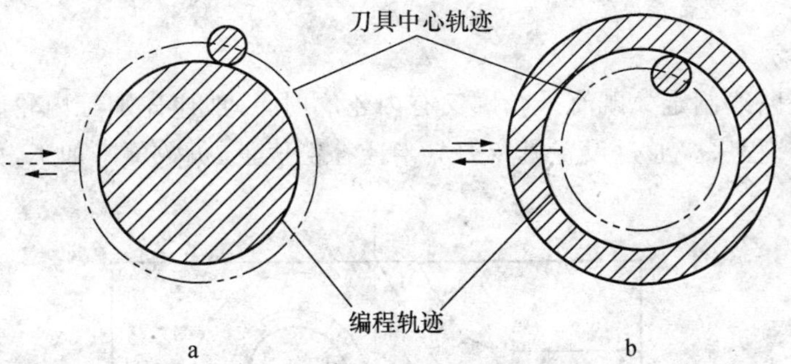

图 4-4-3　刀具半径值

a. 刀具半径值为正　b. 刀具半径值为负

【任务实施】

一、加工工艺分析

1. 工、量、刃具选择

(1)工具选择　工件采用平口钳装夹,试切法对刀。其他工具见表 4-4-1。

(2)量具选择　轮廓尺寸用游标卡尺测量,深度尺寸用深度游标卡尺测量,表面质量用表面粗糙度样板检测,角度用游标万能角度尺测量。另用百分表校正平口钳及工件上表面。

(3)刃具选择　本任务有内轮廓还有外轮廓,刀具直径选择不仅考虑内轮廓最小圆弧轮廓半径,还需考虑两轮廓最小间距,内轮廓最小圆弧半径为 R10 mm;上、下凸台与中间轮廓最小间距为 14.5 mm,右侧半圆台与中间轮廓最小间距为 15 mm,故加工中间内轮廓可选用直径为ϕ16 mm 铣刀;加工外轮廓及上、下凸台,右侧半圆台铣刀直径则不能大于ϕ14.5 mm,此处选ϕ12 mm 铣刀。为减少刀具数量,统一用ϕ12 mm 铣刀。粗加工用键槽铣刀铣削,精加工用能垂直下刀的立铣刀或用键槽铣刀替代。加工材料为硬铝,铣刀材料用普通高速钢铣刀即可。

表 4-4-1　综合轮廓加工工、量、刃具清单

图号:图 4-4-1

种类	序号	名称	规格	精度	单位	数量
工具	1	平口钳	QH135		个	1
	2	扳手			把	1
	3	平行垫铁			副	1
	4	塑胶锤子			个	1
量具	1	游标卡尺	0～150 mm	0.02 mm	把	1
	2	深度游标卡尺	0～200 mm	0.02 mm	把	1
	3	游标万能角度尺	0°～360°	2′	把	1
	4	百分表及表座	0～10 mm	0.01 mm	个	1
	5	表面粗糙度样板	N0～N1	12 级	副	1
刃具	1	键槽铣刀	ϕ12 mm		个	1
	2	立铣刀	ϕ12 mm		个	1

2. 加工工艺方案

(1)加工工艺路线制定　既有外轮廓又有内轮廓时，一般应先加工内轮廓，中间内、外轮廓形状相同可用同一程序。通过设置机床刀具半径补偿值正、负数值来加工，如图 4-4-4 所示。

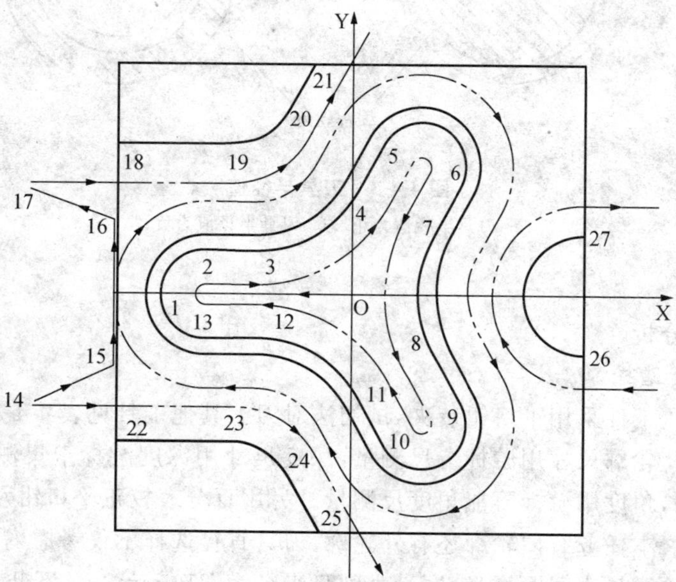

图 4-4-4　加工路线

内轮廓无法沿轮廓切线延长线方向切入、切出。只能沿法向(或圆弧)切入、切出，此处沿法线方向切入、切出。刀具由 0 运行至 1 时建立刀具半径补偿，然后沿着下列次序运行：1→2→3→4→5→6→7→8→9→10→11→12→13→1→0，在刀具由 1 运行至 0 点时取消刀具半径补偿。

外轮廓沿切线延长线方向切入、切出，路线：14→15→1→2→3→4→5→6→7→8→9→10→11→12→13→1→16→17，在切入前建立刀具半径补偿，切出后取消刀具半径补偿。

其他轮廓路线为：17→18→19→20→21；14→22→23→24→25；26→27。

(2)合理切削用量选择　加工材料为硬铝，粗铣铣削深度除留 0.3 mm 精铣余量，其余一刀切完。切削速度可较高，进给速度 50～80 mm/min，具体见表 4-4-2。

表 4-4-2　粗、精铣削用量

刀具	工作内容	v_f/(mm/min)	n/(r/min)
高速钢键槽铣刀(T1)	垂直进给深度留 0.3 mm 精加工余量	50	1 000
	粗铣内、外轮廓留 0.3 mm 精加工余量	70	1 000
高速钢立铣刀(T2)	垂直进给	50	1 200
	精铣内、外轮廓	60	1 200

二、参考程序编制

1．工件坐标系建立

根据工件坐标系建立原则，本任务工件坐标系建立在工件几何中心上较为适宜，Z零点设在工件上表面。

2．基点坐标计算

本任务圆弧过渡较多，基点坐标不易计算，仍采用CAD软件查坐标方法。在CAD软件(如AutoCAD或CAXA电子图板)中画出工件轮廓图形(注意工件坐标系与CAD软件坐标系一致，原点重合)，然后把鼠标放置在各基点上，可通过软件屏幕下方显示出该点坐标，或用软件查询工具查找出各点坐标，见表4-4-3(具体查找时只需查找点1、2、3、4、5、6、7、17、18、19、20即可，其余各点呈Y轴对称)。

表4-4-3　基点坐标　mm

基点	坐标(X,Y)	基点	坐标(X,Y)
1	(−32.5,0)	13	(−25,−7.5)
2	(−25,7.5)	18	(−40,25)
3	(−15.877,7.5)	19	(−20.207,25)
4	(1.443,17.5)	20	(−11.547,30)
5	(6.005,25.401)	21	(−5.774,40)
6	(18.995,−17.901)	22	(−40,−25)
7	(14.434,10)	23	(−20.207,−25)
8	(14.434,−10)	24	(−11.547,−30)
9	(18.995,−17.901)	25	(−5.774,−40)
10	(6.005,−25.401)	26	(40,−10)
11	(1.443,−17.5)	27	(40,10)
12	(15.877,−7.5)		

3．参考程序

(1)主程序　主程序名“O00440”，见表4-4-4。

表4-4-4　主程序

程序段号	程序内容	动作说明
N5	G40G49G90G80；	设置初始状态
N10	G54M3S1000T01；	设置加工参数，D1＝6.3 mm
N20	G0G43X0Y0Z5H01；	快速运动至原点上方
N30	G1Z−2.7F50；	下刀深2.7 mm
N40	G42X−32.5Y0D1；	建立刀具半径补偿至1点
N50	M98P0010；	调用子程序粗加工内轮廓
N60	G1G40X0Y0；	取消刀具半径补偿

续表4-4-4

程序段号	程序内容	动作说明
N70	G0Z5；	抬刀
N80	X－55Y－16；	刀具空间移动至14点
N90	G1Z－2.7F50；	下刀
N100	G41X－32.5Y－10D3；	D3值为－9.3变为外轮廓
N110	G1Y0；	延长线切入加工至1点
N120	M98P0010；	调用子程序加工外轮廓
N130	G1X－32.5Y7.5；	切线方向切出至16点
N140	G40X－60Y16；	取消刀具半径补偿
N150	G42X－40Y25D1F70；	建立刀具半径补偿至18点
N160	G1X－20.207Y25；	直线加工至19点
N170	G3X－11.547Y30R10；	圆弧加工至20点
N180	G1X－5.774Y40；	直线加工至21点
N190	G40X2Y46；	取消刀具半径补偿
N200	G0Z5；	抬刀
N210	X－55Y－16；	刀具空间移动至14点
N220	G1Z－2.7F50；	下刀
N230	G41Z－45Y－25D1F70；	建立刀具半径补偿至22
N240	X－20.207Y－25；	直线加工至23点
N250	G2X－11.547Y－30R10；	圆弧加工至24点
N260	G1X－5.774Y－40；	直线加工至25点
N270	G40X2Y－46；	取消刀具半径补偿
N280	G0Z5；	抬刀
N290	G41X50Y－10D1；	
N300	G1Z－2.7F50；	
N310	X40Y－10F70；	加工右侧半圆凸台
N320	G2X40Y10R10；	
N330	G1Y15；	
N340	G0Z5；	抬刀
N350	G40X0Y0Z100；	取消刀补
N360	M5；	主轴停、程序停，换精加工刀具，进行精加工，其中，D2＝6 mm
N370	M0；	
N380	M3S1200T2；	
N390	G0G43X0Y0Z5H02；	快速运动至原点上方

续表4-4-4

程序段号	程序内容	动作说明
N400	G1Z－3F50；	下刀深 3 mm
N410	G42X－32.5Y0D2；	建立刀具半径补偿至 1 点
N420	M98P0010；	调用子程序精加工内轮廓
N430	G1G40X0Y0；	取消刀具半径补偿
N440	G0Z5；	抬刀
N450	X－55Y－16；	刀具空间移动
N460	G1Z－3F50；	下刀
N470	G41X－32.5Y－10D4；	D4 值为－9 变为外轮廓
N480	G1Y0；	延长线切入外轮廓
N490	M98P0010；	调用环形轮廓子程序
N500	G1X－32.5Y7.5；	切线方向切出
N510	G40X－60Y16；	取消刀具半径补偿
N520	G42X－40Y25D2F60；	建立刀具半径补偿至 18 点
N530	G1X－20.207Y25；	直线加工至 19 点
N540	G3X－11.547Y30R10；	圆弧加工至 20 点
N550	G1X－5.774Y40；	直线加工至 21 点
N560	G40X2Y46；	取消刀具半径补偿
N570	G0Z5；	抬刀
N580	X－55Y－16；	刀具空间移动至 14 点
N590	G1Z－3F50；	下刀
N600	G41X－45Y－25D2F60；	建立刀具半径补偿至 22 点
N610	X－20.207Y－25；	直线加工至 23 点
N620	G2X－11.547Y－30R10；	圆弧加工至 24 点
N630	G1X－5.774Y－40；	直线加工至 25 点
N640	G40X2Y－46；	取消刀具半径补偿
N650	G0Z5；	抬刀
N660	G41X50Y－10D2；	建立刀具半径补偿
N670	G1Z－3F50；	精加工右侧半径补偿
N680	X40Y－10F60；	
N690	G2X40Y10R10；	
N700	G1Y15；	
N710	G0Z5；	抬刀
N720	G40G49X0Y0Z100；	取消刀具补偿
N730	M02；	程序结束

(2)子程序　环形轮廓子程序名“O0010”,见表4-4-5。

表4-4-5　子程序

程序段号	程序内容	动作说明
N10	G2X－25Y7.5R7.5F70;	圆弧加工至2点
N20	G1X－15.877;	直线加工至3点
N30	G3X1.443Y17.5R15;	圆弧加工至4点
N40	G1X6.005Y25.401;	直线加工至5点
N50	G2X18.995Y17.901R7.5;	圆弧加工至6点
N60	G1X14.434Y10;	直线加工至7点
N70	G3X14.34Y17.901;	圆弧加工至8点
N80	G1X18.995Y－17.901;	直线加工至9点
N90	G2X6.005Y－25.401R7.5;	圆弧加工至10点
N100	G1X1.443Y－17.5;	直线加工至11点
N110	G3X－15.877Y－7.5R15;	圆弧加工至12点
N120	G1X－25Y－7.5;	直线加工至13点
N130	G2X－32.5Y0R7.5;	圆弧加工至1点
N140	M99;	子程序结束

加工环形内、外轮廓可通过调用不同刀具半径补偿号实现,本任务粗加工刀具半径补偿值为D1=6.3 mm,D3=－9.3 mm,精加工刀具半径补偿值为D2=6 mm,D4=－9 mm。

【技能训练】

一、加工准备

(1)检查毛坯尺寸。

(2)开机、回参考点。

(3)程序输入:把编写好的程序或经仿真的数控程序输入数控系统。

(4)工件装夹:平口钳装夹在铣床工作台上,用百分表校正其位置;工件装夹在平口钳上,底部用垫块垫起,伸出钳口5～10 mm并校平上表面。

(5)刀具装夹:共采用两把铣刀,一把粗加工键槽铣刀,一把为精加工立铣刀。通过弹簧夹头把铣刀装入铣刀刀柄中。根据加工情况分别把粗、精加工铣刀柄装入铣床主轴(加工中心则把粗、精铣刀全部装入刀库中)。

二、对刀操作

(1)X、Y方向对刀　X、Y方向采用试切法对刀,将机床坐标系原点偏置到工件坐标系原点上,通过对刀操作得到X、Y偏置值输入到G54中,G54中Z坐标输入0。

(2)Z方向对刀　依次安装粗、精加工铣刀,测量每把刀的刀位点,从参考点到工件上表面的Z数据输入到相应的刀具长度补偿号中,加工时调用。

三、空运行及仿真

设置好机床中刀具半径补偿值,把基础坐标系中Z方向值变为“＋50”,打开程序,选择

MEM 工作模式，按下空运行按钮，按循环启动按钮，观察程序运行情况；或用机床锁住功能进行空运行，空运行结束后，使空运行按钮复位。

月仿真软件在计算机上进行仿真练习。

测试程序及加工情况。

四、零件自动加工及尺寸控制

粗加工时通过设置刀具半径补偿值留 0.3 mm 精加工余量，深度方向精加工余量由程序控制。精加工时刀具半径补偿值应设置合理，深度方向长度补偿值（或长度磨损值）设置也应合理。精加工程序运行后，通过实测轮廓尺寸和深度尺寸，进一步修调刀具半径补偿值和长度补偿值（或长度磨损值），然后重新运行精加工程序以控制尺寸精度。

五、零件检测与评分

零件加工完毕后，检测尺寸，检测结果写入评分表中（表 4-4-6）。

表 4-4-6　轮廓综合加工评分表

班级		姓名		学号		
任务			轮廓综合加工	零件编号		图 4-4-1
基本检查		序号	检测内容	配分	学生自评	教师评分
	编程	1	切削加工工艺制定正确	6		
		2	切削用量选择合理	2		
		3	程序正确、简单、规范	5		
	操作	4	设备操作、维护保养正确	2		
		5	安全、文明生产	6		
		6	刀具选择、安装正确、规范	2		
		7	工件找正、安装正确、规范	2		
工作态度		8	行为规范、纪律表现	10		
尺寸检测		9	(50±0.1)mm	10		
		10	$3_{0}^{+0.1}$ mm	10		
		11	$3_{-0.1}^{0}$ mm	10		
		12	R10 mm(3 处)	6		
		13	50 mm	5		
		14	R15 mm(3 处)	6		
		15	R7.5(3 处)	6		
		16	60°	3		
		17	30°	3		
		18	5.774 mm	3		
表面粗糙度		19	$Ra\,3.2\ \mu m$	3		
综合得分				100		

六、整理

加工结束，拆下工件，清理机床。

【操作注意事项】

(1)精加工余量是通过设置不同刀具半径补偿值来实现的，精加工尺寸控制也是通过实际测量尺寸和调节刀具半径补偿值来控制的，操作中注意及时调整刀具半径补偿值。

(2)刀具直径选择应注意不能太大，以避免破坏工件轮廓形状。

(3)内、外轮廓剩余部分余量可通过 MDI(MDA)编程切除或手动方式切除。

(4)工件装夹在平口钳上，应校平上表面，否则深度尺寸不易控制；也可以在对刀前(或程序中)用面铣刀铣平上表面。

【思考与练习】

1. 刀具半径值由正改变成负值时，加工轮廓如何变化？G41、G42 指令如何变化？

2. 内、外轮廓切入、切出时应考虑哪些因素？为什么？

3. 如何控制相同内、外轮廓壁厚？

4. 针对如图 4-4-5 所示零件，试编写程序并加工练习(加工部位表面粗糙度全都为 *Ra* 3.2 μm)。

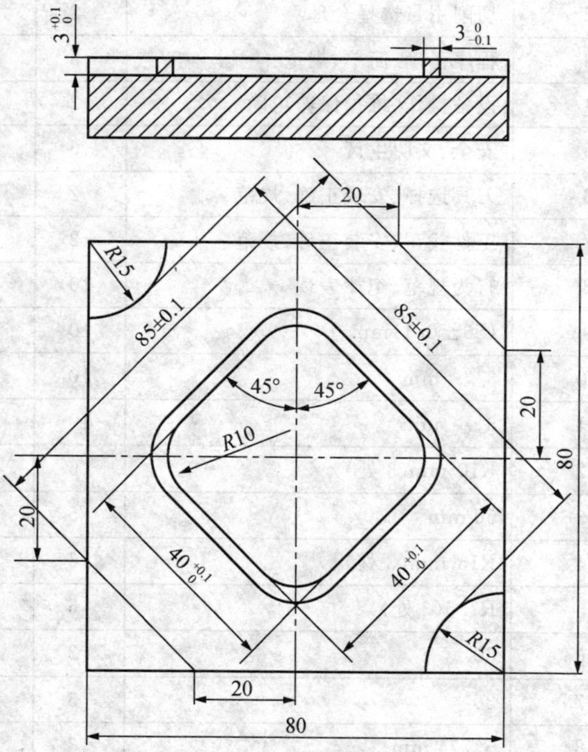

图 4-4-5 题 4 图

模块 5

凹槽加工

任务1 键槽铣削

知识点
➢理解局部坐标系概念
➢熟练应用子程序编程
➢掌握坐标轴偏移指令
➢掌握键槽加工工艺制定方法
技能点
➢会选择键槽铣刀
➢掌握圆弧切向进刀方法
➢掌握键槽铣削方法及尺寸控制方法

【任务引入】

完成图5-1-1、图5-1-2所示零件的凹槽加工，材料为硬铝，毛坯尺寸80 mm×80 mm×20 mm。

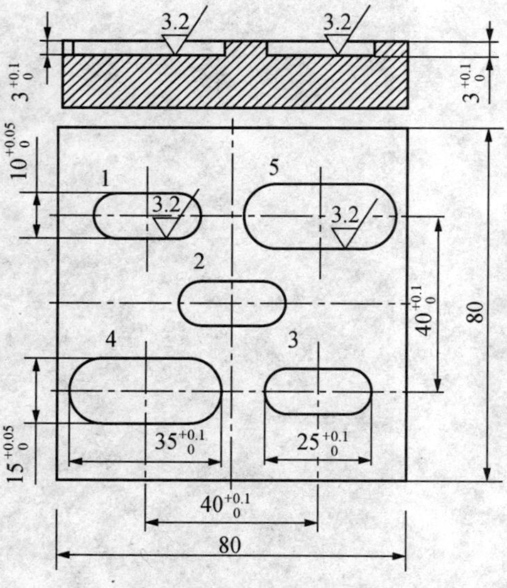

图 5-1-1 零件图

图 5-1-2 三维效果图

【相关知识】

一、局部坐标系概念

如果工件在不同位置有重复出现的形状或结构，可把这一部分形状或结构编写成子程序，主程序在适当的位置调用、运行，即可加工出相同的形状和结构，从而简化编程。而编写子程序时不可能用工件坐标系，必须重新建立一个子程序的坐标系，这种在工件坐标系中建立的子坐标系称为局部坐标系。

如图5-1-3所示，加工5个矩形槽，用子程序编程，方便快捷，工件坐标系XOY设置在左下角，而子程序坐标系，即局部坐标系则应设置在矩形槽中心，即 X′O′Y′，子程序中基点坐标是相对于局部坐标系 X′O′Y′（当前坐标系）而言，其坐标值计算方便、快捷。

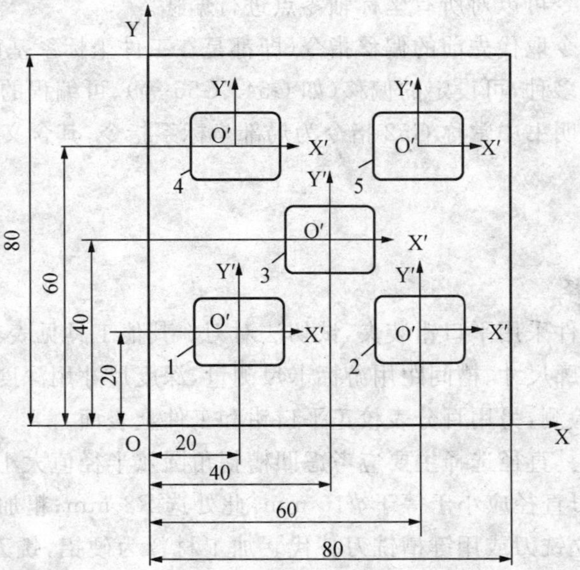

图 5-1-3　局部坐标系

二、坐标系（可编程的）偏移指令

1. 指令功能

通过编程将工件坐标系原点偏移到需要的位置，如偏移到局部坐标系原点上，使工件坐标系与局部坐标系重合。

2. 指令格式

G52X_Y_Z_；坐标系偏移。

G52X0Y0Z0；取消坐标系偏移。

其中，X、Y、Z 为工件坐标系中 X、Y、Z 轴方向偏移值（或局部坐标系原点在工件坐标系中的坐标值）。

例：将图 5-1-3 中工件坐标系分别偏移到槽 1 和槽 2 几何中心上，并将刀具移动到局部坐标系原点处。程序见表 5-1-1。

表 5-1-1　示例程序

程序段号	程序内容	指令说明
N10	G0G54X0Y0；	刀具移动到工件坐标系原点 0 处
N20	G52X20Y20Z0；	将工件坐标系偏移到 X20Y20 处
N30	G00X0Y0；	在局部坐标（当前坐标）系中，刀具移动到 X0Y0 处，即槽 1 几何中心点处
N40	G52X60Y20Z0；	将工件坐标系偏移到 X60Y20 处
N50	G00X0Y0；	在局部坐标（当前坐标）系中，刀具移动到 X0Y0 处，即槽 2 几何中心点处
N60	G52X0Y0Z0；	取消坐标系偏移
N70	G00X0Y0；	刀具移动到工件坐标系原点 O 处

3. 指令使用说明

(1)坐标系偏移指令要求为一个独立程序段。

(2)坐标系偏移指令可以对所有坐标轴零点进行偏移。

(3)后面的偏移指令取代先前的偏移指令(即都是在工件坐标系基础上进行偏移)。

(4)坐标系指令有多种,可设定的偏移(如 G54.、G55 等)、可编程的偏移等。

(5)法那克系统说明书中常称 G52 指令为局部坐标系指令,其含义相同。

【任务实施】

一、加工工艺分析

1. 工、量、刃具选择

(1)工具选择　工件采用平口钳装夹,试切法对刀。其他工具见表 5-1-2。

(2)量具选择　轮廓尺寸、槽间距用游标卡尺测量,深度尺寸用深度游标卡尺测量,表面质量用表面粗糙度样板检测,另用百分表校正平口钳和工件上表面。

(3)刃具选择　刀具直径选择主要应考虑凹槽拐角圆弧半径值大小,本任务最小圆弧轮廓半径 R5 mm,所选铣刀直径应小于等于ϕ10 mm,此处选 R8 mm;粗加工用键槽铣刀铣削,精加工用能垂直下刀的立铣刀或用键槽铣刀替代。加工材料为硬铝,铣刀材料用普通高速钢铣刀即可。

表 5-1-2　工、量、刃具清单

图号:图 5-1-1

种类	序号	名称	规格	精度	单位	数量
工具	1	平口钳	QH135		个	1
	2	扳手			把	1
	3	平行垫铁			副	1
	4	橡胶锤子			个	1
量具	1	游标卡尺	0～150 mm	0.02 mm	把	1
	2	深度游标卡尺	0～200 mm	0.02 mm	把	1
	3	百分表及表座	0～10 mm	0.01 mm	个	1
	4	表面粗糙度样板	N0～N1	12 级	副	1
刃具	1	键槽铣刀	ϕ8 mm		个	1
	2	立铣刀	ϕ8 mm		个	1

2. 加工工艺方案

(1)加工工艺路线　槽 1、槽 2、槽 3 尺寸完全一样,可编写一个子程序,调用 3 次。槽 4、槽 5 尺寸完全一样,可另编一子程序,调用 2 次;粗、精加工子程序分别编写,加工时分别调用。子程序坐标系(局部坐标系)建立在槽的几何中心上,工件坐标系建立在工件几何中心上,用坐标系偏移指令将工件坐标系原点偏移到局部坐标系原点上再调用子程序,加工各个槽。其中单个槽加工工艺如下。

①圆弧切入、切出。槽加工与内轮廓加工类似无法沿轮廓延长线方向切入、切出。一般都

沿法向切入、切出，也可沿槽内轮廓切向切入、切出。具体做法是沿内轮廓设置一过渡圆弧切入和切出工件轮廓，如图 5-1-4 所示为加工圆形槽切入、切出路径。图 5-1-5 所示为加工键槽使用刀具半径补偿后再设置圆弧切入、切出路径。

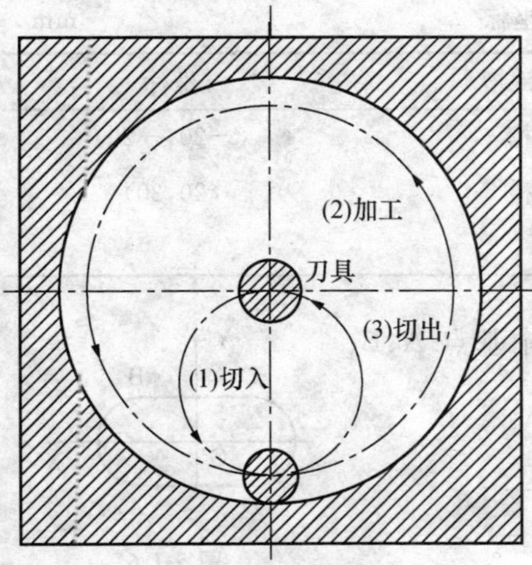

图 5-1-4　圆形槽

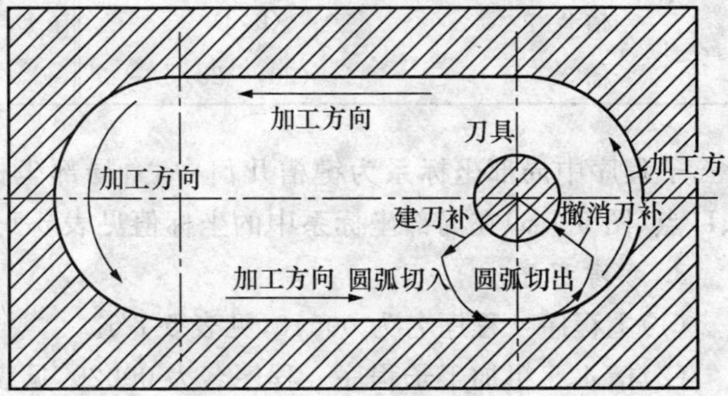

图 5-1-5　键槽

②铣削方向的确定。与内轮廓加工一样，顺铣时由于切削厚度由厚变薄，不存在刀齿滑行，刀具磨损少，表面质量较高，故一般都采用顺铣方式。当铣刀沿槽轮廓逆时针方向铣削时，刀具旋转方向与工件进给方向一致为顺铣如图 5-1-5 所示。

③铣削路径。铣削凹槽时仍采用行切和环切相结合的方式进行铣削，以保证能完全切除槽中余量。本任务由于凹槽宽度较小，铣刀沿轮廓加工 1 圈即可把槽中余量全部切除，故不需采用行切方式切除槽中多余余量。对于每一个槽，根据其尺寸精度、表面粗糙度要求。分为粗、精两道加工路线；粗加工时，留 0.3 mm 左右精加工余量，再精加工至尺寸。

(2)合理切削用量选择　加工材料为硬铝，粗铣铣削深度除留精铣余量，其余一刀切完。切削速度可较高，进给速度选择 50～80 mm/min，具体见表 5-1-3。

表 5-1-3　粗、精铣削用量

刀具	工作内容	v_f/(mm/min)	n/(r/min)
高速钢键槽铣刀粗铣(T1)	垂直进给深度方向留 0.3 mm 精加工余量	50	1 000
	表面直线进给轮廓留 0.3 mm 精加工余量	70	1 000
	表面圆弧进给轮廓留 0.3 mm 精加工余量	70	1 000
高速钢立铣刀精铣(T2)	垂直进给	50	1 200
	表面直线进给	60	1 200
	表面圆弧进给	60	1 200

二、参考程序编制

1. 工件坐标系建立

工件坐标系 X、Y 零点应建立在设计基准上，即建立在工件几何中心上；Z 方向零点设置在工件上表面；子程序坐标系(局部坐标系)X′、Y′零点建立在键槽几何中心上，Z′零点仍设置在工件上表面上。

2. 基点坐标计算

键槽几何中心在工件坐标系中的坐标见表 5-1-4，即采用坐标系偏移指令偏移值。

表 5-1-4 键槽几何中心点坐标 mm

键槽	坐标	键槽	坐标
槽 1	(−20,20)	槽 4	(−20,−20)
槽 2	(0,0)	槽 5	(20,20)
槽 3	(20,−20)		

子程序中局部坐标系为键槽几何中心，局部坐标系中基点 A、B、C、D 点（图 5-1-6）在局部坐标系中的坐标值见表 5-1-5。

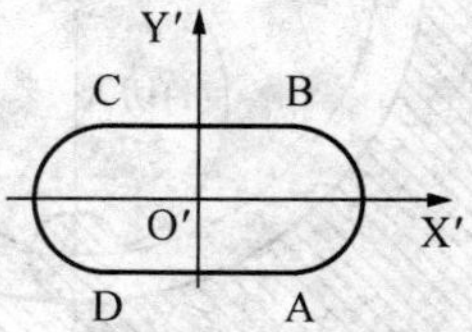

图 5-1-6

3. 参考程序

(1)主程序　程序名为 00510，见表 5-1-6。

(2)槽 4、5 粗加工子程序　程序名为 00020，见表 5-1-7。

表 5-1-5 子程序中各点在局部坐标系中的坐标 mm

键槽	基点	坐标	键槽	基点	坐标
槽 1、2、3	A	(7.5,−5)	槽 4、5	A	(10,−7.5)
	B	(7.5,5)		B	(10,7.5)
	C	(−7.5,5)		C	(−10,7.5)
	D	(−7.5,−5)		D	(−10,−7.5)

表 5-1-6 主程序

程序段号	程序内容	动作说明
N5	G40G90G49G80GG80G80;	设置初始状态
N10	G54M3S1000T01;	建立刀具坐标系，选刀具
N20	G52X−20Y−20Z0;	工件坐标系偏移到槽 4 中心处
N30	M98P0020;	调用子程序粗加工槽 4
N40	G52X20Y20Z0;	工件坐标系偏移到槽 5 中心处
N50	M98P0020;	调用子程序粗加工槽 5
N60	G52X−20Y20Z0;	工件坐标系偏移到槽 1 中心处
N70	M98P0030;	调用子程序粗加工槽 1
N80	G52X0Y0Z0;	取消坐标轴偏移
N90	M98P0030;	调用子程序粗加工槽 2
N100	G52X20Y−20Z0;	工件坐标系偏移到槽 3 中心处
N110	M98P0030;	调用子程序粗加工槽 3

续表5-1-6

程序段号	程序内容	动作说明
N120	G52X0Y0Z0；	取消坐标轴偏移
N130	M5；	主轴停
N140	M0；	程序停，手动换刀并改参数
N150	M3S1200T02；	设置精加工参数
N160	G52X－20Y－20Z0；	工件坐标系偏移到槽 4 中心
N170	M98P0200；	调用子程序精加工槽 4
N180	G52X20Y20Z0；	工件坐标系偏移到槽 5 中心处
N190	M98P0200；	调用子程序精加工槽 5
N200	G52X－20Y20Z0；	工件坐标系偏移到槽 1 中心
N210	M98P0300；	调用子程序精加工槽 1
N220	G52X0Y0Z0；	取消坐标轴偏移
N230	M98P0300；	调用子程序精加工槽 2
N240	G52X20Y－20Z0；	工件坐标系偏移到槽 3 中心
N250	M98P0300；	调用子程序精加工槽 3
N260	G52X0Y0Z0；	取消坐标轴偏移
N270	G0Z100；	刀具抬起
N280	M30；	程序结束

表 5-1-7　槽 4、5 粗加工子程序

程序段号	程序内容	动作说明
N10	G0G43X10Y2Z5H01；	刀具空间移动至局部坐标系中 X10Y2 上方
N20	G1Z－2.7F50；	下刀
N30	G41X5Y－2.5D01F70；	建立半径补偿
N40	G3X10Y－7.5R5；	圆弧切入至 A 点
N50	X10Y7.5R7.5；	圆弧加工至 B 点
N60	G1X－10Y7.5；	直线加工至 C 点
N70	G3X－10Y－7.5R7.5；	圆弧加工至 D 点
N80	G1X10Y－7.5；	直线加工至 A 点
N90	G3X15Y－2.5R5；	圆弧切出
N100	G1G40X10Y2；	取消刀具半径补偿
N110	G0Z5；	抬刀
N120	M99；	子程序结束并返回主程序

(3)槽1、2、3粗加工子程序　程序名为00030,见表5-1-8。

表5-1-8　槽1、2、3粗加工子程序

程序段号	程序内容	动作说明
N10	G0G43X15Y5Z5H01;	刀具空间移动至局部坐标系中X15Y5上方
N20	G41X4.854Y－4D1;	建立刀具半径补偿
N30	G1Z－2.7F50;	下刀深度2.7 mm
N40	G3X7.5Y－5R4F70;	圆弧切入至A点
N50	X7.5Y5R5;	圆弧加工至B点
N60	G1X－7.5Y5;	直线加工至C点
N70	G3X－7.5Y－5R5;	圆弧加工至D点
N80	G1X7.5Y－5;	直线加工至A点
N90	G3X10.146Y－4R4;	圆弧切出
N100	G0Z5;	抬刀
N110	G40X15Y5;	取消刀具半径补偿
N120	M99;	子程序结束并返回主程序

(4)槽4、5精加工子程序　程序名为00200,见表5-1-9。

表5-1-9　槽4、5精加工子程序

程序段号	程序内容	动作说明
N10	G0G43X10Y2Z5H02;	刀具空间移动至局部坐标系中X10Y2上方
N20	G1Z－3F50;	下刀
N30	G41X5Y－2.5D02F60;	建立半径补偿
N40	G3X10Y－7.5R5;	圆弧切入至A点
N50	X10Y7.5R7.5;	圆弧加工至B点
N60	G1X－10Y7.5;	直线加工至C点
N70	G3X－10Y－7.5R7.5;	圆弧加工至D点
N80	G1X10Y－7.5;	直线加工至A点
N90	G3X15Y－2.5R5;	圆弧切出
N100	G1G40X10Y0;	取消刀具半径补偿
N110	G0Z5;	抬刀
N120	M99;	子程序结束并返回主程序

(5)槽1、2、3精加工子程序　程序名为00300,见表5-1-10。

表5-1-10　槽1、2、3精加工子程序

程序段号	程序内容	动作说明
N10	G0G43X15Y5Z5H01;	刀具空间移动至局部坐标系中X15Y5上方
N20	G41X4.854Y－4D1;	建立刀具半径补偿
N30	G1Z－3F50;	下刀深度3 mm
N40	G3X7.5Y－5R4F70;	圆弧切入至A点
N50	X7.5Y5R5;	圆弧加工至B点
N60	G1X－7.5Y5;	直线加工至C点
N70	G3X－7.5Y－5R5;	圆弧加工至D点
N80	G1X7.5Y－5;	直线加工至A点
N90	G3X10.146Y－4R4;	圆弧切出
N100	G0Z5;	抬刀
N110	G40X15Y5;	取消刀具半径补偿
N120	M99;	子程序结束并返回主程序

用加工中心加工时,只需把手动换刀指令换成自动换刀指令即可,即将主程序中N140程序改成自动换刀指令M6T2,由机械手自动换刀即可。

【资料链接】

深度尺寸较大的凹槽加工方法:当凹槽深度较深时,需分层多次铣削才能完成,编程难度增加。此时可通过不断更改Z方向深度尺寸,运行同一程序加工;也可以通过设置参数(变量),使用循环指令编程加工。此外,对于铣键槽这类典型的铣削动作,还可以用参数(变量)方式编制出几何形状的子程序,在加工中按需要调用,并对子程序中设定的参数(变量)随时赋值,就可以加工出大小或形状不同的工件轮廓及不同深度的凹槽。

【技能训练】

一、加工准备

(1)检查毛坯尺寸。

(2)开机、回参考点。

(3)程序输入:将程序输入数控系统中。

(4)工件装夹:平口钳装夹在铣床工作台上,用百分表校正;工件装夹在平口钳上,底部用垫块垫起,使工件伸出钳口5～10 mm,用百分表校平上表面并夹紧。

(5)刀具装夹:本任务共采用两把铣刀,一把为ϕ8 mm粗加工键槽铣刀,另一把为ϕ8 mm精加工立铣刀(可垂直下刀)或精加工键槽铣刀,通过弹簧夹头把铣刀装夹入铣刀刀柄中。根据加工情况分别把粗、精加工铣刀柄装入铣床主轴(加工中心则把粗、精铣刀全部装入刀库中)。

二、对刀操作

1. X、Y 方向对刀

X、Y 方向采用试切法对刀，将机床坐标系原点偏置到工件坐标系原点上，通过对刀操作得到 X、Y 偏置值输入到 G54 中，G54 中 Z 坐标输入 0。

2. Z 方向对刀

依次安装粗、精加工铣刀，测量每把刀的刀位点从参考点到工件上表面的 Z 数据，输入到相应的刀具长度补偿号中，加工时调用。

三、空运行

调整机床中刀具半径补偿值，把基础坐标系中 Z 方向值变为“＋50”，打开程序，选择 MEM 工作模式，按下空运行按钮，按循环启动键，观察程序运行情况；空运行结束后，使空运行按钮复位。

四、零件自动加工及精度控制方法

加工时先安装粗加工键槽铣刀进行粗加工，后换精加工刀具进行精加工。粗加工时，精加工余量由设置刀具半径补偿控制，即用$\phi 8$ mm 键槽铣刀粗铣时，机床中刀具半径补偿值 T01D01 输入 4.3 mm，轮廓留 0.3 mm 精加工余量。深度方向通过设定 Z 坐标值为 2.7 mm，留 0.3 mm 深度方向精加工余量。精加工时刀具 T02D02 半径补偿值设为 4.1 mm，运行完精加工程序后，测量轮廓实际尺寸，根据加工测量结果重新修调刀具半径补偿值。具体如下：

如测得槽深 4 mm 宽度 $15_{0}^{+0.05}$ mm，实际尺寸 14.70 mm，比图样尺寸要求还小 0.3～0.35 mm，单边小 0.15～0.175 mm，取中间值为 0.163 mm，则把 T02D02 刀具半径补偿值修改为 4.1－0.163＝3.937(mm)，然后重新运行精加工程序即可保证轮廓尺寸符合图样要求；深度尺寸也应根据加工测量结果逐步调整长度磨损以达到深度尺寸要求。

五、零件检测与评分

工件加工完毕后，检测尺寸，检测结果写入评分表中(表 5-1-11)。

表 5-1-11 键槽加工评分表

班级			姓名		学号	
任务		键槽加工		零件编号		图 5-1-1
基本检查	编号操作	序号	检测内容	配分	学生自评	教师评分
		1	切削加工工艺制定正确	5		
		2	切削用量选择合理	2		
		3	程序正确、简单、规范	5		
		4	设备操作维护保养正确	2		
		5	安全、文明生产	5		
		6	刀具选择、安装正确、规范	2		
		7	工件找正、安装正确、规范	2		
工作态度		8	行为规范、纪律变现	8		

续表5-1-11

尺寸检测	9	$25_{0}^{+0.1}$(3处)	15		
	10	$10_{0}^{+0.05}$mm(3处)	15		
	11	$35_{0}^{+0.1}$mm(2处)	10		
	12	$15_{0}^{+0.05}$mm(2处)	10		
	13	$3_{0}^{+0.1}$mm(5处)	10		
	14	$40_{0}^{+0.1}$mm(2处)	5		
表面粗糙度	15	$Ra32\ \mu m$	4		
		综合得分	100		

六、整理

加工结束，清理机床。

【操作注意事项】

(1)加工中应注意刀具半径、长度补偿等参数的设定与修改。

(2)精加工时应选能垂直进刀的立铣刀或用键槽铣刀替代。

(3)加工凹槽时，在标准的刀具半径基础上，刀具半径补偿值越大，其加工尺寸越小，反之亦然。

(4)若槽宽度尺寸过小无法采用圆弧切入、切出时，只能采用沿轮廓法向进刀方法切入、切出，切入、切出点选择在轮廓交点上。

(5)工件装夹在平口钳上应校平上表面，否则凹槽深度尺寸不易控制；加工中也可以在对刀前(或程序中)用面铣刀铣平上表面。

【思考与练习】

1. 什么是局部坐标系？在局部坐标系中，坐标值是相对于哪个坐标系而言的？

2. 编程过程中如何理解局部坐标系与工件坐标系的关系？

任务2　直沟槽、圆弧槽加工

知识点

➢掌握坐标系偏转指令及使用

➢了解镜像加工指令

➢掌握直沟槽、圆弧槽加工工艺制定方法

技能点

➢掌握直沟槽、圆弧槽加工方法

➢掌握直沟槽、圆弧槽尺寸测量及精度控制方法

【任务引入】

完成图 5-2-1、图 5-2-2 所示零件的直沟槽、圆弧槽加工，材料为硬铝。

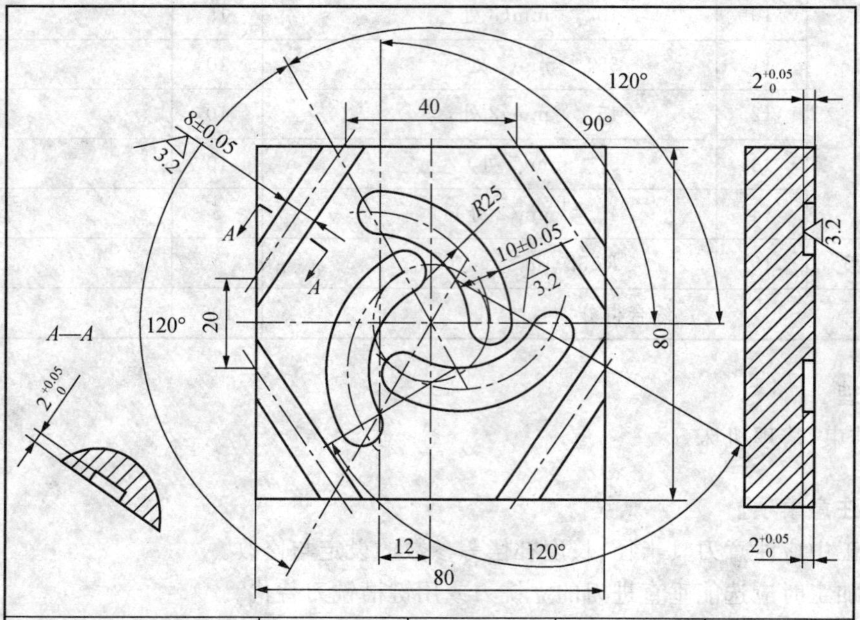

课题名称	课题时数	图号	材料	毛坯尺寸
直沟槽、圆弧槽铣削	10课时	SKX5-2-1	硬铝	80×80×20

图 5-2-1 零件图

图 5-2-2 三维效果图

【相关知识】

一、坐标系偏转指令

1. 指令功能

将坐标系偏转一个角度，使刀具在偏转后的坐标系中运行。

2. 指令格式

坐标系偏转指令格式见表 5-2-1。

3. 指令使用说明

(1)G17、G18、G19 是坐标系所在的平面，立式铣床(加工中心)是指 G17 平面。

(2)式中 R 为偏转角度，在不同平面内偏转角度正方向的规定如图 5-2-3 所示(逆时针为正，顺时针为负)。

表 5-2-1　坐标系偏转指令格式

指令格式	指令含义
G17； G18G68α_β_R_； G19；	在选定平面内，以某点为旋转中心旋转 R 角度，α_β_为相应的 X、Y、Z 中的两个绝对坐标作为旋转中心。
G69；	取消坐标系旋转

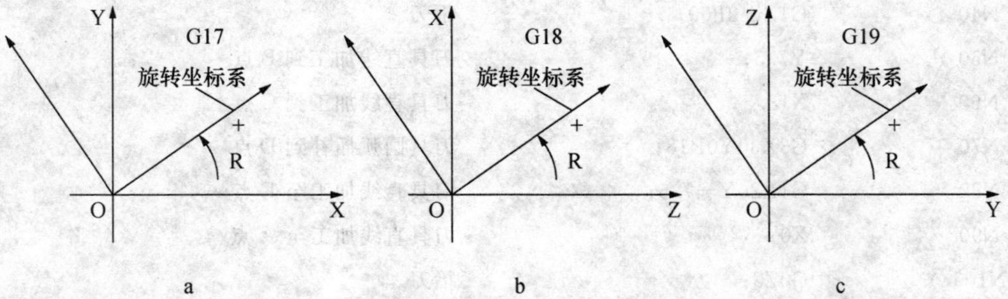

图 5-2-3　偏转角度正方向的规定

(3)没有指定“α_β_”时，则 G68 程序段的刀具位置为旋转中心。

(4)当程序未编制“R_”值时，则参数 5410 中的值被认为是旋转的角度。

(5)取消坐标系旋转指令 G69 可编写在其他指令的程序段中。

例如：加工如图 5-2-4 所示图形，在工件坐标系 XOY 中，A、B、C、D、E 等基点坐标不易求解，用坐标轴偏转指令把工件坐标系偏转 35°至 X′O′Y′，在 X′O′Y′当前坐标系中，基点坐标便很容易求出，编程也方便，程序见表 5-2-2。

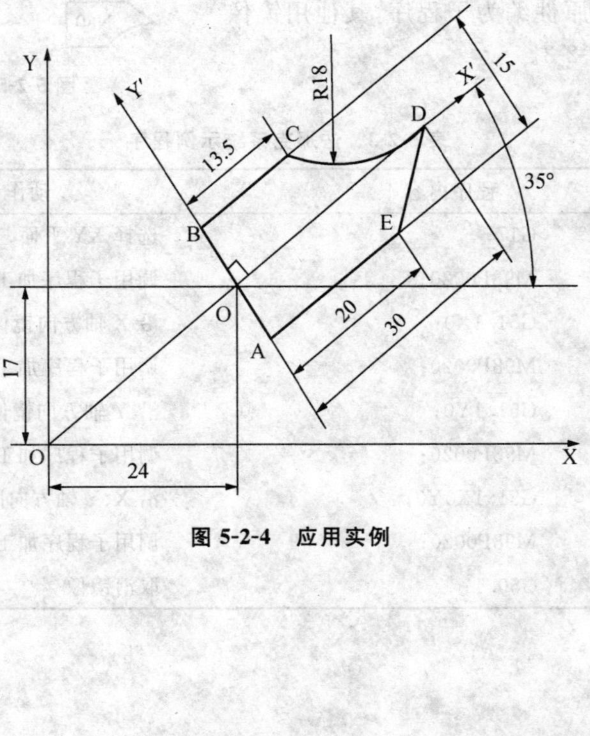

图 5-2-4　应用实例

表 5-2-2 法那克系统示例程序

程序段号	程序内容	动作说明
N5	G90G40G80G69；	设置初始状态
N10	G0G54X0Y0Z5； M3S1000T01；	刀具在工件坐标系中移动到 X0Y0Z5 处
N20	G68X24Y17R35；	工件坐标系偏转到 X′O′Y′坐标系位置
N30	G0Y－7.5X0；	刀具移动到当前坐标系中 Y－7.5X0 处即 A 点
N40	G1Z－2F50；	下刀
N50	Y7.5；	刀具直线加工到 B 点
N60	X13.5；	刀具直线加工到 C 点
N70	G3X30Y0R18；	刀具圆弧插补到 D 点
N80	G1X20Y－7.5；	刀具直线加工至 E 点
N90	X0；	刀具直线加工至 A 点
N100	G0Z5；	抬刀
N110	G69；	取消坐标系旋转
N120	G0X0Y0；	刀具移动到工件坐标系 X0Y0 处

二、镜像加工指令

1. 指令功能

镜向功能可以实现对称零件的加工。

2. 指令格式

G51.1X_Y_Z_；设置可编程的镜像

G50.1；取消可编程的镜像

如图 5-2-5 所示，原件编为子程序，其他用镜像加工，参考程序见表 5-2-3。

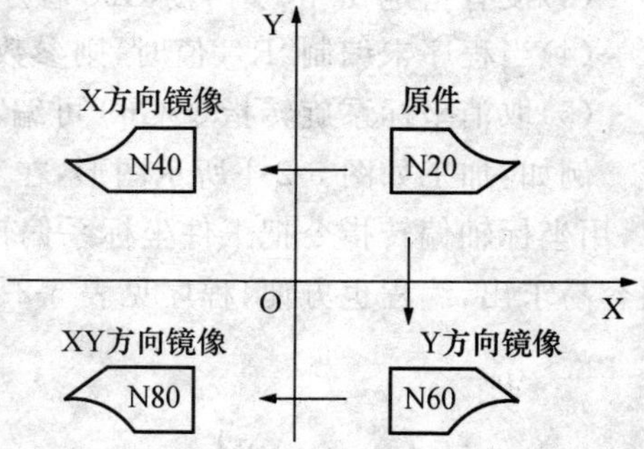

图 5-2-5 镜像加工

表 5-2-3 法那克系统示例程序

程序段号	程序内容	动作说明
N10	G17；	选择 XY 平面
N20	M98P0020；	调用子程序加工原件
N30	G51.1X0；	沿 X 轴方向镜像
N40	M98P0020；	调用子程序加工左边形状
N50	G51.1Y0；	沿 Y 轴方向镜像
N60	M98P0020；	调用子程序加工下边形状
N70	G51.1X0Y0；	沿 X、Y 轴方向同时镜像
N80	M98P0020；	调用子程序加工左下角形状
N90	G50.1；	取消镜像

3. 镜像指令使用说明

(1)使用镜像功能后,G02 和 G03,G42 和 G43 指令被互换。

(2)在可编程镜像方式中,与返回参考点有关指令和改变坐标系指令(G54～G59)等有关代码不许指定。

(3)法那克系统还可通过机床面板实现镜像功能。如果指定可编程镜像功能,同时又用 CNC 外部开关或 CNC 设置生成镜像时,则可编程镜像功能首先执行。

(4)法那克系统用 G51.1 可指定镜像的对称点和对称轴,而用 G50.1 仅指定镜像对称轴,不指定对称点。

【任务实施】

一、加工工艺分析

1. 工、量、刃具选择

(1)工具选择　工件采用平口钳装夹,试切法对刀。其他工具见表 5-2-4。

(2)量具选择　槽宽尺寸用游标卡尺测量,槽深尺寸用深度游标卡尺测量,表面质量用表面粗糙度样板检测,另用百分表校正平口钳及工件上表面。

(3)刃具选择　刀具直径选择主要应考虑槽拐角圆弧半径值大小、槽宽等因素,本任务最小圆弧轮廓半径 R5 mm,槽宽最小为 8 mm,所选铣刀直径应小于等于 $\phi 8$ mm,此处选 $\phi 6$ mm;粗加工用键槽铣刀铣削,精加工用能垂直下刀的立铣刀或用键槽铣刀替代。加工材料为硬铝,铣刀材料用普通高速钢铣刀即可。

表 5-2-4　工、量、刃具清单

图号:图 5-2-1

种类	序号	名称	规格	精度	单位	数量
工具	1	平口钳	QH135		个	1
	2	扳手			把	1
	3	平行垫铁			副	1
	4	橡胶锤子			个	1
量具	1	游标卡尺	0～150 mm	0.02 mm	把	1
	2	深度游标卡尺	0～200 mm	0.02 mm	把	1
	3	百分表及表座	0～10 mm	0.01 mm	个	1
	4	表面粗糙度样板	N0～N1	12 级	副	1
刃具	1	键槽铣刀	$\phi 6$ mm		个	1
	2	立铣刀	$\phi 6$ mm		个	1

2. 加工工艺方案

(1)加工工艺路线

①粗加工 4 个直沟槽。

②粗加工 3 个圆弧槽。

③精加工 4 个直沟槽。

④精加工 3 个圆弧槽。

4 个直沟槽编写一个子程序，然后用镜像功能加工其余 3 个，粗、精加工分别由不同子程序完成零件加工。加工中采用刀具半径补偿指令并从轮廓延长线进刀。中间 3 个圆弧槽编写一个子程序（粗、精加工也各编写一子程序进行加工）。其余 2 个圆弧槽用坐标轴偏转指令调用子程序加工，槽宽度尺寸较小只能沿法向切入、切出进行加工。

(2)合理切削用量选择　加工材料为硬铝，粗铣铣削深度除留精铣余量，其余一刀切完。切削速度可较高，但铣刀直径较小，进给量选择较小，具体见表 5-2-5。

表 5-2-5　粗、精铣削用量

刀具	工作内容	v_f/(mm/min)	n/(r/min)
高速钢键槽铣刀粗铣(T1)	垂直进给深度方向留 0.3 mm 精加工余量	40	1 000
	表面直线进给轮廓留 0.3 mm 精加工余量	60	1 000
	表面圆弧进给轮廓留 0.3 mm 精加工余量	60	1 000
高速钢立铣刀精铣(T2)	垂直进给	40	1 200
	表面直线进给	50	1 200
	表面圆弧进给	50	1 200

二、参考程序编制

1. 工件坐标系建立

工件坐标系建立在工件几何中心上与设计基准重合。直沟槽、圆弧槽子程序坐标系仍然建立在工件坐标系上，即局部坐标系与工件坐标系一致，如图 5-2-6 所示。

2. 基点坐标

基点坐标见表 5-2-6。

表 5-2-6　基点坐标　mm

基点	坐标(X,Y)	基点	坐标(X,Y)
A	(15.193,40)	E	(18,0)
B	(40,2.79)	F	(−12,30)
C	(40,17.212)	G	(−12,20)
D	(24.807,40)	H	(8,0)

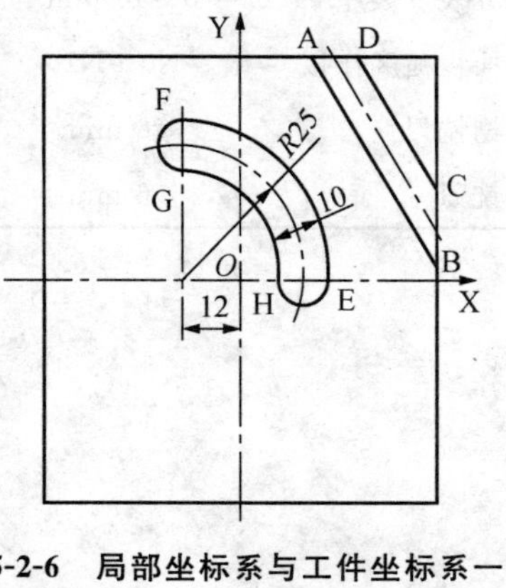

图 5-2-6　局部坐标系与工件坐标系一致

3. 参考程序

(1)主程序　法那克系统程序名“00520”见表 5-2-7。

表 5-2-7　主程序

程序段号	程序内容	动作说明
N5	G40G90G69G80G49；	设置初始状态
N10	G54M3S1000T01；	设置粗加工参数
N20	M98P0010；	调用直沟槽粗加工子程序
N30	G51.1X0；	沿 X 轴方向镜像
N40	M98P0010；	调用直沟槽粗加工子程序
N50	G51.1Y0；	沿 Y 轴方向镜像
N60	M98P0010；	调用直沟槽粗加工子程序
N70	G51.1X0Y0；	沿 X、Y 轴方向镜像
N80	M98P0010；	调用直沟槽粗加工子程序
N90	G50.1；	取消镜像功能
N100	M98P0020；	调用圆弧槽粗加工子程序
N110	G68X0Y0R120；	坐标轴偏转 120°
N120	M98P0020；	调用圆弧槽粗加工子程序
N130	G68X0Y0R240；	坐标轴偏转 240°
N140	M98P0020；	调用圆弧槽粗加工子程序
N150	M5；	主轴停止
N160	M0；	程序停
N170	M3S1200T02；	设置精加工参数
N180	M98P0100；	调用直沟槽精加工子程序
N190	G51.1X0；	沿 X 轴方向镜像
N200	M98P0100；	调用直沟槽精加工子程序
N210	G51.1Y0；	沿 Y 轴方向镜像
N220	M98P0100；	调用直沟槽精加工子程序
N230	G51.1X0Y0；	沿 X、Y 轴方向镜像
N240	M98P0100；	调用直沟槽精加工子程序
N250	G50.1；	取消镜像功能
N260	M98P0200；	调用圆弧槽精加工子程序
N270	G68X0Y0R120；	坐标轴偏转 120°
N280	M98P0200；	调用圆弧槽精加工子程序
N290	G68X0Y0R240；	坐标轴偏转 240°

续表5-2-7

程序段号	程序内容	动作说明
N300	M98P0200；	调用圆弧槽精加工子程序
N310	G69；	取消坐标轴偏转
N320	G0Z100；	抬刀
N330	M30；	程序结束

(2)直沟槽粗加工子程序　子程序名为00010，见表5-2-8。

表5-2-8　直沟槽加工子程序

程序序号	程序内容	动作说明
N10	G0G43X30Y45Z5H01；	刀具移动到X30Y45处
N20	G1Z－1.7F40；	下刀
N30	G41X15.193Y40D01F60；	建立刀具半径补偿到A
N40	X40Y2.79；	加工直槽一侧到B点
N50	G40X45Y6.91；	取消刀补
N60	G41X40Y17.212D01；	建立刀具半径补偿到C
N70	X24.807Y40；	加工直槽另一侧到D点
N80	G40X30Y45；	取消刀补
N90	G0Z5；	抬刀
N100	M99；	子程序结束

(3)圆弧槽粗加工子程序　子程序名为00020，见表5-2-9。

表5-2-9　圆弧槽粗加工子程序

程序段号	程序内容	动作说明
N10	G0G43X13Y3Z5H01；	刀具移动到X13Y3
N20	G1Z－1.7F40；	下刀
N30	G41X8Y0D01F60；	建立半径左补偿至H点
N40	G3X18Y0R5；	圆弧加工至E点
N50	G3X－12Y30R30；	圆弧加工至F点
N60	G3X－12Y20R5；	圆弧加工至G点
N70	G2X8Y0R20；	圆弧加工至H点
N80	G1G40X13Y3；	取消刀具半径补偿
N90	G0Z5；	抬刀
N100	M99；	子程序结束

(4)直沟槽精加工子程序　子程序名为 O0100,见表 5-2-10。

表 5-2-10　直沟槽精加工子程序

程序段号	程序内容	动作说明
N10	G0G43X30Y45Z5H02;	刀具移动到 X30Y45 处
N20	G1Z－2F40;	下刀
N30	G41X15.193Y40D02F50;	建立刀具半径补偿到 A 点
N40	X40Y2.79;	加工直槽一侧到 B 点
N50	G40X45Y6.91;	取消刀补
N60	G41X40Y17.212D02;	建立刀具半径补偿到 C 点
N70	X24.807Y40;	加工直槽另一侧到 D 点
N80	G40X30Y45;	取消刀补
N90	G0Z5;	抬刀
N100	M99;	子程序结束

(5)圆弧槽精加工子程序　子程序名为 O0200,见表 5-2-11。

表 5-2-11　圆弧槽精加工子程序

程序段号	程序内容	动作说明
N10	G0G43X13Y3Z5H02;	刀具移动到 X13Y3 处
N20	G1Z－2F40;	下刀
N30	G41X8Y0D02F50;	建立半径左补偿至 H 点
N40	G3X18Y0R5;	圆弧加工到 E 点
N50	G2X－12Y30R30;	圆弧加工到 F 点
N60	G3X－12Y20R5;	圆弧加工到 G 点
N70	G2X8Y0R20;	圆弧加工到 H 点
N80	G1G40X13Y3;	取消刀具半径补偿
N90	G0Z5;	抬刀
N100	M99;	子程序结束

用加工中心加工时,只需把手动换刀指令换成自动换刀指令即可,即主程序 N160 段改成自动换刀指令 M6T2,由机械手自动换刀。

【资料链接】

当前坐标系:数控机床编程与加工中涉及多种坐标系,有机床坐标系、工件坐标系、局部坐标系等。每段程序中刀具工作在哪个坐标系,该坐标系一般又称为当前坐标系。当不用任何坐标系偏移、偏转指令时,刀具将工作在机床坐标系中,机床坐标系为当前坐标系;当用 G54、

G55 等可设定的零点偏置指令，把机床坐标系偏置到工件坐标系上时，刀具将工作在工件坐标系中，此时工件坐标系为当前坐标系；若用可编程的零点偏置 G52 或偏转（G68）指令，把工件坐标系零点偏置（或偏转）到局部坐标系上，则刀具将工作在局部坐标系中，此时局部坐标系成为当前坐标系。

【技能训练】

一、加工准备

(1)检查毛坯尺寸。

(2)开机、回参考点。

(3)程序输入：将程序通过面板输入数控系统。

(4)工件装夹：平口钳装夹在铣床工作台上，用百分表校正；工件装夹在平口钳上，底部用垫块垫起，使工件伸出钳口 5～10 mm，用百分表校平工件上表面并夹紧。

(5)刀具装夹：共采用两把铣刀，一把直径为 6 mm 粗加工键槽铣刀，一把为 6 mm 精加工立铣刀（可垂直下刀）或精加工键槽铣刀，通过弹簧夹头把铣刀装夹在铣刀刀柄中。根据加工情况分别把粗、精加工铣刀柄装入铣床主轴（加工中心则把粗、精铣刀全部装刀库中）。

二、对刀操作

1. X、Y 方向对刀

X、Y 方向采用试切法对刀，将机床坐标系原点偏置到工件坐标系原点上，通过对刀操作得到 X、Y 偏移值输入到 G54 中，G54 中 Z 坐标输入 0。

2. Z 方向对刀

依次安装粗、精加工铣刀，测量每把刀的刀位点从参考点到工件上表面的 Z 数据，输入到相应的刀具长度补偿号中，加工时调用。

三、空运行及仿真

设置机床中刀具半径补偿值，把基础坐标系中 Z 方向值变为＋50，打开程序，选择 MEM 工作模式，按空运行按钮，按循环启动按钮，观察加工轨迹，空运行结束后使空运行按钮复位。用仿真软件在计算机上进行仿真练习，测试程序及加工情况。

四、零件自动加工及精度控制

加工时先安装粗加工键槽铣刀进行粗加工，后换精加工刀具进行精加工。粗加工时，精加工余量由设置刀具半径补偿值控制。用ϕ6 mm 键槽铣刀粗铣时，机床中刀具半径补偿值 T01D01 输入 3.3 mm，轮廓留 0.3 mm 精加工余量，深度方向通过设定 Z 坐标值为－1.7 mm。深度方向留 0.3 mm 精加工余量。精加工时根据加工测量结果修调刀具半径补偿值来控制轮廓尺寸。例如，把精铣刀 T02D02 半径补偿值设置为 3.1 mm，运行精加工程序，若测得直槽宽度（8±0.05）mm 实际尺寸为 7.74 mm，比图样尺寸小 0.31～0.21 mm，取中间值 0.26 mm，单边小 0.13 mm，则把 T02D02 半径补偿值修改为 3.1－0.13＝2.97 mm，重新运行精加工程序即可。同样，深度尺寸也根据加工测量结果逐步修调长度磨损，以达到尺寸要求。

五、零件检测与评分

工件加工完毕后，检测尺寸，检测结果写入评分表中（表 5-2-12）。

表 5-2-12　直沟槽、圆弧槽加工评分表

班级			姓名	学号		
任务			直沟槽、圆弧槽加工	零件编号		图 5-2-1
基本检查	编号操作	序号	检测内容	配分	学生自评	教师评分
		1	切削加工工艺制定正确	5		
		2	切削用量选择合理	2		
		3	程序正确、简单、规范	5		
		4	设备操作、维护保养正确	2		
		5	安全、文明生产	5		
		6	刀具选择、安装正确、规范	2		
		7	工件找正、安装正确、规范	2		
工作态度		8	行为规范、纪律表现	8		
尺寸检测		9	(10±0.05)mm(3 处)	10		
		10	(8±0.05)mm(4 处)	10		
		11	$2_{0}^{+0.05}$ mm	10		
		12	12 mm(3 处)	9		
		13	40 mm(2 处)	10		
		14	20 mm(2 处)	10		
		15	R25 mm(3 处)	6		
表面粗糙度		16	Ra 32 μm	4		
综合得分				100		

六、整理

加工结束，拆下工件，清理机床。

【操作注意事项】

(1)加工前应注意刀具半径、长度补偿等参数的设定。

(2)精加工直沟槽从侧面下刀时，可选用不能垂直下刀的立铣刀进行加工，中间圆弧形槽加工时，应选用能垂直进刀的立铣刀或有键槽铣刀替代。

(3)圆弧槽宽度的测量，应注意测量尺寸是指内、外圆弧径向值。

【思考与练习】

1. 使用镜像功能指令后，刀具半径补偿功能与原工件加工时有何不同？圆弧插补功能与原工件加工有何不同？

2. 编制如图 5-2-7 所示零件程序并加工练习。

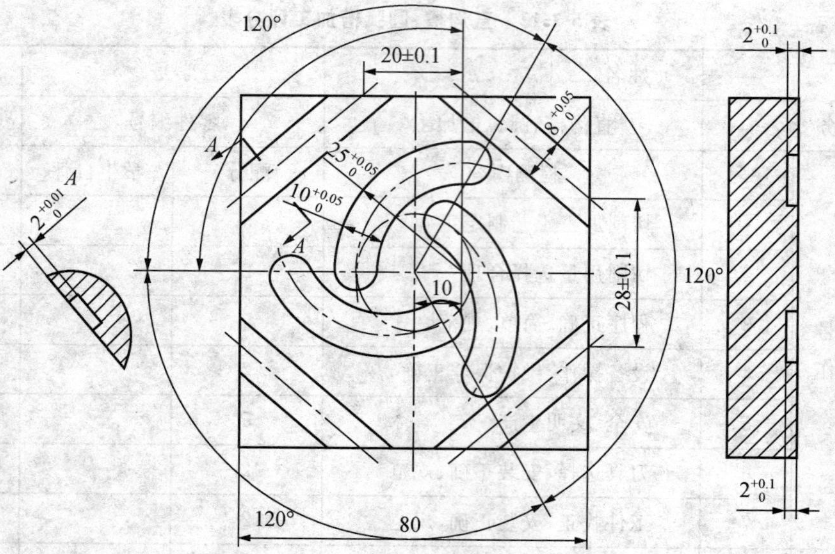
120°
20±0.1
$8^{+0.05}_{0}$
$2^{+0.1}_{0}$
A
$25^{+0.05}_{0}$
$2^{+0.01}_{0}$ A
$10^{+0.05}_{0}$
A
10
$28±0.1$
120°
120°
80
$2^{+0.1}_{0}$

图 5-2-7 题 2 图

非圆曲面零件加工　　模块 6

任务1 椭圆槽的加工

知识点

- ➢了解椭圆槽的加工方法
- ➢了解宏程序、变量等基本概念
- ➢了解B类宏程序中的运算指令和转移指令
- ➢了解B类宏程序的编程方法

技能点

- ➢确定零件的加工方法
- ➢采用B类宏程序指令编写数控加工程序

【任务引入】

试编写图6-1-1所示工件椭圆槽的加工程序，并在数控铣床上进行加工。零件除椭圆槽和球面未加工外，其他部分已加工。

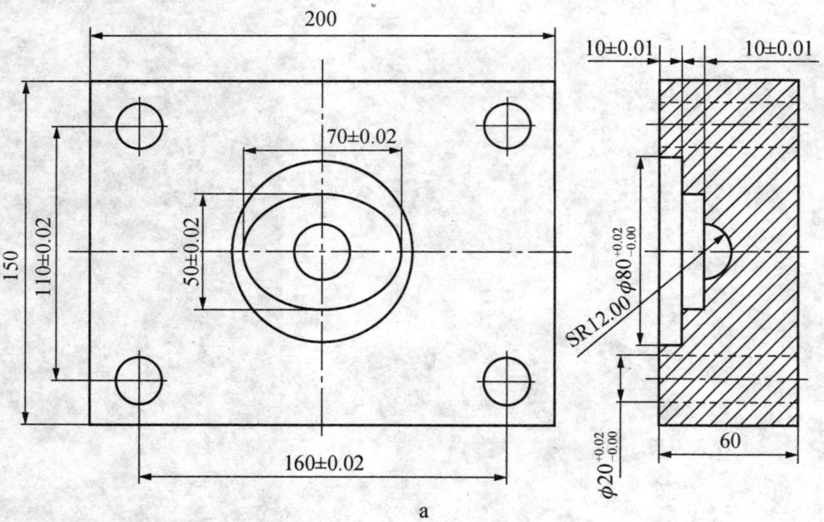

a

b

图6-1-1 椭圆槽

a. 零件图 b. 立体图

加工如图6-1-1所示椭圆槽，椭圆长半轴为35 mm，短半轴为25 mm，其深度为10 mm。

因为大部分轮廓形状是由直线与圆弧组成的，所以数控系统一般只提供直线插补指令G01和圆弧插补指令G02、G03，没有提供椭圆加工指令。编制椭圆加工程序时，可以利用宏程序的转移与循环语句进行宏程序的编制。

【相关知识】

一、宏程序

一般意义上所讲的数控指令即代码的功能是固定的，它们是由系统生产厂家开发，使用者按照指令格式编程，但有时系统生产厂家提供的这些指令不能满足用户的需要，比如一般数控系统只提供了直线与圆弧的插补功能，加工椭圆及抛物线等形状零件时无法满足用户的需要，系统因此提供了用户宏程序功能，使用户可以对数控系统进行一定的功能扩展，在数控系统的平台上进行二次开发。

1. 定义

用户把实现某种功能的一组指令像子程序一样预先存入储存器中，用一个指令代表这个存储的功能，在程序中只要指定该指令就能实现这个功能。把这一组指令称为用户宏程序本体，简称宏程序。把代表指令称为用户宏程序调用指令，简称宏指令。它允许使用变量、算术和逻辑操作及条件分支，使得用户可以自行编辑软件包、固定循环程序。

2. 用户宏程序与普通程序的区别

用户宏程序与普通程序的区别在于：在用户宏程序本体中，能使用变量；可以给变量赋值；变量之间可以运算；程序可以跳转。而普通程序中，只能指定常量，常量之间不能运算，程序只能顺序执行，不能跳转，普通程序的功能是固定的，一个程序只能描述一个几何形状，不能变化。用户宏程序是提高数控机床系统性能的一种特殊功能。

3. 用户宏程序分类

用户宏程序分为A、B两种。在一些较老的FANUC系统（FANUC－0MD）中采用的A类宏程序，现在使用较少，而现在的数控系统一般采用B类宏程序。在这里对A类宏程序不作介绍。

二、变量

1. 变量概述

普通程序总是将一个具体的数值赋给一个地址，例如G01和X120.0，为了使程序更具通用性，灵活性，用户宏程序中引用了变量。当使用变量时，变量值可以由程序或MDI面板设定。

例：#1＝#2＋10；

G01X#1F500；

2. 变量的表示方法

一个变量由变量符号“#”和变量号组成，如#i(i＝0,1,2,3,…)。

例：#1；#100

变量号也可以用表达式指定，这时表达式要用方括号括起来，如#[#1＋10]；

3. 变量值的表示

在程序中定义变量时，可以省略小数点。例：当#1＝123被定义时，变量#1的实际值为123000。

当变量的值未定义时，这样的一个变量被看作"空"变量。

4. 变量的类型

变量根据变量号分为空变量、局部变量、公共变量、系统变量 4 种，如表 6-1-1 所示。

表 6-1-1 FANUC 0i 变量类型

变量类型	变量号	功能
空变量	#0	该变量总是为空，不能赋值
局部变量	#1～#33	局部变量只能在宏程序中存储数据，例如：运算结果。当断电时，局部变量被初始化为空，调用宏程序时，自变量对其赋值。局部变量是个在宏程序中局部使用的变量
公共变量	#100～#199 #500～#999	公共变量在不同的宏程序中意义相同，当断电时，#100～#199 初始化为空，#500～#999 的数据保存，即使断电也不丢失
系统变量	#1 000 以上	用于读和写 CNC 运行时的各种数据，是具有固定用途的变量，它的值决定系统的状态。例如刀具的位置和补偿值等

5. 变量的引用

(1)为了在程序中引用变量，指定一个地址字其后跟一个变量号。

例：G01X#1；

(2)当用表达式指定一个变量时，须用方括号括起来。

例：G01X#[#1+#2]F#3；

(3)取引用的变量值的相反值，可以在#号前加"－"号。

例：G00X-#1；

(4)当引用一个未定义的变量时，忽略变量及引用变量的地址。

例：#1=0，#2="空"，则 G00X#1Y#2；的执行结果是 G00X0。

(5)程序号"O"、顺序号"N"、任选段跳跃号"/"不能使用变量。

例：O#11；N#13Y200.0；

三、常用运算指令

在表 6-1-2 中列出的运算可以在变量中执行。运算符右边的表达式，可以含有常量和/或由函数或运算符组成的变量。表达式中的变量#J 和#K 可以用常数替换。左边的变量也可以用表达式赋值。

1. 角度单位

在函数 SIN，COS，TAN 等中的角度单位是°。

例：30°18′表示为 30.3°。

2. 缩写方式

在程序中指令函数时，可用函数名的前两个字符指令该函数。

例：ROUND→RO，SIN→SI。

3. 运算次序

宏程序数学计算的次序依次为：函数运算(SIN、COS、TAN 等)，乘和除运算(*、/、AND 等)，加法和减法运算(+、－、OR、XOR 等)。

例：#100=#101-#102*COS[#103]；

数学运算次序为：

(1)函数COS[#103]。

(2)乘除#102*COS[#103]。

(3)加减#101-#102*COS[#103]。

4. 方括号嵌套

方括号用于改变运算的次序。函数中的括号允许嵌套使用，最多可用5层。

例：#1=SIN[[[#2#3]*#4+#5]/#6]；

注意：方括号用于封闭表达式，圆括号用于注释。

5. ROUND功能

(1)当ROUND功能包含在算术或逻辑操作、IF语句、WHILE语句中时，将保留小数点后一位，其余位进行四舍五入。

例：#1=ROUND[#2]；其中#2=1.2345，则#1=1.0

(2)当ROUND出现在NC语句地址中时，进位功能根据地址的最小输入增量四舍五入指定的值。

例：编一个程序，根据变量#1、#2的值进行切削，然后返回到初始点。假定增量系统是1/1 000 mm，#1=1.234 5，#2=2.345 5。

则：G00G91X#1；移动1.235 mm；

G01X#2F300；移动2.346 mm；

G00X[#1+#2]；因为1.234 5+2.345 6=3.580 1移动3.580 mm，不能返回到初始位置。而换成G00X[ROUND[#1]+ROUND[#2]]能返回到初始点。

6. 上取整和下取整

数控系统处理数值运算时，若操作产生的整数大于原数时为上取整，反之则为下取整。

例：#1=1.2，#2=-1.2

则：#3=FUP[#1]，结果#3=2.0；

#3=FIX[#1]，结果#3=1.0；

#3=FUP[#2]，结果#3=-2.0；

#3=FIX[#2]，结果#3=-1.0。

四、转移与循环与语句

在一个程序中，控制程序的流向可以用GOTO、IF语句改变。有3种转移与循环语句可供使用：

GOTO语句(无条件转移)。

IF语句(条件转移：IF…，THEN…)。

WHILE语句(循环语句WHILE…)。

1. 无条件转移(GOTO语句)

(1)功能　无条件转移到标有顺序号为n的程序段。

(2)格式　GOTOn；n是顺序号(1～9 999)。

例：GOTO100；表示跳转到程序段号为100的程序段。

表 6-1-2　FANUC 0i 算术和逻辑运算一览表

功能	格式	备注/示例
定义、转换	#i=#j	#100=#1,#100=20.0
加法	#i=#j+#k	#100=#101+#102
减法	#i=#j-#k	#101=80-#103
乘法	#i=#j*#k	#102=#1*#2
除法	#i=#j/#k	#103=#101/25.0
正弦	#i=SIN[#j]	
反正弦	#i=ASIN[#j]	角度以度为单位,如:80°30′表示为 80.5°
余弦	#i=COS[#j]	#100=SIN[#101]
反余弦	#i=ACOS[#j]	#100=COS[38.3+24.8]
正切	#i=TAN[#j]	#100=TAN[#1/#2]
反正切	#i=ATAN[#j]	
平方根	#i=SQRT[#j]	#105=SQRT[#100]
绝对值	#i=ABS[#j]	#106=ABS[-#102]
舍入	#i=ROUND[#j]	#107=ROUND[3.414]
上取整	#i=FIX[#j]	#108=FIX[3.4]
下取整	#i=FUP[#j]	#109=FUP[3.4]
自然对数	#i=LN[#j]	#110=LN[#3]
指数函数	#i=EXP[#j]	#111=EXP[#12]
OR(或)	#i=#jOR#k	
XOR(异或)	#i=#jXOR#k	逻辑运算一位一位地按二进制执行
AND(与)	#i=#jAND#k	
将 BCD 码转换成 BIN 码	#i=BIN[#j]	用于与 PMC 间信号的交换
将 BIN 码转换成 BCD 码	#i=BCD[#j]	

2. 条件转移(IF 语句)

(1)功能　如果指定的条件表达式满足时,转移到标有顺序号 n 的程序段,如果指定的条件表达式不满足时,则执行下一个程序段。

如图 6-1-2 所示,如果#1 的值大于 100,则转移到顺序号 N10 的程序段,如果#1 的值小于 100,则顺序执行下一程序段。

```
N10 G0 G90 Z2.0;
……
……
1F[#1 GT 100] GOTO 10;
G0 G90 X100.0;
```

如果条件满足

如果条件不满足

图 6-1-2　条件转移语句

(2)格式　IF[条件表达式]GOTOn;n 为程序段号。

条件表达式:一个条件表达式一定要有一个运算符,这个运算符插在两个变量或一个变量和一个常量之间,并且要用方括号括起来,既[表达式操作符表达式]。

运算符见表 6-1-3。

表 6-1-3　运算符

运算符	含义	运算符	含义
EQ	等于(=)	GE	大于或等于(⩾)
NE	不等于(≠)	LT	小于(<)
GT	大于(>)	LE	小于或等于(⩽)

3. 循环(WHILE 语句)

(1)功能　在 WHILE 后指定一个条件表达式,当条件满足时,执行 DO 到 END 之间的程序段,否则执行 END 后的程序段。

如图 6-1-3 所示,当#100<50 时,执行 DO 到 END 之间的程序,否则执行 END1 后的程序段。

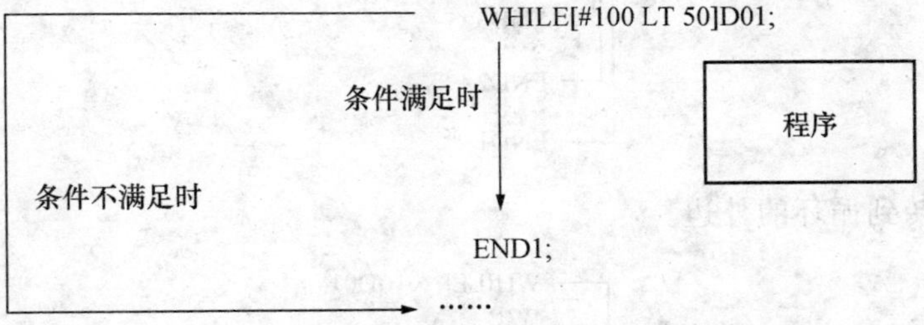

图 6-1-3　条件循环语句

(2)格式　WHILE[条件表达式]DOm;(m=1,2,3)

ENDm;

m 只能在 1、2、3 中取值。

(3)嵌套　在 DO~END 循环中的标号 1~3 可根据需要多次使用。但是,当程序有交叉重复循环(DO 范围的重叠)时,出现 P/S 报警。结果如下所示:

①标号(1~3)可以根据要求多次使用。

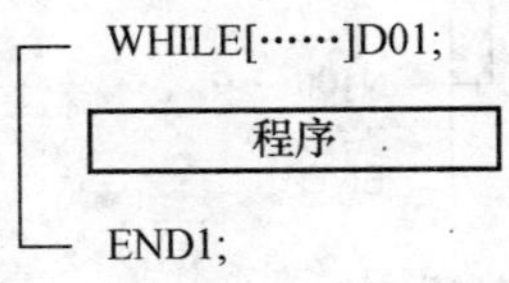

……

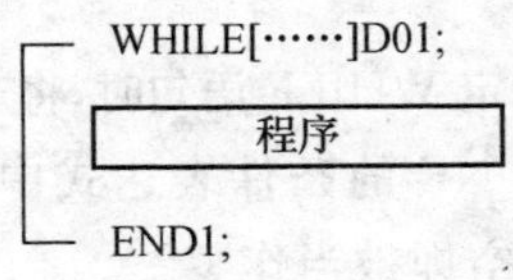

②DO 的范围不能交叉(错误示例)。

```
WHILE[……]D01;
[程序]
WHILE[……]D02;
……
END1;
[程序]
END2;
```

③DO 循环可以嵌套 3 级。

```
WHILE[……]D01;
……
WHILE[……]D02;
……
WHILE[……]D03;
[程序]
END3;
……
END2;
……
END1
```

④控制可以转到循环的外边。

```
WHILE[……]D01;
……
IF[……]GOTO100;
……
END1;
N100……;
```

⑤转移不能进入循环区内(错误示例)。

```
IF[……]GOTO100;
……
WHILE[……]D01;
……
N100……;
……
END1;
```

(4)循环(WHILE 语句)的注意事项

①DOm 和 ENDm 必须成对使用:DOm 和 ENDm 必须成对使用,而且 DOm 一定要在 ENDm 指令之前。

②无限循环:当指定 DO 而没有指定 WHILE 语句时,将产生从 DO 到 END 之间的无限循环。

③未定义的变量:在使用 EQ 或 NE 的条件表达式中,值为空和值为零将会有不同的效果。而在其他形式的条件表达式中,空即被当作零。

④处理时间：当在 GOTO 语句（无论是无条件转移的 GOTO 语句，还是“IF……GOTO”形式的条件转移 GOTO 语句）中有标号转移的语句时，系统将进行顺序号检索。一般来说，数控系统执行反向检索的时间要比正向检索长，因为系统通常先正向搜索到程序结束，再返回程序开头进行搜索，所以花费的时间要多。因此，用 WHILE 语句实现循环可减少处理时间。

五、椭圆的数学计算

如图 6-1-4 所示，椭圆的数学计算如下：

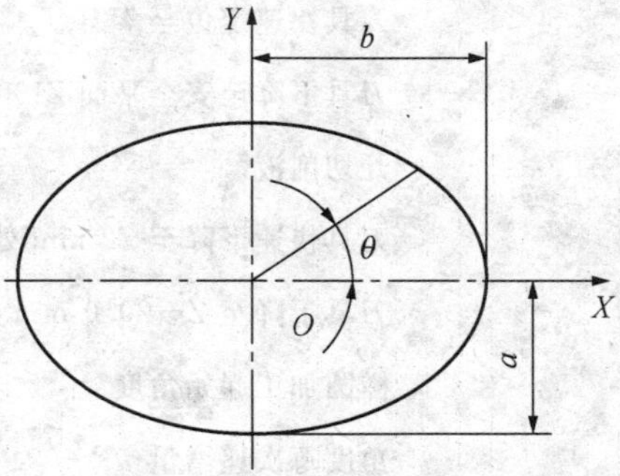

图 6-1-4　椭圆

(1)椭圆标准方程为 $X^2/a^2+Y^2/b^2=1$。

(2)椭圆参数方程为 $X=a\cos\theta, Y=b\sin\theta$。

【任务实施】

一、工艺分析

工件坐标系原点（X0，Y0）定义在毛坯中心，其 Z0 定义在毛坯上表面。采用ϕ25 高速钢立铣刀，分粗、精加工，粗加工预留 0.2 mm 精加工余量，粗加工时主轴转速 S220 r/min，进给速度 F150 mm/min，精加工时主轴转速 S260 r/min，进给速度 F120 mm/min。

二、数学计算

因数控指令里没有椭圆插补加工指令，我们在这里采用近似方法加工椭圆，将椭圆均分若干微小直线段，如图 6-1-5 所示，各节点坐标可通过椭圆参数方程 $X=a\cos\theta, Y=b\sin\theta$ 求出，通过 G01 插补指令近似加工椭圆。

三、零件加工程序

利用 WHILE 循环语句进行椭圆零件的加工。加工路线图如图 6-1-6 所示，详见表 6-1-4。

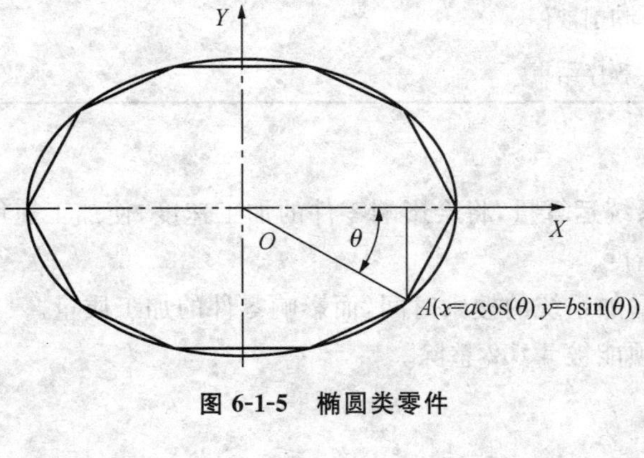

图 6-1-5　椭圆类零件

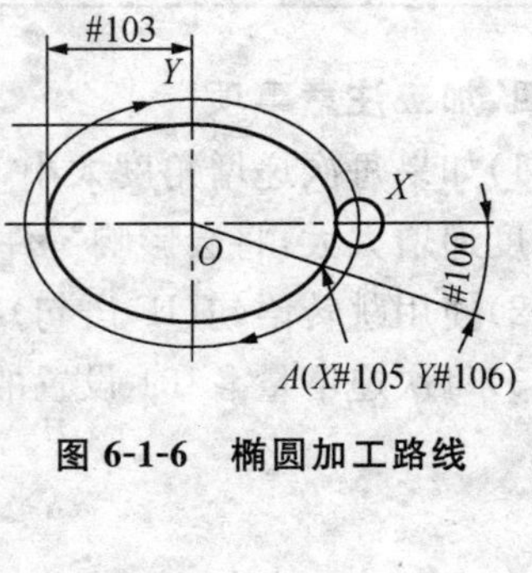

图 6-1-6　椭圆加工路线

表 6-1-4 椭圆零件加工程序

程序内容	说明
O0001；	程序名
N10G94G97G40；	设定编程环境
N20G0G28G91Z0；	刀具返回 Z 轴机床参考点
N30G0G90G54X0Y0；	刀具快速定位至落刀点
N40G43Z100.0H01M03S300；	刀具下降至安全平面 Z100 mm 处
N50M08；	开切削液
N60G0G90Z2；	刀具快速下降至 Z2 mm 处
N70G01Z-20.0F80；	刀具下降至 Z－20.0 mm 处，进给速度为 80 mm/min
N80＃100＝0；	椭圆加工起始角度
N90＃101＝3；	角度每次递增量
N100＃102＝360；	椭圆加工终止角度
N110＃103＝35；	椭圆长半轴
N120＃104＝25；	椭圆短半轴
N130WHILE[＃100LE＃102]D01；	如果椭圆加工角度＃100≥＃102，循环执行从 D01 至 END1 之间的程序，否则执行 END1 以后的程序
N140＃105＝＃103＊COS[＃100]；	节点 X 坐标
N150＃106＝＃104＊SIN[＃100]；	节点 Y 坐标
N160G01G41X＃105Y＃106D01F80；	加刀补直线插补至各节点
N170＃100＝X＃100＋＃101；	加工角度依次递增 3°
N180END1；	循环 1 结束
N190G01G40X0Y0；	刀具返回落刀点
N200G0G90Z100.0；	刀具升高至安全平面 Z100.0 mm 处
N210M05；	主轴停转
N220M09；	切削液停
N230M30；	程序结束

四、加工注意事项

(1)如果每次递增角度太小，会增加系统运算量，将会影响零件的加工速度，使加工速度变慢，角度递增太大，将会影响零件的形状精度。

(2)使用跳转语句(IF 语句)时，将会增加系统的搜索时间，而影响零件的加工质量。

(3)每次递增量＃101 设置的数据必须能被＃102 整除。

任务 2　球面的加工

知识点

➢了解球面的加工方法

➢了解宏程序调用方法

➢了解球头立铣刀的选用方法

技能点

➢确定零件的加工方法

➢采用 B 类宏程序指令编写数控加工程序

【任务引入】

试编写图 6-1-1 所示工件半圆球面的加工程序，并在数控铣床上进行加工。零件其他部分已加工。

【任务分析】

加工如图 6-1-1 所示半圆球曲面，半圆球曲面尺寸为 SR12 mm，已预钻落刀工艺孔。此轮廓形状为一半圆球体，属于比较规则的三维曲面加工，在模具零件的加工中经常会遇到此类形状的零件，利用宏程序编制半圆球曲面加工程序，采用球头铣刀近似加工。

【相关知识】

一、宏程序调用

1. 概述

用户宏指令是调用用户宏程序的指令，用户宏程序用以下方法调用宏程序：

(1)非模态调用(G65)。

(2)模态调用(G66、G67)。

(3)用 M98 代码调用宏程序。

宏调用和子程序调用之间的区别：

①用 G65，可以指定一个自变量(传递给宏程序的数据)，而 M98 没有这个功能。

②当 M98 段含有另一个 NC 语句时(如 G01X100.0M98Pp)，则执行命令之后调用子程序，而 G65 无条件调用一个宏。

③当 M98 段含有另一个 NC 语句时(如 G01X100.0M98Pp)，在单段方式下机床停止，而使用 G65 时机床不停止。

④用 G65 地方变量的级要改变，而 M98 不改变。

2. 非模态调用(G65)

G65 是专门用来进行宏子程序调用的，宏子程序调用指令 G65 的格式：

格式：G65 Pp L1＜自变量指定＞

其中，P：要调用的程序号；L：调用次数(默认为 1)；自变量：数据传递到宏程序。

例:G65 P8000 L2 A10. B2.;

调用 2 次程序号 8000,经自变量 A 传递到宏程序＃1＝10;自变量 B 传递到宏程序＃2＝2。

若要向用户宏程序本体传递数据时,须由自变量来指定,这里使用的是局部变量(＃1～＃99),自变量指定有两种类型;自变量指定Ⅰ、自变量指定Ⅱ。

自变量指定Ⅰ:用英文字母后加数值进行赋值,除了 G、L、O、N 和 P 之外,其余所有 21 个英文字母可以给自变量赋值,每个字母与一个局部变量号对应。A 对应＃0,B 对应＃1,C 对应＃2,D 对应＃3,……如 A20,即＃0＝20;B6.5,即＃1＝6.5;其余类推。例如,如果要把数 50 传给变量＃17,则写 R50。赋值不必按字母顺序进行,但使用 I、J、K 时,必须按字母顺序指定,不赋值的地址可以省略;如表 6-2-1 所示。

表 6-2-1 FUNUC 0i 地址与局部变量的对应关系

子程序中的变量	＃0	＃1	＃2	＃3	＃4	＃5	＃6	＃7	＃8	＃9	＃10	＃11	＃12
传递参数用的字母	A	B	C	D	E	F	G	H	I	J	K	L	M
子程序中的变量	＃13	＃14	＃15	＃16	＃17	＃18	＃19	＃20	＃21	＃22	＃23	＃24	＃25
传递参数用的字母	N	O	P	Q	R	S	T	U	V	W	X	Y	Z

自变量指定Ⅱ:与自变量指定Ⅰ类似,也是用英文字母后加数值进行赋值,但只用了 A、B、C 和 I、J、K 这 6 个字母,具体用法是:使用 A、B、C 各一次,I、J、K 各 10 次,在这里 I、J、K 是分组定义的,同组的 I、J、K 必须按字母顺序指定,不赋值的地址可以省略;如表 6-2-2 所示。

表 6-2-2 FANUC 0i 地址与局部变量的对应关系

地址	变量号	地址	变量号	地址	变量号
A	＃1	K3	＃12	J7	＃23
B	＃2	I4	＃13	K7	＃24
C	＃3	J4	＃14	I8	＃25
I1	＃4	K4	＃15	J8	＃26
J1	＃5	I5	＃16	K8	＃27
K1	＃6	J5	＃17	I9	＃28
I2	＃7	K5	＃18	J9	＃29
J2	＃8	I6	＃19	K9	＃30
K2	＃9	J6	＃20	I10	＃31
I3	＃10	K6	＃21	J10	＃32
J3	＃11	I7	＃22	K10	＃33

注:根据使用的字母,系统自动决定自变量指定的类型。自变量指定Ⅱ用于传递诸如三维坐标值的变量。I,J,K 的下标用于确定自变量指定的顺序,在实际编程中不写。

3. 自变量赋值的说明

(1)自变量指定 Ⅰ、Ⅱ可以混合,CNC 内部自动识别自变量指定Ⅰ、Ⅱ,如果自变量指定

Ⅰ、Ⅱ混合指定，较后指定的自变量类型有效。如图 6-2-1 所示。本例中，I4.0 和 D5.0 都分配给＃7，后者 D5.0 有效。

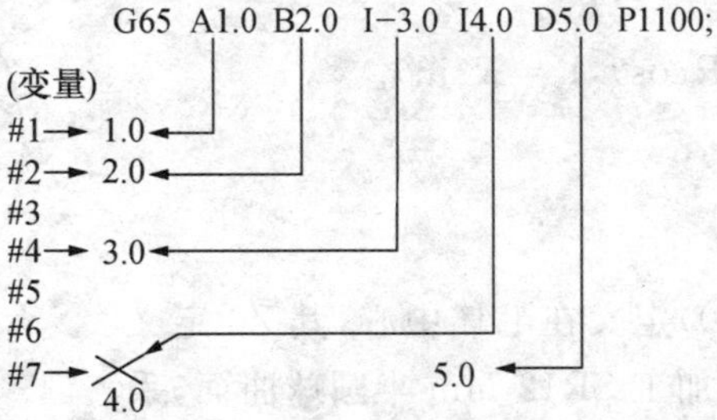

图 6-2-1　自变量指定Ⅰ、Ⅱ混合使用举例

(2)小数点的问题　没有小数点的自变量数据的单位为各地址的最小设定单位。传递的没有小数点的自变量，其值将会根据机床实际的系统配置而变化。因此在调用宏程序使用小数点可使兼容性好。

(3)调用嵌套　调用可以嵌套 4 级，包括非模态调用(G65)和模态调用(G66)，但不包括子程序调用(M98)。

(4)局部变量的级别　局部变量嵌套从 0 至 4 级。主程序是 0 级。用 G65(G66)调用宏程序。每调用一次局部变量级别加 1，前一级的局部变量值保存在 CNC 中。当宏程序中执行 M99 时，控制返回到调用的程序。

4. 模态调用(G66)

G66 Pp L1＜自变量指定＞；

程序点

G67；(取消模态)

例：G66　P8000　L2　A10. B2.；

G00 G90 Z－10.；

X－5.；

G67；

一旦发出 G66 则指定模态调用，即指定沿移动轴移动的程序段后调用宏程序。移动到 Z－10，调用 2 次程序号 8000，移动到 X－5，再调用 2 次程序号 8000。

二、球头立铣刀

球头立铣刀如图 6-2-2 所示，为模具行业常用刀具，其底部切削刃为圆弧切削刃，可以作径向和轴向进给。铣刀工作部分用高速钢或硬质台金制造。国家标准规定直径 $d=4\sim63$ mm。小规格的球头立铣刀多制成整体结构，$\phi16$ mm 以上直径的，一般制成机夹式可转位刀片结构。

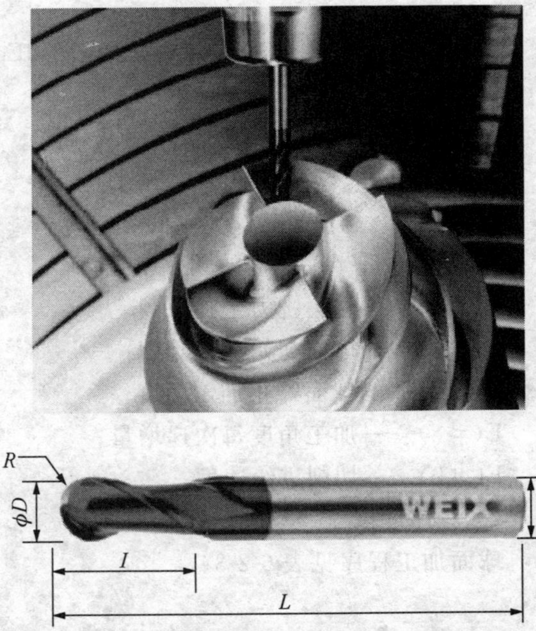

图 6-2-2　球头立铣刀

三、圆的数学计算

圆的数学计算如图 6-2-3 所示。

(1)圆标准方程为 $X^2+Y^2=R^2$。

(2)圆参数方程为 $X=R\cos\theta, Y=R\sin\theta$。

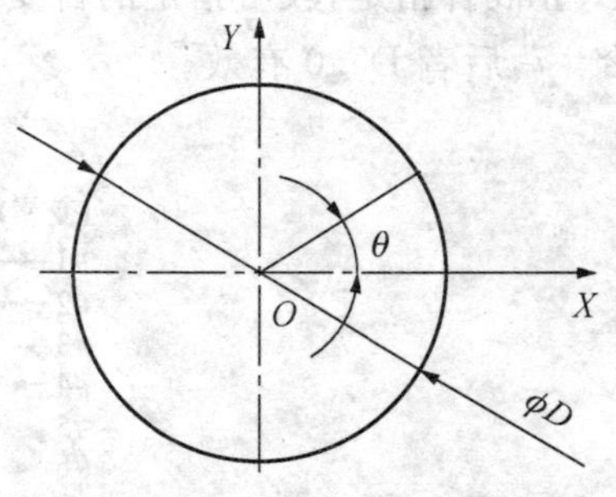

图 6-2-3 圆的方程

【任务实施】

一、工艺分析

工件坐标系原点(X0,Y0)定义在毛坯中心,其 Z0 定义在毛坯上表面。由于零件需加工 SR12 mm 半圆球曲面,采用ϕ8 硬质合金球头铣刀,主轴转速 S2800 r/min,进给速度 F600 mm/min。采用近似方法加工半圆球面,将半圆球面按角度分层,球头铣刀在每一层上进行圆弧插补加工,加工路线如图 6-2-4 所示。

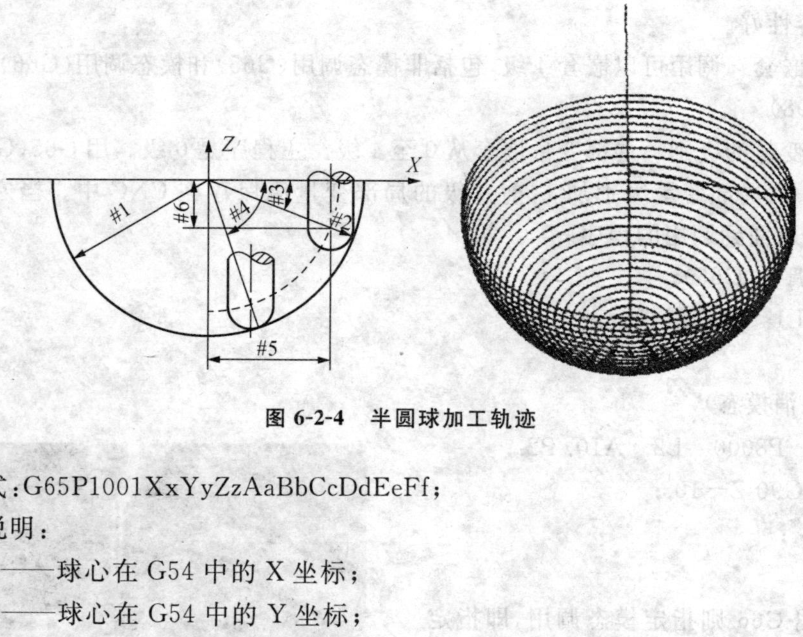

图 6-2-4 半圆球加工轨迹

调用格式:G65P1001XxYyZzAaBbCcDdEeFf;

自变量说明:

X(#24)——球心在 G54 中的 X 坐标;

Y(#25)——球心在 G54 中的 Y 坐标;

Z(#26)——球心在 G54 中的 Z 坐标;

A(#1)——半圆球面的圆弧半径;

B(#2)——球头铣刀半径;

C(#3)——球面初始加工角度;

D(#7)——球面终止加工角度;

E(#8)——加工角度每次递增量;

F(#9)——切削进给速度。

二、程序编制

球面加工程序见表 6-2-3。

表 6-2-3　球面加工程序

程序内容	说明
O1000；	主程序名
G91G97G40；	设定编程环境
G0G28G91Z0；	刀具返回 Z 轴机床参考点
G0G90G54X0Y0；	刀具快速定位至落刀点
G43Z100.0H01M03S300；	刀具下降至安全平面 Z100 mm
M08；	开切削液
G65P1001X0Y0Z－20.A12.B4.C0D90E3.F600；	非模态调用宏程序 O1001
G0G90Z100；	刀具返回到安全平面 Z100 mm 处
M05；	主轴停止
M30；	程序结束
宏程序	
O1001；	宏程序名
G52X＃24Y＃25Z＃26；	将局部坐标系建立在半圆球中心
G00Z0Y0Z2；	快速定位至球面中心上方 2 mm 处
＃12＝＃1－＃2；	半圆球心与球头刀心连线的距离
WHILE[＃3LE＃7]D01；	如果＃3≤＃7，执行 DO 至 END 之间的程序段，如果不满足，执行 END 以后的程序段
＃5＝＃12＊COS[＃3]；	任意角度时当前层刀心 X 坐标值
＃6＝－＃12＊SIN[＃3]－＃2；	任意角度时当前层刀心 Y 坐标值
G01X＃5F＃9；	X 方向直线插补至起始点
Z＃6；	Z 方向直线插补至起始点
G03I－＃5；	沿球面走整圆
＃3＝＃3＋＃8；	角度＃3 每次递增＃8
END1；	循环 1 结束
G00Z10.；	快速抬刀至 10 mm 处
G52X0Y0Z0；	取消局部坐标系
M99；	宏程序结束，并返回主程序

三、操作提示

(1)此半圆球曲面零件粗加工时可改变自变量 A 值。

(2)如半圆球曲面表面粗糙度太差，可将每次递增角度减小。

任务3　球体的加工

知识点

- 了解三维曲面的加工工艺的行切法
- 了解球形刀的知识

技能点

- 掌握球体的加工

【任务引入】

编写如图 6-3-1 所示半球曲面部分的精加工程序并加工。

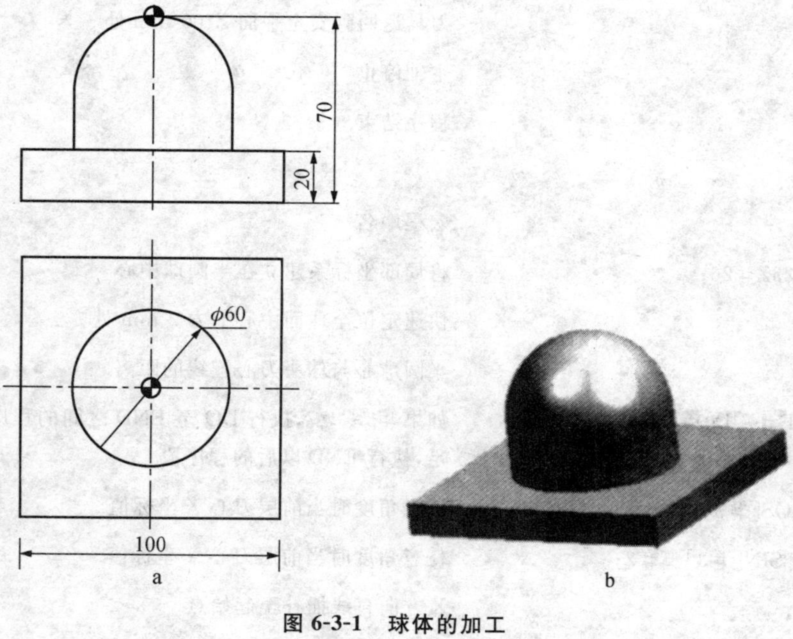

图 6-3-1　球体的加工

a. 零件图　b. 立体图

【相关知识】

一、概述

曲面加工一般采用行切与环切法，本任务介绍如何用行切法加工半球曲面。行切法加工半球面，即将半球面看成由顶点向四周发射的一行行 1/4 圆弧。本任务采用 B 类型的用户宏程序进行编程。

二、行切法

铣削曲面时，常用球头刀采用行切法进行加工。所谓行切法是指刀具与零件轮廓的切点轨迹是一行一行的，而行间的距离是按零件加工精度的要求确定的。

对于边界敞开的曲面加工，行切法可采用两种进给路线。如发动机大叶片，采用图 6-3-2a 所示的加工方案时，每次沿直线加工，刀位点计算简单，程序少，加工过程符合直纹面的形成，可以准确保证母线的直线度。当采用图 6-3-2b 所示的加工方案时，符合这类零件数据给出情况，便于加工后检验，叶形的准确度较高，但程序较多。由于曲面零件的边界是敞开的，没有其他表面限制，所以边界曲面可以延伸，球头刀应从边界外开始加工。

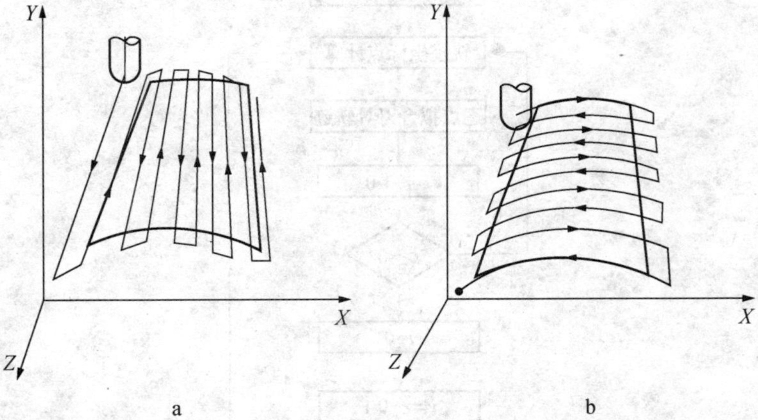

图 6-3-2　行切法

【任务实施】

一、编程思路

1. 行切法

加工半球曲面时球头刀中心轨迹如图 6-3-3 所示，刀具从球体中心最高点沿球体曲面行切一圈 1/4 圆弧便可加工出球面。

2. 坐标计算

刀具沿任意一条轨迹行切时的坐标值如图 6-3-4 所示。AB 为圆周上任意一条刀具轨迹，CD 为其对应的刀具中心轨迹。E 为刀具在 AB 轨迹上的任意一切点。t 为刀具在圆周轨迹上夹角，取值范围 0°～90°。

Q 为刀具中心点在半球底面的投影。OQ＝(OE＋EF)COS(t)，EF 为刀具半径，OE 为球面半径。

r 为圆周上轨迹 AB 的投影与 X 轴的夹角，取值范围 0°～360°。刀具在圆周上任一点的坐标为：X＝(OE＋EF)COS(t)COS(r)，Y＝(OE＋EF)COS(t)SIN(r)，Z＝(OE＋EF)SIN(t)-EF。

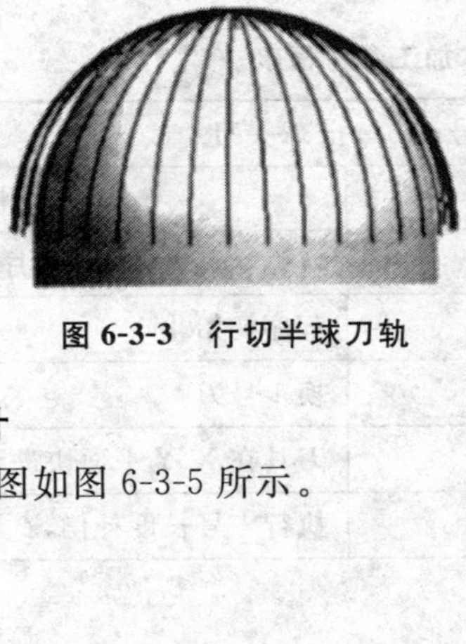

图 6-3-3　行切半球刀轨

图 6-3-4　坐标计算

二、宏程序设计

宏程序设计框图如图 6-3-5 所示。

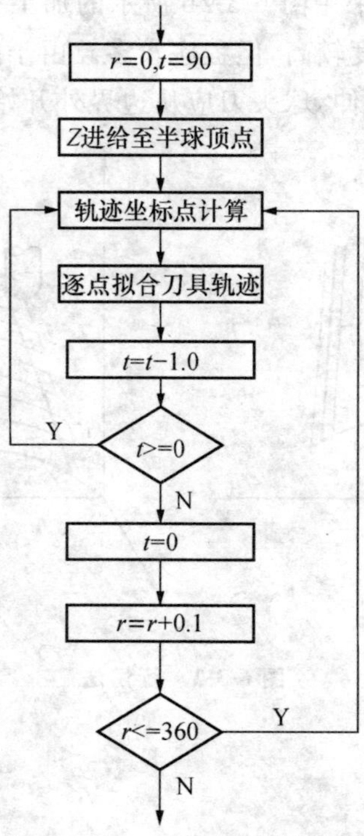

图 6-3-5　宏程序设计

三、刀具及切削用量

刀具及切削用量见表 6-3-1。

表 6-3-1　刀具及切削用量

加工工序		刀具与切削参数						
序号	加工内容	刀具规格			主轴转速/(r/min)	进给率/(mm/min)	刀具补偿	
		刀号	刀具名称	材料			长度	半径
1	精铣半球曲面	T1	ϕ10 球头刀	硬质合金	2 000	1 500	H1	D1

四、参考程序

球体加工参考程序见表 6-3-2。

表 6-3-2　球体加工参考程序

刀具	1 号 ϕ10 mm 球头刀	
程序名	加工程序	程序说明
	O0001	程序名
N10	G94G90G21G80G40G17G49;	程序初始化
N20	M06T01;	换 1 号刀
N30	G54G00X0Y0;	刀具在 X、Y 平面快进至切削起点
N40	G43Z20H01;	执行 1 号长度补偿，Z 方向快进至安全高度

续表6-3-2

刀具	1 号 φ10 mm 球头刀	
N50	M03S2000M08；	打开转速和切削液
N60	＃100＝90；	参数赋值
N70	＃101＝0.0；	
N80	G01Z5.0F500；	Z 进给至切削起点
N90	＃102＝35＊COS[＃100]COS[＃101]；	3 个轴的坐标计算
N100	＃103＝35＊COS[＃100]SIN[＃101]；	
N110	＃104＝35＊SIN[＃100]－35；	
N120	G01X＃102Y＃103Z＃104；	逐点拟合
N130	＃100＝＃100－1.0；	角度递减
N140	IF[＃100GE0]GOTO90；	条件判断及程序跳跃
N150	＃100＝0.0；	角度归零
N160	＃101＝＃101＋1.0；	角度递增
N170	IF[＃101LE360]GOTO80；	条件判断及程序跳跃
N180	G00Z150.0M09；	程序结束部分
N190	M05；	
N200	M30；	

【思考与练习】

完成如图 6-3-6 所示零件的编程与加工。

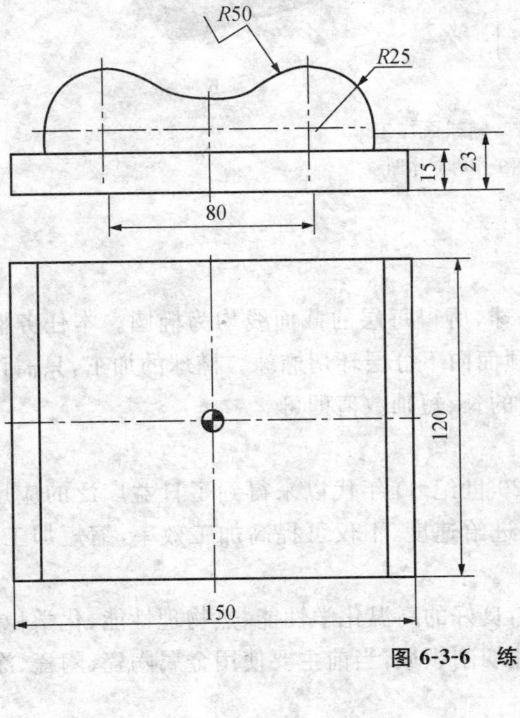

图 6-3-6　练习题图

任务 4　椭球体的加工

知识点

➢ 了解三维曲面的加工工艺之环切法

➢ 了解高速刀具的知识

技能点

➢ 掌握椭球体的加工与编程

【任务引入】

完成如图 6-4-1 所示椭球面精加工的编程与加工。

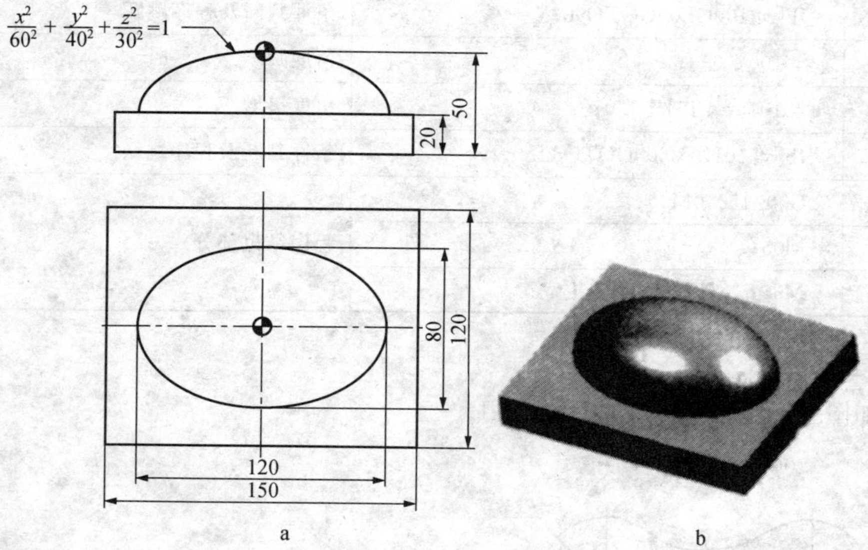

图 6-4-1　椭球面加工

a. 零件图　b. 立体图

【相关知识】

一、概述

用平行于 XY 平面的等距平面簇分割椭球，所得每层的截面线均为椭圆。本任务椭球面精加工的编程就采用这一思路，刀具从椭球顶面向下分层环切椭球。椭球的加工，只需计算出随着 Z 方向数值的变化各层椭球在 XY 平面的长、短轴数值即可。

二、高速切削刀具介绍

高速加工作为一种先进的切削技术，自 20 世纪 80 年代以来得到了日益广泛的应用。高速加工采用远远高于常规加工的切削速度和进给速度，不仅可提高加工效率，缩短加工工时，同时还可获得很高的加工精度。

高速切削加工对刀具材料的主要要求是：良好的高温化学性能、热物理性能、化学稳定性、抗涂层破裂性、抗黏接性和抗热振性。在高速切削领域，当前主要使用金属陶瓷、陶瓷、涂层和超硬材料四类刀具，它们各有其特性和应用范围并相互补充。其中涂层刀具发展最快而且在高速切削领域有巨大应用潜力，目前在全部刀具中已占有 50%以上的比重。

1. 陶瓷刀具

陶瓷刀具具有硬度高、耐磨性能及高温力学性能优良、化学稳定性好、不易与金属发生黏接等特点。陶瓷刀具的最佳切削速度通常可比硬质合金刀具高 3～10 倍，适用于高速切削钢、铸铁及其合金等。

陶瓷刀具的磨损是机械磨损与化学磨损综合作用的结果，其磨损机制主要包括磨料磨损、粘接磨损、化学反应、扩散磨损、氧化磨损等。

2. 立方氮化硼刀具

立方氮化硼刀具有一致的耐磨性和抗冲击性，并有很高的硬度和耐热性（1 300～1 500℃）、优良的化学稳定性和导热性以及低摩擦因数，立方氮化硼刀刀具的磨损是由于切削过程中的高温、高压、切屑与前刀面间的摩擦以及工件材料中有关化学元素与之发生黏接、亲和而引起的。

3. 金刚石刀具

金刚石材料可分为天然金刚石和人造金刚石。20 世纪 70 年代制造出了金刚石基的切削刀具即聚晶金刚石（PCD）刀具。PCD 晶粒呈无序排列状态，不具方向性，因而硬度均匀。PCD 刀具具有高硬度（8 000～12 000 HV）、高导热性、低热胀系数、高弹性模量和低摩擦因数，刀刃非常锋利，可高速切削加工各种有色金属和耐磨性极强的高性能非金属材料，如铝、铜、镁及其合金、硬质合金、纤维增塑材料、金属基复合材料、木材复合材料等。

金刚石刀具在高速切削钢铁及其合金时却磨损较快，其磨损机理主要是由于碳与铁具有较大亲和作用，尤其在高温下金刚石易与铁发生化学反应，因此它不适于切削钢铁及其合金材料。

4. 金属陶瓷刀具

与 WC 硬质合金相比，金属陶瓷的硬度、强度、韧性、抗塑性变形和抗崩刃性能等均有显著改善，尤其是高温强度、高温硬度、导热性、抗氧化性和抗热震性能得到提高，与钢的亲和力小，摩擦因数小。

金属陶瓷刀具抗塑性变形能力较差，在对高硬材料进行高速切削时常因刀刃的塑性变形而导致刀刃损坏。

5. 涂层刀具

涂层刀具具有很强的抗氧化性能和抗黏接性能，因而具有良好的耐磨性和抗月牙洼磨损能力。涂层刀具的摩擦因数较低，能有效降低切削时的切削力及切削温度，因而可大大提高刀具耐用度。

涂层刀具用于高速切削时，由于切削温度较高，可使涂层与基体的结合强度削弱，容易产生剥落、崩碎等损伤。

【任务实施】

一、编程思路

加工椭球面可看成是在不同 Z 值高度加工一系列长、短轴不等的椭圆。刀具在每层 Z 值高度作环切加工。刀具轨迹如图 6-4-2 所示。

随着 Z 高度的变化各层椭圆上的长、短（对应 X、Y）轴为：长轴 $=60^{\circ}\times\sqrt{1-Z^2/30^2}$，短

轴$=40^\circ\times\sqrt{1-Z^2/30^2}$，其中 Z 取值范围为 30～0。

二、宏程序设计

本任务椭球宏程序设计的思路为：

(1)刀具 Z 方向进给至椭球最高点；

(2)计算该层截面椭圆的长、短轴；

(3)直线拟合加工此椭圆；

(4)刀具 Z 方向下降一个增量；

(5)重复执行(2)～(4)，直至 Z 方向高度等于－30 为止。

具体流程见图 6-4-3。

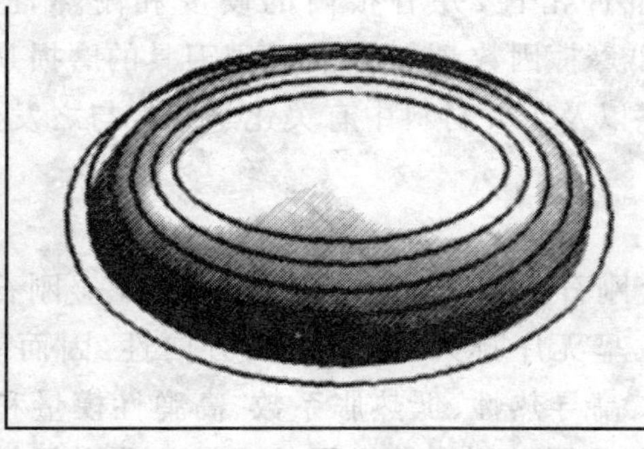

图 6-4-2　环切椭球

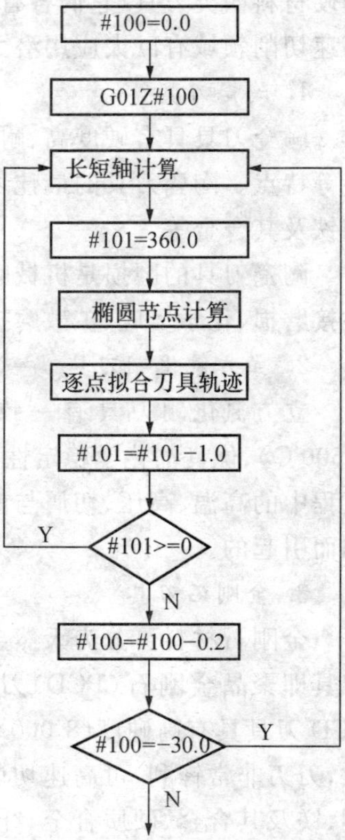

图 6-4-3　椭球宏程序设计

三、刀具及切削用量

各工序刀具的切削参数见表 6-4-1。

表 6-4-1　各工序刀具的切削参数

加工工序		刀具与切削参数						
序号	加工内容	刀具规格			主轴转速 (r/min)	进给率 (mm/min)	刀具补偿	
		刀号	刀具名称	材料			长度	半径
1	精铣椭球曲面	T1	ϕ10 立铣刀	涂层刀具	3 000	3 000	H1	D1

四、参考程序

椭球面加工参考程序见表 6-4-2。

表 6-4-2　椭球面加工参考程序

刀具	1 号 ϕ10 mm 立铣刀	
程序号	加工程序	程序说明
	O0001；	程序名
N10	G94G90G21G80G40G17G49；	程序初始化
N20	M06T01；	换 1 号刀
N30	G54G00X60Y20；	刀具在 X、Y 平面快进至切削起点
N40	G43Z20H01；	执行 1 号长度补偿，Z 方向快进至安全高度
N50	M03S3000M08；	打开转速和切削液

续表6-4-2

刀具	1 号 ϕ10 mm 立铣刀	
N60	＃100＝0；	参数赋值
N70	＃102＝30；	
N80	＃101＝360；	
N90	G01Z＃100F500；	Z 进给至椭球顶部
N100	＃103＝60＊SQRT[1－＃102＊＃102/900]；	截面椭圆长轴计算
N110	＃104＝40＊SQRT[1－＃102＊＃102/900]；	截面椭圆短轴计算
N120	G41G01X40Y10D01F500；	执行刀具半径补偿
N130	＃105＝＃103＊COS[＃101]；	椭圆上节点 X 轴计算
N140	＃106＝＃104＊SIN[＃101]；	椭圆上节点 Y 轴计算
N150	G01X＃105Y＃106；	直线拟合椭圆
N160	＃101＝＃101－1；	椭圆极角递减
N170	IF[＃101GE0]GOTO130；	条件判断及程序跳跃
N180	G40G01X60Y20；	刀具半径补偿取消
N190	＃100＝＃100－0.2；	Z 坐标递减
N200	＃102＝＃102－0.2；	
N210	IF[＃100GE－30]GOTO80；	条件判断及程序跳跃
N220	G00Z150M09；	程序结束部分
N230	M05；	
N240	M30；	

【思考与练习】

完成如图 6-4-4 所示曲面的编程与加工。

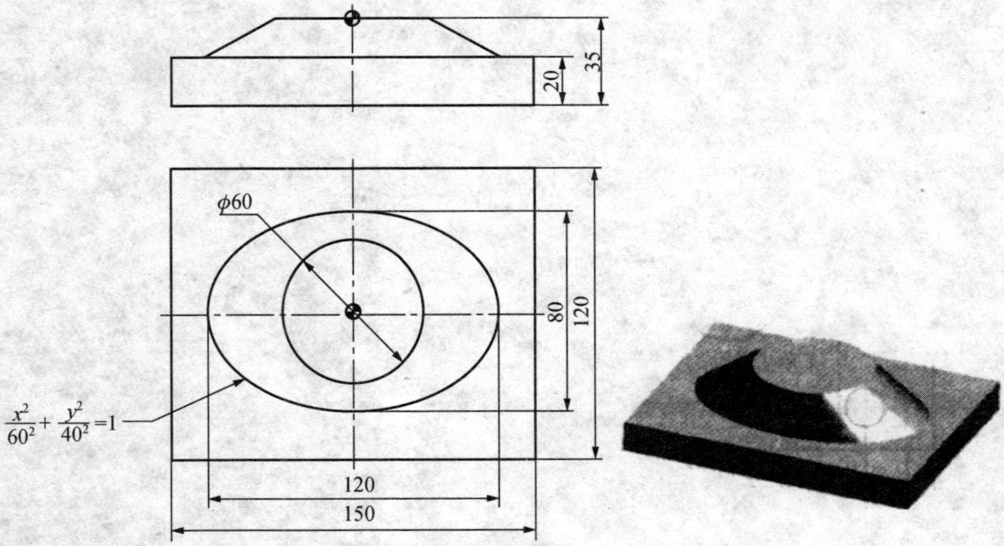

图 6-4-4 练习题图

配合件的加工

模块 7

任务 1　简单配合件的加工

知识点

➢掌握尺寸链的计算

➢掌握影响加工质量的因素

技能点

➢学会配合件的加工

【任务引入】

完成如图 7-1-1 所示配合件的编程与加工，2 块毛坯尺寸均为 150 mm×120 mm×20 mm。

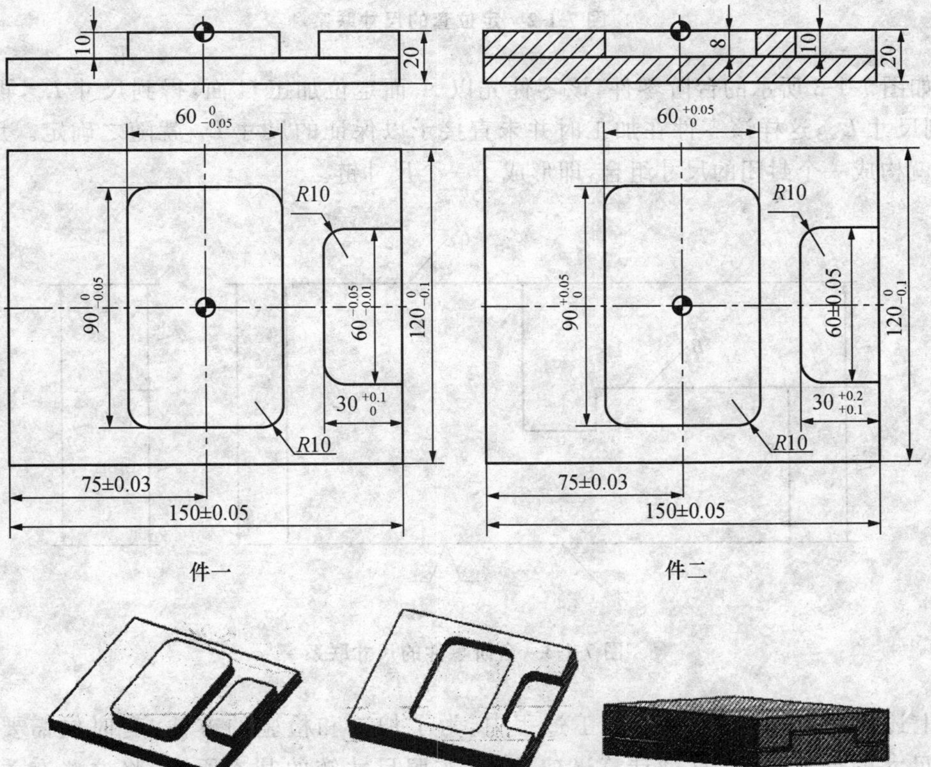

图 7-1-1　配合件加工

【相关知识】

配合件加工是机械加工中较常见的项目，学会尺寸链的计算以及熟练控制好加工质量是做好配合件的前提。

一、尺寸链

1. 工艺尺寸链的定义

如图 7-1-2a 所示为一定位套，A_0 与 A_1 为图样上已标注的尺寸。按零件图进行加工时，

尺寸 A_0 不便直接测量。如欲通过测量的尺寸 A_2 进行加工，以间接保证尺寸 A_0 的要求，则首先需要分析尺寸 A_1、A_2 和 A_0 之间的内在关系，然后据此算出尺寸 A_2 的数值。尺寸 A_1、A_2 和 A_0 就构成一个封闭的尺寸组合，即形成了一个尺寸链，如图 7-1-2b 所示。

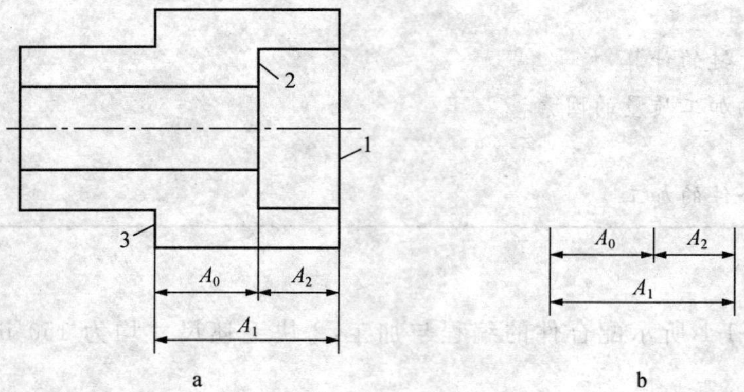

图 7-1-2 定位套的尺寸联系

又如图 7-1-3 所示的台阶零件，该零件先以 A 面定位加工 C 面，得到尺寸 L_c，再加工 B 面，得到尺寸 L_a；这样该零件在加工时并未直接予以保证的尺寸 L_b 就随之确定。尺寸 L_c、L_a、L_b 就构成一个封闭的尺寸组合，即形成了一个尺寸链。

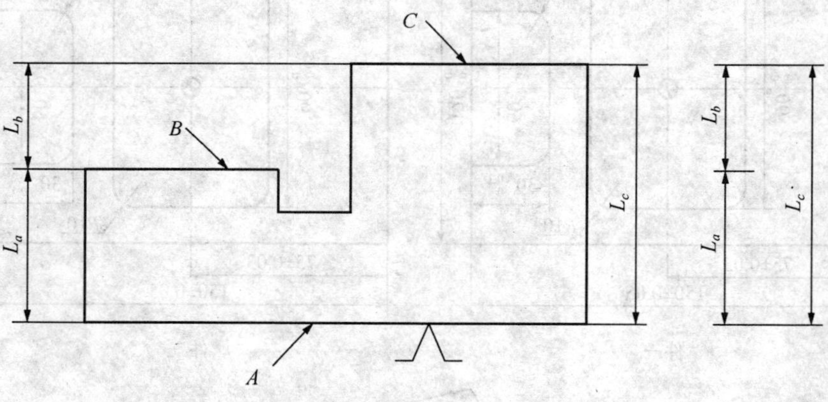

图 7-1-3 台阶零件的尺寸联系

由上述两例可知，在零件的加工过程中，为了加工和检验的方便，有时候需要进行一些工艺尺寸的计算，为使这种计算迅速准确，按照尺寸链的基本原理，将这些有关尺寸以一定顺序首尾相连排列成一封闭的尺寸系统，即构成了零件的工艺尺寸链，简称工艺尺寸链。

2. 工艺尺寸链的组成

组成工艺尺寸链的各个尺寸都称为工艺尺寸链的环。如图 7-1-2 中的尺寸 A_1、A_2、A_0 和图 7-1-3 的尺 L_c、L_a、L_b 都是工艺尺寸链的环。

(1)封闭环工艺尺寸链中间接得到的环成为封闭环。图 7-1-2 中的尺寸 A_0 和图 7-1-3 中的尺寸 L_b，都是加工后间接获得的，因此是封闭环。

(2)组成环除封闭环以外的其他环都称为组成环。图 7-1-2 中的尺寸 A_1、A_2 和图 7-1-3 中的尺寸 L_c、L_a 都是组成环。组成环分增环和减环两种。

当其余各组成环保持不变，某一组成环增大，封闭环也随之增大，该组成环即为增环。一般在该环尺寸的代号上加一向右的箭头→表示，如 $\vec{A}_1$、$\vec{L}_c$。图 7-1-2 中的尺寸 A_1 和图 7-1-3 中的尺寸 L_c 为增环。

当其余各组成环保持不变，某一组成环增大，封闭环反而减小。该组成环即为减环，一般在该尺寸的代号上加一向左的箭头←表示，如 $\overleftarrow{A}_2$、$\overleftarrow{L}_a$。图 7-1-2 中的尺寸 A_2 和图 7-1-3 中的尺寸 L_a 为减环。

3. 工艺尺寸链的特征

工艺尺寸链具有如下特征：

(1)关联性组成　工艺尺寸链的各尺寸之间必然存在着一定的关系，相互无关的尺寸不组成工艺尺寸链。工艺尺寸链中每个组成环不是增环就是减环，其尺寸发生变化都要引起封闭环的尺寸变化。对工艺尺寸链中的封闭环尺寸没有影响的尺寸，就不是该工艺尺寸链的组成环。

(2)封闭性　尺寸链必须是一组首尾相接并构成一个封闭图形的尺寸组合，其中应包含一个间接得到的尺寸。不构成封闭图形的尺寸组合就不是尺寸链。

4. 建立工艺尺寸链的步骤

(1)确定封闭环　即加工后间接得到的尺寸。

(2)查找组成环　从封闭环一端开始，按照尺寸之间的联系，首尾相连，依次画出对封闭环有影响的尺寸，直到封闭环的另一端，形成一个封闭图形，就构成一个工艺尺寸链。如图 7-1-3 中从尺寸 L_b 上端开始，沿 $L_b \to L_c \to L_a$ 到 L_b 下端就形成了一个封闭的尺寸组合，即构成了一个工艺尺寸链。

(3)确定增、减环　按照各组成环对封闭环的影响确定其为增环或减环。确定增环或减环可先给封闭环任意规定一个方向，然后沿此方向，绕工艺尺寸链依次给各组环画出箭头，凡是与封闭环箭头方向相同的就是减环，相反就是增环。

5. 工艺尺寸链的计算

尺寸链的计算方法有两种：极值法与概率法。

极值法是从最坏情况出发来考虑问题的，即当所有增环都为最大极限尺寸而减环恰好都为最小极限尺寸，或所有增环都为最小极限尺寸而减环恰好都为最大极限尺寸时，来计算封闭环的极限尺寸和公差。表 7-1-1 为尺寸链计算时的符号。

表 7-1-1　工艺尺寸链计算所用符号

环名	基本尺寸	最大尺寸	最小尺寸	上偏差	下偏差	公差	平均尺寸
封闭环	L_0	$L_{0\max}$	$L_{0\min}$	ES_0	EI_0	T_0	L_{0m}
增环	$\overleftarrow{L}$	$L_{\vec{\max}}$	$L_{\vec{\min}}$	$E\overrightarrow{S_i}$	$E\overrightarrow{I_i}$	T_i	$L_{\vec{i}m}$
减环	$\overleftarrow{L}$	$L_{\overleftarrow{\max}}$	$L_{\overleftarrow{\min}}$	$E\overleftarrow{S_i}$	$E\overleftarrow{I_i}$	T_0	$L_{\overleftarrow{i}m}$

(1)封闭环的基本尺寸

$$L_0=\sum_{i=1}^{k}\overleftarrow{L}-\sum_{i=k+1}^{m}\overleftarrow{L}$$

式中：k 为增环的环数；m 为组成环的环数。

(2)封闭环的极限尺寸

$$L_{0\max}=\sum_{i=1}^{k}\overrightarrow{L}_{i\max}-\sum_{i=k+1}^{m}\overleftarrow{L}_{i\min}$$

$$L_{0\min}=\sum_{i=1}^{k}\overrightarrow{L}_{i\min}-\sum_{i=k+1}^{m}\overleftarrow{L}_{i\max}$$

(3)封闭环的极限偏差

$$ES_{0\max}=\sum_{i=1}^{k}E\overrightarrow{S}_i-\sum_{i=k+1}^{m}E\overleftarrow{I}_i$$

$$EI_0=\sum_{i=1}^{k}E\overrightarrow{I}_i-\sum_{i=k+1}^{m}E\overleftarrow{S}_i$$

(4)封闭环的公差 T_0

$$T_0=ES_0-EI_0=\sum_{i=1}^{m}T_i$$

(5)封闭环的平均尺寸 L_{0m}

$$L_{0m}=\sum_{i=1}^{k}\overrightarrow{L}_{im}-\sum_{i=k+1}^{m}\overleftarrow{L}_{im}$$

式中：$\overrightarrow{L}_{im}$为增环的平均尺寸；$\overrightarrow{L}_{im}$为减环的平均尺寸。

二、影响加工质量的因素

在切削过程中，凡影响残留面积、积屑瘤、鳞刺和振动以及冷硬、残余应力等因素，均影响已加工表面质量。这些因素包括有切削用量、刀具几何参数、工件材料、刀具材料和切削液以及刀具切削轨迹等。

(1)切削用量的影响　切削速度是影响加工表面质量的一个重要因素。在高速切削时，表面粗糙度等级主要决定于残留面积的高度，所以在精加工时，应留有较少的加工余量，选择较高的切削速度(在刀具、机床刚性允许的条件下)和较小的进给量。

(2)刀具材料　主要与材料的摩擦系数、黏接程度、耐磨性和刃磨工艺性有关。如高速钢刀具耐热性较低，但经刃磨后较易获得锋利的刀刃，故适用于中低速精加工切削，而人造金刚石刀具用于高速精加工中的镜面加工。

(3)冷却液　根据工件、刀具材料选择合适的冷却液并保证加工过程中充分冷却。钢件加工时为保证较好的表面质量一般选用油性冷却液。

【任务实施】

由于凸、凹件形状及加工程序大致相同，任务实施中采用凹件加工情况。

一、计算尺寸链

凹件加工时坐标系位于工件中心，在加工右侧型腔时，图 7-1-4a 中 A、B 两点的 X 坐标值需计算。由于在加工过程中，测量并保证尺寸 $30^{+0.2}_{+0.1}$mm，所以 A、B 点的 X 方向坐标值为尺寸链中的封闭环，尺寸 150 mm 为增环，尺寸 75 mm、30 mm 为减环(图 7-1-4b)。

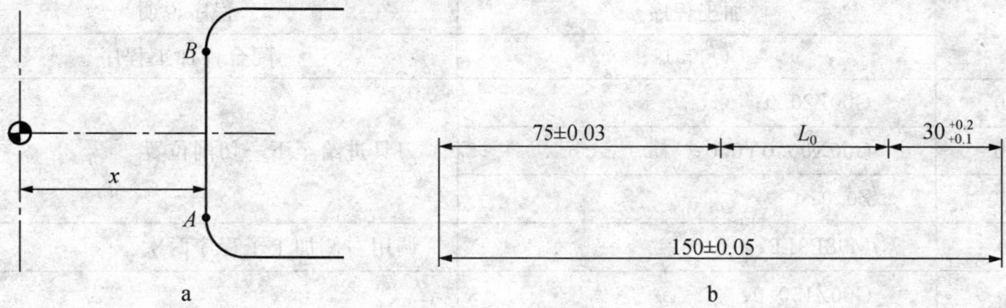

图 7-1-4　尺寸链计算

封闭环基本尺寸为：

$$L_0 = 150 - 75 - 30 = 45(\mathrm{mm})$$

封闭环极限尺寸为：

$$L_{0\max} = 150.05 - 74.97 - 30.1 = 44.98(\mathrm{mm})$$

$$L_{0\min} = 149.95 - 75.03 - 30.2 = 44.72(\mathrm{mm})$$

综上所得 A、B 两点 X 方向坐标值取 44.80 mm 为宜。

二、刀具及切削用量

刀具及切削用量见表 7-1-2。

表 7-1-2　各工序刀具的切削参数

加工顺序		刀具与切削参数						
序号	加工内容	刀具规格/mm			主轴转速/(r/min)	进给率/(mm/min)	刀具补偿	
		刀号	刀具名称	材料			长度	半径
1	粗铣型腔	T1	ϕ18 键铣刀	高速钢	600	80	H1	D1
2	精铣型腔	T2	ϕ18 键铣刀	硬质合金	1 000	80	H2	D2

三、参考程序

配合件加工参考程序见表 7-1-3。

表 7-1-3　配合件加工参考程序

程序号	加工程序	程序说明
	O0001	配合件加工程序
N10	G94G90G21G80G40G17G49；	程序初始化
N20	M06T01；	换 1 号刀
N30	G54G00X0.0Y0.0；	刀具在 X、Y 平面快进之钻孔位置
N40	G43Z20.0H01；	执行 1 号长度补偿，Z 方向快进至安全高度
N50	M03S600M08；	打开转速和冷却液
N60	G00Z0.0；	Z 方向进刀
N70	M98P2L2；	调用矩形型腔子程序两次

续表7-1-3

程序号	加工程序	程序说明
	O0001	配合件加工程序
N80	G00Z20.0；	刀具进给至下一切削位置
N90	G00X90.0Y0.0；	
N100	Z0.0；	
110	M98P3L2；	调用右侧加工子程序两次
120	G00Z150.0；	换2号刀并作为切削前准备
130	M05M09；	
140	M06T02；	
150	G00X0.0Y0.0；	
160	G43Z20.0H02；	
170	M03S1000M08；	
180	G00Z－4.0；	精铣矩形型腔
190	M98P2；	
200	G00Z20.0；	精加工右侧型腔
210	G00X90.0Y0.0；	
220	Z－5.0；	
230	M98P3；	
240	G00Z150.0；	主程序结束部分
250	M05M09；	
260	M30；	
矩形型腔子程序		
	O0002	矩形型腔子程序名
N10	G91Z－4.0F30；	Z向增量方式下刀
N20	G90G41G01X－20.0Y45.0D01；	执行刀具半径补偿
N30	G03X－30.0Y35.0R10.0；	工件轮廓描述
N40	G01Y－35.0；	
N50	G03X－20.0Y－45.0R10.0；	
N60	G01X20.0；	
N70	G03X30.0Y35.0R10.0；	
N80	G01Y35.0；	
N90	G03X20.0Y45.0R10.0；	
N100	G01X－20.0；	
N110	G40G01X0.0Y0.0；	刀具半径补偿取消
N120	M99；	子程序结束

续表7-1-3

程序号	加工程序	程序说明
	O0001	配合件加工程序
右侧型腔加工子程序		
	O0003	右侧型腔子程序名
N10	G91Z−5.0F30；	Z向增量方式下刀
N20	G90G41G01X75.0Y30.0D01F80；	执行刀具半径补偿
N30	G01X34.8；	
N40	G03X44.8Y20.0R10.0；	
N50	G01Y−20.0；	型腔轮廓描述
N60	G03X34.8Y−30.0R10.0	
N70	G01X75.0；	
N80	G40X90.0Y0.0；	刀具半径补偿取消
N90	M99；	子程序结束

注：参考程序中不包括去除残料子程序。

四、任务评价

任务评价见表 7-1-4。

表 7-1-4　配分权重表

工件编号				总得分		
项目与权重	序号	技术要求	配分	评分标准	检测记录	得分
工件加工（50%）	1	$90_{0}^{+0.03}$ mm	10	每超 0.01 mm 扣 2 分		
	2	$60_{0}^{+0.03}$ mm	10	每超 0.01 mm 扣 2 分		
	3	$30_{+0.1}^{+0.2}$ mm	10	每超 0.01 mm 扣 2 分		
	4	(60±0.05)mm	10	每超 0.01 mm 扣 2 分		
	5	R10 mm	10	错一处扣 2 分		
	6	其他尺寸	10	错一处扣 2 分		
程序与加工工艺（30%）	7	程序格式规范	10	每错一处扣 2 分		
	8	程序正确、完整	10	每错一处扣 2 分		
	9	切削用量参数设定正确	5	不合理每处扣 3 分		
	10	换刀点与循环起点正确	5	不正确全扣		
机床操作（10%）	11	机床参数设定正确	5	不正确全扣		
	12	机床操作不出错	5	每错一处扣 3 分		
文明生产（10%）	13	安全操作	5	不合格全扣		
	14	机床维护与保养				
	15	工作场所整理	5	不合格全扣		

【思考与练习】

完成图 7-1-1 所示工件的加工与装配。

任务 2　复杂配合件的加工

知识点

➢学习复杂配合件的加工工艺

➢了解常用量具的种类及使用方法

技能点

➢掌握复杂配合件的加工

【任务引入】

完成图 7-2-1 所示复杂配合件的加工。

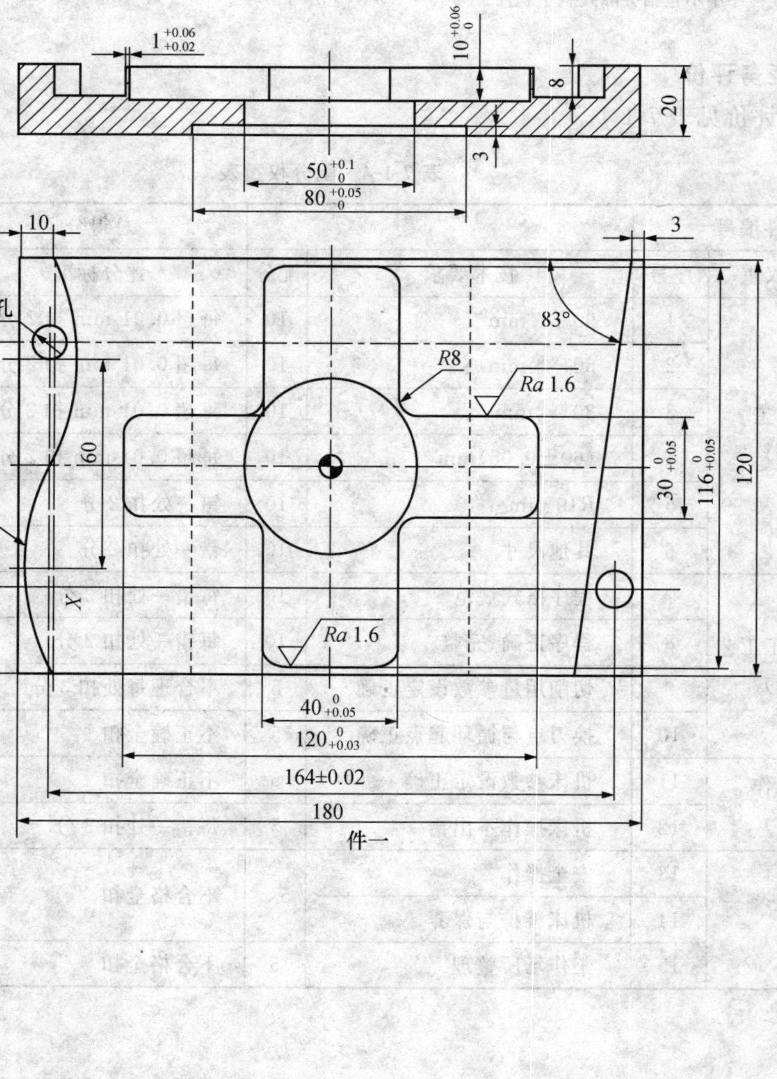

件一

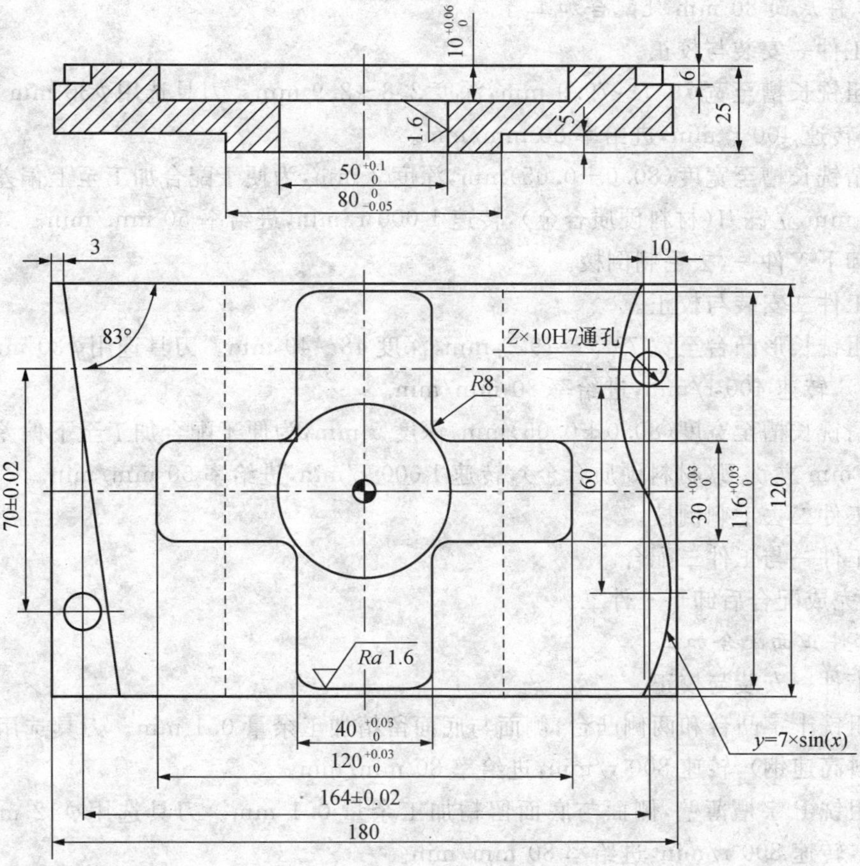

件二

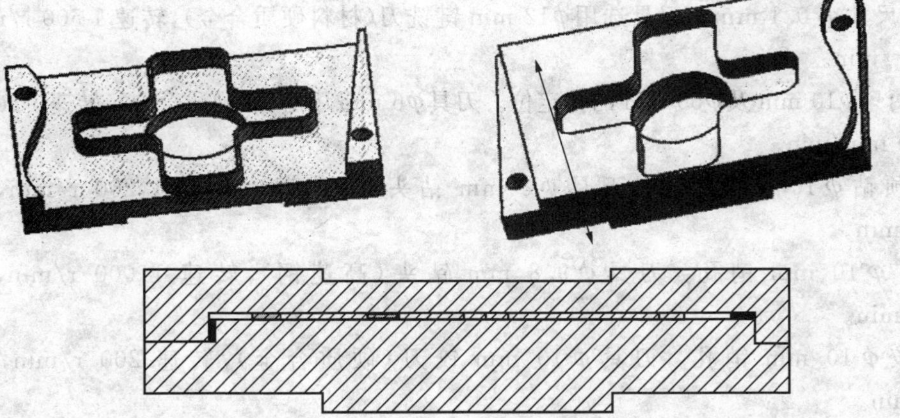

图 7-2-1　复杂配合件

【相关知识】

工艺分析如下。

1. 夹具选用

选用夹持范围 200 mm×150 mm×40 mm 的精密平口钳作为夹具，并准备 100 mm×30 mm×30 mm 等高垫块若干。

2. 工件底面 80 mm 处配合加工

(1)工件一安装与校正。

(2)粗铣长槽至宽 79.7～79.9 mm，深度 2.8～2.9 mm。刀具选用ϕ30 mm 立铣刀(材料高速钢)，转速 400 r/min，进给率 80 mm/min。

(3)精铣长槽至宽度(80.0＋0.05)mm，深度 3 mm，为便于配合加工至上偏差为宜。刀具选用ϕ20 mm 立铣刀(材料硬质合金)，转速 1 000 r/min，进给率 50 mm/min。

(4)卸下工件一，去毛刺倒棱。

(5)工件二安装与校正。

(6)粗铣长形凸台至宽 79.7～79.9 mm，深度 48～49 mm。刀具选用ϕ30 mm 立铣刀(材料高速钢)，转速 400 r/min，进给率 80 mm/min。

(7)精铣长槽至宽度(80.0＋0.05)mm，深度 5 mm，为便于配合加工至下偏差为宜。刀具选用ϕ20 mm 立铣刀(材料硬质合金)，转速 1 000 r/min，进给率 50 mm/min。

(8)工件二去毛刺倒棱。

(9)工件一与工件二配合。

(10)完成配合后卸下工件二。

3. 工件正面配合加工

(1)工件一安装与校正。

(2)粗铣十字凸台和两侧凸台，侧面与底面留精加工余量 0.1 mm。刀具选用ϕ14 mm 立铣刀(材料高速钢)，转速 800 r/min，进给率 80 mm/min。

(3)粗铣 P 字槽薄壁，侧面与底面留精加工余量 0.1 mm。刀具选用ϕ12 mm 键槽铣刀(高速钢)，转速 800 r/min，进给率 80 mm/min。

(4)精铣所有凸台与薄壁内侧。为便于配合，十字凸台侧面尺寸取下偏差，两侧凸台铣削到比标注尺寸小 0.1 mm。刀具选用ϕ12 mm 键铣刀(材料硬质合金)，转速 1 500 r/min，进给率 50 mm/min。

(5)两只ϕ10 mm 及ϕ50 mm 的孔定位。刀具ϕ6 mm 中心钻(硬质合金)，转速 1 500 r/min，进给率 80 mm/min。

(6)预钻ϕ10 mm 销孔。刀具ϕ8 mm 钻头(高速钢)，转速 1 200 r/min，进给率 100 mm/min。

(7)扩ϕ10 mm 销孔。刀具ϕ9.8 mm 钻头(高速钢)，转速 1 000 r/min，进给率 100 mm/min。

(8)铰ϕ10 mm 销孔。刀具ϕ10 mm 铰刀(硬质合金)，转速 200 r/min，进给率 30 mm/min。

(9)预钻ϕ50 mm 孔。刀具ϕ8 mm 钻头(高速钢)，转速 120 r/min，进给率 30 mm/min。

(10)粗铣ϕ50 mm 销孔，留精加工余量 0.1 mm。刀具ϕ20 mm 铣刀(高速钢)，转速 500 r/min，进给率 100 mm/min。

(11)精铣ϕ50 mm 销孔至(800.5＋0.1)mm。刀具ϕ20 mm 铣刀(硬质合金)，转速 1 000 r/min，进给率 50 mm/min。

(12)卸下工件一，去毛刺倒棱。

(13)工件二安装与校正。

(14)粗铣十字形腔和两侧凹槽,侧面与底面留精加工余量 0.1 mm。刀具选用ϕ12 mm 键铣刀(高速钢),转速 800 r/min,进给率 80 mm/min。

(15)精铣十字形腔和两侧凹槽。为便于配合,十字形腔侧面尺寸取上偏差,两侧凹槽铣削到比标注尺寸大 0.1 mm。刀具选用ϕ12 mm 键铣刀(硬质合金),转速 1 500 r/min,进给率 50 mm/min。

(16)孔加工(见工件一孔加工步骤)。

(17)工件二去毛刺倒棱,将ϕ10 mm 销孔插入孔内。

(18)工件二与工件一配合,若配合有干涉,可对干涉处精加工一刀。

(19)配合完成后卸下工件二。

【任务实施】

本任务中很多加工内容与之前相似,故仅编写“件一”薄壁内侧及正弦曲线的精加工程序。

一、刀具及切削用量

刀具及切削用量见表 7-2-1。

表 7-2-1 各工序刀具的切削参数

加工工序		刀具与切削参数						
序号	加工内容	刀号	刀具名称	材料	主轴转速/(r/min)	进给率/(mm/min)	刀具补偿	
							长度	半径
1	精铣凸件薄壁内侧	T1	ϕ12 键铣刀	硬质合金	1 500	50	H1	D1
2	精铣凸件正弦曲线	T1	ϕ12 键铣刀	硬质合金	1 500	50	H1	D1

二、参考程序

参考程序见表 7-2-2。

表 7-2-2 复杂配合件加工参考程序

程序号	加工程序	程序说明
	O0001	复杂配合件加工程序
N10	G94G90G21G80G40G17G49;	程序初始化
N20	M06T01;	换 1 号刀
N30	G54G00X0.0Y0.0;	刀具在 X、Y 平面快进至钻孔位置
N40	G43Z20.0H01;	执行 1 号长度补偿,Z 方向快进至安全高度
N50	M03S1500M08;	打开转速和冷却液
N60	M98P2	调用薄壁内侧精加工子程序
N70	G00Z20.0;	刀具进给至下一切削位置
N80	G00Z−70.0Y70.0;	
N90	M98P3;	调用凸件正弦曲线精加工子程序

续表7-2-2

程序号	加工程序	程序说明
	O0001	复杂配合件加工程序
N100	G00Z150.0；	程序结束部分
N110	M05M09；	
N120	M30；	
薄壁内侧精加工子程序		
	O0002	薄壁内侧精加工子程序
N10	G01Z－10.0F50；	Z 向下刀
N20	G10L12P1R5.0；	刀具半径补偿设定
N30	G90G41G01X20.0Y23.0D01；	执行刀具半径补偿
N40	G02X－28.0Y15.0R8.0；	通过在 N20 中把半径实际为 6 mm 的刀具设定为 5 mm。因此用薄壁外轮廓的尺寸编写的加工程序在执行过程中实际上刀具轨迹是薄壁内轮廓
N50	G01X－52.0；	
N60	G03X－60.0Y7.0R8.0；	
N70	G01Y－7.0；	
N80	G03X－52.0Y－15.0R8.0；	
N90	G01X－28.0；	
N100	G02X－20.0Y－23.0R8.0；	
N110	G01Y－50.0；	
N130	G03X－12.0Y－58.0R8.0；	
N140	G01X12.0；	
N150	G03X20.0Y－50.0R8.0；	
N160	G01Y－23.0；	
N170	G02X－28.0Y15.0R8.0；	
N180	G01X52.0；	
N190	G03X60.0Y－7.0R8.0；	
N200	G01Y7.0；	
N210	G03X52.0Y15.0R8.0；	
N220	G01X28.0；	
N230	G02X20.0Y23.0R8.0；	
N240	G01Y50.0；	
N250	G03X12.0Y58.0R8.0；	
N260	G01X－12.0；	
N270	G03X－20.0Y50.0R8.0；	
N280	G01Y23.0；	

续表7-2-2

程序号	加工程序	程序说明
	O0001	复杂配合件加工程序
N290	G40G01X0.0Y0.0；	刀具半径补偿取消
N300	M99；	子程序结束
精铣凸件正弦曲线		
	O0003	正弦曲线子程序名
N10	G52X－80.0Y60.0；	设定局部坐标系
N20	G01Z－8.0F30；	Z 向下刀
N30	＃100＝0.0；	参数赋值
N40	G41G01X0.0Y0.0D01F50；	执行刀具半径补偿
N50	G01X[7＊SIN[3＊＃100]]Y[－＃100]；	直线拟合正弦曲线
N60	＃100＝＃100＋0.2；	参数计算
N70	IF[＃100LE120]GOTO50；	条件判断
N80	G40G01X10.0Y－130.0；	刀具半径补偿取消
N90	M99；	子程序结束

【思考与练习】

完成如图 7-2-2 所示配合件的编程与加工。

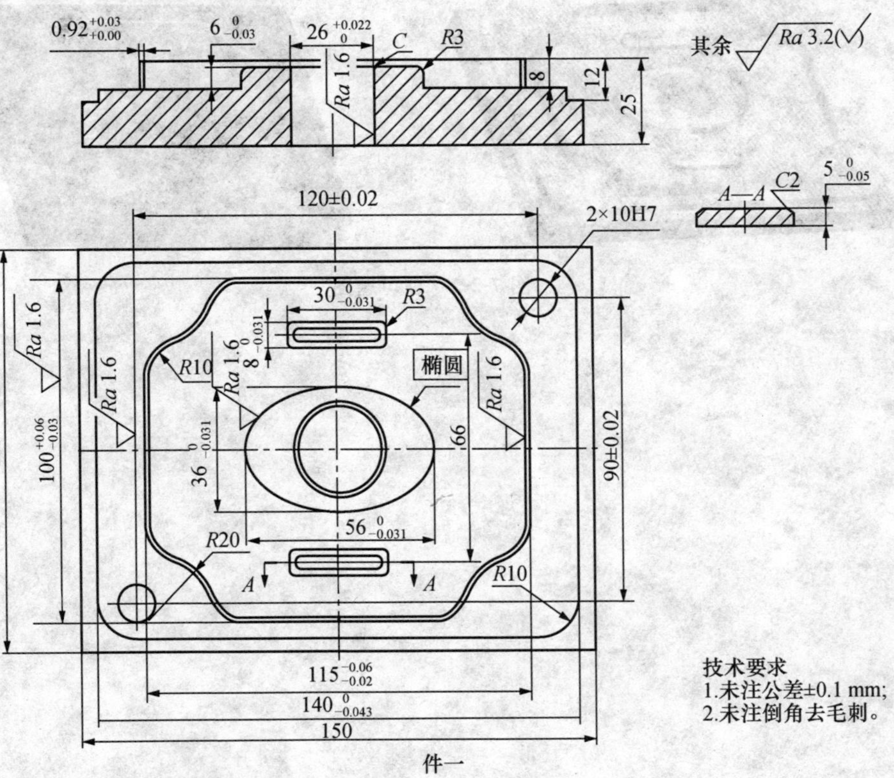

件一

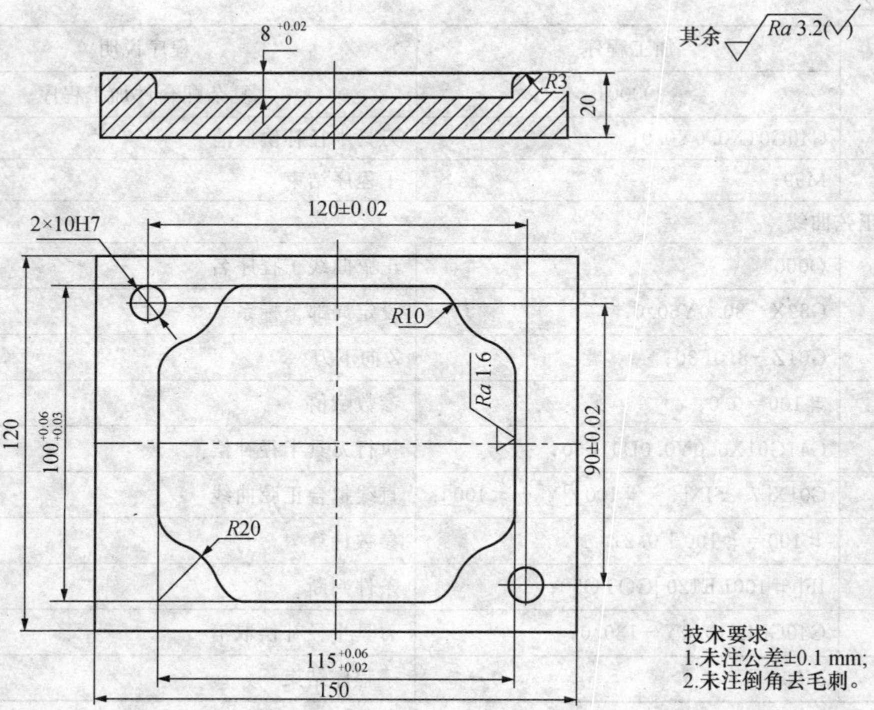
其余 Ra 3.2(√)
8 +0.02 0
R3
20
120±0.02
2×10H7
R10
Ra 1.6
120
100 +0.06 +0.03
90±0.02
R20
115 +0.06 +0.02
150
技术要求
1.未注公差±0.1 mm;
2.未注倒角去毛刺。

件二

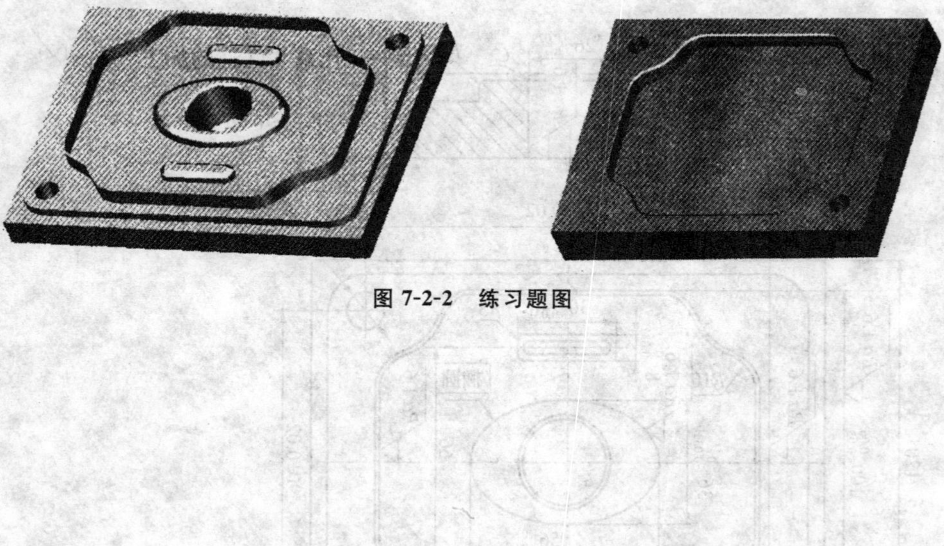

图 7-2-2 练习题图

中级数控铣工综合技能训练

模块 8

任务1　零件综合加工训练一

知识点

➢会识读零件图

➢能熟练选择钻孔、铰孔及加工简单型腔所需的刀具及夹具

➢掌握钻孔、铰孔及加工简单型腔的工艺知识及切削用量的选择

➢掌握型腔类零件程序编制方法

技能点

➢掌握寻边器的使用方法

➢熟练掌握使用刀具长度补偿、半径补偿控制精度

➢会选择适当的量具检测工件

【任务引入】

完成图8-1-1、图8-1-2所示零件的加工，材料为硬铝。

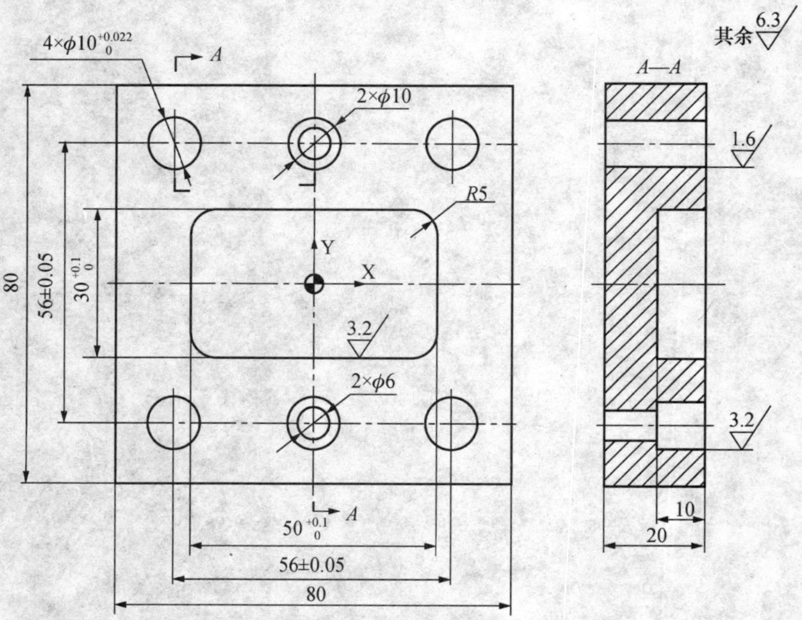

图 8-1-1　零件图

图 8-1-2　三维效果图

【任务实施】

一、加工工艺分析

1. 工、量、刃具选择

(1)工具选择　工件装夹在平口钳上,用百分表校正钳口,X、Y 方向用寻边器对刀。其工具见表 8-1-1。

(2)量具选择　孔间距及凹槽轮廓尺寸用游标卡尺测量;孔深、槽深用深度游标卡尺测量;$4\times\phi10_{0}^{+0.022}$ mm 孔精度要求较高用内径千分尺测量。

(3)刃具选择　工件上表面铣削用端铣刀;孔加工用中心钻、麻花钻、铰刀;凹槽加工用键槽铣刀及立铣刀。

表 8-1-1　工、量、刃具清单

种类	序号	名称	规格	精度	数量
工具	1	平口钳	QH160		1个
	2	平行垫铁			若干
	3	橡胶锤子			1个
	4	呆扳手			若干
	5	寻边器	$\phi10$ mm		1只
量具	1	游标卡尺	0～150 mm	0.02 mm	1把
	2	深度游标卡尺	0～150 mm	0.02 mm	1个
	3	百分表及表座	0～10 mm	0.01 mm	1把
	4	内径千分尺	5～25 mm	0.02 mm	1把
刃具	1	面铣刀	$\phi60$ mm		1把
	2	中心钻	A2		1个
	3	麻花钻	$\phi6$ mm,$\phi9.7$ mm		各1个
	4	机用铰刀	$\phi10$H8		1个
	5	键槽铣刀	$\phi10$ mm		1个
	6	立铣刀	$\phi10$ mm		1个

2. 加工工艺方案

(1)加工工艺路线　本任务首先应粗、精铣坯料上表面,然后用键槽铣刀(立铣刀)粗、精铣凹槽;两沉头孔精度较低,采用钻孔+铣孔工艺加工;$4\times\phi10_{0}^{+0.022}$ mm 孔采用(含钻中心孔)+铰孔工艺保证精度;若图样不要求加工上表面,该面只钻孔、镗孔、铰孔等,则在工件装夹时应用百分表校平该表面,而后再加工。这样才能保证孔、槽的深度尺寸及位置精度。其具体工艺路线安排如下。

①粗、精铣坯料上表面,粗铣余量根据毛坯情况由程序控制,留精铣余量 0.5 mm。

②用中心钻钻中心孔。

③用$\phi10$ mm 键槽铣刀铣 $2\times\phi10$ mm 孔及粗铣内槽。

④用$\phi10$ mm 立铣刀精铣内槽。

⑤用ϕ6 mm 钻头钻 2×ϕ6 mm 的通孔。

⑥用ϕ9.7 mm 钻头钻 2×$\phi10_{0}^{+0.022}$ mm 的底孔。

⑦用ϕ10H8 机用铰刀铰 4×$\phi10_{0}^{+0.022}$ mm 的孔。

(2)合理切削用量选择　加工铝件，粗加工深度除留精加工余量，可以一刀切完。切削速度可以提高，但垂直下刀进给量应小。切削用量见表 8-1-2。

表 8-1-2　切削用量选择

刀具号	刀具规格	工序内容	v_f/(mm/min)	n/(r/min)
T1	ϕ60 mm 端铣刀	粗、精铣坯料上表面	100/80	500/800
T2	A2 中心钻	钻中心孔	100	1 000
T3	ϕ10 mm 键槽铣刀	铣 2×ϕ10 mm 孔及内槽加工	100	800
T4	ϕ10 mm 立铣刀	精铣内槽	80	1 000
T5	ϕ6 mm 麻花钻	钻 2×ϕ6 mm 的通孔	100	1 000
T6	ϕ9.7 mm 麻花钻	钻 4×$\phi10_{0}^{+0.022}$ mm 的底孔	100	800
T7	ϕ10H8 机用铰刀	铰 4×$\phi10_{0}^{+0.022}$ mm 的孔	80	1 200

二、参考程序

选择工件中心为工件坐标系 X、Y 原点，工件的上表面为工件坐标系的 Z=1 面。

法那克系统程序(程序名为“O0163)见表 8-1-3。

表 8-1-3　法那克系统程序

序号	程序	说明
N0010	G17G40G80G49；	设置初始状态
N0020	M3S500M8；	主轴顺时针方向旋转，主轴转速 500 r/min，切削液开
N0030	G90G54G0X－80Y20；	建立工件坐标系、快速移动到 X－80Y20 处
N0040	G43Z5H01；	调用 1 号刀具长度补偿
N0050	G1Z0.5F100；	直线进给到工件上 0.5 mm 处，进给速度 100 mm/min
N0060	X80；	直线进给到 X80 处
N0070	G0Z5；	刀具快速抬起 5 mm
N0080	X－80Y－20；	刀具快速运动到 X－80Y－20 处
N0090	G1Z0.5；	直线进给到工件上 0.5 mm 处
N0100	X80；	直线进给到 X80 处
N0110	G0Z5；	刀具快速抬起 5 mm
N0120	G0X－80Y20；	刀具快速运动到 X－80Y20 处
N0130	M3S800；	主轴顺时针方向旋转，主轴转速 800 r/min，工件表面精加工
N0140	G1Z0F80；	刀具直线进给到工件表面上，进给速度 80 mm/min
N0150	X80；	刀具直线进给到 X80 处

续表8-1-3

序号	程序	说明
N0160	G0Z5；	刀具快速抬起5 mm
N0170	X－80Y－20；	刀具快速运动到X－80Y－20处
N0180	G1Z0；	直线进给到工件上0 mm处
N0190	X80；	直线进给到X80处
N0200	G0Z200；	刀具快速抬起200 mm
N0210	M5M9M00；	主轴停止，切削液关，程序停止，安装T2刀具
N0220	G90G54G0X－28Y28；	绝对编程、建立工件坐标系，刀具快速移动到X－28Y28处
N0230	S1000M03M8；	主轴顺时针方向旋转，主轴转速1 000 r/min，切削液开
N0240	G43H2G0Z5；	调用2号刀具长度补偿
N0250	G99G81Z－3R5F100；	调用孔加工循环，钻中心孔深3 mm，刀具返回R平面
N0260	X0Y28；	继续在X0Y28处中心孔
N0270	X28Y28；	继续在X28Y28处中心孔
N0280	X28Y－28；	继续在X28Y－28处中心孔
N0290	X0Y－28；	继续在X0Y－28处中心孔
N0300	G98X－28Y－28；	继续在X－28Y－28处中心孔
N0310	G80G00Z100；	取消钻孔循环，刀具沿Z轴快速移动到Z100处
N0320	M05M9M00；	主轴停止，切削液关，程序停止，安装T3刀具
N0330	G90G54G0X0Y28；	绝对编程、建立工件坐标系，刀具快速移动到X0Y28处
N0340	S800M03M8；	主轴顺时针方向旋转，主轴转速800 r/min，切削液开
N0350	G43H3Z5；	调用3号刀具长度补偿
N0360	G1Z－10F100；	铣孔深10 mm
N0370	G4X5；	刀具暂停5 s
N0380	Z5；	刀具抬刀Z5处
N0390	G0Y－28；	刀具快速移到Y－28处
N0400	G1Z－10；	铣孔深10 mm
N0410	G4X5；	刀具暂停5 s
N0420	Z5；	刀具抬刀Z5处
N0430	G0X10Y0；	粗铣内轮廓
N0440	G01Z－5F100；	刀具沿Z向以F100速度移动到Z－5处
N0450	X11；	直线进给到X11处
N0460	Y2；	直线进给到Y2处
N0470	X－11；	直线进给到X－11处
N0480	Y－2；	直线进给到Y－2处

续表8-1-3

序号	程序	说明
N0490	X11；	直线进给到 X11 处
N0500	Y0；	直线进给到 Y0 处
N0510	X19；	直线进给到 X19 处
N0520	Y10；	直线进给到 Y10 处
N0530	X－19；	直线进给到 X－19 处
N0540	Y－10；	直线进给到 Y－10 处
N0550	X19；	直线进给到 X19 处
N0560	Y0；	直线进给到 Y0 处
N0570	Z5；	直线进给到 Z5 处
N0580	G00Z50；	刀具快速移动到 Z50 处
N0590	X10；	刀具快速移动到 X10 处
N0600	Z0；	刀具快速移动到 Z0 处
N0610	G01Z－10F100；	刀具沿 Z 向以 F100 速度移动到 Z－10 处
N0620	X11；	直线进给到 X11 处
N0630	Y2；	直线进给到 Y2 处
N0640	X－11；	直线进给到 X－11 处
N0650	Y－2；	直线进给到 Y－2 处
N0660	X11；	直线进给到 X11 处
N0670	Y0；	直线进给到 Y0 处
N0680	X19；	直线进给到 X19 处
N0690	Y10；	直线进给到 Y10 处
N0700	X－19；	直线进给到 X－19 处
N0710	Y－10；	直线进给到 Y－10 处
N0720	X19；	直线进给到 X19 处
N0730	Y0；	直线进给到 Y0 处
N0740	Z0；	直线进给到 Z5 处
N0750	G00Z150；	刀具快速沿 Z 向移动到 Z150 处
N0760	M05M9M00；	主轴停止，切削液关，程序停止，安装 T4 刀具
N0770	G90G54G0X－20Y5；	绝对编程、建立工件坐标系，刀具快速移动到 X－20Y5 处
N0780	S1000M03M8；	主轴顺时针方向旋转，主轴转速 1 000 r/min，切削液开
N0790	G43H4Z1；	调用 4 号刀具长度补偿
N0800	G01Z－10F80；	精铣内轮廓
N0810	G41X－10D4；	刀具左偏

续表8-1-3

序号	程序	说明
N0820	Y－15；	直线进给到 Y－15 处
N0830	X20；	直线进给到 X20 处
N0840	G03X25Y－10I0J5；	逆时针圆弧插补
N0850	G01Y10；	直线进给到 Y10 处
N0860	G03X20Y15I－5J0；	逆时针圆弧插补
N0870	G01X－20；	直线进给到 X－20 处
N0880	G03X－25Y10I0J－5；	逆时针圆弧插补
N0890	G01Y－10；	直线进给到 Y－10 处
N0990	G03X－20Y－15I5J－0；	逆时针圆弧插补
N1000	G1X0；	直线进给到 X0 出
N1010	G40G01Y5；	取消刀具半径补偿,直线进给到 Y5 处
N1020	Z0；	刀具沿 Z 向移动到 Z0 处
N1030	G00Z150；	刀具快速移动到 Z150 处
N1040	M5M9M00；	主轴停止,切削液关,程序停止,安装 T5 刀具
N1050	G90G54G0X0Y28；	绝对编程、建立工件坐标系,刀具快速移动到 X0Y28 处
N1060	S1000M03M8；	主轴顺时针方向旋转,主轴转速 1 000 r/min,切削液开
N1070	G43H5Z5；	调用 5 号刀具长度补偿
N1080	G99G83Z－24R5Q5F80；	调用孔加工循环,钻中心孔深 24 mm,刀具返回 R 平面
N1090	G98X0Y－28；	继续在 X0Y－28 处钻孔
N1100	G80G00Z150；	取消钻孔循环,刀具沿 Z 轴快速移动到 Z150 处
N1110	M05M9M00；	主轴停止,切削液关,程序停止,安装 T6 刀具
N1120	G90G54G0X－28Y28；	绝对编程、建立工件坐标系,刀具快速移动到 X－28Y28 处
N1130	S800M03M8；	主轴顺时针方向旋转,主轴转速 800 r/min,切削液开
N1140	G43H6Z5；	调用 6 号刀具长度补偿
N1150	G99G83Z－24R5Q5F100；	调用孔加工循环,钻孔深 24 mm,刀具返回 R 平面
N1160	X28Y28；	继续在 X28Y28 处钻孔
N1170	X28Y－28；	继续在 X28Y－28 处钻孔
N1180	G98X－28Y－28；	继续在 X－28Y－28 处钻孔
N1190	G80G00Z100；	取消钻孔循环,刀具沿 Z 轴快速移动到 Z100 处
N1200	M05M9M00；	主轴停止,切削液关,程序停止,安装 T7 刀具
N1210	G90G54G0X－28Y28；	绝对编程、建立工件坐标系,刀具快速移动到 X－28Y28 处
N1220	S1200M03M8；	主轴顺时针方向旋转,主轴转速 800 r/min,切削液开
N1230	G43H7Z5；	调用 7 号刀具长度补偿

续表8-1-3

序号	程序	说明
N1240	G99G85Z－23R5F80；	调用孔加工循环,铰孔深 23 mm,刀具返回 R 平面
N1250	X28Y28；	继续在 X28Y28 处铰孔
N1260	X28Y－28；	继续在 X28Y－28 处铰孔
N1270	G98X－28Y－28；	继续在 X－28Y－28 处铰孔
N1280	G80G00Z150；	取消铰孔循环,刀具沿 Z 轴快速移动到 Z100 处
N1290	M05M9M02；	主轴停止,切削液关,程序结束

【技能训练】

一、加工准备

(1)阅读零件图,并检查坯料的尺寸。

(2)开机,机床回参考点。

(3)输入程序并检查该程序。

(4)安装夹具,夹紧工件。

(5)刀具装夹。本练习题共使用了 7 把刀具,把不同类型的刀具分别安装到对应的刀柄上,注意刀具伸出的长度应能满足加工要求,不能干涉,并考虑钻头的刚性,然后按序号依次放置在刀架上,分别检查每把刀具安装的牢固性和正确性。

二、对刀

1. X、Y 向对刀

采用寻边器对刀。光电式寻边器(图 8-1-3)一般由柄部和触头组成,常应用在数控铣床(加工中心)上。触头和柄部之间有一个固定的电位差,触头装在机床主轴上时工作台上的工件(金属材料)与触头电位相同,当触头与工件表面接触时就形成回路电流,使内部电路产生光电信号。其操作步骤如下。

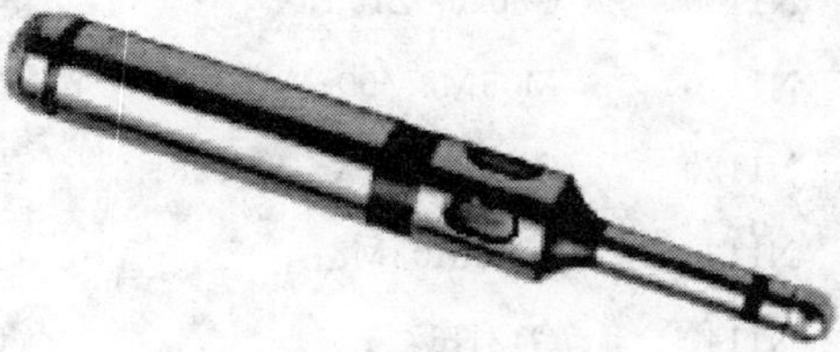

图 8-1-3 光电式寻边器

(1)把寻边器装在主轴上并校正。

(2)沿 X(或 Y)方向缓慢移动测头直到测头接触到工件被测轮廓,指示灯亮,然后反向移动,使指示灯灭。

(3)降低移动量,移动测头直至指示灯亮。

(4)逐级降低移动量(0.1～0.01～0.001 mm),重复上面(2)、(3)的两项操作,最后指示灯亮。

(5)进行面板操作,把操作得到的偏置量输入零点偏置中。

2. Z 向对刀

测量 7 把刀的刀位点从参考点到工件上表面的 Z 数值,分别输入到对应的刀具长度补偿中(G54 中 Z 值设为-1)。

三、空运行及仿真

注意空运行及仿真时,使机床机械锁定或使 G54 中的 Z 坐标中输入 50 mm,按下启动键,适当降低进给速度,检查刀具运动轨迹是否正确。若在机床机械锁定状态下,空运行结束后必须回机床参考点；若在更改 G54 的 Z 坐标状态下，空运行结束后 Z 坐标值恢复为“－1”，机床不需要回参考点。

四、零件自动加工

首先使各个倍率开关达到最小状态，按下循环启动键。机床正常加工过程中适当调整各个倍率开关，保证加工正常进行。

五、零件检测

零件加工结束后，进行尺寸检测，检测结果写在评分表中（表 8-1-4）。

表 8-1-4　零件综合加工训练评分表

班级		姓名		学号		日期	
实训任务	零件综合加工训练一			零件图号		图 8-1-1	
序号	考核内容	考核要求	配分	评分标准	学生自评分	教师评分	得分
1	轮廓	$30_0^{+0.1}$ mm	5	超差 0.1 mm 扣 2 分			
2		$50_0^{+0.1}$ mm	5	超差 0.1 mm 扣 2 分			
3		R5 mm(4 处)	12	超差不得分			
4	孔	$4\times\phi10_0^{+0.022}$ mm	24	超差 0.01 mm 扣 2 分			
5		$2\times\phi6$ mm	6	超差不得分			
6		$2\times\phi10$ mm	6	超差不得分			
7	孔距	(56±0.05) mm(2 处)	8	超差 0.01 mm 扣 2 分			
8	深度	10 mm(3 处)	6	超差 0.1 mm 扣 2 分			
9	表面粗糙	$Ra1.6$ μm(4 处)	12	升高一级扣 2 分			
10		$Ra3.2$ μm(3 处)	6	升高一级扣 2 分			
11		$Ra6.3$ μm	1	升高一级不得分			
12	工艺	切削加工工艺制定正确	4	工艺不合理扣 2 分			
13	程序	程序正确简单明确规范	5	程序不正确不得分			
14	安全文明生产	按国家颁布的安全生产规定标准评定	10	1. 违反有关规定酌情扣 1～10 分 2. 场地不整洁，工、夹、刀、量具等放置不合理酌情扣 1～3 分			
合计			100	总分			
未注公差按 GB/T 1804-m。							

六、加工结束，清理机床

松开夹具，卸下工件，清理机床。

【操作注意事项】

(1)毛坯装夹时，要考虑垫铁与加工部位是否干涉。

(2)钻孔加工前,要利用中心钻钻中心孔,保证中心钻与麻花钻对到一致。

(3)钻孔加工时,要正确合理选择切削用量,合理使用钻孔循环指令。

(4)任务所用刀具较多,应注意各刀具号设置及机床参数的调整,避免刀具及参数设置错误影响加工。

(5)寻边器在使用前一定先校准,而后再使用,同时注意寻边器使用时应轻拿轻放。对刀接近工件时倍率要小,以免损坏寻边器。

【思考与练习】

编写如图 8-1-4 所示零件的加工程序并加工。

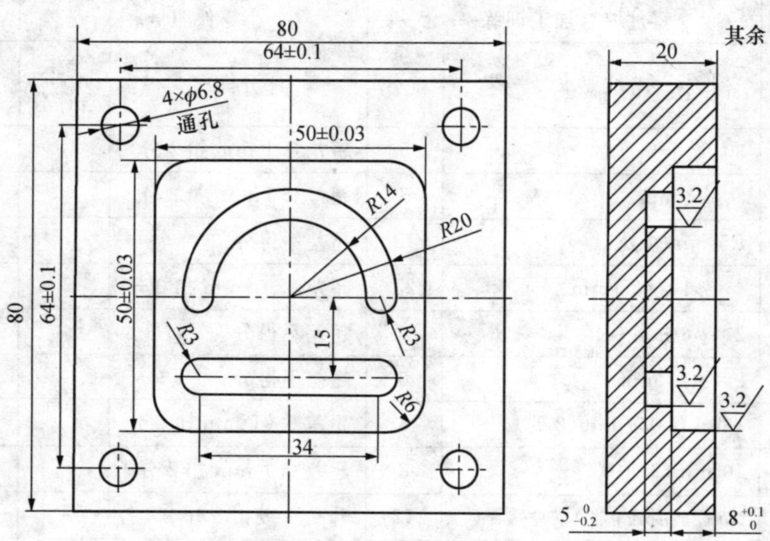

图 8-1-4 练习题图

任务 2 零件综合加工训练二

知识点

- 会识读零件图
- 熟悉工件安装、刀具选择、工艺编制及切削用量选择
- 掌握台阶工件轮廓的加工工艺制定及程序编制

技能点

- 掌握 Z 轴设定器的使用方法
- 掌握外轮廓和铣孔的精度控制方法

【任务引入】

完成图 8-2-1、图 8-2-2 所示零件的加工,材料为硬铝。

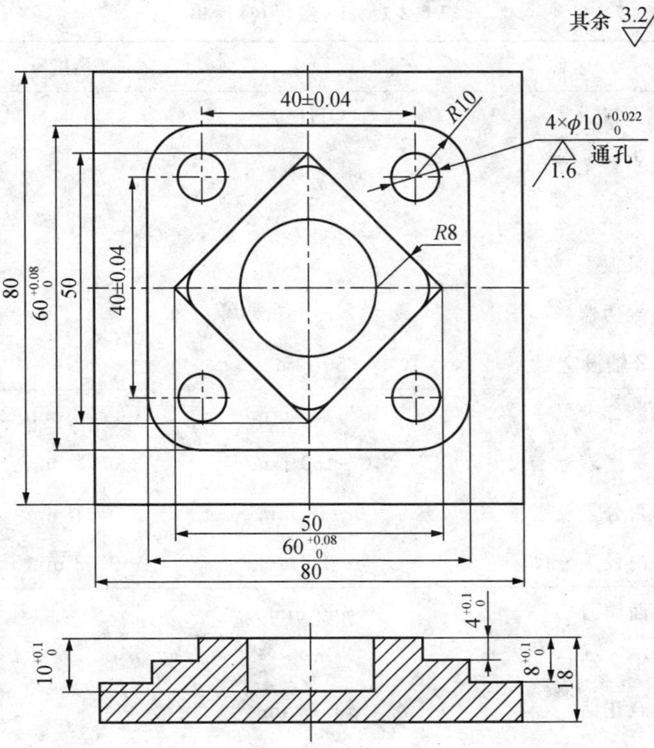

图 8-2-1　零件图

图 8-2-2　三维效果图

【任务实施】

一、加工工艺分析

1. 工、量、刃具选择

(1)工具选择　工件装夹在平口钳上,平口钳用百分表校正,X、Y 方向用寻边器对刀,Z 方向用 Z 轴设定器对刀,其工具见表 8-2-1。

(2)量具选择　轮廓尺寸用游标卡尺测量;深度用深度游标卡尺测量;内孔用内径千分尺测量。

(3)刃具选择　上表面铣削用端铣刀;轮廓加工用键槽铣刀;孔加工用中心钻、麻花钻及铰刀。

表 8-2-1 工、量、刃具清单

种类	序号	名称	规格	精度	数量
工具	1	平口钳	QH160		1个
	2	平行垫铁			若干
	3	橡胶锤子			1个
	4	呆扳手			若干
	5	寻边器	ϕ10 mm		1只
	6	Z轴设定器	50 mm		1只
量具	1	游标卡尺	0～150 mm	0.02 mm	1把
	2	深度游标卡尺	0～150 mm	0.02 mm	1个
	3	百分表及表座	0～10 mm	0.01 mm	1把
	4	内径千分尺	5～25 mm	0.02 mm	1把
刃具	1	面铣刀	ϕ60 mm		1把
	2	中心钻	A2		1个
	3	麻花钻	ϕ9.7 mm		1个
	4	机用铰刀	ϕ10H8		1个
	5	键槽铣刀	ϕ16 mm		1个

2. 加工工艺方案

(1)加工工艺路线　本任务以铣削台阶外轮廓、平底孔、钻孔及铰孔为主;对于该零件外轮廓的加工采用先粗后精的方法加工,若单件加工可以只编写精加工程序,粗加工通过修改刀具半径的方法设置精加工余量;若批量生产应直接编写粗、精加工程序,以便提高生产效率。对于孔加工,根据被加工孔的精度要求安排钻孔(含钻中心孔)+铰孔加工工艺,且应放在待加工面加工结束后进行。若先钻、铰孔后再加工上表面,加工表面时会使铝屑掉入已加工的孔内,使已铰好的孔壁划伤。具体工艺路线如下。

①粗、精铣坯料上表面。粗铣余量根据毛坯情况由程序控制,留精铣余量 0.5 mm。

②用ϕ16 mm 键槽铣刀粗精铣外轮廓和$\phi 25_{0}^{+0.1}$ mm 内轮廓。

③用中心钻钻 $4\times\phi 10_{0}^{+0.022}$ mm 中心孔。

④用ϕ9.7 mm 麻花钻钻 $4\times\phi 10_{0}^{+0.022}$ mm 孔。

⑤用ϕ10H8 机用铰刀铰 $4\times\phi 10_{0}^{+0.022}$ mm 孔。

(2)合理切削用量选择　加工铝件,粗加工深度除留精加工余量,可以一刀切完。切削速度可以提高,但垂直下刀进给量应小,参考切削用量见表 8-2-2。

二、参考程序

选择工件中心为工件坐标系 X、Y 原点,工件的上表面为工件坐标系的 Z=1 面。外轮廓的铣削通过修改刀具半径补偿进行粗、精加工。法那克系统(FANUC-0i-MB/MC)程序(程序名为“00623”)见表 8-2-3。

表 8-2-2　切削用量选择

刀具号	刀具规格	工序内容	v_f/(mm/min)	n/(r/min)
T1	ϕ60 mm 端铣刀	粗、精铣坯料上表面	100/80	500/800
T2	ϕ16 mm 键槽铣刀	粗、精铣外轮廓、内轮廓	100	800/1 200
T3	A2 中心钻	钻中心孔	100	1 000
T4	ϕ9.7 mm 麻花钻	钻 $4\times\phi10_{0}^{+0.022}$ mm 的底孔	100	800
T5	ϕ10H8 机用铰刀	铰 $4\times\phi10_{0}^{+0.022}$ mm 的孔	100	1 200

表 8-2-3　法那克系统程序

程序段号	程序	说明
N0010	G17G40G80G49；	设置初始状态
N0020	M3S500M8；	主轴顺时针方向旋转，主轴转速 500 r/min
N0030	G90G54G0X－80Y20；	绝对编程、建立工件坐标系，刀具快速移动到 X－80Y20 处
N0040	G43Z5H01；	调用 1 号刀具长度补偿
N0050	G1Z0.5F100；	直线进给到工件上 0.5 mm 处，进给速度 100 mm/min
N0060	X80；	直线进给到 X80 处
N0070	G0Z5；	刀具快速抬起 5 mm
N0080	X－80Y－20；	刀具快速运动到 X－80Y－20 处
N0090	G1Z0.5；	直线进给到工件上 0.5 mm 处
N0100	X80；	直线进给到 X80 处
N0110	G0Z5；	刀具快速抬起 5 mm
N0120	G0X－80Y20；	刀具快速运动到 X－80Y20 处
N0130	M3S800；	主轴顺时针方向旋转，主轴转速 800 r/min，工件表面精加工
N0140	G1Z0F80；	刀具直线进给到工件表面上，进给速度 80 mm/min
N0150	X80；	直线进给到 X80 处
N0160	G0Z5；	刀具快速抬起 5 mm
N0170	X－80Y－20；	刀具快速移动到 X－80Y－20 处
N0180	G1Z0；	直线进给到工件上 0 mm 处
N0190	X80；	直线进给到 X80 处
N0200	G0Z200；	刀具快速抬起 200 mm
N0210	M5M9M00；	主轴停止，程序停止，安装 T2 刀具
N0220	G90G54G00X－60Y－60；	

续表8-2-3

程序段号	程序	说明
N0230	S800M03M8；	
N0240	G43H2G0Z5；	
N0250	G42G0Y－30.04D2；	通过修改刀具半径补偿进行粗精加工
N0260	Z－10.05；	铣削深度可根据刀具、机床及所加工材料分层加工
N0270	G1X－30.04F100；	铣台阶轮廓
N0280	X30.04,R10；	
N0290	Y30.04,R10；	
N0300	X－30.04,R10；	
N0310	Y－30.04,R10；	
N0320	X0；	
N0330	G1Z－4.05F500；	
N0340	Y－25F100；	
N0350	X25Y0,R8；	
N0360	X0Y25R8；	
N0370	X－25Y0R8；	
N0380	X0Y－25R8；	
N0390	X25Y0；	
N0400	G1Z5F500；	
N0410	G40G0X0Y0；	刀具移至工件原点
N0420	G1Z－10.05F50；	下刀，铣中间圆形凹槽
N0430	G1X4.525F100；	
N0440	G2I－4.525；	
N0450	G1X0Y0；	
N0460	G0Z150；	
N0470	M5M9M00；	主轴停止，程序停止，安装 T3 刀具
N0480	G90G54G00X－20Y－20；	钻中心孔
N0490	S1000M03M8；	
N0500	G43H3G0Z5；	
N0510	G99G81Z－7R2F100；	
N0520	Y20；	
N0530	X20；	

续表8-2-3

程序段号	程序	说明
N0540	G98Y－20；	
N0550	G80G0Z150；	
N0560	M5M9M00；	主轴停止，程序停止，安装 T4 刀具
N0570	G90G54G00X－20Y－20；	钻 $4\times\phi10_{0}^{+0.022}$ 的底孔
N0580	S800M03M8；	
N0590	G43H3G0Z5；	
N0600	G99G83Z-24R5Q5F100；	
N0610	Y20；	
N0620	X20；	
N0630	G98Y－20；	
N0640	G80G0Z150；	
N0650	M5M9M00；	主轴停止，程序停止，安装 T5 刀具
N0660	G90G54G00X－20Y－20；	铰 $4\times\phi10_{0}^{+0.022}$ 的孔
N0670	S1200M03M8；	
N0680	G43H3G0Z5；	
N0690	G99G85Z－23R5F100；	
N0700	Y20；	
N0710	X20；	
N0720	G98Y－20；	
N0730	G80G0Z150；	
N0740	M5M30；	

【技能训练】

一、加工准备

(1)阅读零件图，并检查坯料的尺寸。

(2)开机，机床回参考点。

(3)输入程序并检查该程序。

(4)安装夹具，夹紧工件。平口钳安装在工作台上，用百分表校正钳口。工件装夹在平口钳上并用平行垫铁垫起，使工件伸出钳口 12 mm 左右。

(5)刀具装夹。本练习题共使用了 5 把刀具，把不同类型的刀具分别安装到对应的刀柄上，注意刀具伸出的长度应能满足加工要求，不能干涉，并考虑钻头的刚性，然后按序号依次放置在刀架上，分别检查每把刀具安装的牢固性和正确性。

二、对刀

1. X、Y 向对刀

采用寻边器对刀。

2. Z 向对刀

采用 Z 轴设定器对刀。如图 8-2-3 所示，主要用于确定工件坐标系原点，在机床坐标系中的 Z 轴坐标，通过光电指示或指引指示判断刀具与对刀器是否接触，对刀精度应达到 0.005 mm。Z 轴设定器高度一般为 50 mm 或 100 mm。

图 8-2-3　Z 轴设定器

其操作步骤如下：

(1)校准　以研磨过的圆棒平压 Z 轴设定器的研磨面，并与外圆的研磨面保持在同一平面，同时调整侧面的表盘，使指针调到零，即完成设定。

(2)使用　首先将工件表面擦拭干净，Z 轴设定器的表面和底面一并擦干净，平放工件上面。其次，将机床主轴上的刀具移到设定器的端而，接触后注意表盘，当指针到达设定时的零位，记下机械坐标系的 Z 值加 Z 轴设定器的高度即为刀具的长度补偿值。

用上述方法分别测量 5 把刀的刀位点从参考点到工件上表面的 Z 数值，分别输入到对应的刀具长度补偿中(G54 中 Z 值设为“－1”)。

三、空运行及仿真

注意空运行及仿真时，使机床机械锁定或使 G54 中的 Z 坐标中输入 50 mm，按下启动键，适当降低进给速度，检查刀具运动轨迹是否正确。若在机床机械锁定状态下，空运行结束后必须回机床参考点；若在更改 G54 的 Z 坐标状态下，空运行结束后 Z 坐标改为“－1”。

机床不需要回参考点。

四、零件自动加工

首先使各个倍率开关达到最小状态，按下循环启动键。机床正常加工过程中适当调整各个倍率开关，保证加工正常进行。

五、零件检测

零件加工结束后，进行尺寸检测，检测结果写在评分表中(表 8-2-4)。

六、加工结束。清理机床

松开夹具，卸下工件，清理机床。

表 8-2-4　零件综合加工训练二评分表

班级		姓名		学号		日期	
实训任务		零件综合加工训练二		零件图号		图 8-2-1	
序号	考核内容	考核要求	配分	评分标准	学生评分	教师评分	得分
1	轮廓	$60_0^{+0.08}$ mm(2 处)	10	超差 0.1 mm 扣 2 分			
2		50 mm(2 处)	4	超差不得分			
3		$\phi 50_0^{+0.1}$ mm	4	超差 0.1 mm 扣 2 分			
4		R8 mm(4 处)	8	超差不得分			
5		R10 mm(4 处)	8	超差不得分			
6	孔	$4\times\phi 10_0^{+0.022}$ mm	12	超差 0.01 mm 扣 2 分			
7	孔距	(40±0.04)mm(2 处)	8	超差 0.1 mm 扣 2 分			
8	深度	$10_0^{+0.1}$ mm	6	超差 0.1 mm 扣 2 分			
9		$8_0^{+0.1}$ mm	6	超差 0.1 mm 扣 2 分			
10		$4_0^{+0.1}$ mm	6	超差 0.1 mm 扣 2 分			
11	表面粗糙度	Ra1.6 μm(4 处)	12	升高一级扣 2 分			
12		Ra3.2 μm(3 处)	6	升高一级扣 2 分			
13	工艺	切削加工工艺制定正确	5	工艺不合理扣 2 分			
14	程序	程序正确简单明确规范	5	程序不正确不得分			
15	安全文明生产	按国家颁布的安全生产规定标准评定	10	1. 违反有关规定酌情扣 1～10 分 2. 场地不整洁，工、夹、刀、量具等放置不合理酌情扣 1～5 分			
合计			1 000	总分			
未注公差按 GB/T 1804-m。							

【操作注意事项】

(1)安装平口钳时要对平口钳固定钳口进行校正。

(2)工件安装时要放在钳口的中间部位，以免钳口受力不均。

(3)工件在钳口上安装时，下面要垫平行垫铁。必要时用百分表找正工件上表面，使其保持水平。

(4)加工过程中应充分加注切削液。

【思考与练习】

编写如图 8-2-4 所示零件的加工程序并加工。

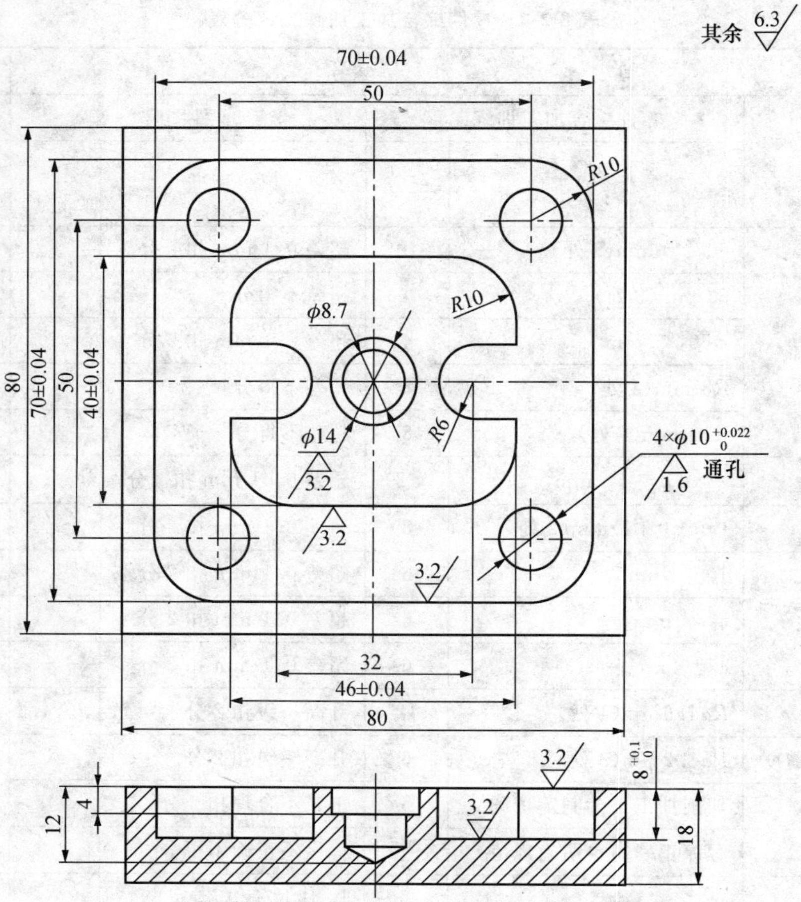

图 8-2-4 练习题图

任务 3 零件综合加工训练三

知识点

- ➢会识读零件图
- ➢掌握内外轮廓及内孔铣削的工艺制定及程序编制方法

技能点

- ➢掌握对刀仪的使用方法
- ➢掌握夹具、工件及刀具的安装
- ➢熟练掌握利用长度和半径补偿控制加工尺寸的方法
- ➢会进行产品质量分析

【任务引入】

完成如图 8-3-1、图 8-3-2 所示零件的加工，材料为 45 钢。

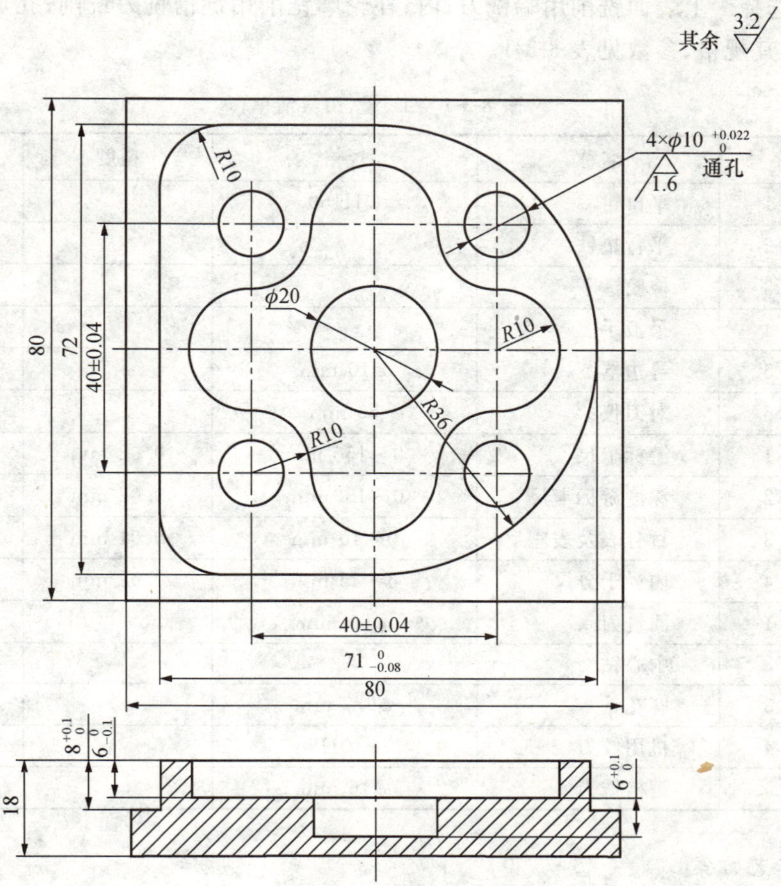

图 8-3-1　零件图

图 8-3-2　三维效果图

【任务实施】

一、加工工艺分析

1. 工、量、刃具选择

(1)工具选择　工件装夹在平口钳上，平口钳用百分表校正。X、Y 方向用寻边器对刀。Z 方向用对刀仪进行对刀。其工具见表 8-3-1。

(2)量具选择　内、外轮廓尺寸用游标卡尺测量；深度尺寸用深度游标卡尺测量；孔径用内径千分尺测量，其规格、参数见表 8-3-1。

(3)刀具选择　上表面铣削用端铣刀；内、外轮廓铣削用键槽铣刀铣削；孔加工用中心钻、麻花钻、铰刀，其规格、参数见表 8-3-1。

表 8-3-1　工、量、刃具清单

种类	序号	名称	规格	精度	数量
工具	1	平口钳	QH160		1
	2	平行垫铁			若干
	3	橡胶锤子			1
	4	呆扳手			若干
	5	寻边器	ϕ10 mm		1只
	6	对刀仪	50 mm		1只
量具	1	游标卡尺	0～150 mm	0.02 mm	1把
	2	深度游标卡尺	0～150 mm	0.02 mm	1把
	3	百分表及表座	0～10 mm	0.01 mm	1个
	4	内径千分尺	5～25 mm	0.02 mm	1把
刃具	1	面铣刀	ϕ60 mm		1把
	2	中心钻	A2		1个
	3	麻花钻	ϕ9.7 mm		1个
	4	机用铰刀	ϕ10H8		1个
	5	键槽铣刀	ϕ16 mm		1个

2. 加工工艺方案

(1)加工工艺路线　本任务为内、外轮廓及孔加工。首先粗、精铣坯料上表面，以便深度测量；然后粗、精铣削内、外轮廓，最后钻、铰孔。

①粗、精铣坯料上表面，粗铣余量根据毛坯情况由程序控制，留精铣余量 0.5 mm。

②用ϕ16 mm 键槽铣刀粗、精铣内、外轮廓和$\phi 25_{0}^{+0.1}$ mm 内轮廓。

③用中心钻钻 $4\times\phi 10_{0}^{+0.022}$ mm 中心孔。

④用ϕ9.7 mm 麻花钻钻 $4\times\phi 10_{0}^{+0.022}$ mm 孔。

⑤用ϕ10H8 机用铰刀铰 $4\times\phi 10_{0}^{+0.022}$ mm 孔。

(2)合理切削用量选择　加工钢件，粗加工深度除留精加工余量，应进行分层切削。切削速度不可太高，垂直下刀进给量应小。参考切削用量见表 8-3-2。

表 8-3-2　切削用量选择

刀具号	刀具规格	工序内容	v_f/(mm/min)	n/(r/min)
T1	ϕ60 mm 端铣刀	粗、精铣坯料上表面	100/80	500/800
T2	ϕ16 mm 键槽铣刀	粗、精铣外轮廓、内轮廓	100	800/1 200
T3	A2 中心钻	钻中心孔	100	1 000
T4	ϕ9.7 mm 麻花钻	钻 $4\times\phi 10_{0}^{+0.022}$ mm 的底孔	100	800
T5	ϕ10H8 机用铰刀	铰 $4\times\phi 10_{0}^{+0.022}$ mm 的孔	100	1 200

二、参考程序

选择工件中心为工件坐标系 X、Y 坐标的原点，选择工件的上表面为工件坐标系的 Z 面。内、外轮廓的铣削通过修改刀具半径补偿进行粗、精加工，粗加工进行分层铣削。

法那克系统(FANUC-0i-MB/MC)程序(程序名为“O0633”)见表 8-3-3。

表 8-3-3　法那克系统程序

程序段号	程序	说明
N10	G17G40G80G49；	设置初始状态
N20	M3S500M8；	主轴顺时针方向旋转，主轴转速 500 r/min，切削液开
N30	G90G54G0X－80Y20；	绝对编程、建立工件坐标系、快速移动到 X－80Y20 处
N40	G43Z5H01；	调用 1 号刀具长度补偿
N50	G1Z0.5F100；	直线进给到工件上 0.5 mm 处，进给速度 100 mm/min
N60	X80；	直线进给到 X80 处
N70	G0Z5；	刀具快速抬起 5 mm
N80	X－80Y－20	刀具快速运动到 X－80Y－20 处
N90	G1Z0.5；	直线进给到工件上 0.5 mm 处
N100	X80；	直线进给到 X80 处
N110	G0Z5；	刀具快速抬起 5 mm
N120	G0X－80Y20；	刀具快速运动到 X－80Y20 处
N130	M3S800；	主轴顺时针方向旋转，主轴转速 800 r/min，工件表面精加工
N140	G1Z0F80；	刀具直线进给到工件表面上，进给速度 80 mm/min
N150	X80；	刀具直线进给到 X80 处
N160	G0Z5；	刀具快速抬起 5 mm
N170	X－80Y－20；	刀具快速运动到 X－80Y－20 处
N180	G1Z0；	直线进给到工件上 0 mm 处
N190	X80；	直线进给到 X80 处
N200	G0Z200；	刀具快速抬起 200 mm
N210	M9M5M00；	切削液关，主轴停止，程序停止，安装 T2 刀具
N220	G90G54G00X－60Y－60；	
N230	S800M03M8；	
N240	G43H2G0Z5；	
N250	G42G0Y－36D2；	通过修改刀具半径补偿进行粗精加工
N260	Z－8.05；	铣削深度分层加工，每层 2～3 mm，通过改变 Z 坐标值实现
N270	G1X－35F100；	
N280	X0；	
N290	G3X0Y36R36；	
N300	G1X－35，R10；	

续表8-3-3

程序段号	程序	说明
N310	Y－36,R10；	
N320	X0；	
N330	G1Z2F500；	
N340	G0X0Y0；	
N350	G1Z－5.95F100；	
N360	X－20Y－10；	
N370	G2X－20Y10R10；	
N380	G3X－10Y20R10；	
N390	G2X10Y20R10；	
N400	G3X20Y10R10；	
N410	G2X20Y－10R10；	
N420	G3X10Y－20R10；	
N430	G2X－10Y－20R10；	
N440	G3X－20Y－10R10；	
N450	G2X－20Y10R10；	
N460	G1Z2F500；	
N470	G40G0X0Y0；	刀具运动到 X0Y0 处
N480	G1Z－12F100；	铣削ϕ20 mm 的平底孔
N490	X2；	
N500	G2I－2；	
N510	G1X0Y0；	
N520	G0Z150；	
N530	M9M5M00；	切削液关，主轴停止，程序停止，安装 T3 刀具
N540	G90G54G00X－20Y－20；	钻中心孔
N550	S1000M03M8；	
N560	G43H3G0Z5；	
N570	G99G81Z－3R5F100；	
N580	X－20Y20；	
N590	X20Y20；	
N600	G98X20Y－20；	
N610	G80G0Z150；	
N620	M9M5M00；	切削液关，主轴停止，程序停止，安装 T4 刀具
N630	G90G54G00X－20Y－20；	钻 4×$\phi 10_{0}^{+0.022}$ mm 的平底孔
N640	S800M03M8；	

续表8-3-3

程序段号	程序	说明
N650	G43H3G0Z5；	
N660	G99G83Z－23R5Q5F100；	
N670	X－20Y20；	
N680	X20Y20；	
N690	G98X20Y－20；	
N700	G80G0Z150；	
N710	M9M5M00；	切削液关，主轴停止，程序停止，安装 T5 刀具
N720	G90G54G00X－20Y－20；	铰 $4\times\phi10_{0}^{+0.022}$ mm 的孔
N730	S1200M03M8；	
N740	G43H3G0Z5；	
N750	G99G85Z－22R5F100；	
N760	X－20Y20；	
N770	X20Y20；	
N780	G98X20Y－20；	
N790	G80G0Z150；	
N800	M9M5M30；	

【技能训练】

一、加工准备

(1)阅读零件图，并检查坯料的尺寸。

(2)开机，机床回参考点。

(3)输入程序并检查该程序。

(4)安装夹具，夹紧工件。

平口钳安装在工作台上，用百分表校正钳口。工件装夹在平口钳上，并用平行垫铁垫起，使工件伸出钳口 12 mm 左右。

(5)刀具装夹。本任务共使用了 5 把刀具，把不同类型的刀具分别安装到对应的刀柄上，注意刀具伸出的长度应能满足加工要求，不能干涉，并考虑钻头的刚性，然后按序号依次放置在刀架上，分别检查每把刀具安装的牢固性和正确性。

二、对刀

1. X、Y 向对刀

采用寻边器对刀。

2. Z 向对刀

采用机外对刀仪。机外对刀仪如图 8-3-3 所示，主要是测量刀具的长度、直径和刀具形状、角度，准确记录预执行的刀具的主要参数。如果在使用中刀具损坏需更新，则用对刀仪可测量新刀具的主要参数值，以便掌握原刀具的偏差，然后通过修改刀补值确保其正常加工。机外对刀仪由下列三部分组成。

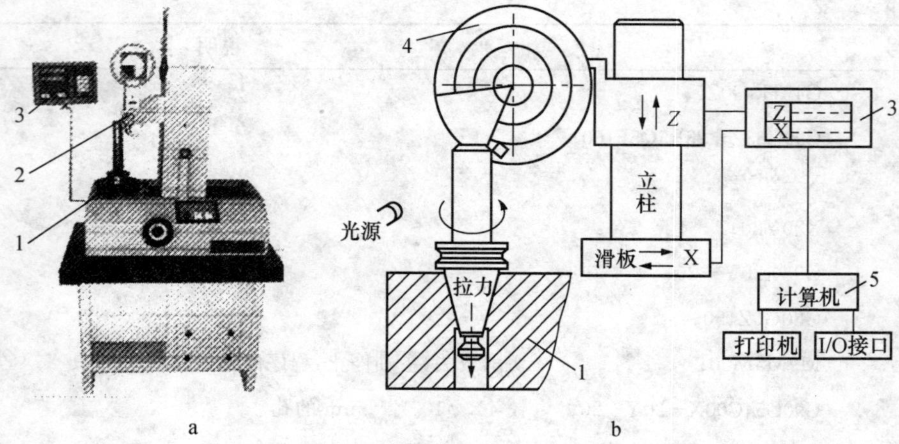

图 8-3-3 对刀仪示意图

1—刀柄定位机构 2—测头 3—数显装置 4—光屏 5—测量数据处理装置

(1)刀柄定位机构 对刀仪的刀柄定位机构与标准刀柄相对应,它是测量的基准,所以要有高的精度,必须保证测量与使用时定位基准的一致性。

(2)测头与测量机构 测头有接触式和非接触式两种。接触式测头直接接触切削刃的主要测点(最高点和最大外径点);非接触式测头主要用光学的方法,把刀尖投影到光屏上进行测量。测量机构提供切削刃的切削点处的Z轴和X轴(半径)尺寸值,即刀具的轴向尺寸和径向尺寸。

(3)测量数据处理装置 此装置可以把刀具的测量值自动打印,或与上一级管理计算机联网,进行柔性加工,实现自动修正和补偿。

3. 使用对刀仪测量方法

(1)使用前要用标准对刀心轴进行校准。每台对刀仪都随机带有一件标准的对刀心轴。每次使用前要对Z轴和X轴尺寸进行校准和标定。

(2)使用标准对刀心轴从参考点移动到工件零点时,读机床坐标系下的Z坐标,把Z值叠加心轴长度后,输入到G54中。

(3)其他刀具在对刀仪上测量的切削刃长度值,补偿到对应的刀具长度补偿号中。

4. 对刀仪使用注意事项

(1)使用前,为了校验对刀的位置精度,应当用标准刀杆进行校准(校准及标定Z轴和X轴的尺寸)。标准基准刀杆是每台对刀仪的随机附件,平时要妥善保护,使其不锈蚀,以免受外力的作用。

(2)静态测量的刀具尺寸和实际加工出的尺寸之间有一个差值。这时因为有对刀仪本身精度及使用对刀仪的技巧熟练程度、刀具和机床的精度及刚度、加工工件的材料和状况、冷却状况和冷却介质的性质等诸多因素的影响,往往还需要在加工过程中通过试切进行现场调整。因此,对刀时要考虑一个修正量,一般为0.01～0.05 mm。

用上述方法分别测量5把刀的刀位点从参考点相对于标准刀具的Z坐标差值,分别输入到对应的刀具长度补偿中。

三、空运行及仿真

注意空运行及仿真时,使用机床机械锁定功能进行空运行,空运行结束后必须回机床参考点。

四、零件自动加工

首先使各个倍率开关达到最小状态，按下循环启动键。机床正常加工过程中适当调整各个倍率开关，保证加工正常进行。

五、零件检测与质量分析

零件加工结束后，进行零件检测，检测结果写在评分表中(表 8-3-4)。

零件质量分析见表 8-3-5。

六、加工结束、清理机床

松开夹具，卸下工件，清理机床。

表 8-3-4　零件综合加工训练三评分表

班级		姓名		学号		日期	
实训任务		零件综合加工训练三		零件图号		图 8-3-1	
序号	考核内容	考核要求	配分	评分标准	学生自评分	教师评分	得分
1	轮廓	$71^{0}_{-0.08}$ mm	6	超差 0.1 mm 扣 2 分			
2		72 mm	2	超差不得分			
3		ϕ20 mm	2	超差不得分			
4		R10 mm(8 处)	16	超差不得分			
5		R36 mm	4	超差不得分			
6		R10 mm(2 处)	4	超差不得分			
7	孔	$4\times\phi10^{+0.022}_{0}$ mm	12	超差 0.01 mm 扣 2 分			
8	孔距	(40×±0.04)mm(2 处)	8	超差 0.1 mm 扣 2 分			
9	深度	$6^{+0.1}_{0}$ mm	6	超差 0.1 mm 扣 2 分			
10		$6^{0}_{-0.1}$ mm	6	超差 0.1 mm 扣 2 分			
11		$8^{+0.1}_{0}$ mm	6	超差 0.1 mm 扣 2 分			
12	表面粗糙度	*Ra*1.6 μm(4 处)	12	升高一级扣 2 分			
13		*Ra*3.2 μm(3 处)	6	升高一级扣 2 分			
14	工艺	切削加工工艺制定正确	5	工艺不合理扣 2 分			
15	程序	程序正确简单明确规范	5	程序不正确不得分			
16	安全文明生产	按国家颁布的安全生产规定标准评定		1. 违反有关规定酌情扣 1～10 分。 2. 场地不整洁，工、夹、刀、量具等放置不合理酌情扣 1～3 分。			
合计			100	总分			
未注公差按 GB/T 1804-m							

表 8-3-5 零件质量分析

废品种类	产生原因	解决方案
孔的尺寸超差	中心钻钻中心孔尺寸错误	控制中心孔深度
	麻花钻径向圆跳动过大	校正麻花钻
	铰刀径向圆跳动大	校正铰刀
	铰孔时切削液供应不足	保证切削液供给充分
	余量太大	留适当的铰削余量
孔表面粗糙度值大	铰刀磨损或铰刀崩刃	修磨或更换铰刀
	铰刀上有毛刺	去除铰刀上的毛刺
	工艺系统刚性不足	增加工艺系统的刚性
	切削用量选择不当产生积屑瘤	选择合理铰削用量,充分加注切削液
	余量大或过小	留适当的铰削余量
轮廓尺寸超差	刀具磨损	修磨或更换刀具
	刀具半径参数设置不当	正确设置刀具半径参数
	丝杠间隙过大,主轴跳动过大等导致机床精度降低	进行机床精度检测并维修
	切削液供应不足	保证切削液供给充分
轮廓表面粗糙度值大	刀具崩刃	修磨或更换刀具
	切削用量选择不合理	选择合理的切削用量
	工艺系统刚性不足	增加工艺系统的刚性
	切削液供应不足	保证切削液供给充分
轮廓形状错误	零件程序错误	检查并修改程序
	操作错误	正确规范操作

【操作注意事项】

(1)安装平口钳时要对平口钳固定钳口进行找正。

(2)工件安装时要放在钳口的中间部位,以免钳口受力不均。

(3)用对刀仪测量刀具长度时应手动旋转刀柄使刀尖最高点对准光屏的中心,然后锁紧刀柄,进行读数。

(4)加工过程中应充分加注切削液。

【思考与练习】

针对如图 8-3-4 所示零件,编写加工程序并加工。

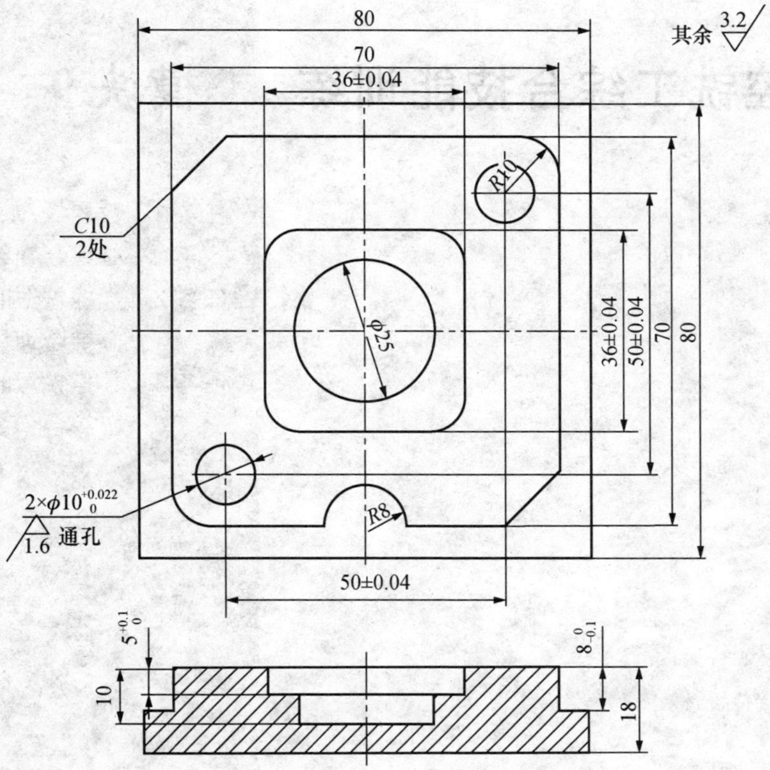
80
70
36±0.04
其余 3.2
C10
2处
R10
φ25
36±0.04
50±0.04
70
80
2×φ10+0.022 0
1.6 通孔
R8
50±0.04
5+0.1 0
8 0 -0.1
10
18

图 8-3-4　练习题图

模块 9 高级数控铣工综合技能训练

任务 1　数控铣/加工中心综合训练一

知识点

- ➢学习局部坐标的指令格式
- ➢学习局部坐标系的编程方法及应用
- ➢学习圆弧倒角的编程方法

技能点

- ➢掌握确定零件的加工方法
- ➢掌握采用局部坐标编写数控加工程序
- ➢掌握采用 B 类宏程序指令编写圆弧倒角加工程序

【任务引入】

编写如图 9-1-1 所示工件轮廓(已知毛坯尺寸为 75 mm×75 mm×25mm)的加工程序，并在数控铣床上进行加工。

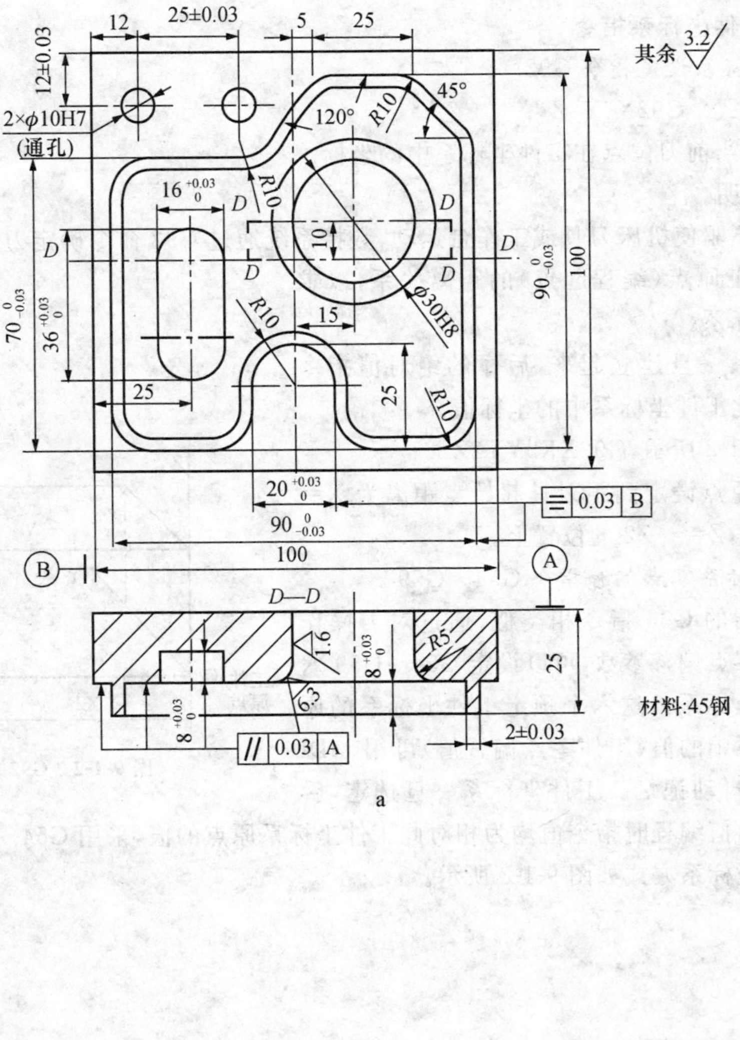

a

b

图 9-1-1　薄壁零件

a. 零件图　b. 立体图

【相关知识】

由于该工件涉及薄壁的加工，在加工过程中要注意选择合理的加工路线，并进行合理的结构工艺性分析，提高加工精度和加工效率。

分析图样，该零件包含几个相互独立的轮廓，为了简化编程，我们采用局部坐标系进行编程。

一、设定工件坐标系指令

1. 工件坐标系设定指令 G92

(1)指令格式　G92X_Y_Z_；

X_Y_Z_为当前刀位点在工件坐标系中的坐标。

(2)指令说明

①G92 并不驱使机床刀具或工作台运动，数控系统通过 G92 命令确定刀具当前机床坐标位置相对于加工原点（编程起点）的距离关系，以求建立起工件坐标系。

②此坐标系一旦建立起来，后序的绝对值指令坐标位置都是此工件坐标系中的坐标值。

例：如图 9-1-2 所示，G92XX2YY2ZZ2；

则将工件原点设定到距刀具起始点距离为 X=－X2，Y=－Y2，Z=－Z2 的位置上。

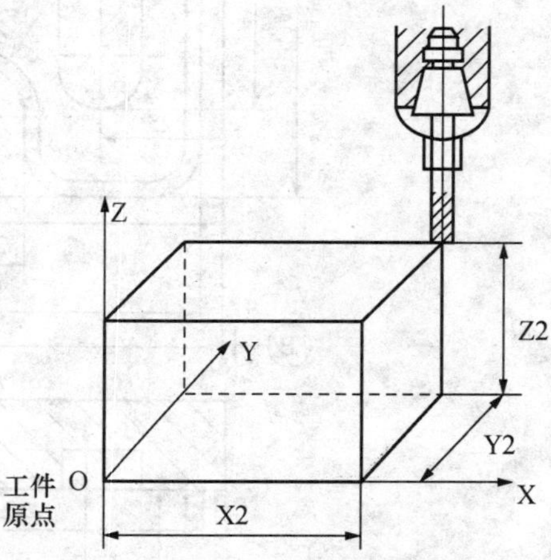

图 9-1-2　G92 指令

2. 工件坐标系零点偏移指令 G54～G59

与前面介绍的 G54 指令相类似，通过对刀操作及输入不同的零点偏移参数，可以设定 G54～G59 六个不同的工件坐标系。这六个预定工件坐标系的原点在机床坐标系中的值（工件零点偏置值）可用 MDI 方式输入，系统自动记忆。工件坐标系一旦选定，后续程序段中绝对值编程时指令值均为相对此工件坐标系原点的值，采用 G54～G59。

选择工件坐标系方式如图 9-1-3 所示。

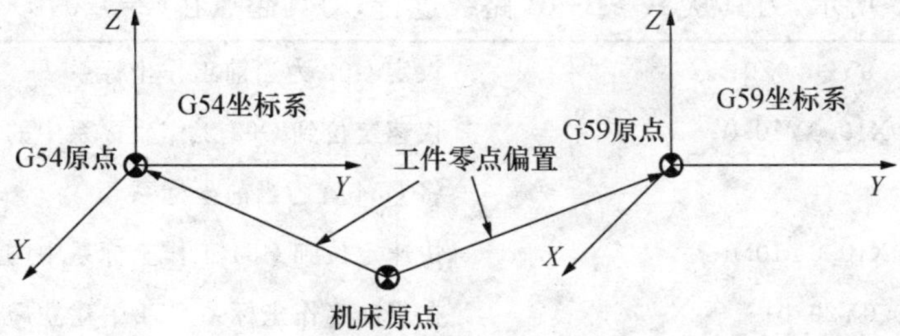

图 9-1-3　选择工件坐标系指令 G54～G59

指令说明：

(1)G54～G59 是系统预置的 6 个坐标系，可根据编程需要选用。

(2)该指令执行后，所有坐标值指定的坐标尺寸都是选定的工件加工坐标系中的位置。1～6 号工件加工坐标系是通过 CRT/MDI 方式设置的。

(3)G54～G59 预置建立的工件坐标原点在机床坐标系中的坐标值可用 MDI 方式输入，系统自动记忆。

(4)使用该组指令前，必须先回参考点。

(5)G54～G59 为模态指令，可相互注销。

二、局部坐标系编程

在工件坐标系中编程时，在工件坐标系内设有子坐标系，这样比较便利于编程。把这个子坐标系称为局部坐标系。

1. 指令格式

格式：G52X_Y_Z_；

式中：X、Y、Z 为局部坐标系原点在当前工件坐标系中的坐标值。

G52X0Y0Z0；　表示取消局部坐标系。

2. 指令说明

(1)G52 指令能在所有的工件坐标系(G92、G54～G59)内形成子坐标系即局部坐标系，如图 9-1-4 所示。含有 G52 指令的程序段中，绝对值编程方式的指令值就是在该局部标系中的坐标值。

(2)设定局部坐标系后工件坐标系和机床坐标系保持不变。

(3)G52 指令为非模态指令。

(4)在缩放及旋转功能下，不能使用 G52 指令，但在 G52 下能进行缩放及坐标系旋转。

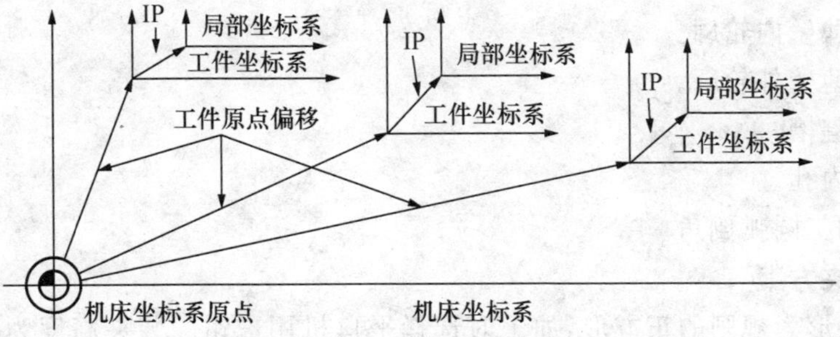

图 9-1-4　局部坐标系的设定 G52

例：如图 9-1-5 所示，刀具从 A→B→C 路线进行，刀具起点在(20,20,0)处，可编程如下：

N02G92X20.0Y20.0Z0;	设定 G92 为当前工作坐标系
N04G90G00X10.0Y10.0;	快速定位到 G92 工作坐标系中的 A 点
N06G54;	将 G54 置为当前坐标系
N08G90G00X10.0Y10.0;	快速定位到 G54 工作坐标系中的 B 点
N10G52X20.0Y20.0;	在当前工作坐标系 G54 中建立局部坐标系 G52
N12G90G00X10.0Y10.0;	定位到 G52 中的 C 点

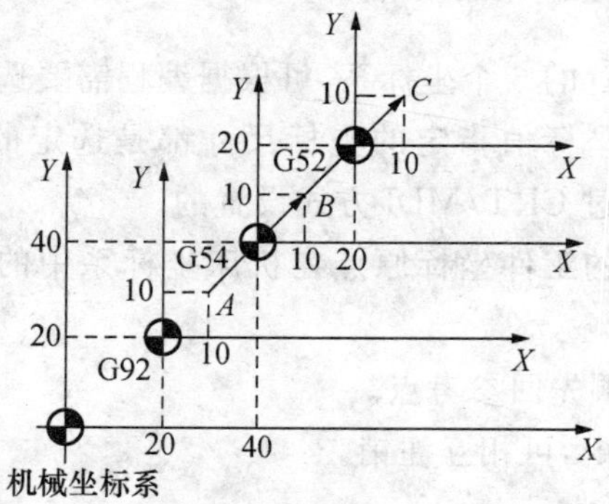

图 9-1-5　局部坐标系的设定

【任务实施】

一、零件图工艺分析

此零件图纸标注齐全，分析图样可知：该零件为薄壁件，且薄壁表面粗糙度均为 *Ra*3.2，要求较高。型腔底面粗糙度为 *Ra*3.2，且有平行度要求。圆弧倒角处粗糙度要求不高为 *Ra*6.3。该零件材料为 45 钢，切削加工性能较好。

二、选择加工方案

根据零件形状及加工精度要求，一次装夹完成所有加工内容。以底面为基准(毛坯底面已加工)，可选择先内后外、先粗后精的原则。轮廓加工方案如下：

(1)粗加工薄壁内轮廓。

(2)粗加工上表面及薄壁外轮廓。

(3)粗加工内孔和键槽。

(4)精加工上表面。

(5)精加工薄壁内轮廓。

(6)精加工薄壁外轮廓。

(7)精加工键槽。

(8)精加工内孔。

(9)粗、精加工圆弧倒角。

三、确定装夹方案

零件毛坯外形为规则的正方形，加工时选择平口机用虎钳。装夹高度为 12 mm，因此需在虎钳定位基面加垫铁。

四、刀具及切削用量的选择

本任务主要加工工件上表面、薄壁、内孔和键槽。因此，上表面、薄壁及键槽选用$\phi 12$ mm硬质合金立铣刀分别进行粗、精加工。加工圆弧倒角选用$R3$球头刀。刀具及切削用量选择的工艺文件如表 9-1-1 所示。

表 9-1-1　数控加工工序卡片

数控加工工艺卡片		产品型号	产品名称	零件名称	材料		零件图号	
				凸模板	45 钢			
	程序编号	夹具名称	夹具编号	使用设备	实习场地		备注	
工步号	工步内容	刀具号	刀具规格	补偿号	主轴转速	进给速度	切削深度	加工余量
1	粗加工薄壁内轮廓	T01		1	1 200	330	1.5	0.3
2	粗加工上表面及薄壁外轮廓	T01		1	1 200	330	1.5	0.3
3	粗加工内孔和键槽	T01	$\phi 12$ mm 立铣刀	1	1 200	330	1.5	0.3
4	精加工上表面	T01		D01	1 500	220		
5	精加工薄壁内轮廓	T01		D01	1 500	220		
6	精加工薄壁外轮廓	T01		D01	1 500	220		
7	精加工键槽	T01		D01	1 500	220		
8	精加工内孔	T02	镗刀		128	12		
9	粗、精加工圆弧倒角	T03	$\phi 6$ mm 球头刀		2 000	300		
编制		审核		共　页		第　页		

五、编程和加工

1. 薄壁件加工精度和效率

薄壁零件铣削时产生变形是多方面的，主要是由于装夹工件时的夹紧力；切削工件时的切削力；工件阻碍刀具切削时产生的弹性变形和塑性变形，使切削区温度升高而产生热变形等引起的。提高薄壁件加工精度和效率的措施如下：

(1)切削力的大小　与切削用量密切相关，背吃刀量、进给量、切削速度是切削用量的 3 个要素。

背吃刀量和进给量同时增大，切削力也增大，变形也大，对铣削薄壁零件极为不利。减少背吃刀量，增大进给量，切削力虽然有所下降，但工件表面残余面积增大，表面粗糙度值大，使强度不好的薄壁零件的内应力增加，同样也会导致零件的变形。

所以，粗加工时，背吃刀量和进给量可以取大些；精加工时用尽量高的切削速度，但不易过高。合理选用三要素就能减小切削力，从而减少变形。

(2)合理选用切削液　用高速钢刀具粗加工时，以水溶液冷却，主要降低切削温度；精加工时，采用中、低速加工，选用润滑性能好的极压切削油或高浓度的极压乳化液，主要改善已加工表面的质量和提高刀具使用寿命。硬质合金刀具粗加工时，采用低浓度的乳化液或水溶液，必须连续地、充分地浇注；精加工时采用的切削液与粗加工时基本相同，但应适当提高其润滑性能，在铣削过程中充分使用切削液不仅减小了切削力，刀具的耐用度得到提高，工件表面粗糙度值也降低了，同时工件不受切削热的影响而使其加工尺寸和几何精度发生变化，保证零件的加工质量。

2. 参考程序（部分）

选择工件上表面对称中心线作为编程原点，其加工程序见表 9-1-2。

表 9-1-2　加工程序

程序段号	FANUC 0i 系统程序	程序说明
	O0011；	外轮廓程序
N10	G90G94G21G40G54F100；	程序初始化
N20	G91G28Z0；	Z 向回参考点
N30	T1M6；	换 1 号刀
N40	M03S600；	主轴正转，600 r/min
N50	G90G00X－60.0Y－70.0	快速定位到起点
N60	Z5.0M08；	
N70	M98P0012；	调用子程序
N80	G00Z5.0；	Z 向抬刀
N90	X－25.0Y－20.0；	XY 平面定位
N100	G10L12R－6.0；	输入半径补偿值
N110	M98P0012；	调用子程序
N120	G00Z5.0；	Z 向抬刀
N130	X－25.0Y－20.0；	XY 平面定位
N140	G10L12P1R6.0；	输入半径补偿值
N150	M98P0013；	调用子程序
N160	G91G28Z0M05；	返回换刀点
N170	T2M6；	换 2 号刀
N180	G00X15.0Y10.0；	XY 平面定位
N190	M03S1500Z30.0；	设定返回平面
N200	G76X15.0Y10.Z－30.0R3.0Q1000F60	镗孔
N210	G80；	取消镗孔
N220	G91G28Z0；	返回换刀点
N230	T1M6；	换 1 号刀

续表9-1-2

程序段号	FANUC 0i系统程序	程序说明
N240	G52X15.0Y10.0；	实现平移
N250	M03S600G00X0Y0；	XY平面定位
N260	Z5.0；	Z向快速下刀
N270	M98P0014；	调用子程序
N280	G91G28Z0；	返回Z向参考点
N290	M30；	程序结束
	O0012；	薄壁外轮廓程序
N10	G01Z－8.0F80；	Z向快速下刀
N20	G41G010X－45.0T－35.0D0；	建立刀补
N30	Y15.0；	轮廓加工
N40	G02X－35.0Y25.0R10.0；	
N50	G01X－12.321；	
N60	G03X－3.66Y30.0R10.0；	
N70	G01X2.113Y40.0；	
N80	G02X10.744Y45.0R10.0；	
N90	G01X25.858；	
N100	G02X32.929Y42.07R10.0；	
N110	G01X42.071Y32.929；	
N120	G02X45.0Y25.858R10.0；	
N130	G01Y－35.0；	
N140	G02X35.0Y－45.0R10.0；	
N150	G01X20.0；	
N160	G02X10.0Y－35.0R10.0；	
N170	G01Y－30.0；	
N180	G03X－10.0R10.0；	
N190	G01Y－35.0；	
N200	G02X－20.0Y－45.0R10.0；	
N210	G01X－35.0；	
N220	G02X－20.0Y－35.0R10.0；	
N230	G40；	取消刀具半径补偿
N240	M99；	返回主程序

续表9-1-2

程序段号	FANUC 0i 系统程序	程序说明
	O0013；	键槽程序
N10	G01Z－16.0F80；	Z 向下刀
N20	G41G01X－25.0Y－8.0D01；	建立刀补
N30	G03X－33.0Y0R－8.0D01；	轮廓加工
N40	G03X－33.0Y0R－8.0；	
N50	G01Y－20.0；	
N60	G03X－17.0R－8.0；	
N70	G01Y－20.0；	
N80	G03X－17.0R8.0；	
N90	G01Y0；	
N100	G40G01X－25.0Y－10.0；	取消补偿
N110	G00Z30.0；	Z 向抬刀
N120	M99；	返回主程序
N130	O004；	倒圆角程序
N10	＃1＝0；	设定角度变量
N20	＃2＝5.0；	设定倒圆角半径
N30	＃3＝6.0；	设定刀具半径
N40	＃4＝＃2＊[1-COS[＃1]]；	刀具切削刃到上表面的距离
N50	＃5＝＃3-＃2＊[1-SIN[＃1]]；	刀具中心线到已加工侧轮廓法向距离
N60	G01Z-＃43F60；	Z 向到指定深度
N70	G10L12P3R＃5；	输入半径补偿值
N80	G41G01X15.0Y0D03；	建立刀补
N90	G03I-15.0；	轮廓加工
N100	G40G01X0Y0；	取消刀补
N110	＃1＝＃1＋2.0；	计算角度变量
N120	IF[＃1LE90.0]GOTO40	判断语句
N130	M99	返回主程序

六、考核

加工如图 9-1-1 所示零件，成绩评分标准见表 9-1-3。

表 9-1-3　配分权重表

工件编号			总得分				
项目与权重		序号	技术要求	配分	评分标准	检测记录	得分
工件加工评分(95%)	外形轮廓加工	1	$99^{0}_{-0.03}$	2×4	超差 0.01 扣 1 分		
		2	$70^{0}_{-0.03}$	5	超差 0.01 扣 1 分		
		3	$20^{+0.03}_{0}$	5	超差 0.01 扣 1 分		
		4	$8^{+0.03}_{0}$	5	超差 0.01 扣 1 分		
		5	对称度 0.03	5	超差 0.01 扣 1 分		
		6	平行度 0.03	5	超差 0.01 扣 1 分		
		7	2±0.03	8	超差 0.01 扣 2 分		
		8	R10	2	每错一处扣 4 分		
		9	120°、45°	2	每错一处扣 1 分		
		10	25.5	2	每错一处扣 1 分		
		11	*Ra*1.6 μm	2	每错一处扣 1 分		
		12	*Ra*3.2 μm	1	每错一处扣 1 分		
	内轮廓加工	13	孔径 ϕ10H7	6	超差 0.01 扣 1 分		
		14	孔距 25±0.03	4	超差 0.01 扣 1 分		
		15	孔距 12±0.03	4	超差 0.01 扣 1 分		
		16	$36^{+0.03}_{0}$	5	超差 0.01 扣 1 分		
		17	$16^{+0.03}_{0}$	5	超差 0.01 扣 1 分		
		18	倒圆角 R5	6	超差全扣		
		19	ϕ10H7	2×2	超差全扣		
		20	25、15、10	3	每错一处扣 1 分		
		21	*Ra*1.6 μm	2	每错一处扣 1 分		
		22	*Ra*3.2 μm	1	每错一处扣 1 分		
	其他	23	工件按时完成	3	未按时完成全扣		
		24	工件无缺陷	2	缺陷一处扣 3 分		
程序与工艺(5%)		25	程序正确合理	2	每次一处扣 1 分		
		26	加工工序卡	3	不合理每处扣 2 分		
机床操作(倒扣分)		27	机床操作规范	倒扣	出错一次扣 2 分		
		28	工件、刀具装夹	倒扣	出错一次扣 2 分		
安全文明生产(倒扣分)		29	安全操作	倒扣	安全事故停止操作或酌扣 5～30 分		
		30	机床整理	倒扣			

任务2 数控铣/加工中心综合训练二

知识点

- ➢了解坐标镜像指令的指令格式及编程方法
- ➢掌握刀具半径补偿在坐标镜像编程中的运用
- ➢了解坐标镜像编程的注意事项
- ➢了解凹圆弧的编程方法

技能点

- ➢确定零件的加工方法
- ➢采用坐标镜像指令编写零件的加工程序
- ➢采用B类宏程序指令编写凹圆弧加工程序

【任务引入】

试编写如图9-2-1所示工件轮廓(已知毛坯尺寸为160 mm×118 mm×40 mm)的加工程序,并在数控铣床上进行加工。

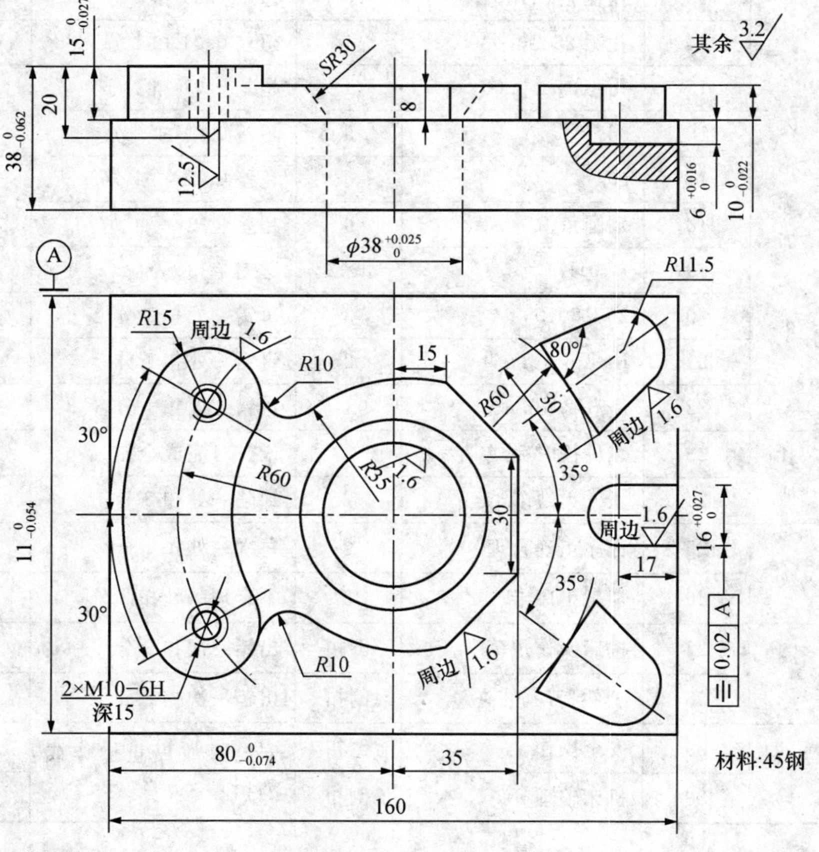

a

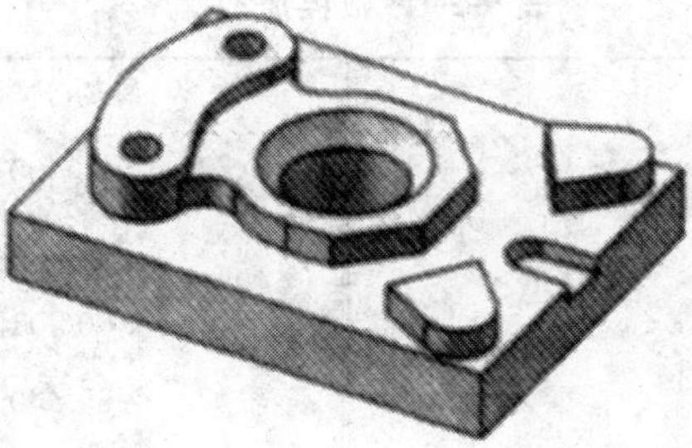

b

图 9-2-1　半圆凸台对称零件

a. 零件图　b. 实体图

【相关知识】

该工件两个半圆凸台轮廓相同，而且这两个半圆凸台沿零件中心线对称分布。因此，如果在编程中运用坐标镜像指令，会简化编程。

当使用坐标镜像指令编程时，一定要注意镜像轴的选择。当坐标字 X 后跟有数字时，表示该镜像轴与 Y 轴平行。

一、图形比例指令——G50、G51

这一对 G 代码的使用，可使原编程尺寸按指定比例缩小或放大，也可让图形按指定规律产生镜像变换。

G51 为比例编程指令，G50 为撤销比例编程指令。G50、G51 均为模态 G 代码。

1. 各轴按相同比例编程

(1)指令格式

G51X_Y_Z_P_；

…

G50；

式中：X、Y、Z 为比例中心的坐标(绝对方式)；P 为比例系数，最小输入量为 0.001，比例系数的范围为 0.001～999.999。

该指令以后的移动指令，从比例中心点开始，实际移动量为原数值的 P 倍，P 值对偏移量无影响。

(2)指令应用举例　如图 9-2-2 所示，将图形放大 1 倍进行加工，其数控加工程序如下(表 9-2-1)。

2. 各轴以不同比例编程

(1)指令格式

G51X_Y_Z_I_J_K_；

…

G50；

式中：X、Y、Z 为比例中心坐标；I、J、K 为对应 X、Y、Z 轴的比例系数，在±0.001～±9.999 范围内。有的系统设定 I、J、K 不能带小数点，比例为 1 时，应输入 1 000，并在程序中都应输入，不能省略。

表 9-2-1 数控加工程序

O0002；	N20G43G01Z-10.0H01；
N10G90G94G17G21G54；	N30G00Y10.0；
N20G91G28Z0；	N40G42D01G01X5.0；
N30M06T01；	N50G01X20.0；
N40G00G90X0Y0；	N60Y20.0；
N50G51X15.0Y15.0P2000；	N70G03X100R5.0；
N60M98P0200；	N80G01Y10.0；
N70G50；	N90G40G00X0Y0；
N80M30；	N100G49G00Z300.0；
O0200；	N110M99；
N10S1500M03F100；	

(2)指令应用举例　比例系数与图形的关系如图 9-2-3 所示。其中，b/a：X 轴系数；d/c：Y 轴系数；O_1：比例中心。

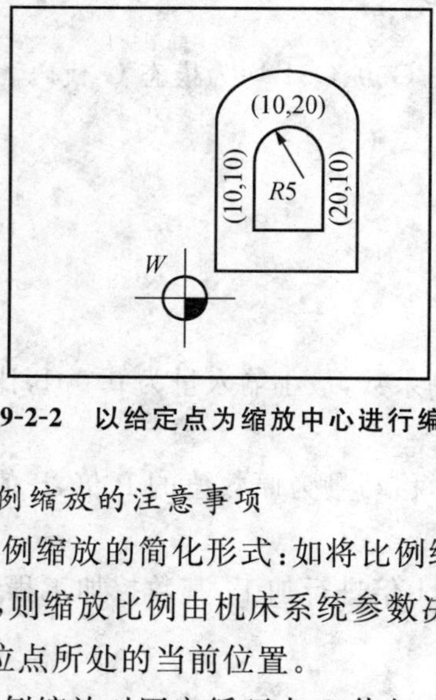

图 9-2-2　以给定点为缩放中心进行编程

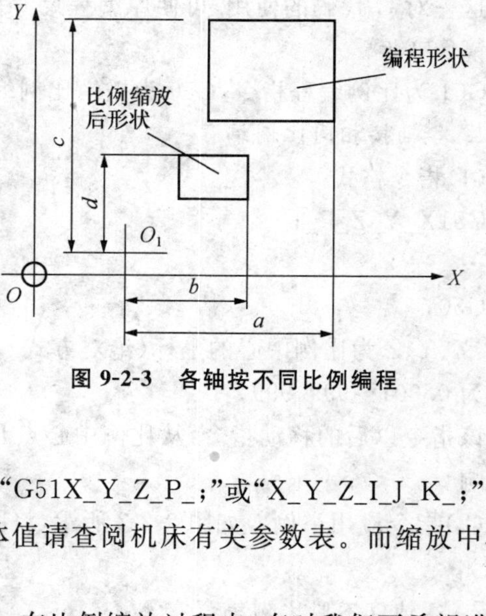

图 9-2-3　各轴按不同比例编程

3. 比例缩放的注意事项

(1)比例缩放的简化形式：如将比例缩放程序“G51X_Y_Z_P_；”或“X_Y_Z_I_J_K_；”简写成“G51；”，则缩放比例由机床系统参数决定，具体值请查阅机床有关参数表。而缩放中心则指刀具刀位点所处的当前位置。

(2)比例缩放对固定循环中 Q 值与 d 值无效。在比例缩放过程中，有时我们不希望进行 Z 轴方向的比例缩放。这时，可修改系统参数，以禁止在 Z 轴方向上进行比例缩放。

(3)比例缩放对工件坐标系零点偏移值和刀具补偿值无效。

(4)在比例缩放状态下，不能指定返回参考点的 G 指令(G27～G30)，也不能指定坐标系设定指令(G52～G59，G92)。若一定要指令这些 G 代码，应在取消缩放功能后指定。

二、镜像功能

当工件具有相对于某一轴对称的形状时，可以利用镜像功能和子程序的方法，只对工件的一部分进行编程，就能加工出工件的整体，这就是镜像功能。不同的系统用不同的指令，有用

M 代码的,有用 G 代码的。

在 FANUC 0i 及更新版本的数控系统中采用 G51 或 G51.1 来实现镜像加工。

1. 指令格式一

G51.1X_Y_Z_;

…

G50.1

其中,G51.1 镜像设定;G50.1 镜像取消。

指令说明:X、Y、Z 用于指定对称轴或对称点。当 G51.1 指令后仅有一个坐标字时,该镜像加工指令是以某一坐标轴为镜像轴。例如程序段 G51.1X0;表示对称轴为 X=0 的直线,即 Y 轴。程序段 G51.1X20.0Y20.0;表示以点(20,20)作为对称点。

例:如图 9-2-4 所示,试用镜像指令编写程序(表 9-2-2)。

表 9-2-2 镜像指令程序

程序	程序说明	程序	程序说明
O3234;	(主程序)	N170M30;	
N10G90G94G17G21G54;		O1111;	(子程序)
N20G91G28Z0;		N10G00X40.0Y50.0;	
N30G90G00X0Y0Z100;		N20G43Z5.0H01M08;	
N40M03S1000;		N30G01Z-25.0F30;	
N50M98P1111;	型腔①	N40X60.0F100;	
N60G51.1X0;		N50G41X45.0Y40.0D01;	
N70M98P1111;	型腔②	N60G03X60.0Y25.0R15.0;	
N80G50.1;		N70G03X60.0Y75.0R25.0;	
N90G51.1X0Y0;		N80G01X40.0Y75.0;	
N100M98P1111;	型腔③	N90G03X40.0Y25.0R25.0;	
N100G50.1;		N100G01X60.0Y25.0;	
N120G51.1Y0:		N110G03X75.0Y40.0R15.0;	
N130M98P1111;	型腔④	N120G01G40X60.0Y50.0;	
N140G50.1;		N130G43G00Z10.0;	
N150G00Z100M09;		N140X0Y0;	
N160M05;		N150M99;	

2. 指令格式二

G51X_Y_Z_I_J_K_;

…

G50;

(1)指令说明

①X、Y、Z 镜像轴的中心坐标;

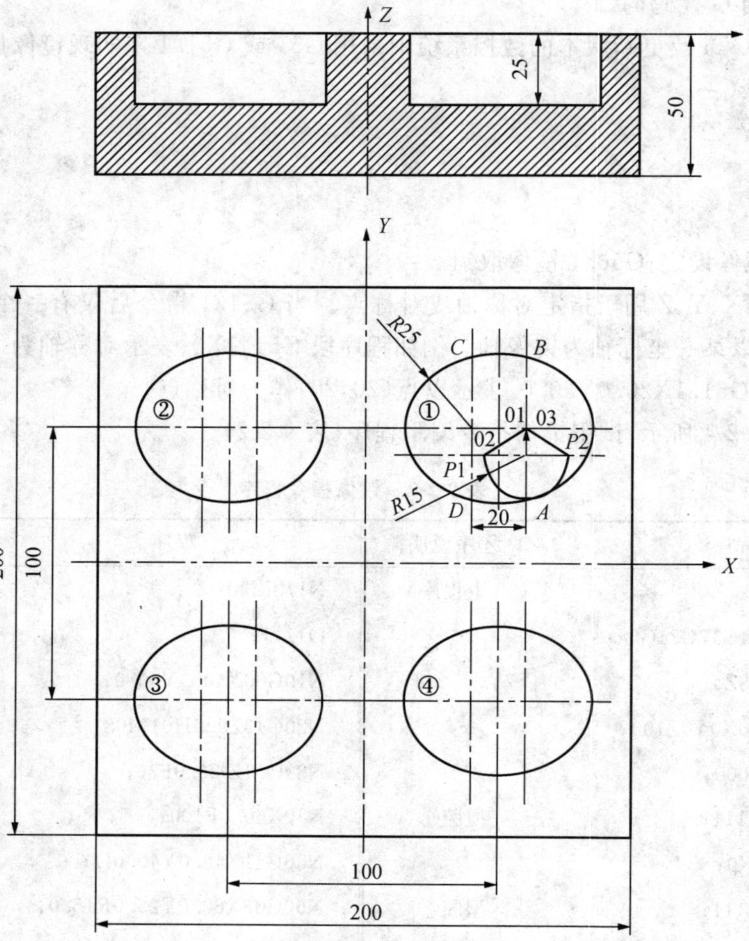

图 9-2-4 用镜像指令编程

②I 为 X 轴的镜像比例，J 为 Y 轴的镜像比例，K 为 Z 轴的镜像比例；

③G50 撤销镜像；

④指令中比例系数一定为负值(−1)，如果其值为正值，则该指令变成缩放指令。

⑤如果比例系数是负值但不等于−1，则执行指令时，既进行镜像加工，又进行缩放。

(2)应用举例 如图 9-2-5 所示，其中比例系数取为＋1 000 或－1 000。设刀具起始点在 0 点，程序如表 9-2-3 所示。

3. 镜像加工指令的注意事项

(1)在指定平面内执行镜像加工指令时，如果程序中有圆弧指令，则圆弧的旋转方向相反，即 G02 变成 G03，相应地，G03 变成 G02。

(2)在指定平面内执行镜像加工指令时，如果程序中有刀具半径补偿指令，则刀具半径补偿的偏置方向相反，即 G41 变成 G42，相应地，G42 变成 G41。

(3)在可编程镜像指令中，返回参考点指令(G27，G28，G29，G30)和改变坐标系指令(G54～G59，G92)不能指定。如果要指定其中的某一个，则必须在取消可编程镜像加工指令后指定。

表9-2-3　镜像指令程序

程序	程序说明	程序	程序说明
O1000；	主程序	N80M98P9000；	
N10G90G94G17G21G54；		N90G50；	
N20G91G28Z0；		N100M30；	
N30G90G92X0Y0；		O9000；	子程序
N40M98P9000；		N10G00X60.0Y60.0；	
N50G51X50.0Y50.0I－1000J1000；		N20G01X100.0Y60.0F100；	
N60M98P9000；		N30X100.0Y100.0；	
N70G51X50.0Y50.0I－1000J－1000；		N40X60.Y60.0；	
N60M98P9000；		N50M99；	
N70G51XS00YS0011000J－1000；			

(4)在使用镜像加工功能时，由于数控镗铣床的Z轴一般安装有刀具，所以，Z轴一般都不进行镜像加工。

【任务实施】

一、零件图工艺分析

如图9-2-1所示，此零件图纸标注齐全，分析图样可知：该零件由凸台、半圆键、凹球面、开口槽及内孔等外形组成，零件结构比较复杂。且凸台、半圆键、开口槽及内孔表面粗糙度均为$Ra1.6$。要求较高。开口槽有对称度要求。凹球面处粗糙度为$Ra3.2$。该零件材料为45钢，切削加工性能较好。

二、选择加工方案

根据零件形状及加工精度要求，一次装夹完成所有加工内容。以底面为基准(毛坯六面已加工)，可选择先面后孔、先粗后精的原则。加工方案如下：

(1)铣上表面。

(2)铣月形外形及平台面。

(3)铣整个外形。

(4)铣两个半圆键。

(5)粗铣键槽。

(6)精铣键槽。

(7)钻孔。

(8)铣孔。

(9)镗孔。

(10)铣凹圆球面。

三、确定装夹方案

零件毛坯外形为规则的正方形，加工时选择平口机用虎钳。装夹高度为20 mm，因此需在虎钳定位基面加垫铁。

四、刀具及切削用置的选择

本任务主要加工工件上表面、凸台、半圆键、开口槽及内孔。加工凹圆球面选用ϕ16 mm 立铣刀。刀具及切削用量选择的工艺文件如表 9-2-4 所示。

表 9-2-4　数控加工工序卡片

数控加工工艺卡片	产品型号		产品名称	零件名称		材料		零件图号
				凸模板		45 钢		
程序编号	夹具名称		夹具编号	使用设备		实习场地		备注
工步号	工步内容	刀具号	刀具规格	补偿号	主轴转速	进给速度	切削深度	加工余量
1	铣上表面	T1	ϕ80 面铣刀		800	100		0.3
2	铣月形外形及平台面	T2	ϕ16 立铣刀		200	50		0.3
3	铣整个外形	T2	ϕ16 立铣刀		350	40		0.3
4	铣两个半圆键	T2	ϕ16 立铣刀		350	40		
5	粗铣键槽	T3	ϕ12 键槽铣刀		600	45		
6	铣键槽	T2	ϕ16 立铣刀		350	40		
7	钻孔	T4	ϕ8.5 钻头		600	5		
8	铣孔	T2	ϕ16 立铣刀		350	40		
9	镗孔	T5	ϕ38 精镗刀		900	25		
10	铣凹圆球面	T2	ϕ16 立铣刀		800	200		
11	铰孔 M10	T8	ϕ10 铰刀		200	40		
编制		审核		共　页		第　页		

五、编程和加工

1. 参考程序(部分)

选择工件上表面对称中心线作为编程原点,其加工程序见表 9-2-5。

表 9-2-5　参考程序(部分)

程序段号	FANUC 0i 系统程序	程序说明
	O0011;	半圆键主程序
N10	G90G49G21G40G54F100;	程序初始化
N20	G91G28Z0;	
N30	M03S600;	
N40	G90G00X90.0Y0;	
N50	Z5.0;	
N60	M98P0012;	加工上部分半圆键
N70	G51X0Y0I1.0J−1.0;	沿 X 轴镜像
N80	M98P0012;	加工下部分半圆键

续表9-2-5

程序段号	FANUC 0i系统程序	程序说明
N90	G00Z20.0；	Z向抬刀
N100	G50；	取消镜像
N110	G91G28Z0；	程序结束部分
N120	M30；	
	O0012；	凸台加工子程序
N10	G01Z-15.0F80；	进刀到所需深度
N20	G41G01X63.489Y13.936D01；	切线切入
N30	G01X40.546Y46.702；	轮廓加工
N40	X59.354Y55.472；	
N50	G02X72.427Y36.802R11.5；	
N60	G01X50.573Y14.947；	
N70	G40G01X90.0Y0M09；	取消刀补
N80	M99；	返回主程序
	O0013；	倒圆角程序
N10	G90G49G21G40G54F100；	程序初始化
N20	G91G28Z0；	
N30	M03S1000；	
N40	G90G00X0Y0；	
N50	Z5.0；	
N60	＃1＝－13.0；	深度参数赋值
N70	＃2＝23.216；	参数赋值
N80	G01Z＃1F80；	进刀到所需深度
N90	＃3＝SQRT[900－＃2＊＃2]；	计算圆半径
N100	G41G01X＃3Y0D01；	建立刀补
N110	G03I＃3；	轮廓加工
N120	G40G01X0Y0D01；	取消刀补
N130	＃1＝＃1＋0.1；	深度递增赋值
N140	＃＝＃2－0.1；	参数递减赋值
N150	IF[＃1LE－4.9]GOTO80；	条件判断
N160	G00Z20.0；	Z向抬刀
N170	G91G28Z0；	程序结束部分
N180	M30；	

2. 操作提示

按铣刀的形状和用途可分为圆柱铣刀、端铣刀、立铣刀、键槽铣刀、球头铣刀等。在实际的加工中选用何种刀具要遵循长度越短越好、直径越大越好、铣削效率越高越好的原则。

由于一般以刀具为单位进行调试程序，并且在大规模的生产中，工件的加工节拍非常短，而换刀的时间在辅助时间中占有相当大的比例，因此编制程序时尽可能在每次换刀后加工完成全部相关内容，保证加工过程中最少的换刀次数和最短的走刀路径，减少辅助时间，提高加工效率。

六、考核

加工如图 9-2-1 所示的零件，成绩评分标准见表 9-2-6。

表 9-2-6　配分权重表

工件编号				总得分			
项目与权重		序号	技术要求	配分	评分标准	检测记录	得分
工件加工评分(95%)	外形轮廓	1	$38^{0}_{-0.062}$	5	超差 0.01 扣 1 分		
		2	$15^{0}_{-0.027}$	5	超差 0.01 扣 1 分		
		3	$10^{0}_{-0.022}$	5	超差 0.01 扣 1 分		
		4	对称度 0.02	8	每错一处扣 1 分		
		5	30.15	3	超差 0.01 扣 1 分		
		6	35°、80°R11.5	6	每错一处扣 1 分		
		7	R35、R15、10	5	每错一处扣 1 分		
		8	侧面 $Ra1.6\ \mu m$	4	每错一处扣 1 分		
		9	$Ra3.2\ \mu m$	2	每错一处扣 1 分		
	内轮廓加工	10	$38^{+0.025}_{0}$	8	超差 0.01 扣 1 分		
		11	孔距 $80^{0}_{-0.074}$	5	超差 0.01 扣 1 分		
		12	$6^{+0.018}_{0}$	6	超差 0.01 扣 1 分		
		13	$16^{+0.027}_{0}$	6	超差 0.01 扣 1 分		
		14	孔径 $\phi12H7$	2×3	超差 0.01 扣 1 分		
		15	SR30	5	超差全扣		
		16	17	2	超差全扣		
		17	侧面 $Ra1.6\ \mu m$	3	每错一处扣 2 分		
		18	底面 $Ra3.2\ \mu m$	6	每错一处扣 1 分		
	其他	19	工件按时完成	2	未按时完成全扣		
		20	工件无缺陷	3	缺陷一处扣 3 分		
程序与工艺(5%)		21	程序正确合理	2	每次一处扣 2 分		
		22	加工工序卡	3	不合理每处扣 2 分		
机床操作(倒扣分)		23	机床操作规范	倒扣	出错一次扣 2 分		
		24	工件、刀具装夹	倒扣	出错一次扣 2 分		
安全文明生产(倒扣分)		25	安全操作	倒扣	安全事故停止操作或酌扣 5～30 分		
		26	机床整理	倒扣			

任务 3　数控铣/加工中心综合训练三

知识点

- ➢了解坐标旋转指令的指令格式及编程方法
- ➢了解坐标旋转编程的注意事项
- ➢了解圆弧凸台的编程方法

技能点

- ➢确定零件的加工方法
- ➢采用坐标旋转指令编写零件的加工程序
- ➢利用宏程序控制连续旋转
- ➢采用 B 类宏程序指令编写圆弧凸台的加工程序

【任务引入】

试编写如图 9-3-1 所示工件轮廓(已知毛坯尺寸为 150 mm×120 mm×30 mm)的加工程序,并在数控铣床上进行加工。

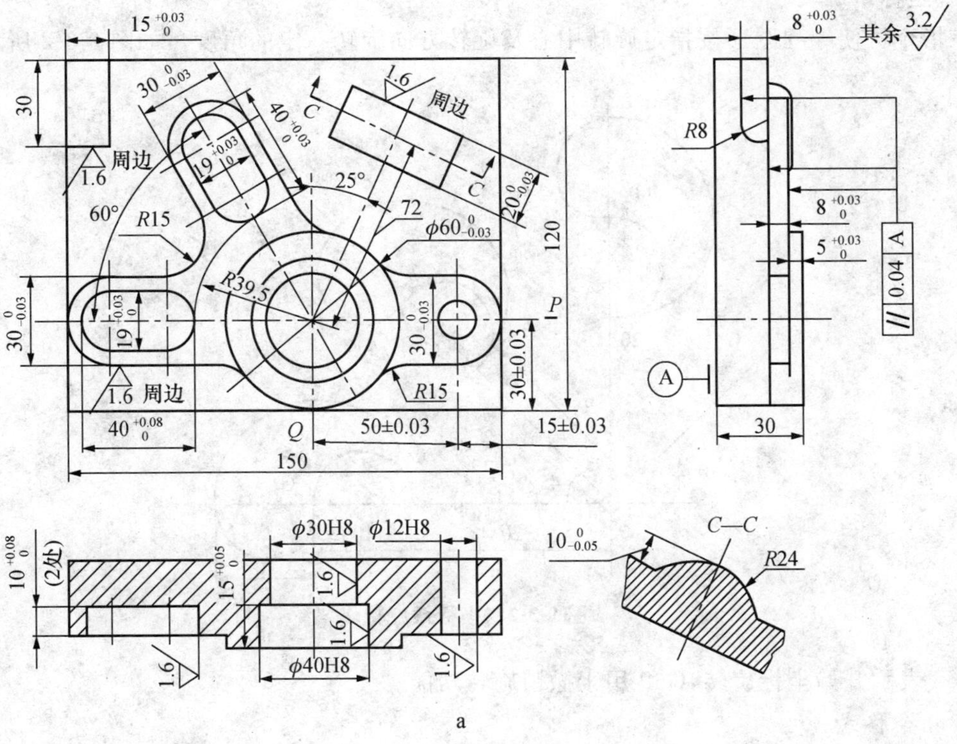

a

b

图 9-3-1 加工任务零件

a. 零件图 b. 立体图

【相关知识】

该工件有两个轮廓相同的键槽和圆弧凸台沿圆周均布。因此，在编程过程中如采用坐标旋转编程则会使所编程序简单明了。此外，在本任务编程过程中，还涉及圆弧和直线切点和交点的计算。因此，在编程前还应掌握数控编程中常用基点的计算方法。

一、坐标系旋转

该指令可使编程图形按指定旋转中心及旋转方向旋转一定的角度。如图 9-3-2 所示。

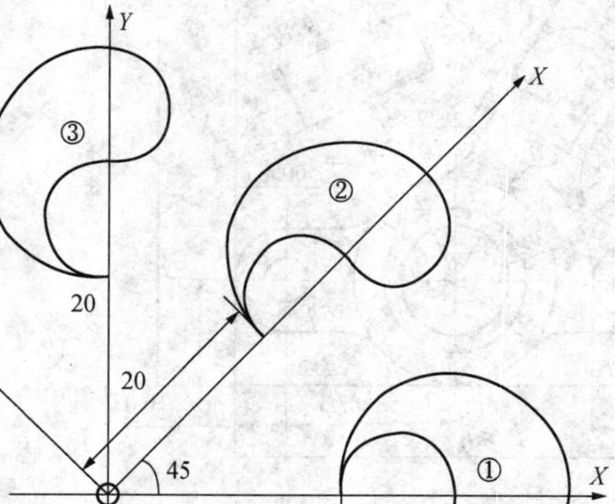

图 9-3-2 坐标系旋转

G68 表示开始坐标旋转，G69 用于撤销旋转功能。

1. 指令格式

G68X_Y_R_；

…

G69；

式中:X、Y 旋转中心的坐标值(可以是 X、Y、Z 中的任意两个,由当前平面选择指令确定)。当 X、Y 省略时,G68 指令认为当前的位置即为旋转中心。R 旋转角度,逆时针旋转定义为正向,一般为绝对值。旋转角度范围:－360°～＋360°,单位为 0.001°。当 R 省略时,按系统参数确定旋转角度。

2. 应用举例

如图 9-3-3 所示,应用旋转指令编写程序如下:

%100;	N50G02Y10.0R10.0;
N10G54G00X－5.0Y－5.0;	N60G03X－10.0I－5.0J－5.0;
N20G90G68X7.0Y3.0R60.0;	N70G01Y－10.0;
N30G90GOlX0Y0F200;	N80G90G69X－5.0Y－5.0;
N40G91X10.0;	N90M30;

3. 坐标系旋转功能与刀具半径补偿功能的关系

旋转平面一定要与刀具半径补偿平面共面。以图 9-3-4 为例,程序如下:

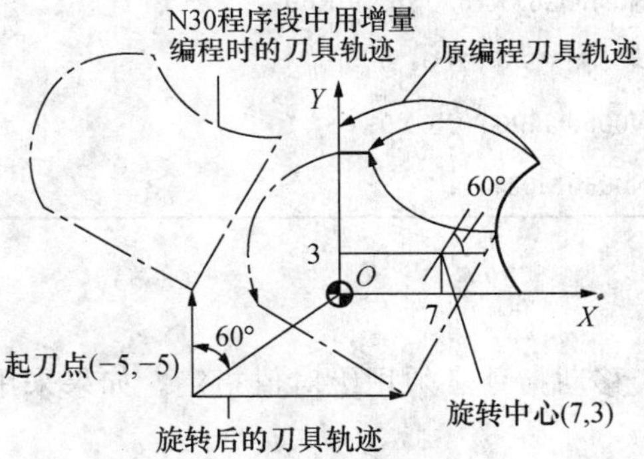

图 9-3-3　坐标系的旋转

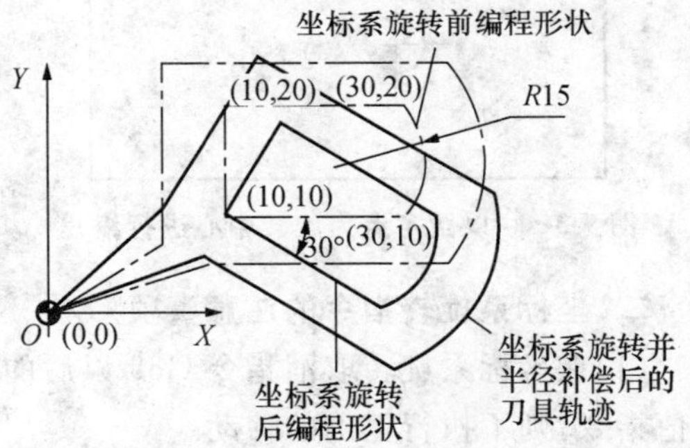

图 9-3-4　坐标系旋转与刀具半径补偿

```
N10G54G00X0Y0;
N20G68R30.0;
N30G42G90G00X10.0Y10.0F100D01;
N40G91X20.0;
N50G03Y10.0R15;
N60G01X-20.0;
N70Y-10.0;
N80G40G90X0Y0;
N90G69M30;
```

当选用半径为 R5 的立铣刀时,设置刀具半径补偿偏置号 H01 的数值为 5。

4. 坐标系旋转功能与比例编程方式的关系

在比例模式时,再执行坐标系旋转指令,旋转中心坐标也执行比例操作,但旋转角度不受影响，这时各指令的排列顺序如下：

G51…；

G68…；

G41/G42…；

G40…；

G69…；

G50…；

5. 重复指令

可储存一个程序作为子程序，用变换角度的方法来调用该子程序。将图形旋转 60°，进行加工，如图 9-3-5 所示，其旋转中心的坐标值为(15，15)，数控加工程序如下：

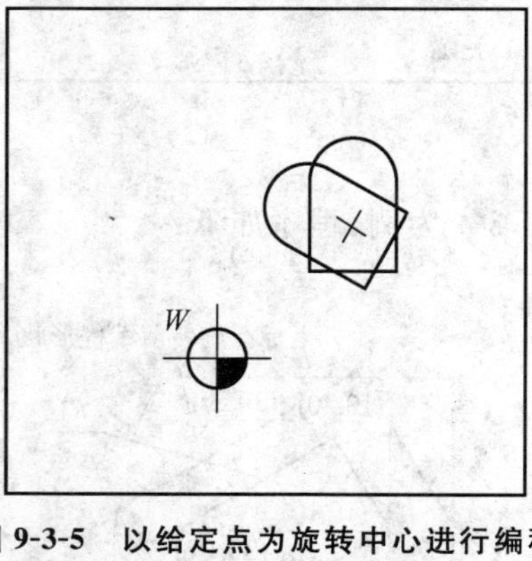

图 9-3-5　以给定点为旋转中心进行编程

```
O0004；
N0010G59T01；
N0020G00G90X0Y0M06；
N0030G68X15.0Y15.0R60；
N0040M98P0200；
N0050G69G90X0Y0；
N0060M03；
```

二、坐标系旋转指令的注意事项

(1)在坐标系旋转取消指令 G69 以后的第一个移动指令必须用绝对值指定。如果采用增量值指令，则不执行正确的移动。

(2)CNC 数据处理的顺序是：程序镜像—比例缩放—坐标系旋转—刀具半径补偿 C 方式。所以在指定这些指令时，应按顺序指定，取消时，按相反顺序。在旋转指令或比例缩放指令中不能指定镜像指令，但在镜像指令中可以指定比例缩放指令或坐标系旋转指令。

(3)在指定平面内执行镜像指令时，如果在镜像指令中有坐标系旋转指令，则坐标系旋转方向相反。即顺时针变成逆时针，相应地，逆时针变成顺时针。

(4)如果坐标系旋转指令前有比例缩放指令，则坐标系旋转中心也被缩放，但旋转角度不被比例缩放。

(5)在坐标系旋转指令中，返回参考点指令(G27，G28，G29，G30)和改变坐标系指令(G54～G59，G92)不能指定。如果要指定其中的某一个，则必须在取消坐标系旋转指令后指定。

【任务实施】

一、零件图工艺分析

在不允许采用成型刀具的情况下，完成倒角或三维曲面的加工是很困难的。只有使用宏程序，以解决这类问题。整个圆弧凸台的加工采用立铣刀走四方的形式来完成。工件的四边为已加工面，所以前后两面在加工过程中可以适当地偏出一段距离，以不接触工件为准。

二、选择加工方案

根据零件形状及加工精度要求，一次装夹完成所有加工内容。以底面为基准(毛坯六面已加工，左侧圆弧轮廓不加工)，选择基准先行、先面后孔、先粗后精的原则。加工方案如下：

(1)铣上表面。

(2)粗铣圆凸台。

(3)铣整个外形。

(4)精铣圆凸台。

(5)粗铣键槽。

(6)精铣键槽。

(7)预钻孔。

(8)铣孔。

(9)镗孔ϕ30H8、ϕ40H8，铰孔ϕ12H8。

(10)铣圆弧凸台。

三、确定装夹方案

零件毛坯外形为规则的正方形，加工时选择平口机用虎钳。装夹高度为 20 mm，因此需在虎钳定位基面加垫铁。

四、刀具及切削用量的选择

本任务主要加工工件上表面、凸台、半圆键、开口槽及内孔。加工圆弧凸台选用ϕ12 立铣刀。刀具及切削用量选择工艺文件如表 9-3-1 所示。

表 9-3-1　数控加工工序卡片

数控加工工艺卡片		产品型号	产品名称	零件名称	材料		零件图号	
				凸模板	45 钢			
	程序编号	夹具名称	夹具编号	使用设备	实习场地		备注	
工步号	工步内容	刀具号	刀具规格	补偿号	主轴转速	进给速度	切削深度	加工余量
1	铣上表面	T01	ϕ80 面铣刀		800	100		
2	粗铣圆凸台	T02	ϕ16 立铣刀		200	50		
3	铣整个外形	T02	ϕ16 立铣刀		350	40		
4	精铣圆凸台	T02	ϕ16 立铣刀		350	40		
5	粗铣键槽	T03	ϕ12 键铣刀		600	35		
6	精加工薄壁外轮廓	T02	ϕ16 立铣刀		350	40		
7	预钻孔	T01	ϕ11.8 钻头		600	35		
8	铣孔	T02	ϕ16 立铣刀		350	40		
9	镗孔ϕ30	T5	ϕ30 精镗刀		900	25		
10	镗孔ϕ40	T6	ϕ40 精镗刀		900	25		
11	铰孔镗孔ϕ12H8	T8	ϕ12 铰刀		200	40		
12	铣圆弧凸台	T7	ϕ12 立铣刀		800	200		
编制		审核		共　页		第　页		

五、编程和加工

1. 手工宏编程的适用范围

三维曲面手工编程较复杂，因为节点的计算很困难，故在复杂的曲面加工中很少用到手工编程。手工编程也只是局限于规则三维曲面，即可以用方程式表达曲线轨迹，如圆球面、椭圆球面、正余弦曲面、二次抛物线曲面等。在手工编程中由于系统没有这些曲线差补，故需利用曲线方程把曲线细分很细小的直线段来逼近曲线轮廓。

2. 利用宏程序控制连续旋转

```
＃1＝0
WHILE[＃1GE 旋转角度]DOl;(判断语句)
G68X0Y0R＃1;
……(旋转坐标系定义语句)
＃i＝＃1-60;(下一步旋转角度)
G69;(取消旋转)
ENDl;(循环结束语句)
```

3. 参考程序(部分)

选择工件上表面对称中心线作为编程原点，其加工程序见表 9-3-2。

表 9-3-2　参考程序

程序段号	FANUC 0i 系统程序	程序说明
N10	O0011;	键槽主程序
N20	G90G94G71G40G54F100;	
N30	G91G28Z0;	
N40	M03S600;	程序初始化
N50	G90G00X－49.5Y－30.0;	
N60	Z20.0;	
N70	M98P0012;	调用子程序
N80	G00Z20.0;	Z 向抬刀
N90	G68X10.0T－30.0R－60.0;	顺时针旋转 60°
N100	M98P0012;	调用子程序
N110	G00Z20.0;	Z 向抬刀
N120	G69;	取消旋转
N130	G91G28Z20;	程序结束
N140	M30;	
	O0012;	键槽加工子程序
N10	G00X－49.5Y－30.0;	定位起点
N20	Z5.0M08;	快速进刀
N30	G01Z－15.0F80;	进刀到所需深度
N40	G41G01X－50.5Y30.0D01;	圆弧切入

续表9-3-2

程序段号	FANUC 0i 系统程序	程序说明
N50	G03X－60.0Y－39.5R－9.5；	轮廓加工
N60	G01X－39.0；	
N70	G03Y－20.5R9.5；	
N80	G01X－60.0；	
N90	G40G01X－49.5Y－30.0M09；	取消刀补
N100	M99；	返回主程序
	O0013；	圆弧凸台加工程序
N10	G90G94G21G40G54F100；	程序初始化
N20	G01G28Z0；	程序开始部分
N30	M03S600；	
N40	G90G00X－25.0Y70；	绝对平移
N50	Z20.0；	
N60	G68X10.0Y－30.0R－25.0；	顺时针旋转
N70	M98P0014；	调用子程序
N80	G00Z20.0；	
N90	G69；	取消旋转
N100	G91G28Z0；	程序结束部分
N110	M30；	
	O0014；	圆弧凸台子程序
N10	G00X－25.0Y70.0；	定位起点
N20	＃1＝－10.0；	深度参数赋值
N30	＃2＝14.0；	参数赋值
N40	Z5.0M08；	快速进刀
N50	G01Z＃1F80；	进刀所需深度
N60	＃3＝SQRT[576.0－＃2＊＃2]；	计算凸台长度
N70	G41G01X－＃3Y54.0D01；	轮廓加工
N80	Y30.0；	
N90	X＃3；	
N100	Y54.0；	
N110	X－＃3；	
N120	G40G01X－25.0Y70.0M09；	取消刀补
N130	＃1＝＃1＋0.1；	深度递增赋值
N140	＃2＝＃2＋0.1；	参数递增赋值
N150	IF[＃1LE0]GOTO50；	条件判断
N160N	M99；	返回主程序

4. 操作提示

程序的编制体现编程者对程序结构、数控系统性能、编程格式的灵活掌握程度。好的程序结构清晰、语句简单、运行正确。本任务在加工过程中如果不用“坐标旋转功能”，则程序的编制会明显复杂化。

六、考核

加工如图 9-3-1 所示的零件，成绩评分见表 9-3-3。

表 9-3-3 配分权重表

工件编号			总得分				
项目与权重		序号	技术要求	配分	评分标准	检测记录	得分
工件加工评分(95%)	外形轮廓	1	$60^{0}_{-0.03}$	5	超差 0.01 扣 1 分		
		2	$30^{0}_{-0.03}$	5	超差 0.01 扣 1 分		
		3	$20^{0}_{-0.010}$	6	超差 0.01 扣 1 分		
		4	$15^{+0.03}_{0}$	6	超差 0.01 扣 1 分		
		5	$8^{+0.03}_{0}$	6	超差 0.01 扣 1 分		
		6	$5^{+0.03}_{0}$	6	超差 0.01 扣 1 分		
		7	R15,R8	6	每错一处扣 1 分		
		8	25°、72°	2	超差全扣		
		9	*Ra*1.6 μm	2	每错一处扣 1 分		
		10	*Ra*3.2 μm	2	每错一处扣 1 分		
	内轮廓加工	11	孔径 ϕ40H8	2	超差 0.01 扣 1 分		
		12	孔径 ϕ30H8	1	超差 0.01 扣 1 分		
		13	孔距 50±0.03	6	超差 0.01 扣 1 分		
		14	孔距 15±0.03	4	超差 0.01 扣 1 分		
		15	$15^{+0.03}_{0}$	4	超差 0.01 扣 1 分		
		16	$10^{+0.03}_{0}$	6	超差 0.01 扣 1 分		
		17	$19^{+0.03}_{0}$	6	超差 0.01 扣 1 分		
		18	$19^{+0.03}_{0}$	6	超差 0.01 扣 1 分		
		19	ϕ12H8	2×2	超差全扣		
		20	*Ra*39.5,60°	3	每错一处扣 1 分		
		21	*Ra*1.6 μm	2	每错一处扣 1 分		
	其他	22	工件按时完成	3	未按时完成全扣		
		23	工件无缺陷	2	缺陷一处扣 3 分		
程序与工艺(5%)		24	程序正确合理	2	每次一处扣 1 分		
		25	加工工序卡	3	不合理每处扣 2 分		
机床操作(倒扣分)		26	机床操作规范	倒扣	出错一次扣 2 分		
		27	工件、刀具装夹	倒扣	出错一次扣 2 分		
安全文明生产(倒扣分)		28	安全操作	倒扣	安全事故停止操作或酌扣 5～30 分		
		29	机床整理	倒扣			

【思考与练习】

1. 试分别说明用 G52、G54、G59、G92 指令设定的工件坐标系之间的区别与联系。

2. 试写出比例缩放指令的编程格式，并说明格式中各参数的含义。

3. 镜像加工指令在编程中的注意事项有哪些？

4. 薄壁零件加工过程中应注意哪些问题？

5. 坐标系旋转指令的注意事项有哪些？

6. 如图 9-3-6 所示，利用缩放功能指令编写、调试程序并加工，加工深度 3 mm，缩放中心及缩放比例由指导教师指定。

7. 如图 9-3-7 所示，利用零点偏置功能指令编写并调试外轮廓加工程序，加工深度 3 mm，刀具为 $\phi 8$ 的立铣刀。

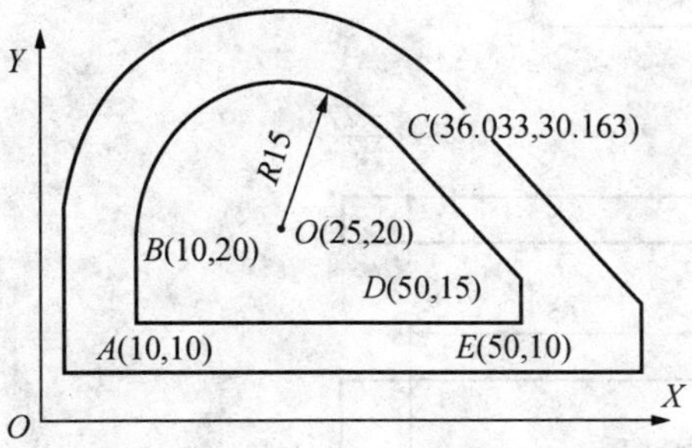

图 9-3-6　题 6 图　轮廓加工零件

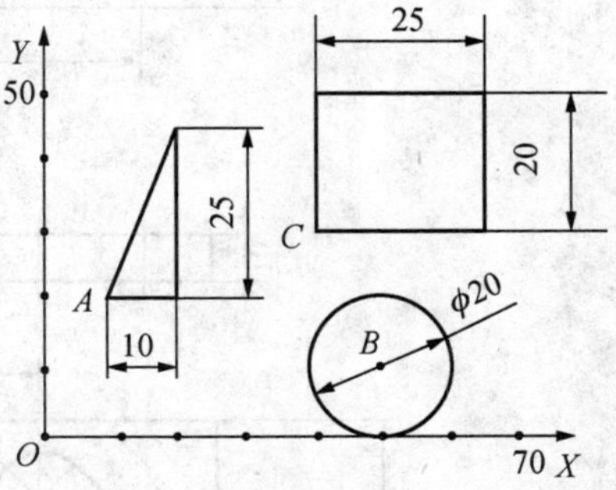

图 9-3-7　题 7 图　外轮廓加工零件

8. 试编写图 9-3-8 所示零件的加工程序。

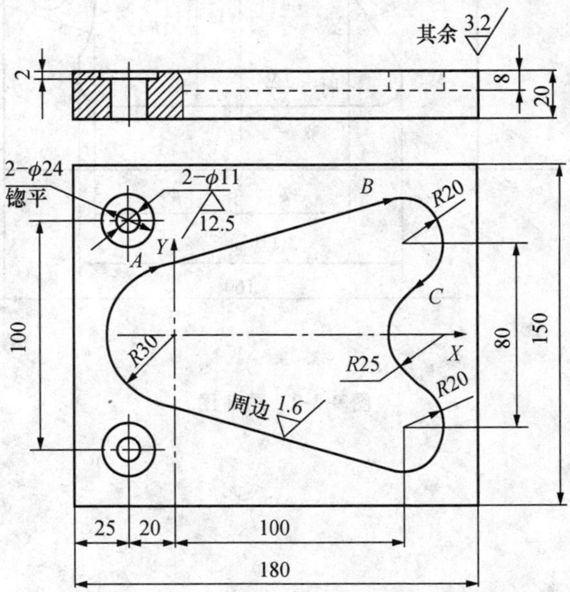

A(−8.507,28.768)　B(94.328,59.179)　C(109.162,22.222)

a

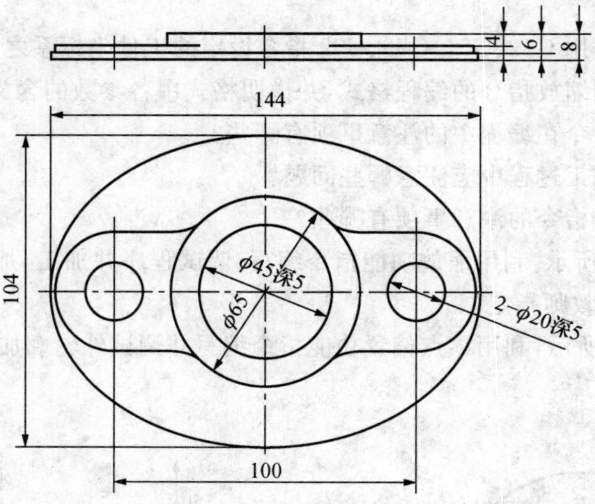
4
6
8
144
φ45深5
φ65
2−φ20深5
104
100

b

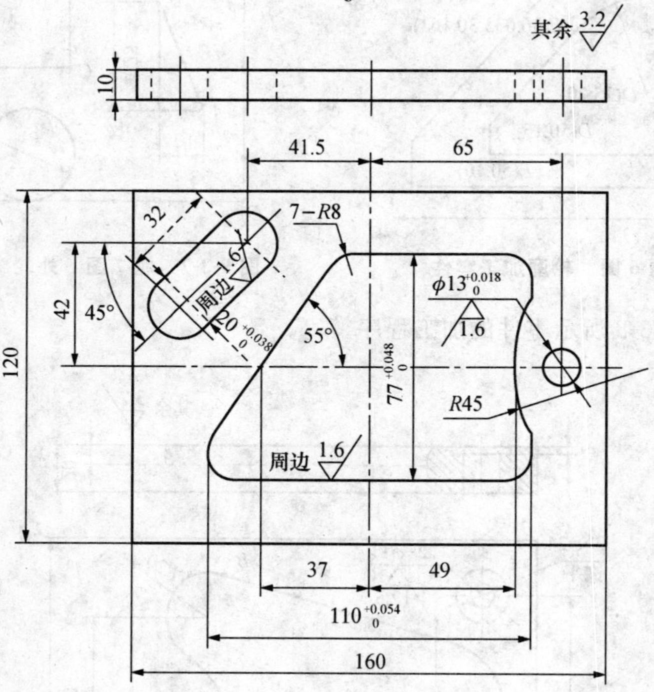
其余 3.2
10
41.5
65
32
7−R8
1.6
周边
42
45°
20 +0.038 0
55°
120
φ13 +0.018 0
1.6
77 +0.048 0
R45
周边 1.6
37
49
110 +0.054 0
160

c

图 9-3-8 题 8 图

职业技能鉴定参考试卷　模块 10

任务 1　应知部分

任务 2　应会部分

任务1　应知部分

国家职业技能鉴定统一试卷
中级数控铣工理论知识试卷样题1
注　意　事　项

1. 考试时间:90 min。
2. 请首先按要求在试卷的标封处填写姓名、准考证号和所在单位的名称
3. 请仔细阅读各种题目的回答要求,在规定的位置填写答案。
4. 不要在试卷上乱写乱画,不要在标封区填写无关内容。

	一	二	三	四	总分
得分					

得分	
评分人	

一、判断题(正确的填"√",错误的填"×"。每题1分,共20分)

1. 铣削时,铣刀的切削速度方向和工件的进给方向相同,这种铣削方式称为逆铣。 (　　)
2. 表面粗糙度 *Ra* 值越大,表示表面粗糙度要求越低;*Ra* 的值越小,表示表面粗糙度要求越高。 (　　)
3. 圆弧铣削时,已知起点和圆心就可以编写出圆弧插补程序。 (　　)
4. 工件坐标系是通过对刀建立的。 (　　)
5. 机床用平口虎钳安装时,不需调整钳口与床台的平行度。 (　　)
6. RS232是数控系统中的异步通讯接口。 (　　)
7. 铣刀材质一般常用高速钢或碳钢。 (　　)
8. 确定加工顺序和工序内容、加工方法、划分加工阶段,安排热处理、检验,以及其他辅助工序是填写工艺文件的主要工作。 (　　)
9. 铣削进给速率的单位可以用 mm/min 表示。 (　　)
10. 切削液可延长刀具寿命。 (　　)
11. 在操作数控铣床时,操作者不能戴手套。 (　　)
12. 一个主程序中只能有一个子程序。 (　　)
13. 若工件高度小于钳口高度,可在工件下方垫平行垫块。 (　　)
14. 端铣刀无法用于铣削沟槽及轮廓加工。 (　　)
15. 铣削加工是一种工件移动和刀具旋转之间的断续切削加工。 (　　)
16. 退火的目的是改善钢的组织,提高强度,改善切削加工性能。 (　　)
17. 程序 G01 X40 Y20 F100;,刀具进给到(40,20)点,X、Y两轴均以100mm/min的进给速率进给。 (　　)

18. 铣削工件时，若端铣刀由原路径退回，宜先提刀。（　　）

19. 在利用刀具半径补偿铣削轮廓时，补偿方向是依据平面选择及加工程序路径而定。（　　）

20. 伺服系统发生故障的三种表现形式为软件报警、硬件报警、无任何显示报警。（　　）

得分	
评分人	

二、选择题（选择正确的答案，将相应的字母填在括号内。每题 1 分，共 40 分）

1. G41 指令的含义是（　　）。

A. 直线插补　B. 圆弧插补　C. 刀具半径右补偿　D. 刀具半径左补偿

2. 铣削加工采用顺铣时，铣刀旋转方向与工件进给方向（　　）。

A. 相同　B. 相反　C. 相同或相反　D. 垂直

3. 下列孔加工工具中，（　　）是起钻孔定位和引正作用的。

A. 麻花钻　B. 中心钻　C. 扩孔钻　D. 锪钻

4. 在铣削铸铁等脆性金属时，一般（　　）。

A. 加以冷却为主的切削液　B. 加以润滑为主的切削液

C. 不加切削液　D. 加机油冷却

5. 一般端铣刀在 ϕ20 mm 以下是（　　）刀柄。

A. 莫氏锥度　B. 直柄　C. 国际标准锥度　D. 布朗氏锥度

6. 普通数控铣床加装（　　）后就成为数控加工中心。

A. 刀库和准停装置　B. 刀库和换刀装置

C. 换刀装置和准停装置　D. 刀库

7. G40 指令的含义是（　　）。

A. 刀具半径右补偿　B. 刀具半径补偿功能取消

C. 刀具长度补偿功能取消　D. 刀具长度正补偿

8. 铣床精度检验包括铣床的（　　）精度检验和工作精度检验。

A. 几何　B. 制造　C. 装配　D. 设计

9. 数控精铣时，一般应选用（　　）。

A. 较大的吃刀量、较低的主轴转速、较高的进给速度

B. 较小的吃刀量、较低的主轴转速、较高的进给速度

C. 较小的吃刀量、较高的主轴转速、较高的进给速度

D. 较小的吃刀量、较高的主轴转速、较低的进给速度

10. 数控铣床由四个基本部分组成，分别是（　　）、数控装置、伺服机构、机床。

A. 数控程序　B. 数控介质　C. 数控键盘　D. 显示器

11. 数控加工中心与普通数控铣床、镗床的主要区别是（　　）。

A. 一般具有三个数控轴

B. 设置有刀库，在加工过程中由程序自动选用和更换

C. 能完成钻、铰、攻螺纹、铣、镗等加工功能

D. 主要用于箱体类零件的加工。

12. 下列不是装夹钢材工件必须考虑的因素是(　　)。

A. 装夹稳固　　B. 工件硬度　　C. 工件定位　　D. 工件装夹变形

13. 数控机床采用刀具补偿后的优点是(　　)。

A. 可以减少刀具磨损对加工精度的影响

B. 方便编程和选择刀具

C. 方便机床操作

D. 提高加工的速度

14. 采用三爪自定心卡盘和顶尖装夹轴类元件时限制的自由度是

A. 3　　B. 4　　C. 5　　D. 6

15. 选择铣削加工的主轴转速的依据是(　　)。

A. 机床的特点和用户的经验

B. 工件材料与刀具材料

C. 加工时间定额

D. 机床本身、工件材料、刀具材料、工件的加工精度和表面粗糙度

16. 退火是一种对钢材的热处理工艺,其目的是(　　)。

A. 提高钢材的整体硬度

B. 降低钢材的硬度,以利于切削加工

C. 提高钢材的表面硬度,以利于耐磨

D. 降低钢材的温度

17. 铣削加工中主运动的线速度为(　　)。

A. 铣削速度　　B. 每分钟进给量　　C. 每转进给量　　D. 加工速度

18. 在零件数控加工时,轨迹控制参数中安全高度和起止高度的关系是(　　)。

A. 安全高度应大于起止高度　　B. 起止高度应大于安全高度

C. 根据零件类型确定　　D. 由速度值参数决定

19. 数控程序中的 G83 指令是(　　)。

A. 非续效指令　　B. 宏指令　　C. 非模态指令　　D. 模态指令

20. 刀具半径补偿指令在返回零点状态是(　　)。

A. 模态保持　　B. 暂时抹消　　C. 抹消　　D. 初始状态

21. 用于选择 ZX 平面的指令代码是(　　)。

A. G16　　B. G17　　C. G18　　D. G19

22. 铣刀按齿背形状分可分为尖齿铣刀和(　　)。

A. 三面刃铣刀　　B. 端铣刀　　C. 铲齿铣刀　　D. 沟槽铣刀

23. 铣床上用的分度头和各种虎钳都是(　　)夹具。

A. 专用　　B. 通用　　C. 组合　　D. 以上都可以

24. 数控编程指令 G42 代表(　　)。

A. 刀具半径左补偿　　B. 刀具半径右补偿

C. 刀具半径补偿取消　　D. 正向刀具长度补偿

25. 在铣削 XY 平面上的一个圆弧时,圆弧起点在(30,0),终点在(－30,0),半径为

50 mm,圆弧起点到终点的旋转方向为顺时针,则铣削圆弧的指令为( )。

A. G17 G90 G02 X－ 30 .0 YO R50. 0 F50；

B. G17 G90 G03 X－ 30. 0 YO R－50. 0 F50；

C. G17 G90 G02 X－30. 0 Y0 R－50. 0 F50；

D. G18 G90 G02 X30. 0 Y0 R50. 0 F50；

26. 只在本程序段有效,下一程序段需要时必须重写的代码称为( )。

A. 模态代码　B. 续效代码

C. 非模态代码　D. 准备功能代码

27. 数控铣床精加工轮廓时应采用( )。

A. 切向进刀　B. 顺铣　C. 逆铣　D. 法向进刀

28. 铣削加工时,当刀具的直径越小,主轴每分钟回转数( )。

A. 越高　B. 越低

C. 不变　D. 不能确定如何变化

29. 某直线控制数控机床加工的起始坐标为(0,0),接着分别是(0,5),(5,5),(5,0),(0,0),则加工的零件形状是( )。

A. 边长为 5 mm 的平行四边形　B. 边长为 5 mm 的正方形

C. 边长为 10 mm 的正方形　D. 边长为 10 mm 的平行四边形

30. 端铣削时,铣刀轴心与工件表面( )。

A. 垂直　B. 平行　C. 呈任意角度　D. 不平行也不垂直

31. 铣刀直径为 50 mm,铣削铸铁时其切削速度为 20 mm/min,则其主轴转速为( )r/min。

A. 60　B. 120　C. 240　D. 480

32. 语句 G17 G02 X_ Y_ R－ 20. 0;,其圆心角( )。

A. 大于 180°　B. 小于或等于 180°

C. 大于 270°　D. 小于 270°

33. 在数控铣床上,刀具从机床原点快速位移到编程原点上应选择( )指令。

A. G00　B. G01　C. G02　D. G03

34. 关于语句 G17 G02 X50. 0 Y50. 0 R50. 0;,下列叙述正确的是( )。

A. G02 为逆时针圆弧切削

B. 配合平面选择,G02 为顺时针圆弧切削

C. G02 为顺时针圆弧铣削

D. 配合平面选择,G02 为逆时针圆弧铣削

35. 加工中心上加工的既有平面又有孔系的零件中,常见的是( )零件。

A. 支架类　B. 箱体类　C. 盘、套、板类　D. 凸轮类

36. 程序结束并且光标返回程序开始的代码是( )。

A. M00 B. M02　C. M30　D. M03

37. 数控铣床是通过( )实现不同速度的手动进给的。

A. 手动参考点返回方式　B. 手摇脉冲发生器手动进给方式

C. 手动连续进给　D. JOG 方式

38. 为方便编程，数控加工的工件尺寸应尽量采用(　　)。

A. 局部分散标注　　B. 以同一基准标注

C. 对称标注　　D. 任意标注

39. 铣削T形槽时，防止切屑堵塞的可用方法为(　　)。

A. 钢刷刷除　　B. 压缩空气吹除

C. 用嘴吹除　　D. 用布擦除

40. 数控系统中PLC控制程序实现机床的(　　)。

A. 位置控制　　B. 各执行机构的逻辑顺序控制

C. 插补控制　　D. 各进给轴轨迹和速度控制

得分	
评分人	

三、填空题(将正确的答案填在括号内，每题2分，共20分)

1. 从零件图开始，到获得数控机床所需控制介质的全过程称为程序编制，程序编制的方法有(　　)和(　　)。

2. 铣刀按切削部分材料分类，可分为(　　)铣刀和硬质合金铣刀。

3. 数控机床由控制介质、数控装置、(　　)和机床等部分组成。

4. 切削用量中对切削温度影响最大的是(　　)，而(　　)影响最小。

5. 切削用量三要素是指主轴转速切削速度、(　　)和背吃刀量。对于不同的加工方法，需要不同的切削用量，并应编入程序单内。

6. 在尺寸链中被间接控制的，当其他尺寸出现后自然形成的尺寸，称为(　　)。

7. 小孔钻削加工中，为了保证加工质量，关键问题是要解决钻孔过程中的(　　)和(　　)。

8. 铣削过程中所选用的切削用量称为铣削用量，铣削用量包括铣削宽度、铣削深度(　　)、进给量。

9. 采用布置恰当的6个支承点来消除工件6个自由度的方法称为(　　)。

10. 加工中心是一种带(　　)和(　　)的数控机床。

得分	
评分人	

四、简答(每小题5分，共20分)

1. 何谓机床坐标系和工件坐标系？其主要区别是什么？

2. 简述刀具材料的基本要求。

3. 什么是数控机床？其工作原理是什么？

4. 确定夹紧力方向应遵循哪些原则？

国家职业技能鉴定统一试卷
中级数控铣工理论知识试卷样题 2
注 意 事 项

1. 考试时间:90 min。
2. 请首先按要求在试卷的标封处填写姓名、准考证号和所在单位的名称。
3. 请仔细阅读各种题目的回答要求,在规定的位置填写答案。
4. 不要在试卷上乱写乱画,不要在标封区填写无关内容。

	一	二	三	四	总分
得分					

得分	
评分人	

一、判断题(正确的填"√",错误的填"×"。每题 1 分,共 20 分)

1. 最常见的二轴半坐标控制的数控铣床,实际上就是一台三轴联动的数控铣床。( )
2. 铣削零件轮廓时进给路线对加工精度和表面质量无直接影响 。 ( )
3. G00 G01 G91 X－100.0 F100;,此语句在 CNC 铣床实际执行 G91G00 X－100.0 F100;。 ( )
4. 数控铣床若无机械原点自动记忆装置,开机后一般是先回归机械原点,才执行程序。 ( )
5. 在切削用量中,对刀具耐用度影响最大的是切削速度,其次是背吃刀量,影响最小的是进给量。 ( )
6. 端铣刀直径越小,每分钟铣削回转数宜越高。 ( )
7 .G41 左补偿指令是指刀具偏在工件轮廓的左侧,而 G42 指令时,刀具则偏在右侧。 ( )
8. 铣削属于连续切削加工。 ( )
9. 开环无反馈,半闭环的反馈源在丝杠位置,闭环的反馈源在最终执行元件位置。 ( )
10. 在 XY 平面执行圆弧切削的指令,可写成 G17 G02 X_Y_R_F_;。 ( )
11. 机床参考点是数控机床上固有的机械原点,该点到机床坐标原点在进给坐标轴方向上的距离可以在机床出厂时设定。( )
12. 数控铣床的圆弧铣削,仅限在 XY 平面上进行。 ( )
13. 夹具夹紧工件的三个要素是力的大小、力的方向和力的作用点。 ( )
14. 退火的目的是改善钢的组织,提高其强度,改善切削加工性能。 ( )
15. 确定加工顺序和工序内容、加工方法,划分加工阶段,安排热处理、检验,以及其他辅助工序是填写工艺文件的主要工作。 ( )
16. 更换数控铣床主轴润滑系统用油时,为求方便,可不必依照原厂指示更换。 ( )

17. 端铣刀无法用于铣削沟槽及轮廓加工。 （ ）

18. 铣削时，应先决定基准面再加工。 （ ）

19. 铣刀材料一般常用高速钢或碳钢。 （ ）

20. 数控加工零件的程序的输入、输出必须在 MDI(手动数据输入)方式下完成。 （ ）

得分	
评分人	

二、选择题(选择正确的答案，将相应的字母填在括号内。每题 1 分，共 40 分)

1. 数控铣床的默认加工平面是（ ）。

A. XY 平面　B. XZ 平面　C. YZ 平面　D. XYZ 轴

2. 数控机床对铣刀的基本要求是（ ）。

A. 铣刀的刚度要好　B. 铣刀的耐用性要好

B. 根据切削用量选择铣刀　D. 刚度和耐用性都要好

3. 用数控铣床加工较大平面时，应选择（ ）。

A. 立铣刀　B. 端铣刀　C. 圆锥形立铣刀　D. 鼓形铣刀

4. 加工中心与其他数控机床的主要区别是（ ）。

A. 有刀库和自动换刀装置　B. 机床转速高

C. 机床刚度好　D. 进刀速度高

5. 下列说法正确的是（ ）。

A. 标准麻花钻头的导向部分外径一致，即外径从切削部分到尾部直径始终相同

B. 标准麻花钻头的导向部分外径有倒锥量，即外径从切削部分向尾部逐渐减小

C. 标准麻花钻头的导向部分外径有锥度，即外径从切削部分向尾部逐渐加大

D. 标准麻花钻头的导向部分外径一致，在尾部的夹持部分有莫氏锥度

6. G40 指令的含义是（ ）。

A. 刀具半径右补偿　B. 刀具半径补偿功能取消

C. 刀具长度补偿功能取消　D. 刀具长度正补偿

7. 选择铣削加工的主轴转速的依据是（ ）。

A. 机床的特点和用户的经验

B. 工件材料与刀具材料

C. 机床本身、工件材料、刀具材料、工件的加工速度和表面粗糙度

D. 加工时间定额

8. 在铣削加工时，（ ）不适合做轴向进给。

A. 立铣刀　B. 键槽铣刀

C. 球头铣刀　D. 立铣刀和球头铣刀

9. 铣削一外轮廓，为避免切入/切出点产生刀痕，最好采用（ ）。

A. 法向切入/切出　B. 切向切入/切出

C. 斜向切入/切出　D. 垂直切入/切出

10. 在铣削加工过程中，铣刀轴由于受到（ ）的作用而产生弯矩。

A. 圆周铣削力　B. 径向铣削力

C. 圆周与径向铣削力的合力　D. 轴向铣削力

11. 刀具半径补偿功能可以分为左补偿和右补偿。只有在(　　)指令下,才能实现刀具半径补偿功能的建立和取消。

A. G00 或 G01　B. G41　C. G42　D. G40

12. 用数控机床钻ϕ10 mm 深 100 mm 的孔时,钻孔循环指令应选择(　　)。

A. G81　B. G83　C. G84　D. G76

13. 球头铣刀的球半径通常(　　)加工曲面的曲率半径。

A. 小于　B. 大于　C. 等于　D. 大于或等于

14. 对于箱体类零件,其加工顺序一般为(　　)。

A. 先孔后面,基准面先行　B. 先孔后面,基准面后行

C. 先面后孔,基准面先行　D. 先面后孔,基准面后行

15. 华中数控 HNC-21M/22M 系统中,G84 指令是指(　　)。

A. 镗孔循环　B. 反镗孔循环

C. 攻螺纹循环　D. 取消固定循环

16. 在刀具半径补偿功能中,字母 D 后面的数字表示(　　)。

A. 刀具的实际半径　B. 刀具半径的差值

C. 刀具半径位于刀具表中的地址　D. 刀具半径的磨损值

17. 数控铣床精加工轮廓时应采用(　　)。

A. 切向进刀　B. 顺铣　C. 逆铣　D. 法向进刀

18. 如果用ϕ20 mm 三刃高速钢立铣刀铣削台阶侧面,高速钢的切削速度是 25 m/min,背吃刀量 5 mm,切削厚度 5 mm,合理的主轴转速大约是(　　)r/min。

A. 100　B. 400　C. 800　D. 1 250

19. 立式数控升降台铣床的升降台上下运动坐标轴是(　　)。

A. X 轴　B. Y 轴　C. Z 轴　D. B 轴

20. 由两个形体表面相交而产生的表面交线,称为(　　)。

A. 截交线　B. 相贯线　C. 过渡线　D. 相切线

21. 铣刀按齿背形状分可分为尖齿铣刀和(　　)。

A. 三面刃铣刀　B. 端铣刀　C. 铲齿铣刀　D. 沟槽铣刀

22. 为了保障人身安全,在正常情况下,机床的安全的电压规定为(　　)V 以下。

A. 24　B. 36　C. 48　D. 56

23. 数控铣床成功地解决了(　　)生产自动化问题并提高了生产效率。

A. 单件　B. 大量　C. 中、小批

24. 铣刀在一次进给中所切掉的工件表层的厚度称为(　　)。

A. 铣削宽度　B. 铣削深度　C. 进给量　D. 切削量

25. 数控铣削加工前,应进行零件工艺过程和设计、计算,包括加工顺序、铣刀和工件的(　　)、坐标设置和进给速度等。

A. 相对运动轨迹　B. 相对距离　C. 位置调整

26. FANUC 系统中,程序段 G04 P1000 中,P 指令是(　　)。

A. 子程序号　B. 缩放比例　C. 暂停时间　D. 循环参数

27. 数控铣床的低压电路部分属于(　　)。

A. 数控系统　　B. 操作系统　　C. 附属设备

28. 五坐标轴三联动的加工中心,在同一程序段中能同时对(　　)进行编程。

A. X、Y、Z 三个轴　　B. 五个轴

C. 五个轴中的任意三个轴　　D. 三到五个轴

29. 铣削工件时,不适用的夹持工具有(　　)。

A. T 形螺栓　　B. 压板

C. 梯枕或活动顶枕　　D. 画线台

30. 某直线控制数控机床加工的起始坐标为(0,0),接着分别是(0,5)、(5,5)、(5,0)、(0,0),则加工的零件形状是(　　)。

A. 边长为 5 mm 的平行四边形　　B. 边长为 5 mm 的正方形

C. 边长为 10 mm 的正方形　　D. 边长为 10 mm 的平行四边形

31. 语句 G17 G02 X22.5Y30.9I32.5F100;,表示刀具位移限定于(　　)。

A. XY 平面　　B. XZ 平面　　C. YZ 平面　　D. 任何平面均可

32. 铣削 T 形槽时,下列方法较合适的是(　　)。

A. 用端铣刀先铣直槽,再用 T 形槽铣刀

B. 直接用 T 形槽铣刀

C. 先钻孔,再加工直槽,再用 T 形槽铣刀

D. 用半圆键铣刀铣削直槽,再用 T 形槽铣刀

33. 数控铣床进给速度的单位通常为(　　)。

A. mm/min　　B. mm/rev　　C. rps　　D. rpm

34. 数控铣床由四个基本部分组成,分别是(　　)、数控装置、伺服机构和机床。

A. 数控程序　　B. 数控介质

C. 数控键盘　　D. 人机交互装置

35. 数控机床的坐标系采用(　　)判定 X、Y、Z 的正方向,根据 ISO 标准,在编程时采用(　　)的规则。

A. 右手法则刀具相对静止而工件运动　　B. 右手法则工件相对静止而刀具运动

C. 左手法则工件随工作台运动　　D. 左手法则刀具随主轴移动

36. 用数控铣床铣削一直线成形面轮廓,确定坐标系后,应计算零件轮廓的(　　)如起点、终点、圆弧圆心、交点或切点等。

A. 基本尺寸　　B. 外形尺寸　　C. 轨迹和坐标值

37. 下列确定加工路线的原则中正确的说法是(　　)。

A. 加工路线最短

B. 使数值计算简单

C. 加工路线应保证被加工零件的精度及表面粗糙度

D. A、B、C 同时兼顾

38. 下列不是安装或拆卸铣刀时的必须注意事项的是(　　)。

A. 主轴必须停止　　B. 床台必须放置软垫保护

C. 台虎钳擦拭干净　　D. 刀柄与主轴内孔必须擦拭干净

39. 数控机床的控制装置包括(　　)。

A. 伺服电动机和驱动系统　　B. 程序载体和光电阅读机

C. 信息处理、输入输出装置　　D. 位移、速度检测装置和反馈系统

40. CNC 系统的 RAM 常配有高能电池，配备电池的作用是(　　)。

A. 保护 RAM 不受损坏

B. 保护 CPU 和 RAM 之间传递信息不受干扰

C. 没有电池，RAM 就不能工作

D. 系统断电时，保护 RAM 中的信息不丢失

得分	
评分人	

三、填空题(将正确的答案填在括号内，每题 2 分，共 20 分)

1. 数控机床按控制运动轨迹可分为点位控制、点位直线控制和(　　)等几种。

2. 数控机床实现插补运算较为成熟并得到广泛应用的是(　　)插补和(　　)插补。

3. 切削用量中对切削温度影响最大的是(　　)，而(　　)影响最小。

4. 在轮廓控制中，为了保证一定的精度和编程方便，通常需要有刀具长度和(　　)补偿功能。

5. 铣削过程中所选用的切削用量称为铣削用量，铣削用量包括铣削宽度、铣削深度、(　　)和进给量。

6. 切削用量三要素是指切削速度、(　　)、背吃刀量。不同的加工方法，需要不同的切削用量，并应编入程序单内。

7. 在尺寸链中被间接控制的、当其他尺寸出现后自然形成的尺寸，称为(　　)。

8. 小孔钻削加工中，为了保证加工质量，关键问题是要解决钻孔过程中的(　　)和(　　)。

9. 采用布置恰当的 6 个支承点来消除工件 6 个自由度的方法，称为(　　)。

10. 在精铣内外轮廓时，为改善表面粗糙度，应采用(　　)的进给路线加工方案。

得分	
评分人	

四、简答(每小题 5 分，共 20 分)

1. 数控机床的顺铣和逆铣各有什么特点？

2. 何谓刀具半径补偿？建立和撤销刀具半径补偿的 G 指令有哪些？

3. 在机械制造中使用夹具的目的是什么？

4. 简述表面粗糙度的大小对机械零件使用性能的影响。

国家职业技能鉴定统一试卷

中级数控铣工理论知识试卷样题 3

注 意 事 项

1. 考试时间：90 min。
2. 请首先按要求在试卷的标封处填写姓名、准考证号和所在单位的名称。
3. 请仔细阅读各种题目的回答要求，在规定的位置填写答案。
4. 不要在试卷上乱写乱画，不要在标封区填写无关内容。

	一	二	三	四	总分
得分					

得分	
评分人	

一、判断题(正确的填"√"，错误的填"×"。每题 1 分，共 20 分)

1. 切削液可延长刀具寿命。 ( )
2. 在操作数控铣床时，操作者不能戴手套。 ( )
3. 顺铣削的铣刀回转方向和工件移动方向相同。 ( )
4. 端铣刀无法用于铣削沟槽及轮廓加工。 ( )
5. 铣削加工是一种工件移动和刀具旋转之间的断续切削加工。 ( )
6. 退火的目的是改善钢的组织，提高其强度，改善切削加工性能。 ( )
7. 语句 G01 X40.0 Y20.0 F100.0;，刀具进给到(40,20)点，X、Y 两轴均以 100 mm/min 的进给速率进给。 ( )
8. 铣削工件时，若端铣刀由原路径退回，宜先提刀。 ( )
9. 在利用刀具半径补偿铣削轮廓时，补偿方向是依据平面选择及加工程序路径而定。 ( )
10. 数控零件加工程序的输入、输出必须在 MDI(手动数据输入)方式下完成。 ( )
11. 开环无反馈，半闭环的反馈源在丝杠位置，闭环的反馈源在最终执行元件位置。 ( )
12. 圆弧铣削时，已知起点和圆心就可以编写出圆弧插补程序。 ( )
13. 数控铣床若无机械原点自动记忆装置，开机后一般是先回归机械原点，才执行程序。 ( )
14. 语句 G01 G00 G91 X－100 F100;在数控铣床上实际执行 G91 G00 X－100 .0 F100;。 ( )
15. 夹具夹紧工件的三个要素是力的大小、力的方向和力的作用点。 ( )
16. G41 左补偿指令是指刀具偏在工件轮廓的左侧，而 G42 指令时，刀具则偏在右侧。 ( )

17. 淬火的目的提高低碳钢的力学性能,改善切削加工性能,细化晶粒,消除组织缺陷。 ( )

18. 一个主程序中只能有一个子程序。 ( )

19. 数控铣床的圆弧铣削,仅限在 XY 平面上进行。 ( )

20. 工件坐标系是通过对刀建立的。 ( )

得分	
评分人	

二、选择题(选择正确的答案,将相应的字母填在括号内。每题 1 分,共 40 分)

1. 世界上第一台数控机床是( )年研制出来的。
   A. 1930 B. 1947 C. 1952 D. 1958
2. 数控铣床的基本控制轴数是( )轴。
   A. 1 B. 2 C. 3 D. 4
3. 编制数控加工中心加工程序时,为了提高加工精度,一般采用( )。
   A. 精密专用夹具 B. 流水线作业法
   C. 工序分散加工法 D. 一次装夹,多工序集中
4. 数控机床对铣刀的基本要求是( )。
   A. 铣刀的刚度要好 B. 铣刀的耐用性要好
   C. 根据切削用量选择铣刀 D. 铣刀的刚度和耐用性都要好
5. 铣床上用的分度头和各种虎钳都是( )夹具。
   A. 专用 B. 通用 C. 组合 D. 以上都可以
6. 用数控机床钻 $\phi 45$ mm 深 100 mm 的孔时,钻孔循环指令应选择( )。
   A. G81 B. G83 C. G84 D. G76
7. 立式数控升降台铣床前后运动坐标轴是( )。
   A. X 轴 B. Y 轴 C. Z 轴 D. B 轴
8. CNC 系统的 RAM 常配有电池,配备电池的作用是( )。
   A. 保护 RAM 不受损坏
   B. 保护 CPU 和 RAM 之间传递信息不受干扰
   C. 没有电池,RAM 就不能工作
   D. 系统断电时,保护 RAM 中的信息不丢失
9. 在铣削加工过程中,铣刀轴由于受到( )的作用而产生弯矩。
   A. 圆周铣削力 B. 径向铣削力
   C. 圆周与径向两铣削力的合力
10. 在刀具半径补偿功能中,字母 D 后面的数字表示( )。
   A. 刀具的实际半径 B. 刀具半径的差值
   C. 刀具半径位于刀具表中的地址 D. 刀具半径的磨损值
11. 铣床虎钳上借助圆棒夹持粗坯面工件时,圆棒宜选用的材质是( )。
   A. 黄铜 B. 不锈钢 C. 铸铁 D. 高碳钢
12. 数控铣床的最大特点是( ),即灵活、通用、万能,可加工不同形状的工件。

A. 精度高　　B. 工序集中　　C. 高柔性　　D. 效率高

13. 铣削加工时，发生刀刃崩裂的可能原因为(　　)。

A. 切屑排出不良　　B. 主轴马达规格较大

C. 进刀量太小　　D. 背吃刀量过小

14. 平面的质量主要从(　　)两个方面来衡量。

A. 平面度和表面粗糙度　　B. 平行度和垂直度

C. 表面粗糙度和垂直度　　D. 平行度和平面度

15. 定位基准有粗基准和精基准两种，选择定位基准应力求满足基准重合原则，即(　　)统一。

A. 设计基准、粗基准和精基准

B. 设计基准、粗基准、工艺基准

C. 设计基准、工艺基准和编程原点

D. 设计基准、精基准和编程原点

16. 某加工程序中的一个程序段为 N003 G91 G18 G94 G02 X30.0 Y35. I30.0 F100;，该程序段的错误在于(　　)。

A. 不应该用 G91　　B. 不应该用 G18

C. 不应该用 G94　　D. 不应该用 G02

17. 只在本程序段有效，下一程序段需要时必须重写的代码称为(　　)。

A. 模态代码　　B. 续效代码

C. 非模态代码　　D. 准备功能代码

18. XY 平面选择指令为(　　)。

A. G17　　B. G18　　C. G19　　D. G20

19. 关于积屑瘤的不正确说法是(　　)。

A. 积屑瘤的硬度高于工件材料的硬度

B. 积屑瘤一般在中等切削速度下产生

C. 积屑瘤可以保护刀具、减少刀具的磨损

D. 积屑瘤增大了前角，降低了切削力和已加工表面粗糙度

20. 在数控铣床上铣一个正方形零件(外轮廓)，如果使用的铣刀直径比原来小 1 mm，则计算加工后的正方形尺寸(　　)mm。

A. 小 1　　B. 小 0.5　　C. 大 1　　D. 大 0.5

21. 加工中心上加工的既有平面又有孔系的零件，常见的是(　　)零件。

A. 支架类　　B. 箱体类　　C. 盘、套、板类　　D. 凸轮类

22. 在铣削工件时，若铣刀的旋转方向与工件的进给方向相反，称为(　　)。

A. 顺铣　　B. 逆铣　　C. 横铣　　D. 纵铣

23. 在顺铣时，工作台纵向丝杠的螺纹与螺母之间的间隙及丝杠两端轴承的轴向间隙之和应调整在(　　)mm 的范围内较为合适。

A. 0～0.02　　B. 0 04～0.08　　C. 0.1～1　　D. 1～2

24. 数控铣床由四个基本部分组成，分别是(　　)、数控装置、伺服机构、机床。

A. 数控程序　　B. 数控介质　　C. 数控键盘　　D. 操作系统

25. 用数控铣床铣削一直线成形面轮廓，确定坐标系后，应计算零件轮廓的(　　)，如起点、终点、圆弧圆心、交点或切点等。

A. 基本尺寸　B. 外形尺寸　C. 轨迹和坐标值

26. 对于箱体类零件，其加工顺序一般为(　　)。

A. 先孔后面，基准面先行　B. 先孔后面，基准面后行

C. 先面后孔，基准面先行　D. 先面后孔，基准面后行

27. 铣削加工时，刀具的直径越小，主轴转速应(　　)。

A. 越高　B. 越低　C. 不变　D. 不一定

28. 数控铣床的低压电路部分属于(　　)。

A. 数控系统　B. 操作系统　C. 附属设备

29. 铣刀在切入工件时，其刃口(　　)。

A. 较易产生磨损　B. 不易磨损

C. 较不易发生振动　D. 与切削中的状况一样

30. 若铣削速度为 75 m/min，铣刀直径为 80 mm，则铣刀转速为(　　)r/min。

A. 258　B. 298　C. 358　D. 398

31. 盲孔的孔底铣削加工宜使用的端铣刀为(　　)。

A. 6 刃　B. 5 刃　C. 3 刃　D. 2 刃

32. 语句 G17 G02 X_Y_ R20.0；的圆心角(　　)。

A. 大于 180°　B. 小于或等于 180°

C. 大于 270°　D. 小于 270°

33. 数控铣床加工程序中，(　　)为 G00 指令动作的描述。

A. 刀具移动路径必为一直线　B. 进给速率以 F 值设定

C. 刀具移动路径依其终点坐标而定　D. 进给速度会因终点坐标不同而改变

34. 数控系统常用的两种插补功能是(　　)。

A. 直线插补和圆弧插补　B. 直线插补和抛物线插补

C. 圆弧插补和抛物线插补　D. 螺旋线插补和抛物线插补

35. 数控铣床加工程序中呼叫子程序的指令是(　　)。

A. G98　B. G99　C. M98　D. M99

36. 在数控机床上设置限位开关的作用是(　　)。

A. 线路开关　B. 过载保护　C. 欠压保护　D. 位移控制

37. 端铣削的工件较薄时，进给量宜(　　)。

A. 增加　B. 减少　C. 不变　D. 增减均可

38. 半闭环控制伺服进给系统的检测元件一般安装在(　　)。

A. 工作台上　B. 丝杠一端　C. 工件上　D. 导轨上

39. 数控铣床程序中使用的坐标系统为(　　)。

A. 圆柱坐标系统　B. 球面坐标系统

C. 极坐标系统　D. 直角坐标系统

40. 在液压系统中使油液保持清洁的辅助元件是(　　)。

A. 油箱　B. 滤油器　C. 蓄能器　D. 密封件

得分	
评分人	

三、填空题（将正确的答案填在括号内，每空2分，共20分）

1. 数控机床按控制运动轨迹可分为点位控制、点位直线控制和（ ）等几种。

2. 铣刀按切削部分材料分类，可分为（ ）铣刀和硬质合金铣刀。

3. 切削用量中对切削温度影响最大的是（ ），而（ ）影响最小。

4. 为了降低切削温度，目前采用的主要方法是切削时冲注切削液。切削液的作用包括（ ）、（ ）防锈和清洗。

5. 铣削过程中所选用的切削用量称为铣削用量，铣削用量包括铣削宽度、铣削深度、（ ）、进给量。

6. 能消除工件6个自由度的定位方式，称为（ ）定位。

7. 在尺寸链中被间接控制的、当其他尺寸出现后自然形成的尺寸，称为（ ）。

8. 任选华中数控系统、SIEMENS系统、FANUC系统指令之一，请填写出调用子程序的指令，子程序号自定。（ ）

得分	
评分人	

四、简答（每小题5分，共20分）

1. 简述刀具材料的基本要求。

2. 什么是六点定位？

3. 在机械制造中使用夹具的目的是什么？

4. 在数控机床编程指令中M00、M01指令的区别是什么？

国家职业技能鉴定统一试卷
中级数控铣工理论知识试卷样题1答案

一、判断题

1. × 2. √ 3. × 4. √ 5. × 6. √ 7. √ 8. √ 9. √ 10. √

11. √ 12. × 13. √ 14. × 15. √ 16. × 17. × 18. √ 19. √ 20. √

二、选择题

1. D 2. A 3. B 4. C 5. B 6. B 7. B 8. A 9. D 10. B

11. B 12. B 13. B 14. C 15. D 16. B 17. A 18. B 19. D 20. B

21. C 22. C 23. B 24. B 25. A 26. C 27. B 28. A 29. B 30. A

31. B 32. A 33. A 34. B 35. B 36. C 37. B 38. B 39. B 40. B

三、填空题

1. 手工编程 自动编程 2. 高速钢 3. 伺服系统 4. 切削速度 背吃刀量

5. 进给量 6. 封闭环 7. 冷却 排屑 8. 铣削速度 9. 六点定位

10. 刀库 自动换刀装置

四、简答

1. 答:机床坐标系又称机械坐标系,是机床运动部件的进给运动坐标系,其坐标轴及方向按标准规定,其坐标原点由厂家设定,称为机床原点。工件坐标系又称编程坐标系,供编程用。

2. 答:(1)高的硬度。刀具材料的硬度高于工件材料的硬度。

(2)高的耐磨性。

(3)足够的强度和韧性,防止刀具崩刃和断裂。

(4)高的耐热性。

(5)良好的工艺性。

(6)为了便于刀具制造,刀具材料应具有良好的可加工性能和热处理工艺。

3. 答:数控机床是采用数字控制技术或装有数控系统的机床。其工作原理是将零件加工过程中所需的各种操作和步骤以及刀具与工件之间的相对位移量都用数字化的代码来表示,由程序员编制成规定的加工程序,通过输入介质送入计算机,由计算机对输入的信息进行处理与运算,发出相应指令来控制机床的伺服系统或其他运行机构,使机床自动加工出所需的工件。

4. 答:(1)夹紧力作用方向不破坏工件定位的正确性。

(2)夹紧力方向应使所需夹紧力尽可能小。

(3)夹紧力方向应工件变形尽可能小。

国家职业技能鉴定统一试卷
中级数控铣工理论知识试卷样题 2 答案

一、判断题

1. × 2. × 3. √ 4. √ 5. × 6. √ 7. × 8. × 9. √ 10. √

11. √ 12. × 13. √ 14. × 15. √ 16. × 17. × 18. √ 19. √ 20. ×

二、选择题

1. A 2. D 3. B 4. A 5. B 6. B 7. C 8. A 9. B 10. B

11. A 12. B 13. A 14. C 15. D 16. C 17. B 18. B 19. C 20. B

21. C 22. A 23. C 24. B 25. A 26. C 27. A 28. C 29. D 30. B

31. A 32. A 33. A 34. B 35. B 36. C 37. D 38. C 39. C 40. D

三、填空题

1. 轮廓控制 2. 直线 圆弧 3. 切削速度 背吃刀量 4. 半径 5. 铣削速度

6. 进给量 7. 封闭环 8. 冷却 排屑 9. 六点定位 10. 逆铣

四、简答

1. 答:逆铣时铣削厚度由零开始增大,铣刀切入过程与工件之间产生强烈摩擦,刀具易磨损,并使加工表面粗糙度值变大。同时,逆铣时有一个上抬工件的分力,容易使工件振动和夹具松动。顺铣时,其铣削厚度由最大减小到零,切入前铣刀不与零件产生摩擦,有利于提高刀具耐用度、降低表面粗糙度值、铣削时向下压的分力有利于增加工件夹持稳定性。

2. 答:在零件轮廓加工中,由于刀具总有一定的半径,刀具中心的运动轨迹与所需加工零件的实际轮廓并不重合,而是偏移轮廓一个刀具半径值,这种偏移就称为刀具半径补偿。建立和撤销刀具半径补偿的指令有 G41(左刀补)、G42(右刀补)和 G40(撤销刀补)。

3. 答:在机械制造中使用夹具的目的是为了保证产品质量,提高劳动生产率,解决机床加工中的特殊困难,扩大机床的加工范围,降低对工人的技术要求。

4. 答:(1)表面粗糙度影响零件的耐磨性。

(2)表面粗糙度影响配合性质的稳定性。

(3)表面粗糙度影响零件的强度。

(4)表面粗糙度影响零件的抗腐蚀性。

(5)表面粗糙度影响零件的密封性。

国家职业技能鉴定统一试卷
中级数控铣工理论知识试卷样题 3 答案

一、判断题

1. √ 2. √ 3. √ 4. × 5. √ 6. × 7. × 8. √ 9. √ 10. ×

11. √ 12. × 13. √ 14. √ 15. √ 16. × 17. × 18. × 19. × 20. √

二、选择题

1. C 2 C 3. D 4. D 5. B 6. B 7. B 8. D 9. B 10. C

11. A 12. C 13. A 14. A 15. C 16. B 17. C 18. B 19. C 20. C

21. B 22. B 23. B 24. B 25. C 26. C 27. A 28. A 29. A 30. B

31. D 32. B 33. C 34. A 35. C 36. D 37. B 38. B 39. D 40. B

三、填空题

1. 轮廓控制 2. 高速钢 3. 切削速度 背吃刀量 4. 冷却 润滑

5. 铣削速度 6. 完全 7. 封闭环 8. M98 P1000

四、简答

1. 答:(1)高的硬度。刀具材料的硬度高于工件材料的硬度。

(2)高的耐磨性。

(3)足够的强度和韧性,防止刀具崩刃和断裂。

(4)高的耐热性。

(5)良好的工艺性。

(6)为了便于刀具制造,刀具材料应具有良好的可加工性能和热处理工艺。

2. 答:在分析工件定位时通常用一个支承点限制一个自由度,用合理分布的 6 个支承点限制工件的 6 个自由度,使工件在夹具中位置完全确定,称为六点定位。

3. 答:在机器制造中使用夹具的目的是为了保证产品质量,提高劳动生产率,解决机床加工中的特殊困难,扩大机床的加工范围,降低对工人的技术要求。

4. 答:M00 是一个暂停指令。当执行有 M00 指令的程序段后,主轴停转,进给停止,切削液关,程序停止。它与单段程序执行后停止相同,模态信息全部被保存,利用 CNC 的启动,可使机床继续运转。M01 指令的作用和 M00 相似,但它必须是在预先按下操作面板上的“选择停止”按钮的情况下,当执行完编有 M01 指令的程序段的其他指令后,才会停止执行程序。如果不按下“选择停止”按钮,M0l 指令无效,程序继续执行。

任务 2 应会部分

加工中心操作工(中级)操作技能考核试题

考件编号:________ 姓名:________ 准考证号:________ 单位:________

注 意 事 项

1. CAD/CAM 软件仅允许使用其绘图及节点计算功能,不得使用软件后处理功能编制加工程序,否则取消其考试资格。

2. 不得使用软盘、可移动磁盘、移动硬盘等数据存储装置。

3. 若机床出现异常情况,请示考评员处理。

4. 不得将试卷带出考场。

1. 考试时间:120 min,包括编程时间,到时间停止加工。

2. 考试工件:

材料	规格	数量	要求
45 钢	100 mm×80 mm×15 mm	1 块/每位考生	考场准备

加工中心操作工(中级)操作技能考核试题加工工艺卡

考件编号:________ 姓名:________ 准考证号:________ 单位:________

<table>
<tr><td colspan="13">工艺简图(标明定位装夹位置、程序原点和对刀点的位置)</td></tr>
<tr><td colspan="13"></td></tr>
<tr><td rowspan="2">序号</td><td rowspan="2">刀具编号</td><td rowspan="2">刀具类型</td><td rowspan="2">刀具材料</td><td colspan="3">刀具主要参数</td><td rowspan="2">加工内容</td><td rowspan="2">加工余量</td><td rowspan="2">v_c</td><td rowspan="2">n</td><td rowspan="2">f</td><td rowspan="2">a_p</td></tr>
<tr><td>刀具直径</td><td>刀角半径</td><td>刀刃长度</td></tr>
<tr><td></td><td></td><td></td><td></td><td></td><td></td><td></td><td></td><td></td><td></td><td></td><td></td><td></td></tr>
<tr><td></td><td></td><td></td><td></td><td></td><td></td><td></td><td></td><td></td><td></td><td></td><td></td><td></td></tr>
<tr><td></td><td></td><td></td><td></td><td></td><td></td><td></td><td></td><td></td><td></td><td></td><td></td><td></td></tr>
<tr><td></td><td></td><td></td><td></td><td></td><td></td><td></td><td></td><td></td><td></td><td></td><td></td><td></td></tr>
<tr><td></td><td></td><td></td><td></td><td></td><td></td><td></td><td></td><td></td><td></td><td></td><td></td><td></td></tr>
<tr><td></td><td></td><td></td><td></td><td></td><td></td><td></td><td></td><td></td><td></td><td></td><td></td><td></td></tr>
<tr><td></td><td></td><td></td><td></td><td></td><td></td><td></td><td></td><td></td><td></td><td></td><td></td><td></td></tr>
<tr><td></td><td></td><td></td><td></td><td></td><td></td><td></td><td></td><td></td><td></td><td></td><td></td><td></td></tr>
</table>

加工中心操作工(中级)操作技能考核试题(一)

考件编号:________ 姓名:________ 准考证号:________ 单位:________

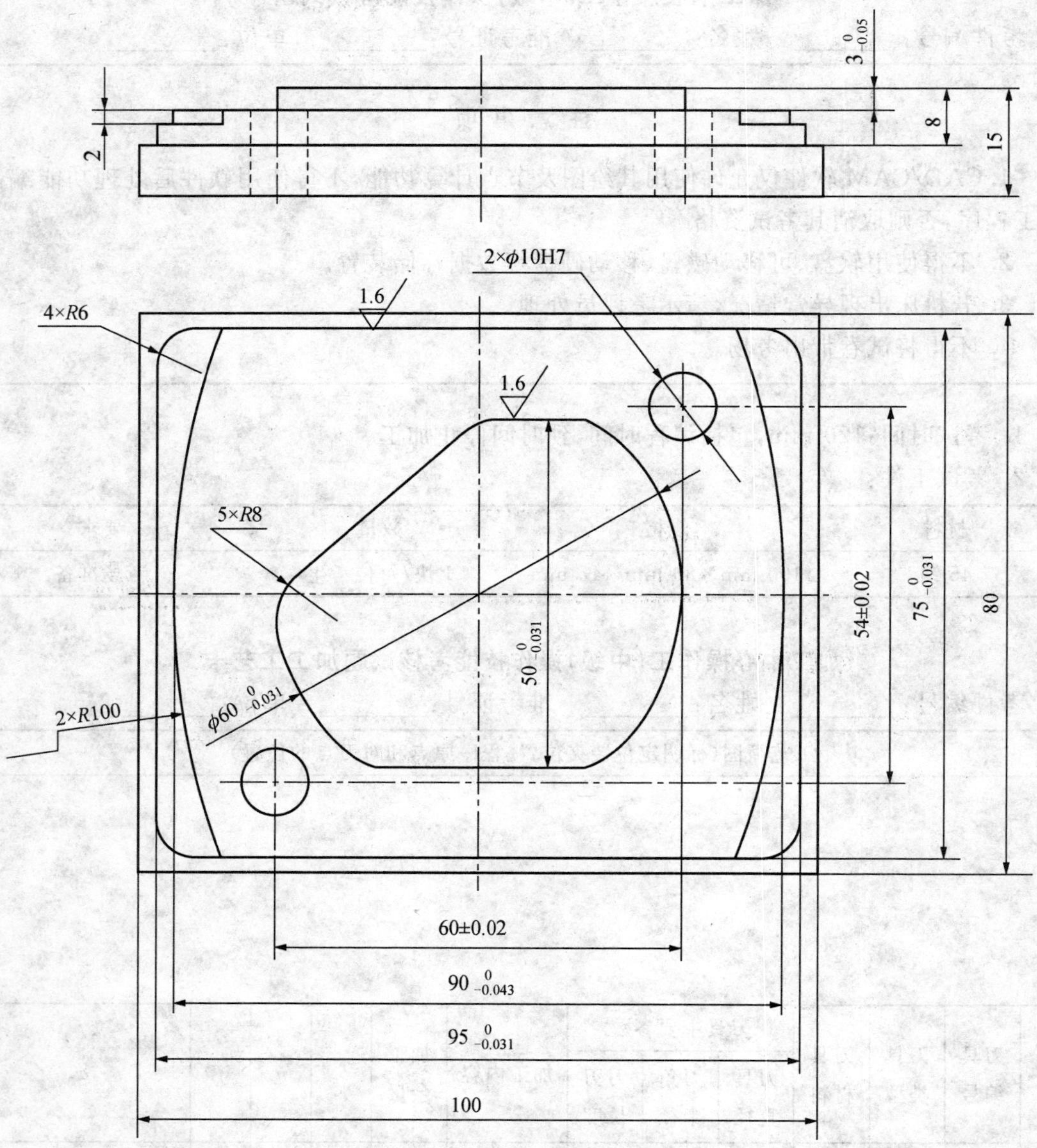

技术要求

1.未注公差尺寸按IT12。
2.四周不加工。
3.未注倒角去毛刺。

加工中心操作工(中级)实操试题

比例	1∶1	材料	45钢	图号	X001

加工中心操作工(中级)操作技能考核试题评分表(一)

考件编号:________　姓名:________　准考证号:________　单位:________

序号	考核项目	考核内容及要求		评分标准	配分	检测结果	扣分	得分	备注
1	中间凸台	$50_{-0.031}^{0}$ mm $\phi60_{-0.031}^{0}$ mm	IT	超差 0.01 mm 扣 5 分	10				
			Ra	降一级扣 3 分	5				
		完成形状轮廓加工			4				
		$3_{-0.05}^{0}$ mm	IT	超差 0.01 mm 扣 1 分	2				
2	R100 mm 凸台	$90_{-0.043}^{0}$ mm	IT	超差 0.01 mm 扣 3 分	5				
			Ra	降一级扣 2 分	3				
		完成形状轮廓加工			2				
		2 mm	IT	超差全扣	2				
3	外轮廓	$95_{-0.031}^{0}$ mm $75_{-0.031}^{0}$ mm	IT	超差 0.01 mm 扣 5 分	10				
			Ra	降一级扣 3 分	5				
		完成形状轮廓加工			4				
		8 mm	IT	超差全扣	2				
4	销孔	ϕ10H7	IT	超差 0.01 mm 扣 2 分	2 分/处				2 处
			Ra	降一级扣 2 分	2 分/处				2 处
		(60±0.02) mm (54±0.02) mm	IT	超差 0.01 mm 扣 2 分	4				
5	其他项目	①未注尺寸公差按照 IT12 ②其余表面粗糙度 ③工作必须完整,局部无缺陷(夹伤等)			6				
6	工艺合理	填写工序卡。工艺不合理,视情况酌情扣分。(详见工序卡) ①工件定位和夹紧合理 ②加工顺序合理 ③刀具选择合理			共 8 分,每违反一条扣 3 分,扣完为止				

续表

序号	考核项目	考核内容及要求	评分标准	配分	检测结果	扣分	得分	备注
7	程序编制	①指令正确，程序完整 ②运用刀具半径和长度补偿功能 ③数值计算正确，程序编写表现出一定的技巧，简化计算和加工程序		共10分，每违反一条扣3分，扣完为止				
8	安全文明生产	①着装规范，未受伤 ②刀具、工具、量具的放置规范 ③工件装夹和刀具安装规范 ④正确使用量具 ⑤卫生、设备保养规范 ⑥关机后机床停放位置合理 ⑦发生重大安全事故、严重违反操作规程者、取消考试资格		共10分，每违反一条扣2分，扣完为止				
记录员		检验员		复核		统分		

加工中心操作工(中级)操作技能考核试题(二)

考件编号：________　姓名：________　准考证号：________　单位：________

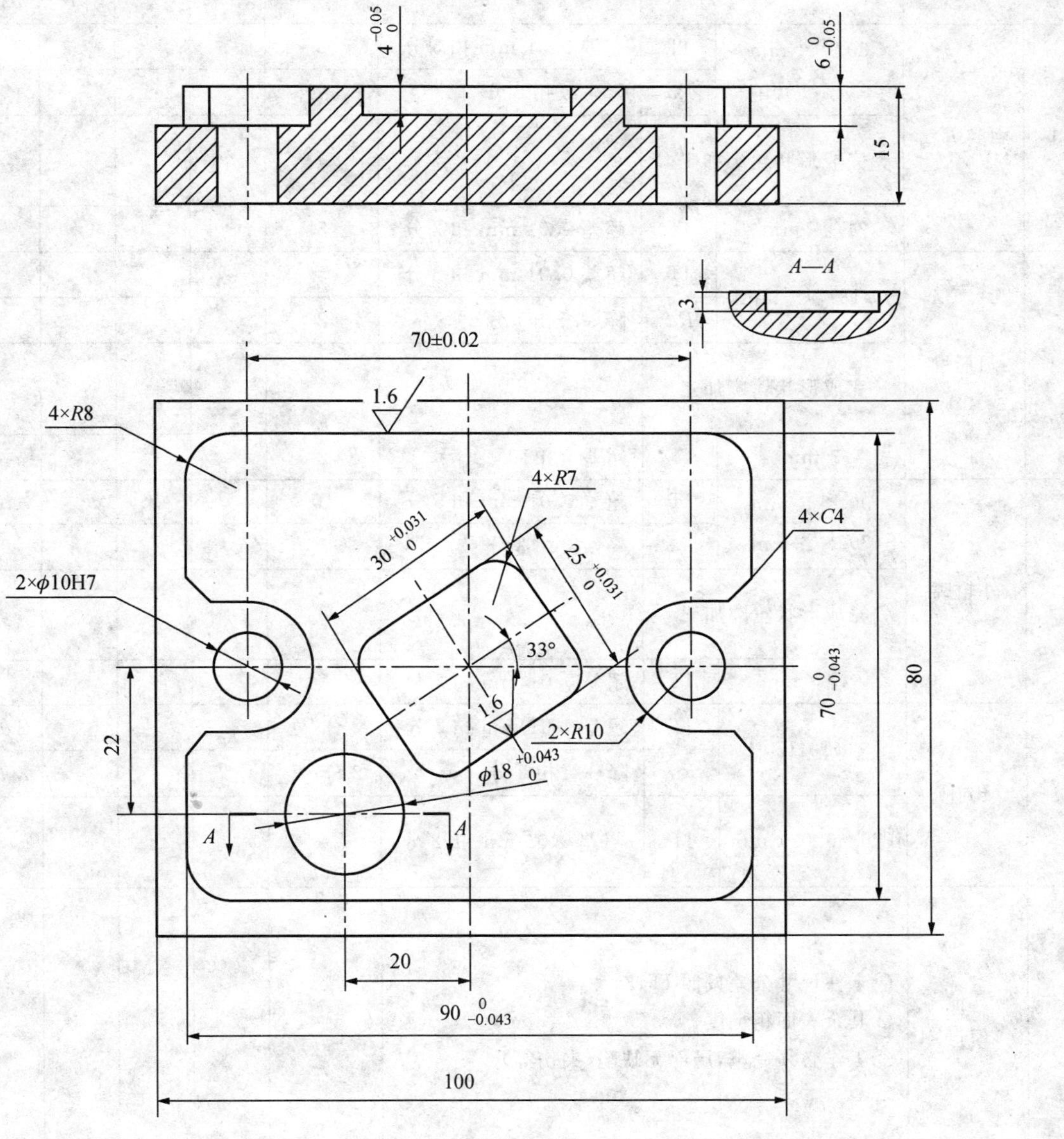

技术要求

1.未注公差尺寸按IT12。
2.四周不加工。
3.未注倒角去毛刺。

加工中心操作工(中级)实操试题	比例	1∶1	材料	45钢	图号	X002

加工中心操作工(中级)操作技能考核试题评分表(二)

考件编号:________ 姓名:________ 准考证号:________ 单位:________

序号	考核项目	考核内容及要求		评分标准	配分	检测结果	扣分	得分	备注
1	中间方槽	$30^{+0.031}_{0}$ mm $25^{+0.031}_{0}$ mm	IT	超差 0.01 mm 扣 5 分	8				
			Ra	降一级扣 3 分	4				
		完成形状轮廓加工			4				
		$4^{+0.05}_{0}$ mm	IT	超差 0.01 mm 扣 2 分	3				
2	圆形槽	$\phi 18^{+0.043}_{0}$ mm	IT	超差 0.01 mm 扣 2 分	3				
			Ra	降一级扣 1 分	2				
		完成形状轮廓加工			2				
		3 mm	IT	超差全扣	2				
3	外轮廓	$90^{0}_{-0.043}$ mm $70^{0}_{-0.043}$ mm	IT	超差 0.01 mm 扣 5 分	10				
			Ra	降一级扣 3 分	5				
		完成形状轮廓加工			8				
		$6^{0}_{-0.05}$ mm	IT	超差 0.01 mm 扣 2 分	3				
4	销孔	ϕ10H7	IT	超差 0.01 mm 扣 2 分	2 分/处				2 处
			Ra	降一级扣 2 分	2 分/处				2 处
		(70±0.02) mm	IT	超差 0.01 mm 扣 2 分	4				
5	其他项目	①未注尺寸公差按照 IT12 ②其余表面粗糙度 ③工作必须完整,局部无缺陷(夹伤等)			6				
6	工艺合理	填写工序卡。工艺不合理,视情况酌情扣分。(详见工序卡) ①工件定位和夹紧合理 ②加工顺序合理 ③刀具选择合理			共 8 分,每违反一条扣 3 分,扣完为止				

续表

序号	考核项目	考核内容及要求	评分标准	配分	检测结果	扣分	得分	备注
7	程序编制	①指令正确，程序完整 ②运用刀具半径和长度补偿功能 ③数值计算正确，程序编写表现出一定的技巧，简化计算和加工程序		共 10 分，每违反一条扣 3 分，扣完为止				
8	安全文明生产	①着装规范，未受伤 ②刀具、工具、量具的放置规范 ③工件装夹和刀具安装规范 ④正确使用量具 ⑤卫生、设备保养规范 ⑥关机后机床停放位置合理 ⑦发生重大安全事故、严重违反操作规程者、取消考试资格		共 10 分，每违反一条扣 2 分，扣完为止				
记录员		检验员		复核		统分		

加工中心操作工(中级)操作技能考核试题(三)

考件编号：________ 姓名：________ 准考证号：________ 单位：________

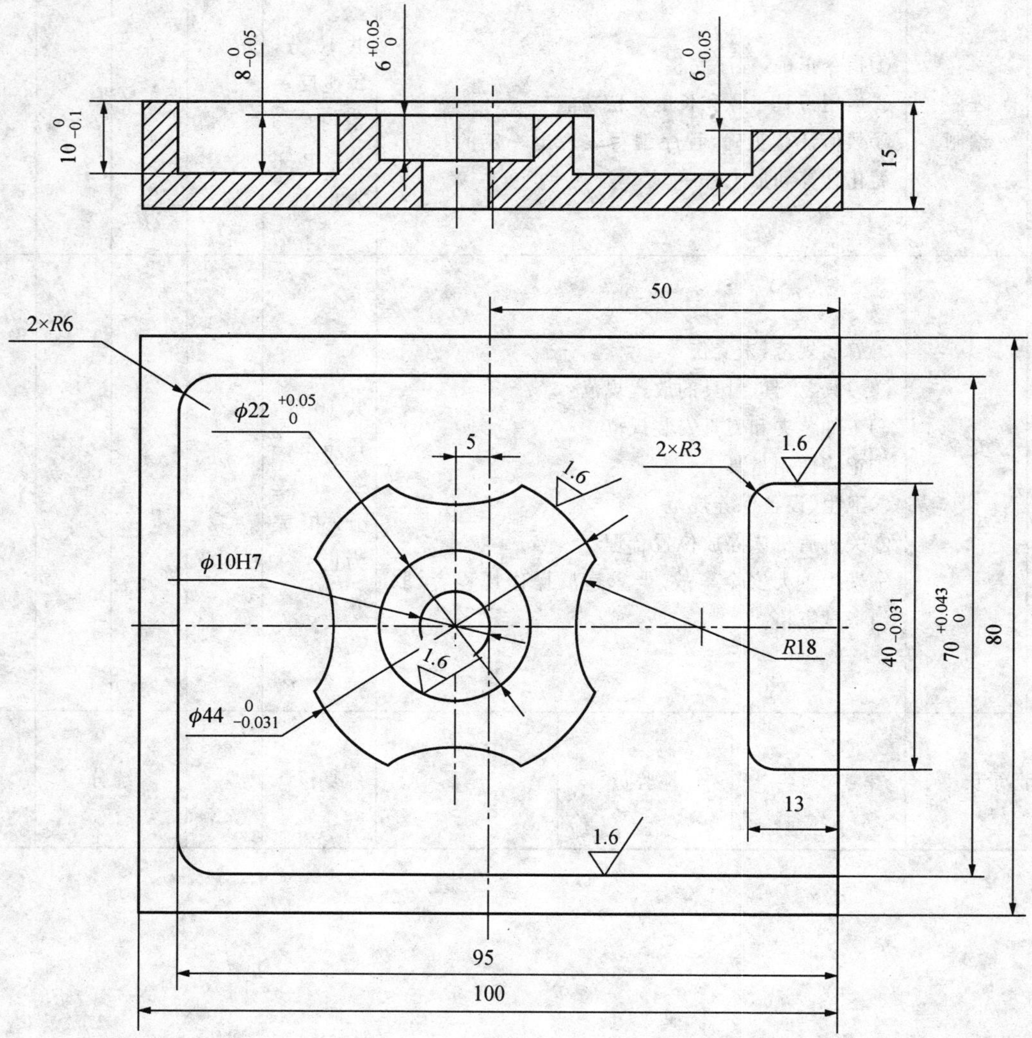

技术要求

1.未注公差尺寸按IT12。
2.四周不加工。
3.未注倒角去毛刺。

技术要求

加工中心操作工(中级)实操试题	比例	1∶1	材料	45钢	图号	X003

加工中心操作工(中级)操作技能考核试题评分表(三)

考件编号:________　姓名:________　准考证号:________　单位:________

序号	考核项目	考核内容及要求		评分标准	配分	检测结果	扣分	得分	备注
1	小凸台	$40_{-0.031}^{0}$ mm	IT	超差 0.01 mm 扣 3 分	4				
		13 mm	Ra	降一级扣 2 分	2				
		完成形状轮廓加工			2				
		$6_{-0.05}^{0}$ mm	IT	超差 0.01 mm 扣 1 分	2				
2	花形凸台	$\phi 44_{-0.031}^{0}$ mm	IT	超差 0.01 mm 扣 4 分	8				
			Ra	降一级扣 2 分	4				
		完成形状轮廓加工			4				
		$8_{0.031}^{0}$ mm	IT	超差 0.01 mm 扣 1 分	2				
3	圆形槽	$\phi 22_{0}^{+0.05}$ mm	IT	超差 0.01 mm 扣 2 分	4				
			Ra	降一级扣 1 分	2				
		完成形状轮廓加工			2				
		$6_{0}^{+0.05}$ mm	IT	超差 0.01 mm 扣 1 分	2				
4	内轮廓	$70_{0}^{+0.043}$ mm	IT	超差 0.01 mm 扣 4 分	8				
		95 mm	Ra	降一级扣 3 分	5				
		完成形状轮廓加工			5				
		$10_{-0.1}^{0}$ mm	IT	超差 0.01 mm 扣 1 分	2				
5	销孔	ϕ10H7	IT	超差 0.01 mm 扣 2 分	3				
			Ra	降一级扣 2 分	3				
		55 mm	IT	超差全扣	2				
6	其他项目	①未注尺寸公差按照 IT12 ②其余表面粗糙度 ③工作必须完整,局部无缺陷(夹伤等)			6				

续表

序号	考核项目	考核内容及要求	评分标准	配分	检测结果	扣分	得分	备注
7	工艺合理	填写工序卡。工艺不合理，视情况酌情扣分。（详见工序卡） ①工件定位和夹紧合理 ②加工顺序合理 ③刀具选择合理		共8分，每违反一条扣3分，扣完为止				
8	程序编制	①指令正确，程序完整 ②运用刀具半径和长度补偿功能 ③数值计算正确，程序编写表现出一定的技巧，简化计算和加工程序		共10分，每违反一条扣3分，扣完为止				
9	安全文明生产	①着装规范，未受伤 ②刀具、工具、量具的放置规范 ③工件装夹和刀具安装规范 ④正确使用量具 ⑤卫生、设备保养规范 ⑥关机后机床停放位置合理 ⑦发生重大安全事故、严重违反操作规程者、取消考试资格		共10分，每违反一条扣2分，扣完为止				
记录员		检验员		复核		统分		

加工中心操作工(中级)操作技能考核试题(四)

考件编号:________　姓名:________　准考证号:________　单位:________

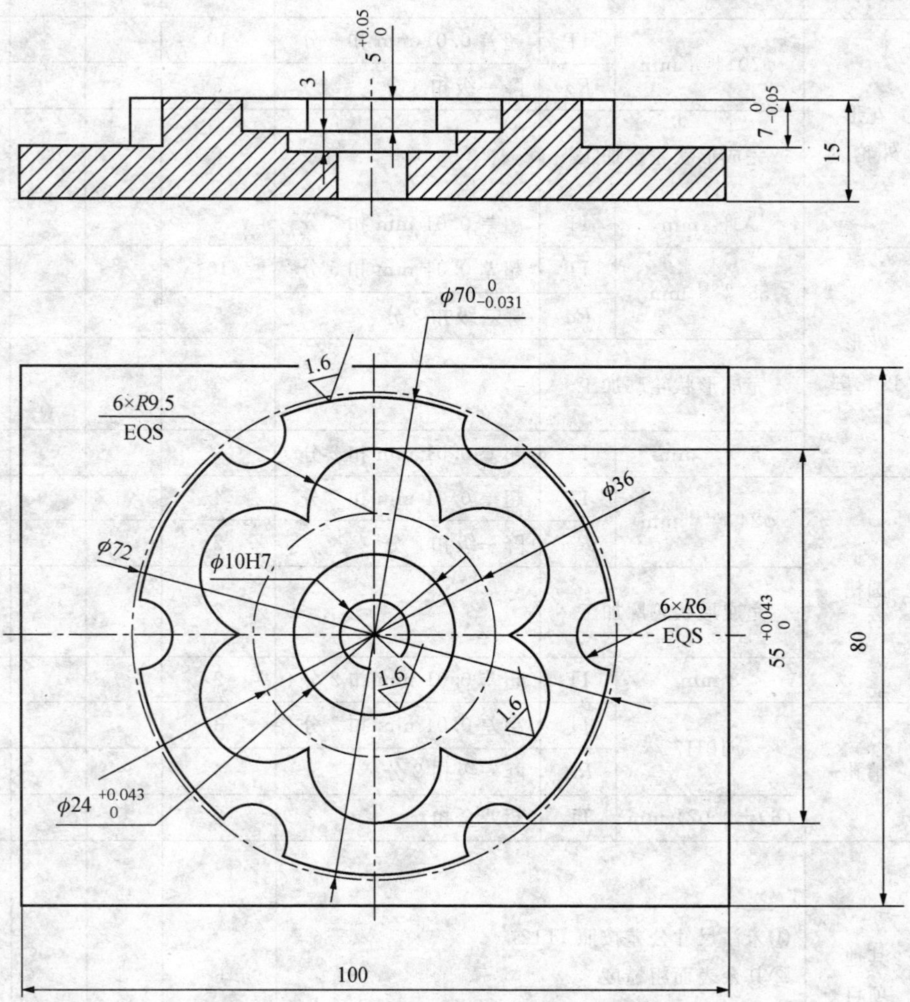

技术要求

1.未注公差尺寸按IT12。
2.四周不加工。
3.未注倒角去毛刺。

加工中心操作工(中级)实操试题	比例	1∶1	材料	45钢	图号	X004

加工中心操作工(中级)操作技能考核试题评分表(四)

考件编号:________ 姓名:________ 准考证号:________ 单位:________

<table>
<tr><th>序号</th><th>考核项目</th><th colspan="2">考核内容及要求</th><th>评分标准</th><th>配分</th><th>检测结果</th><th>扣分</th><th>得分</th><th>备注</th></tr>
<tr><td rowspan="4">1</td><td rowspan="4">花形外轮廓</td><td rowspan="2">$\phi 70_{-0.031}^{0}$ mm</td><td>IT</td><td>超差 0.01 mm 扣 5 分</td><td>10</td><td></td><td></td><td></td><td></td></tr>
<tr><td>Ra</td><td>降一级扣 3 分</td><td>5</td><td></td><td></td><td></td><td></td></tr>
<tr><td colspan="2">完成形状轮廓加工</td><td></td><td>6</td><td></td><td></td><td></td><td></td></tr>
<tr><td>$7_{-0.05}^{0}$ mm</td><td>IT</td><td>超差 0.01 mm 扣 2 分</td><td>3</td><td></td><td></td><td></td><td></td></tr>
<tr><td rowspan="4">2</td><td rowspan="4">花形内轮廓</td><td rowspan="2">$55_{0}^{+0.043}$ mm</td><td>IT</td><td>超差 0.01 mm 扣 5 分</td><td>10</td><td></td><td></td><td></td><td></td></tr>
<tr><td>Ra</td><td>降一级扣 3 分</td><td>5</td><td></td><td></td><td></td><td></td></tr>
<tr><td colspan="2">完成形状轮廓加工</td><td></td><td>6</td><td></td><td></td><td></td><td></td></tr>
<tr><td>$5_{0}^{+0.05}$ mm</td><td>IT</td><td>超差 0.01 mm 扣 2 分</td><td>3</td><td></td><td></td><td></td><td></td></tr>
<tr><td rowspan="4">3</td><td rowspan="4">圆槽</td><td rowspan="2">$\phi 24_{0}^{+0.043}$ mm</td><td>IT</td><td>超差 0.01 mm 扣 2 分</td><td>4</td><td></td><td></td><td></td><td></td></tr>
<tr><td>Ra</td><td>降一级扣 1 分</td><td>2</td><td></td><td></td><td></td><td></td></tr>
<tr><td colspan="2">完成形状轮廓加工</td><td></td><td>2</td><td></td><td></td><td></td><td></td></tr>
<tr><td>3 mm</td><td>IT</td><td>超差 0.01 mm 扣 2 分</td><td>2</td><td></td><td></td><td></td><td></td></tr>
<tr><td rowspan="3">4</td><td rowspan="3">销孔</td><td rowspan="2">ϕ10H7</td><td>IT</td><td>超差 0.01 mm 扣 2 分</td><td>3</td><td></td><td></td><td></td><td></td></tr>
<tr><td>Ra</td><td>降一级扣 2 分</td><td>3</td><td></td><td></td><td></td><td></td></tr>
<tr><td>(60±0.02) mm</td><td>IT</td><td>超差全扣</td><td>2</td><td></td><td></td><td></td><td></td></tr>
<tr><td>5</td><td>其他项目</td><td colspan="3">①未注尺寸公差按照 IT12
②其余表面粗糙度
③工作必须完整,局部无缺陷(夹伤等)</td><td>6</td><td></td><td></td><td></td><td></td></tr>
<tr><td>6</td><td>工艺合理</td><td colspan="3">填写工序卡。工艺不合理,视情况酌情扣分。(详见工序卡)
①工件定位和夹紧合理
②加工顺序合理
③刀具选择合理</td><td>共 8 分,每违反一条扣 3 分,扣完为止</td><td></td><td></td><td></td><td></td></tr>
</table>

续表

<table>
<tr><th>序号</th><th>考核项目</th><th>考核内容及要求</th><th>评分标准</th><th>配分</th><th>检测结果</th><th>扣分</th><th>得分</th><th>备注</th></tr>
<tr><td>7</td><td>程序编制</td><td colspan="2">①指令正确，程序完整
②运用刀具半径和长度补偿功能
③数值计算正确，程序编写表现出一定的技巧，简化计算和加工程序</td><td>共 10 分，每违反一条扣 3 分，扣完为止</td><td></td><td></td><td></td><td></td></tr>
<tr><td>8</td><td>安全文明生产</td><td colspan="2">①着装规范，未受伤
②刀具、工具、量具的放置规范
③工件装夹、刀具安装规范
④正确使用量具
⑤卫生、设备保养规范
⑥关机后机床停放位置合理
⑦发生重大安全事故、严重违反操作规程者，取消考试资格</td><td>共 10 分，每违反一条扣 2 分，扣完为止</td><td></td><td></td><td></td><td></td></tr>
<tr><td colspan="2">记录员</td><td></td><td>检验员</td><td></td><td>复核</td><td></td><td colspan="2">统分</td><td></td></tr>
</table>

附录

附录 1　华中世纪星 HNC-21M/22M 数控装置 G 功能指令

G 代码	组	功能	后续地址字
G00		快速定位	X、Y、Z、4TH
▼ G01	01	直线插补	同上
G02		顺圆插补	X、Y、Z、I、J、K、R
G03		逆圆插补	同上
G04	00	暂停	P
G07	16	虚轴指定	X、Y、Z、4TH
G09	00	准停校验	
▼ G17		XY 平面选择	X、Y
G18	02	ZX 平面选择	X、Z
G19		YZ 平面选择	Y、Z
G20		英制输入	
▼ G21	08	米制输入	
G22		脉冲当量	
G24	03	镜像开	X、Y、Z、4TH
▼ G25		镜像关	
G28	00	返回到参考点	X、Y、Z、4TH
G29		由参考点返回	同上
▼ G40		刀具半径补偿取消	
G41	09	左刀补	D
G42		右刀补	D
G43		刀具长度正向补偿	H
G44	10	刀具长度负向补偿	H
▼ G49		刀具长度补偿取消	
▼ G50	04	缩放关闭	X、Y、Z、P
G51		缩放开通	
G52	00	局部坐标系设定	X、Y、Z、4TH
G53		直接机床坐标系编程	
▼ G54		工件坐标系 1 选择	
G55		工件坐标系 2 选择	
G56		工件坐标系 3 选择	
G57	11	工件坐标系 4 选择	
G58		工件坐标系 5 选择	
G59		工件坐标系 6 选择	
G60	00	单方向定位	X、Y、Z、4TH

续表

G代码	组	功能	后续地址字
▼G61	12	精确停止校验方式	
G64		连续方式	
G65	00	子程序调用	P、A～Z
G68	05	旋转变换	X、Y、Z、P
▼G69		旋转取消	
G73	06	深孔钻削循环	X、Y、Z、P、Q、R、I、J、K
G74		逆攻螺纹循环	同上
G76		精镗循环	同上
▼G80		固定循环取消	同上
G81		定心钻循环	同上
G82		钻孔循环	同上
G83		深孔钻削循环	同上
G84		攻螺纹循环	同上
G85		镗孔循环	同上
G86		镗孔循环	同上
G87		反镗循环	同上
G88		镗孔循环	同上
G89		镗孔循环	同上
▼G90	13	绝对值编程	
G91		增量值编程	
G92	11	工件坐标系设定	X、Y、Z、4TH
▼G94	14	每分钟进给	
G95		每转进给	
▼G98	15	固定循环返回到起始点	
G99		固定循环返回到R点	

注:(1)00组中的G代码是非模态的,其他组的G代码是模态的。

(2)▼标记者为缺省值,上电时系统自动初始化为该功能,也就是默认状态。

(3)4TH指的是X、Y、Z轴之外的第4轴,可以使用A、B、C命名。

附录 2　在加工不同材料时高速钢和硬质合金刀具铣削参数参考表

表附 2-1　硬质合金端面铣刀的铣削用量

加工材料	工序	铣削深度/mm	铣削速度 v_c/(m/min)	每齿走刀量 f_z/(mm/齿)
钢 Δb=520～700 MPa	粗	2～4	80～120	0.2～0.4
	精	0.5～1	100～180	0.05～0.2
钢 Δb=700～900 MPa	粗	2～4	60～100	0.2～0.4
	精	0.1～1	90～150	0.05～0.15
钢 Δb=1 000～1 100 MPa	粗	2～4	40～70	0.1～0.3
	精	0.5～1	60～100	0.05～0.10
铸铁	粗	2～4	50～80	0.2～0.4
	精	0.5～1	100～180	0.05～0.2
铝及其合金	粗	2～4	300～700	0.1～0.4
	精	0.5～1	500～1 500	0.05～0.03

表附 2-2　高速钢铣刀和硬质合金铣刀的切削速度数值

加工材料	硬度(HB)	切削速度 v_c/(m/min)	
		高速钢铣刀	硬质合金铣刀
低碳钢和中碳钢	125～175	24～42	75～150
	175～225	21～40	70～120
	225～275	18～36	60～115
	275～325	15～27	54～90
	325～375	9～21	45～75
	375～425	7.5～15	36～60
高碳钢	125～175	21～36	75～130
	175～225	18～33	68～120
	225～275	15～27	60～105
	275～325	12～21	53～90
	325～375	9～15	45～68
	375～425	6～12	36～54
合金钢	175～225	21～36	75～130
	225～275	15～30	60～120
	275～325	12～27	55～100
	325～375	7.5～18	37～80
	375～425	6～15	30～60

续表附2-2

加工材料		硬度(HB)	切削速度 v_c/(m/min)	
			高速钢铣刀	硬质合金铣刀
高速钢		200～250	12～23	45～83
灰铸铁		100～140	24～36	110～150
		150～190	21～30	68～120
		190～220	15～24	60～105
		220～260	9～18	45～90
		260～320	4.5～10	21～30
可锻铸铁		110～160	42～60	105～210
		160～200	24～36	83～120
		200～240	15～24	72～120
		340～280	9～21	42～60
铸钢	低碳钢	100～150	18～27	68～105
	中碳钢	100～160	18～27	68～105
		160～200	15～24	60～90
		200～225	12～21	53～75
	高碳钢	180～240	9～18	53～80
铝合金			180～300	360～600
铝合金			45～100	120～190
铝合金			180～270	150～600

表附 2-3 硬质合金铣刀的每齿进给量 f_z mm/齿

加工材料	硬度	端铣刀	三面刃铣刀
低碳钢	200	0.2～0.5	0.15～0.3
中、高碳钢	120～180HB	0.2～0.5	0.15～0.3
	180～220HB	0.15～0.5	0.125～0.25
	220～300HB	0.152～0.25	0.075～0.2
合金钢(含碳量<3%)	125～170HB	0.15～0.5	0.125～0.3
	170～220HB	0.15～0.5	0.125～0.3
	220～280HB	0.1～0.3	0.075～0.25
	280～320HB	0.075～0.2	0.005～0.15
合金钢(含碳量>3%)	170～220HB	0.125～0.5	0.125～0.3
	220～280HB	0.1～0.3	0.075～0.2
	280～320HB	0.075～0.2	0.05～0.15
	320～380HB	0.075	0.05～0.125

续表附2-3

加工材料	硬度	端铣刀	三面刃铣刀
工具钢	退火状态	0.15～0.2	0.125～0.3
	32～42HRC	0.1～0.2	0.075～0.15
	42～50HRC	0.1～0.2	0.05～0.125
	52～60HRC	0.015～0.2	0.05～0.125
灰铸铁	150～180	0.2～0.5	0.125～0.3
	180～220	0.2～0.5	0.125～0.3
	220～300	0.15～0.3	0.1～0.3
可锻铸铁	110～160HB	0.2～0.5	0.1～0.3
	160～220HB	0.2～0.5	0.15～0.3
	200～240HB	0.15～0.5	0.1～0.25
	240～260HB	0.1～0.3	0.1～0.2
铸钢	100～180HB	0.2～0.5	0.15～0.3
	180～240HB	0.15～0.5	0.1～0.25
	240～300HB	0.125～0.3	0.075～0.2
锌合金		0.125～0.5	0.1～0.38
铜合金	100～150HB	0.2～0.5	0.15～0.3
	150～250HB	0.15～0.35	0.1～0.25
铝合金、镁合金		0.2～0.5	0.15～0.3
不锈钢		0.15～0.38	0.125～0.3
塑料及硬橡胶		0.15～0.38	0.1～0.3

表附 2-4 高速钢铣刀的每齿进给量(f_z)

mm/齿

加工材料	硬度(HB)	立铣刀							平铣刀	成形铣刀	端铣刀	三面刃铣刀
		背吃刀量 6.5 mm			背吃刀量 1.25 mm							
		铣刀直径/mm			铣刀直径/mm							
		10	20	≥25	3	10	20	≥25				
低碳钢	≤150	0.05	0.1	0.15	0.025	0.075	0.15	0.2	0.12～0.2	0.1	0.15～0.3	0.12～0.2
	150～200	0.05	0.075	0.12	0.025	0.075	0.15	0.18	0.12～0.2	0.1	0.15～0.3	0.1～0.15
中、高碳钢	120～180	0.05	0.1	0.15	0.025	0.075	0.15	0.20	0.12～0.2	0.1	0.15～0.3	0.12～0.2
	180～220	0.05	0.075	0.12	0.025	0.075	0.15	0.18	0.12～0.2	0.1	0.15～0.25	0.015～0.15
	220～300	0.025	0.025	0.05	0.01	0.075	0.075	0.075	0.07～0.15	0.075	0.1～0.2	0.05～0.12
低碳合金刚	125～170	0.05	0.1	0.12	0.025	0.1	0.15	0.2	0.12～0.2	0.1	0.15～0.3	0.12～0.15
	170～220	0.05	0.1	0.12	0.025	0.075	0.15	0.2	0.1～0.2	0.1	0.15～0.25	0.07～0.15
	220～280	0.025	0.05	0.075	0.12	0.05	0.075	0.1	0.07～0.12	0.075	0.12～0.2	0.07～0.15
	280～320	0.012	0.025	0.05	0.12	0.025	0.05	0.025	0.05～0.1	0.05	0.07～0.12	0.05～0.1
高碳合金钢	170～220	0.05	0.1	0.12	0.025	0.075	0.15	0.2	0.12～0.2	0.1	0.15～0.25	0.07～0.15
	220～280	0.05	0.05	0.075	0.012	0.05	0.075	0.1	0.07～0.15	0.075	0.12～0.2	0.07～0.12
	280～320	0.012	0.025	0.05	0.012	0.025	0.05	0.075	0.05～0.12	0.05	0.07～0.12	0.05～0.1
	320～380		0.025	0.025		0.025	0.05	0.05	0.05～0.1	0.05	0.05～0.1	0.05～0.1
工具钢	200～250	0.05	0.075	0.1	0.025	0.075	0.1	0.1	0.07～0.13	0.1	0.12～0.2	0.014～0.15
	250～300	0.025	0.05	0.075	0.12	0.05	0.075	0.075	0.05～0.1	0.075	0.01～0.12	0.05～0.1
灰铸铁	150～180	0.075	0.125	0.15	0.025	0.1	0.18	0.18	0.2～0.3	0.125	0.2～0.35	0.15～0.25
	180～220	0.05	0.05	0.125	0.025	0.075	0.15	0.15	0.15～0.25	0.1	0.15～0.3	0.12～0.2
	220～300	0.025	0.025	0.075	0.012	0.075	0.1	0.1	0.1～0.2	0.075	0.1～0.15	0.07～0.12

续表附2-4

加工材料	硬度(HB)	立铣刀							平铣刀	成形铣刀	端铣刀	三面刃铣刀
		背吃刀量 6.5 mm			背吃刀量 1.25 mm							
		铣刀直径/mm			铣刀直径/mm							
		10	20	≥25	3	10	20	≥25				
可锻铸铁	110～160	0.075	0.125	0.18	0.025	0.125	0.15	0.2	0.2～0.35	0.15	0.2～0.4	0.15～0.25
	160～200	0.05	0.1	0.125	0.025	0.075	0.150	0.2	0.2～0.3	0.125	0.2～0.35	0.15～1.25
	200～240	0.05	0.05	0.075	0.025	0.05	0.075	0.1	0.12～0.25	0.1	0.15～0.3	0.12～0.2
	240～300	0.125	0.025	0.05	0.012	0.05	0.05	0.075	0.1～0.2	0.075	0.1～0.2	0.07～0.12
铸钢	100～180	0.075	0.1	0.15	0.025	0.075	0.15	0.2	0.12～0.2	0.1	0.15～0.3	0.15～0.2
	180～240	0.05	0.075	0.12	0.025	0.075	0.15	0.18	0.12～0.2	0.1	0.15～0.25	0.1～0.2
	240～300	0.025	0.05	0.075	0.012	0.05	0.075	0.1	0.07～0.15	0.075	0.1～0.2	0.07～0.15
锌合金		0.1	0.2	0.3	0.05	0.125	0.2	0.3	0.2～0.3	0.125	0.2～0.5	0.1～0.25
铜合金	80～100	0.075	0.2	0.25	0.025	0.1	0.2	0.25	0.2～0.35	0.1	0.15～0.25	0.07～0.15
	100～150	0.05～0.075	0.1～0.15	0.15～0.25	0.025～0.012	0.1～0.075	0.12～0.2	0.2～0.25	0.15～0.28	0.075	0.12～0.2	0.07～0.12
	150～250	0.05～0.075	0.15～0.25	0.15～0.25	0.025～0.012	0.1～0.075	0.12～0.2	0.2～0.25	0.1～0.2	0.075	0.2～0.3	0.4～0.48
铸铝合金		0.075	0.2	0.25	0.05	0.075	0.25	0.3	0.2～0.35	0.125	粗铣 0.03	0.2～0.3
		0.075	0.15	0.2	0.05	0.075	0.25	0.25	0.15～0.25	0.125	精铣 0.02	0.15～0.25
冷拉可锻铝合金		0.075	0.2	0.25	0.05	0.075	0.25	0.3	0.2～0.35	0.125	0.3～0.5	0.2～0.3
镁铝合金		0.075	0.2	0.3	0.05	0.1	0.25	0.35	0.25～0.4	0.125	0.3～0.55	0.25～0.35
不锈钢		0.05～0.075	0.075～0.125	0.125	0.025	0.075～0.1	0.1～0.15	0.15～0.2	0.15～0.2	0.1	0.2～0.3	0.075～0.2
硬橡胶及塑料		0.075	0.2	0.25	0.05	0.1	0.25	0.35	0.15～0.35	0.15	0.25～0.5	0.125～0.35

注：低碳合金钢指含碳量小于 3%，高碳合金钢指含碳量大于 3%。

附录3 国家职业技能鉴定题库

一、选择题

1. 在市场经济条件下,职业道德具有(　　)的社会功能。
   A. 鼓励人们自由选择职业　B. 遏制牟利最大化
   C. 促进人们的行为规范化　D. 最大限度地克服人们受利益驱动
2. 数控机床工作时机床传送给 PLC 的信号有(　　)。
   A. 机床 XYZ 坐标　B. M、S、T 应答信号
   C. 机床动作信号
3. 下列用于数控机床检测的反馈装置中(　　)用于速度反馈。
   A. 光栅　B. 脉冲编码器　C. 磁尺　D. 感应同步器
4. GCr15SiMn 是(　　)。
   A. 高速钢　B. 中碳钢　C. 轴承钢　D. 不锈钢
5. 当车刀的刃倾角为负值时,切屑流向(　　)表面。
   A. 待加工表面　B. 已加工表面　C. 前端面　D. 后端面
6. 在铰孔和浮动镗孔等加工时都是遵循(　　)原则的。
   A. 互为基准　B. 自为基准　C. 基准统一
7. 在数控机床上加工封闭轮廓时一般沿(　　)进刀。
   A. 法面　B. 切向　C. 任意方向
8. 采用手动夹紧装置时,夹紧机构必须具有(　　)性。
   A. 导向　B. 自锁　C. 平稳
9. 步进电机的角位移与(　　)呈正比。
   A. 步距角　B. 通电频率　C. 脉冲当量
10. 奥氏体冷却到(　　)开始析出珠光体。
    A. 727℃　B. 1 148℃　C. 912℃　D. 1 127℃
11. 黑色金属测疲劳极限时,应力循环周次应为(　　)次。
    A. 10^{15}　B. 10^{16}　C. 10^{13}　D. 10^{7}
12. 奥氏体是碳溶解在(　　)的间隙固溶体。
    A. P-Fe　B. P　C. Si　D. γ-Fe
13. 高温回火后得到的组织为(　　)。
    A. 回火洛氏体　B. 奥氏体　C. 回火索氏体　D. 回火卡氏体
14. 有色金属、不锈钢测疲劳极限时,应力循环周次应为(　　)次。
    A. 10^{15}　B. 10^{16}　C. 10^{7}　D. 10^{8}
15. 感应加热淬火时,若频率为 50 kHz,则淬硬层深度为(　　)。
    A. 17.5 mm 以上　B. 26～48 mm　C. 10～15 mm　D. 7 mm
16. 加工中心执行顺序控制动作和控制加工过程的中心是(　　)。
    A. 基础部件　B. 主轴部件　C. 数控系统　D. ATC
17. 提高机床动刚度的有效措施是(　　)。

A. 增大摩擦或增加切削液　　B. 减少切削液或增大偏斜度

C. 减少偏斜度　　D. 增大阻尼

18. 加工中心进给系统驱动方式主要有(　　)和液压伺服进给系统。

A. 气压伺服进给系统　　B. 电气伺服进给系统

C. 气动伺服进给系统　　D. 液压电气联合式

19. 端面多齿盘齿数为72,则分度最小单位为(　　)度。

A. 17　　B. 5　　C. 11　　D. 26

20. 加工中心的自动换刀装置由驱动机构、(　　)组成。

A. 刀库和机械手　　B. 刀库和控制系统

C. 机械手和控制系统　　D. 控制系统

21. 按主轴的种类分类,加工中心可分为单轴、双轴、(　　)加工中心。

A. 不可换主轴箱　　B. 三轴、五面

C. 复合、四轴　　D. 三轴、可换主轴箱

22. 转塔头加工中心的主轴数一般为(　　)个。

A. 3～5　　B. 24　　C. 28　　D. 6～12

23. 加工中心按照主轴在加工时的空间位置分类,可分为立式、卧式、(　　)加工中心。

A. 不可换主轴箱　　B. 三轴、五面　　C. 复合、四轴　　D. 万能

24. 逐点比较法圆弧插补的判别式函数为(　　)。

A. $F=Xi-Xe$　　B. $F=Ye+Yi$　　C. $F=Xi^2+Yi^2-R^2$　　D. $F=Xe-Yi$

25.(　　)只接收数控系统发出的指令脉冲,执行情况系统无法控制。

A. 定环伺服系统　　B. 半动环伺服系统

C. 开环伺服系统　　D. 联动环伺服系统

26. 某系统在(　　)处拾取反馈信息,该系统属于半闭环伺服系统。

A. 转向器　　B. 速度控制器　　C. 旋转仪　　D. 电动机轴端

27. 机床通电后应首先检查(　　)是否正常。

A. 机床导轨　　B. 各开关按钮和键　　C. 工作台面　　D. 护罩

28. 为了使机床达到热平衡状态必须使机床运转(　　)。

A. 15 min 以上　　B. 8 min　　C. 2 min　　D. 6 min

29. 机床操作面板上用于程序字更改的键是(　　)。

A.“ALTER”　　B.“INSRT”　　C.“DELET”　　D.“EOB”

30. 分析零件图的视图时,根据视图布局,首先找出(　　)。

A. 主视图　　B. 后视图　　C. 俯视图　　D. 前视图

31. 卧式加工中心编程零点在XZ平面内的投影与工作台回转中心之间X、Z向距(　　)。

A. 9　　B. 11　　C. 零　　D. 21

32. 毛坯的形状误差对下一工序的影响表现为(　　)复映。

A. 计算　　B. 公差　　C. 误差　　D. 运算

33.(　　)是由于采用了近似的加工运动或者近似的刀具轮廓而产生的。

A. 原理误差　　B. 加工误差　　C. 工艺误差　　D. 计算误差

34. 基准位移误差在当前工序中产生，一般受(　　)的影响。

A. 定位器　　B. 夹具　　C. 量具　　D. 电源和夹具

35. (　　)不属于零件毛坯工艺性分析内容。

A. 机械性能　　B. 加工余量

C. 表面状态　　D. 工序尺寸及其公差

36. 氧化处理的 Fe_3O_4 氧化厚度为(　　)μm。

A. 4～9　　B. 1～3　　C. 6～8　　D. 11

37. 氮化处理的处理层厚度为(　　)μm。

A. 30～50　　B. 5　　C. 6　　D. 7

38. TiCN 涂层处理层厚度为(　　)μm。

A. 14　　B. 2～3　　C. 6　　D. 10～13

39. TiCN 处理层厚度为(　　)μm。

A. 5～6　　B. 8　　C. 55　　D. 7～10

40. 夹紧力通过工件传至(　　)造成工件变形和定位基准位移。

A. 平面　　B. 外平台　　C. 内圆　　D. 支承元件

41. 铸造内应力是灰铸铁在(　　)℃从塑性向弹性状态转变时，由于壁厚不均、冷却收缩不匀而造成的。

A. 100～220　　B. 700～800　　C. 620～400　　D. 170

42. 跨距大箱体的同轴孔加工，尽量采取(　　)加工方法。

A. 装夹和联动　　B. 调头　　C. 平动　　D. 双爪卡盘装夹

43. 基准不重合误差由前后(　　)不同而引起。

A. 设计基准　　B. 环境温度　　C. 工序基准　　D. 形位误差

44. 减少毛坯误差的办法是(　　)。

A. 粗化毛坯并增大毛坯的形状误差　　B. 增大毛坯的形状误差

C. 精化毛坯　　D. 增加毛坯的余量

45. 为消除粗加工的内应力，精加工常在(　　)进行。

A. 兑火处理后　　B. 冷火处理后　　C. 淬火处理后　　D. 回火处理后

46. 拼装夹具具有(　　)的优点。

A. 专用夹具　　B. 可调夹具　　C. 成组夹具　　D. 组合夹具

47. 与成组夹具相比，可调夹具的适用性(　　)。

A. 更窄　　B. 更宽

C. 与成组夹具的适用性相同　　D. 更差，制造成本更高

48. (　　)属于夹紧件。

A. T 形键和定位销　　B. 叉形压板

C. 定位盘和定位销　　D. 平键和基础角铁

49. (　　)属于紧固件。

A. T 形键和定位销　　B. 螺栓

C. 定位盘和定位销　　D. 平键和基础角铁

50. 属于辅助件(　　)。

A. 手柄和三爪支承　B. 定位盘
C. T 形键和圆形基础板　D. 基础角铁和圆形基础板

51. 刀具磨损的最常见形式是(　　)。
A. 磨料磨损　B. 扩散磨损　C. 氧化磨损　D. 热电磨损

52. 通常依据后刀面的磨损尺寸来制定刀具允许磨损的(　　)。
A. 最大限度　B. 最小限度　C. 标准限度　D. 时间

53. 在一定切削速度范围内,切削速度与切削寿命之间在双对数坐标系下是(　　)关系。
A. 素数　B. 非线性　C. 线性　D. 指数或对数

54. 影响刀具扩散磨损扩散速度的最主要原因是切削(　　)。
A. 方向　B. 速度　C. 力　D. 温度

55. Ti 元素的扩散速度(　　)。
A. 与钨一样　B. 高于碳　C. 与钨、碳一样　D. 远远低于钴

56. 刀具的切削路程 1 m,切削速度 v_c 削时间 T,可以用(　　)来表示它们之间的关系。
A. 1 m $=v_cT$　B. 1 m $=v_c/T$　C. 1 m $=\mathrm{T}/v_c$　D. $T=1$ mv_c

57. 精车时,后刀面的磨钝标准 VB 是(　　)mm。
A. 2.2　B. 0.1～0.3　C. 0.9～2.1　D. 1.9

58. 合金钢粗车时,后刀面的磨钝标准 VB 是(　　)mm。
A. 2.7　B. 1.9～2.4　C. 0.4～0.5　D. 3.9

59. 碳素钢粗车时,后刀面的磨钝标准 VB 是(　　)mm。
A. 0.6～0.8　B. 2　C. 2.2～2.5　D. 1～3.3

60. 铸铁件粗车时,后刀面的磨钝标准 VB 是(　　)mm。
A. 1.1～2.8　B. 3.6　C. 1.95　D. 0.8～1.2

61. 钢及铸铁件低速粗车时,后刀面的磨钝标准 VB 是(　　)mm。
A. 1.1～2.8　B. 3.6　C. 1.95　D. 1.0～1.5

62. 刀具进入正常磨损阶段后磨损速度(　　)。
A. 上升　B. 下降　C. 不变　D. 突增

63. 刀具剧烈磨损阶段切削力(　　)。
A. 缓慢下降　B. 不变　C. 急剧上升　D. 无法确定

64. 在加工界面内计算刀具中心轨迹时,其刀具半径是 r 值,r 与球头刀半径 R 的关系为(　　)。
A. $r=R2\tan\phi$,　B. $r=R4\tan\phi$　C. $r=R3\cos\phi$　D. $r=R\sin\phi$

65. 宏程序的(　　)起到控制程序流向作用。
A. 控制指令　B. 程序字　C. 运算指令　D. 赋值

66. 已知直线经过(X_1, Y_1)点,斜率为 $K(K\neq0)$,则直线方程为(　　)。
A. $Y-Y_1=K(X-X_1)$　B. $Y_1=5KX+3$
C. $Y=9K(X-X_1)$　D. $Y=X+B$

67. 在等误差法直线段逼近的节点计算中,任意相邻两节点间的逼近误差为(　　)误差。
A. 等　B. 圆弧　C. 点　D. 三角形

68. 在圆弧逼近零件轮廓的计算中,整个曲线是一系列彼此(　　)的圆弧逼近实现的。

A. 分离或重合　B. 分离　C. 垂直　D. 相切

69. 在变量赋值方法Ⅰ中,引数(自变量)B对应的变量是(　　)。

A. #22　B. #2　C. #110　D. #79

70. 在变量赋值方法Ⅰ中,引数(自变量)D对应的变量是(　　)。

A. #101　B. #31　C. #21　D. #7

71. 在变量赋值方法Ⅰ中,引数(自变量)F对应的变量是(　　)。

A. #22　B. #9　C. #110　D. #25

72. 在变量赋值方法Ⅰ中,引数(自变量)Z对应的变量是(　　)。

A. #101　B. #31　C. #21　D. #26

73. 在变量赋值方法Ⅰ中,引数(自变量)I对应的变量是(　　)。

A. #22　B. #4　C. #110　D. #25

74. 在变量赋值方法Ⅰ中,引数(自变量)J对应的变量是(　　)。

A. #5　B. #51　C. #101　D. #125

75. 在变量赋值方法Ⅰ中,引数(自变量)K对应的变量是(　　)。

A. #6　B. #51　C. #069　D. #125

76. 在变量赋值方法Ⅰ中,引数(自变量)Q对应的变量是(　　)。

A. #101　B. #031　C. #021　D. #17

77. 在变量赋值方法Ⅰ中,引数(自变量)M对应的变量是(　　)。

A. #184　B. #31　C. #21　D. #13

78. 在变量赋值方法Ⅱ中,自变量地址J4对应的变量是(　　)。

A. #40　B. #34　C. #14　D. #24

79. 在变量赋值方法Ⅱ中,自变量地址I6对应的变量是(　　)。

A. #99　B. #19　C. #29　D. #39

80. 宏程序(　　)。

A. 计算错误率高　B. 计算功能差,不可用于复杂零件

C. 可用于加工不规则形状零件　D. 无逻辑功能

81. #jGT#k表示(　　)。

A. 与　B. 非　C. 大于　D. 加

82. 在加工界面内计算刀具中心轨迹时,若球头刀半径为R,则球头刀球心距加工表面距离应为(　　)。

A. $RCOS\ \phi$　B. $R^4 SIN\ \phi$　C. $RTAN\ \phi$　D. $4R^2\ COS\ \phi$

83. 在运算指令中,形式为#i=#j+#k代表的意义是(　　)。

A. 立方根　B. 求极限　C. 正切　D. 和

84. 在运算指令中,形式为#i=#j-#k代表的意义是(　　)。

A. 坐标值　B. 极限　C. 差　D. 反正弦

85. 在运算指令中,形式为#i=#iOR#k代表的意义是(　　)。

A. 平均误差　B. 逻辑或　C. 极限值　D. 立方根

86. 在运算指令中,形式为#i=#jXOR#k代表的意义是(　　)。

A. 负数　B. 异或　C. 正数　D. 回归值

87. 在运算指令中，形式为＃i＝＃j＊＃k代表的意义是（　　）。
A. 相切　B. 积　C. 合并　D. 垂直

88. 在运算指令中，形式为＃i＝＃j/＃k代表的意义是（　　）。
A. 极限　B. 空　C. 商　D. 反余切

89. 在运算指令中，形式为＃i＝＃jAND＃k代表的意义是（　　）。
A. 逻辑乘　B. 小数　C. 倒数和余数　D. 负数和正数

90. 在运算指令中，形式为＃i＝＃jMOD＃k代表的意义是（　　）。
A. 反三角函数　B. 平均值　C. 空　D. 取余

91. 在运算指令中，形式为＃i＝SIN[＃j]代表的意义是（　　）。
A. 圆弧度　B. 立方根　C. 合并　D. 正弦(度)

92. 在运算指令中，形式为＃i＝COS[＃j]代表的意义是（　　）。
A. 积分　B. 余弦(度)　C. 正数　D. 反余弦(度)

93. 在运算指令中，形式为＃i＝TAN[＃j]代表的意义是（　　）。
A. 误差　B. 对数　C. 正切　D. 余切

94. 在运算指令中，形式为＃i＝ATAN[＃j]代表的意义是（　　）。
A. 余切　B. 反正切　C. 切线　D. 反余切

95. 在运算指令中，形式为＃i＝SQRTE[＃j]代表的意义是（　　）。
A. 矩阵　B. 数列　C. 平方根　D. 条件求和

96. 在运算指令中，形式为＃i＝ABS[＃j]代表的意义是（　　）。
A. 离散　B. 非负　C. 绝对值　D. 位移

97. 在运算指令中，形式为＃i＝ROUND[＃j]代表的意义是（　　）。
A. 圆周率　B. 四舍五入整数化　C. 求数学期望值　D. 弧度

98. 在运算指令中，形式为＃i＝FIX[＃j]代表的意义是（　　）。
A. 对数　B. 舍去小数点　C. 小数点以下舍去　D. 非负数

99. 在运算指令中，形式为＃i＝FUP[＃j]代表的意义是（　　）。
A. 求概率　B. 密度　C. 小数点以下进位　D. 概率平均值

100. 在运算指令中，形式为＃i＝ACOS[＃j]代表的意义是（　　）。
A. 只取零　B. 位移误差　C. 反余弦(度)　D. 余切

101. 在运算指令中，形式为＃i＝LN[＃j]代表的意义是（　　）。
A. 离心率　B. 自然对数　C. 轴距　D. 螺旋轴弯曲度

102. 在运算指令中，形式为＃i＝EXP[＃j]代表的意义是（　　）。
A. $4x+x^4$　B. e^x　C. X＋Y　D. sinA－cosB

103. 在变量赋值方法Ⅰ中，引数(自变量)A对应的变量是（　　）。
A. ＃101　B. ＃31　C. ＃21　D. ＃1

104. 在变量赋值方法Ⅰ中，引数(自变量)C对应的变量是（　　）。
A. ＃43　B. ＃31　C. ＃3　D. ＃39

105. 在变量赋值方法Ⅰ中，引数(自变量)E对应的变量是（　　）。
A. ＃8　B. ＃24　C. ＃27　D. ＃108

106. 在变量赋值方法Ⅰ中，引数(自变量)H对应的变量是（　　）。

A. ＃10　　B. ＃11　　C. ＃41　　D. ＃51

107. 在变量赋值方法Ⅱ中，自变量地址 K1 对应的变量是（　　）。

A. ＃2　　B. ＃3　　C. ＃6　　D. ＃26

108. 加工精度的高低是用（　　）的大小来表示的。

A. 摩擦误差　　B. 加工误差　　C. 整理误差　　D. 密度误差

109. 加工精度是指零件加工后实际几何参数与（　　）的几何参数的符合程度。

A. 导轨槽　　B. 理想零件　　C. 成品件　　D. 夹具

110.（　　）是用来分析加工误差的方法之一。

A. 测量检验法　　B. 分析计算法　　C. 安装调试法　　D. 单一测量法

111. 原理误差是由于采用了近似的加工运动或近似的（　　）而产生的。

A. 零件轮廓　　B. 刀具轮廓　　C. 机床　　D. 电压

112. 零件表面形状是由（　　）与工件之间的相对运动而获得的。

A. 滚轴和导轨　　B. 加合片　　C. 刀具　　D. 夹盘或尾架

113. 机床在无切削载荷的情况下，因本身的制造、安装和磨损造成的误差称之为机床（　　）。

A. 物理误差　　B. 动态误差　　C. 静态误差　　D. 调整误差

114. 主轴在转动时若有一定的径向圆跳动，则工件加工后会产生（　　）的误差。

A. 垂直度　　B. 同轴度　　C. 斜度　　D. 粗糙度

115. 越靠近传动链（　　）的传动件的传动误差，对加工精度影响越大。

A. 斜前端　　B. 下面　　C. 末端　　D. 后面

116. 工件在加工过程中，因受力变形、受热变形而引起的种种误差，这类原始误差关系称之为工艺系统（　　）。

A. 动态误差　　B. 安装误差　　C. 调和误差　　D. 逻辑误差

117. 在零件毛坯加工余量不匀的情况下进行加工，会引起（　　）大小的变化，因而产生误差。

A. 切削力　　B. 开力　　C. 夹紧力　　D. 重力

118. 在加工过程中，因高速旋转的不平衡的工件所产生的（　　）会使机床工艺系统产生动态误差。

A. 开力　　B. 重力和夹紧力　　C. 惯性力　　D. 闭合力

119. 在磨削加工时砂轮精度（　　）则工件表面粗糙度越小。

A. 越粗　　B. 越细　　C. 越明显　　D. 越大

120. 自激振动约占切削加工中的振动的（　　）%。

A. 65　　B. 20　　C. 30　　D. 5

121. 若测头进给方式采用跳步进给 1，进给速率为一般速度（f1 500×比率），则接触后退距离为（　　）mm。

A. 17　　B. 15　　C. 5　　D. 14

122. 若测头进给方式采用跳步进给 1，进给速率为高速度（f1 500×比率），则接触后退距离为（　　）mm。

A. 7　　B. 12　　C. 25　　D. 10

123. 若测头进给方式采用跳步进给 2,进给速率为高速度(f500),则接触后退距离为(　　)mm。

A. 5　B. 3　C. 11　D. 4

124. 若测头进给方式采用切削进给,进给速率为 f4 000×比率,则应用程序语句(　　)。

A. G5　B. G01　C. G11　D. G4

125. 若测头进给方式采用快进进给方式,则应用程序语句(　　)。

A. G17　B. G15　C. G00　D. G14

126. 若测头进给方式采用跳步进给 1,进给速率为一般速度(f1 500×比率),则应用程序语句(　　)。

A. G5　B. G31　C. G11　D. G4

127. 若测头进给方式采用跳步进给 1,进给速率为高速度(f1 500×比率),则应用程序语句(　　)。

A. G27　B. G9　C. G55　D. G31

128. 若测头进给方式采用跳步进给 2,进给速率为一般速度(f50),则应用程序语句(　　)。

A. G31　B. G12　C. G25　D. G10

129. 若测头进给方式采用跳步进给 2,进给速率为高速度(f500),则应用程序语句。(　　)。

A. G31　B. G12　C. G25　D. G10

130. 一般情况下,直径(　　)的孔应由普通机床先粗加工,给加工中心预留余量为 4～6 mm(直径方向),再由加工中心加工。

A. 小于ϕ8 mm　B. 大于ϕ30 mm　C. 为ϕ7 mm　D. 小于ϕ10 mm

131. 在钻床上钻孔时,传给工件的切削热(　　)。

A. 为零　B. 占 50%以上　C. 只占 3%以下　D. 占 5%至 10%

132. 一般情况下,(　　)的螺纹孔可在加工中心上完成孔加工,攻螺纹可通过其他手段加工。

A. M50　B. M6 以下、M20 以上

C. M3　D. M1

133. 一般情况下,(　　)的螺纹孔可在加工中心上完成攻螺纹。

A. M35 以上　B. M6 以下、M3 以上

C. M6 以上、M20 以下　D. M25 以上

134. 一般情况下,直径(　　)的孔可直接在加工中心上完成。

A. 大于ϕ30 mm　B. 小于ϕ30 mm　C. 为ϕ35 mm　D. 大于ϕ40 mm

135. 磨削时传给工件的磨削热(　　)。

A. 占 80%以上　B. 只占 20%至 30%

C. 可忽略不计　D. 占 10%以下

136. 减少激振力的途径是减小(　　)因不平衡而引起的离心力及冲击力。

A. 夹具　B. 回转零件　C. 刀口　D. 刀面

137. 封闭环的基本尺寸等于各增环的基本尺寸(　　)各减环的基本尺寸之和。

A. 之差乘以　B. 之和减去　C. 之和除以　D. 之差除以

138. 封闭环的最大极限尺寸等于各增环的最大板限尺寸(　　)各减环的最小极限尺寸之和。

A. 之差乘以　B. 之差除以　C. 之和减去　D. 除以

139. 封闭环的公差等于各组成环的(　　)。

A. 3/5　B. 基准之和或之差　C. 公差之和　D. 80%

140. 封闭环的上偏差等于各增环的上偏差(　　)各减环的下偏差之和。

A. 之差乘以　B. 之和减去　C. 之和除以　D. 之差除以

141. 封闭环的下偏差等于各增环的下偏差(　　)各减环的上偏差之和。

A. 之差加上　B. 之和减去　C. 加上　D. 之积加上

142. 反计算是(　　)的尺寸及公差。

A. 已知封闭环求第二组成环　B. 已知组成环求第一组成环

C. 已知封闭环求其余组成环　D. 已知组成环求最小封闭环

143. 中间计算是已知封闭环求及其余组成环,求(　　)的尺寸及公差。

A. 其中一个组成环　B. 最大封闭环

C. 最小封闭环　D. 第四封闭环

144. 进行基准重合时的工序尺寸计算,应从(　　)道工序算起。

A. 最开始第四　B. 任意　C. 中间第三　D. 最后

145. 波度的波距为(　　)mm。

A. 21　B. 1～10　C. 22　D. 22～32

146. 波度的波高 A 一般为(　　)μm。

A. 28　B. 10～15　C. 20　D. 16～19

147. 外圆磨床的导轨与工件中心的距离(　　)。

A. 完全不等于导轨宽度　B. 约等于导轨宽度

C. 等于 30 倍导轨宽度　D. 等于 40 倍导轨宽度

148. 一般车床的导轨与工件中心的距离(　　)导轨宽度。

A. 完全等于　B. 约等于 2/3 倍　C. 等于 30 倍　D. 等于 6 倍

149. 检测工具的精度必须比所测的几何精度(　　)个等级。

A. 高一　B. 低七　C. 低三　D. 低四

150. 直线运动定位精度是在(　　)条件下测量的。

A. 低温　B. 空载　C. 满载　D. 高温

151. 按照标准规定:任意 300 mm 测量长度上的定位精度,普通级是(　　)mm。

A. 1.9　B. 0.02　C. 0.2　D. 0.3

152. 按照标准规定:任意 300 mm 测量长度上的定位精度,精密级是(　　)mm。

A. 10　B. 0.01　C. 0.28　D. 0.37

153. 重复定位精度普通级是(　　)mm。

A. 1.2　B. 0.4　C. 0.016　D. 0.35

154. 重复定位精度精密级是(　　)mm。

A. 1.9　B. 1.22　C. 0.010　D. 0.32

155. 选用液压油时，应(　　)。

A. 尽量选择密度高的

B. 尽量选择低饱和度

C. 尽量选择质量较重的

D. 应根据液压系统的液压元件种类进行选择

156. 主轴噪声增加的原因分析主要包括(　　)。

A. 机械手转位是否准确　　B. 主轴部件松动或脱开

C. 变压器有无问题　　D. 速度控制单元有无故障

157. 在电动机转速超过设定值的原因分析不包括(　　)。

A. 主轴电动机电枢部分故障　　B. 主轴控制板故障

C. 机床参数设定错误　　D. 伺服电动机故障

158. 刀具交换时，掉刀的原因主要是由于(　　)引起的。

A. 电动机的水久磁体脱落

B. 松锁刀弹簧压合过紧

C. 刀具质量过小(一般小于 5 kg)

D. 机械手转位不准或换刀位置飘移

159. 根据切屑的粗细及材质情况，及时清除(　　)中的切屑，以防止冷却液回路。

A. 开关和喷嘴　　B. 冷凝器及热交换器

C. 注油口和吸入阀　　D. 一级(或二级)过滤网及过滤罩

160. 伺服电动机的检查要在(　　)。

A. 数控系统断电后，且电极完全冷却下进行

B. 电极温度不断升高的过程中进行

C. 数控系统已经通电的状态下，且电极温度达到最高的情况下进行

D. 控系统已经通电的状态下进行

161. 加工中心与数控铣床的主要区别是(　　)。

A. 数控系统复杂程度不同　　B. 机床精度不同

C. 有无自动换刀系统

162. 采用数控机床加工的零件应该是(　　)。

A. 单一零件　　B. 中小批量、形状复杂、型号多变

C. 大批量

163. G02 X20 Y20 R-10 F100；所加工的一般是(　　)。

A. 整圆　　B. 夹角≤180°的圆弧

C. 180°＜夹角＜360°的圆弧

164. 数控车床中，转速功能字 S 可指定(　　)。

A. mm/r　　B. r/mm　　C. mm/min

165. 下列 G 指令中(　　)是非模态指令。

A. G00　　B. G01　　C. G04

166. G17、G18、G19 指令可用来选择(　　)的平面。

A. 曲线插补　　B. 直线插补　　C. 刀具半径补偿

167. 数控机床自动选择刀具中任意选择的方法是采用(　　)来选刀换刀。

A. 刀具编码　　B. 刀座编码　　C. 计算机跟踪记忆

168. 数控机床加工依赖于各种(　　)。

A. 位置数据　　B. 模拟量信息　　C. 准备功能　　D. 数字化信息

169. 数控机床的核心是(　　)。

A. 伺服系统　　B. 数控系统　　C. 反馈系统　　D. 传动系统

170. 数控机床的主机(机械部件)包括:床身、主轴箱、刀架、尾座和(　　)。

A. 进给机构　　B. 液压系统　　C. 冷却系统

171. 数控机床的F功能常用(　　)单位。

A. m/min　　B. mm/min 或 mm/r　　C. m/r

178. 数控机床加工零件时是由(　　)来控制的。

A. 数控系统　　B. 操作者　　C. 伺服系统

173. 圆弧插补方向(顺时针和逆时针)的规定与(　　)有关。

A. X轴　　B. Z轴　　C. 不在圆弧平面内的坐标轴

174. 数控铣床的基本控制轴数是(　　)。

A. 一轴　　B. 二轴　　C. 三轴　　D. 四轴

175. 加工中心与数控铣床最大的区别是(　　)。

A. 数控装置　　B. 滚动导轨　　C. 刀库及换刀装置

176. 在数控机床坐标系中平行机床主轴的直线运动为(　　)。

A. X轴　　B. Y轴　　C. Z轴

177. 绕X轴旋转的回转运动坐标轴是(　　)。

A. A轴　　B. B轴　　C. Z轴

178. 用于指令动作方式的准备功能的指令代码是(　　)。

A. F代码　　B. G代码　　C. T代码

179. 用于机床开关指令的辅助功能的指令代码是(　　)。

A. F代码　　B. S代码　　C. M代码

180. 用于机床刀具编号的指令代码是(　　)。

A. F代码　　B. T代码　　C. M代码

181. 数控升降台铣床的升降台上下运动坐标轴是(　　)。

A. X轴　　B. Y轴　　C. Z轴

182. 数控升降台铣床的拖板前后运动坐标轴是(　　)。

A. X轴　　B. Y轴　　C. Z轴

183. 辅助功能中表示无条件程序暂停的指令是(　　)。

A. M00　　B. M01　　C. M02　　D. M30

184. 辅助功能中表示程序计划停止的指令是(　　)。

A. M00　　B. M01　　C. M02　　D. M30

185. 辅助功能中与主轴有关的M指令是(　　)。

A. M06　　B. M09　　C. M08.　　D. M05

186. 在管道中流动的油液,其流量的计算是(　　)。

A. 压力×作用力　B. 功率×面积　C. 流速×截面积

187. 液压回路主要由能源部分、控制部分和(　　)部分构成。

A. 换向　B. 执行机构　C. 调压

188. 液压泵是液压系统中的动力部分,能将电动机输出的机械能转换为油液的(　　)。

A. 压力　B. 流量　C. 速度

189. 液压系统中的压力的大小取决于(　　)。

A. 外力　B. 调压阀　C. 液压泵

190. 下列数控系统中(　　)是数控铣床应用的控制系统。

A. FANUC 6T　B. FANUC 6M　C. FANUC 330D

191. HASS 是下面哪个国家的数控系统(　　)?

A. 日本　B. 德国　C. 美国

192. 下列型号中(　　)是工作台宽为 500 mm 的数控铣床。

A. CK6150　B. XK715　C. TH6150

193. 下列型号中(　　)是一台加工中心。

A. XK754　B. XH764　C. XK8140

194. 数控车床与普通车床相比在结构上差别最大的部件是(　　)。

A. 主轴箱　B. 床身　C. 进给传动 D 刀架

195. 数控机床的诞生是在 20 世纪(　　)年代。

A. 50 年代　B. 60 年代　C. 70 年代

196. 数控机床是在(　　)诞生的。

A. 日本　B. 美国　C. 英国

197. 数控机床利用插补功能加工的零件的表面粗糙度要比普通机床加工同样零件表面粗糙度(　　)。

A. 差　B. 相同　C. 好

198. "NC"的含义是(　　)。

A. 数字控制　B. 计算机数字控制　C. 网络控制

199. "CNC"的含义是(　　)。

A. 数字控制　B. 计算机数字控制　C. 网络控制

200. "CIMS"的含义是(　　).

A. F 计算机集成制造系统　B. 柔性制造系统

C. 计算机数字

201. 螺纹的公称直径是指(　　)。

A. 螺纹的大径　B. 螺纹的中径

C. 螺纹的小径　D. 螺纹分度圆直径

202. CNC 中,(　　)用于控制机床的各种辅助开关。

A. S 代码　B. T 代码　C. M 代码　D. H 代码

203. 数控机床进给系统中采用齿轮副时,如果不采用消隙措施,将会(　　)。

A. 增大驱动功率　B. 降低驱动功率

C. 增大摩擦力　D. 造成反向间隙

204. 数控铣床编程时，除了主轴功能(S 功能)来指定主轴转速外，还要用(　　)来指定轴转向。

A. G 功能　　B. F 功能　　C. T 功能　　D. M 功能

205. 轮廓数控系统确定刀具运动轨迹的过程称为(　　)。

A. 拟和　　B. 逼近　　C. 插值　　D. 插补

206. G92 X20 Y50 Z30 M03；表示点(20,50,30)为(　　)。

A. 点(20,50,30)为刀具的起点　　B. 程序的起点

C. A(20,50,30)为机床参考　　D. 程序的终点

207. 主轴箱中(　　)与转动轴之间，可以装有滚动轴承，也可以装有铜套，用以减少零的摩擦。

A. 离合器　　B. 空套齿轮　　C. 固定齿轮　　D. 滑移齿轮

208. 金属的抗拉强度用(　　)符号表示。

A. ∂_a　　B. ∂_c　　C. ∂_b　　D. ∂_o

209. 刀具半径补偿指令是(　　)。

A. G39、G42、G40　　B. G39、G41、G40

C. G39、G41、G42　　D. G41、G42、G40

210. 孔的精度主要有圆度和(　　)。

A. 垂直度　　B. 平行度　　C. 同轴度　　D. 圆柱度

211. 切削用量中，切削速度是指主运动(　　)。

A. 转速　　B. 走刀量　　C. 线速度　　D. 角速度

212. 用完全互换法装配机器，一般适用于(　　)场合。

A. 大批量生产　　B. 高精度多环尺寸链

C. 高精度少环尺寸链　　D. 单件小批量生产

213. 圆弧插补的过程就是 CNC 系统计算出若干微(　　)。

A. 直线段　　B. 圆弧段　　C. 斜线段　　D. 非圆曲线段

214. 在高温下能够保持刀具材料性能称(　　)。

A. 硬度　　B. 红硬度　　C. 耐磨性　　D. 韧性和硬度

215. 孔加工时，(　　)指令刀具返回到初始平面。

A. G90　　B. G91　　C. G98　　D. G99

216. 程序编制中首件试切的作用是(　　)。

A. 检验零件图样设计的正确性

B. 检验零件工艺方案的正确性

C. 检验程序单及控制介质的正确性，综合检验所加工零件是否符合图样的要求

D. 测试数控程序的效率

217. 一般程序工程图采用(　　)原理画出。

A. 正投影　　B. 中心投影　　C. 平行投影　　D. 点投影

218. 属于形状公差的是(　　)。

A. 面轮廓度　　B. 圆跳动　　C. 同轴度　　D. 平行度

219. 交、直流电伺服电动机和普通交、直流电动机的(　　)。

A. 工作原理及结构完全相同　　B. 工作原理相同，但结构不同

C. 工作原理不同，但结构相同　　D. 工作原理及结构完全不同

220. 步进电机所用的电源是(　　)。

A. 直流电源　　B. 交流电源　　C. 脉冲电源　　D. 数字信号

221. 爱岗敬业就是对从业人员(　　)的首要要求。

A. 工作态度　　B. 工作精神　　C. 工作能力　　D. 以上均可

222. 毛坯制造时，如果(　　)；尽量利用精密铸造、精煅、冷挤压等新工艺，使切削余量大大减少。

A. 属于维修件　　B. 批量较大　　C. 在研制阶段　　D. 要加工样品

223. 电线、电器起火，切忌(　　)。

A. 切断电源　　B. 干粉灭火器灭火

D. 用水灭火　　D. CO_2 灭火器灭火

224. 以下(　　)不是进行零件数控加工的前提条件。

A. 已经返回参考点　　B. 待加工零件的程序已装入 CNC

C. 空运行

225. 刀具半径右补偿指令是(　　)。

A. G40　　B. G41　　C. G42　　D. G39

226. 画旋转视图时，倾斜部分应有适当的旋转轴线，先旋转后投影，旋转视图与主视图(　　)。

A. 必须对正　　B. 可以对正，也可以不对正

C. 不再对正　　D. 没有硬性规定

227. S1500 表示主轴转速为 1 500(　　)。

A. mps　　B. mm/min　　C. rpm　　D. mm/s

228. 采用数控机床加工的零件应该是(　　)。

A. 单一零件　　B. 中小批量，形状复杂，型号多变

C. 大批量

229. 组合夹具的(　　)较高形式，它是由各种不同形状，不同规格尺寸，具有耐磨性，互换性的标准元件。

A. 标准化　　B. 系列化　　C. 多变化　　D. 制度化

230. 三视图中，主视图和左视图应(　　)。

A. 长对正　　B. 高平齐　　C. 宽相等　　D. 宽不等

231. (　　)是为安全进刀切削而规定的一个平面。

A. 初始平面　　B. R 点平面　　C. 孔底平面　　D. 零件表面

232. 刀具功能代码后的两位数字为存放刀具补偿量的寄存器(　　)。

A. 指令　　B. 指令字　　C. 地址　　D. 地址字

233. 数控系统的电网电压有一允许范围，超出该范围，轻则将导致数控系统(　　)。

A. 重要的电子部分破坏　　B. 停止运行

C. 不能稳定工作　　D. 能稳定工作

234. 当铣削(　　)材料工件时，铣削速度可适当取得高一些。

A. 高锰奥氏体　　B. 高温合金　　C. 紫铜　　D. 不锈钢

235.（　　）是指一个工人在单位时间内生产出合格产品的数量。

A. 工序时间定额　　B. 生产时间定额

C. 劳动生产率　　D. 辅助时间定额

236. 最大实体尺寸指（　　）。

A. 孔和轴的最大极限尺寸

B. 孔和轴的最小极限尺寸

C. 孔的最大极限尺寸和轴的最小极限尺寸

D. 孔的最小极限尺寸和轴的最大极限尺寸

237. 过流报警时属于（　　）。

A. 系统报警　　B. 机床侧报警　　C. 伺服单元报警　　D. 电机报警

238. 孔加工循环（　　）到零件表面的距离可以任意设定在一个安全的高度上。

A. 初始平面　　B. R 点平面　　C. 孔底平面　　D. 零件平面

239. 为改善低碳钢的切削加工性能，一般采用（　　）的热处理。

A. 退火　　B. 正火　　C. 调质　　D. 回火

240. 刀具长度补偿指令（　　）是将 H 代码指定的已存入偏置值加到运动指令终点坐标去。

A. G48　　B. G49　　C. G43　　D. G44

241. 程序段 G71 P35 Q60 U4.0 S500；中 Q60 的含义是（　　）。

A. 精加工路径的最后一个程序段顺序号　　B. 最高转速

C. 进刀量

242. 数控机床的 Z 轴方向（　　）。

A. 平行于工件装夹方向　　B. 垂直于工件装夹方向

C. 与主轴回转中心平行　　D. 不确定

243. 孔加工时，返回点平面选择指令为（　　）。

A. G41、G42　　B. G43、G44　　C. G90、G91　　D. G98、G99

244. 图纸中右上角标注"其余 12.5"是指图纸中（　　）加工面的粗糙度要求。

A. 未标注粗糙度的值　　B. 内孔及周边

C. 螺纹孔　　D. 外圆

245. N10 G01 X-Y-F-；后面程序段中使用（　　）指令才能取代它。

A. G92　　B. G10　　C. G04　　D. G03

246. 刀具长度补偿使用地址（　　）。

A. H　　B. T　　C. R　　D. D

247. 采用刀具半径补偿编程时，可按（　　）编程。

A. 位移控制　　B. 工件轮廓　　C. 刀具中心轨迹

248. 合金工具钢刀具材料的热处理硬度是（　　）。

A. 40～45HRC　　B. 60～65HRC　　C. 70～80HRC　　D. 90～100HRC

249. 程序段 G92 X52 Z-100 H3.5 F3；中，H3.5 的含义是（　　）。

A. 进刀量　　B. 锥螺纹大、小端的直径差

C. 锥螺纹大、小端的直径差一半　　D. 退刀量

250. 按照功能的不同，工艺基准可分为定位基准，测量基准和(　　)三种。

A. 粗基准　　B. 精基准　　C. 设计基准　　D. 装配基准

251. 所谓开环的数控伺服系统是指只有(　　)。

A. 测量实际位置输出的反馈通道

B. 从指令位置输入到位置输出的前向通道

C. 开放的数控指令

D. 位置检测元件

252. 对于数控机床最具机床精度特征的一项指标是(　　)。

A. 机床的运动精度　　B. 机床的传动精度

C. 机床的定位精度　　D. 机床的几何精度

253. 在标注尺寸时，应在尺寸链中取一个(　　)的环不标注，使尺寸链成为开环。

A. 重要　　B. 不重要　　C. 尺寸大　　D. 尺寸小

254. 当实际刀具与编程刀具长度不符时，用(　　)来进行修正，可不必改变所有编程程序。

A. 左补偿　　B. 调用子程序　　C. 半径补偿　　D. 长度补偿

255. GCr15SiMn 是(　　)。

A. 高速钢　　B. 中碳钢　　C. 轴承钢　　D. 不锈钢

256. M 代码初始状态：M05 主轴停转，(　　)冷却泵停，M39 工作台移动无精确转位。

A. M06　　B. M07　　C. M08　　D. M09

257. 套的加工方法，孔径较小的套一般采用(　　)的方法。

A. 钻、铰　　B. 钻、半精镗、精镗　　C. 钻、扩、铰　　D. 钻、精镗

258. 抗拉强度最高的是(　　)。

A. HT200　　B. HT250　　C. HT300　　D. HT350

259. 数控系统准备功能中，在固定循环中返回初始平面的指令是(　　)。

A. G98　　B. G99　　C. G44　　D. G43

260. 机床电气控制电路中的主要元件有(　　)。

A. 电动机　　B. 指示灯　　C. 熔断器　　D. 接线架

261. 应用刀具半径补偿功能时，如刀补值设置为负值，则刀具轨迹是(　　)。

A. 左补　　B. 右补

C. 不能补偿　　D. 左补变右补，右补变左补

262. 用户宏程序功能是数控系统具有(　　)功能的基础。

A. 人机对话编程　　B. 自动编程

C. 循环编程　　D. 几何图形坐标变换

263. (　　)工件不适用于在数控机床上加工。

A. 普通机床难加工　　B. 毛坯余量不稳定

C. 精度高　　D. 形状复杂

264. 刀具容易产生积屑的切削速度大致是在(　　)范围内。

A. 低速　　B. 中速　　C. 减速　　D. 高速

265. 在(　　)指令中，当指定刀具位置移动量为0时，虽然该程序同时指定了偏置量，机床仍然不移动。

A. 增值量　B. 绝对值　C. 直径模式　D. 半径模式

266.(　　)主要用于经济型数控机床的进给驱动。

A. 步进电机　B. 直流伺服电机

C. 交流伺服电机　D. 直流进给伺服电机

267. 存储系统中的PROM是指(　　)。

A. 可编程读写存储器　B. 可编程只读存储器

C. 静态只读存储器　D. 动态随机存储器

268. 数控机床工作时，当发生任何异常现象需要紧急处理时应启动(　　)。

A. 程序停止功能　B. 暂停功能　C. 急停功能　D. 关闭电源

269. 具有自保持功能的指令称(　　)指令。

A. 模态　B. 非模态　C. 初始态　D. 临时

270. 循环G81、G85的区别是G81和G85分别以(　　)返回。

A. F速度、快速　B. F速度、F速度　C. 快速、F速度　D. 快速、快速

271. 数控车床刀具号是由T后面的(　　)数字指定。

A. 一位　B. 两位　C. 三位　D. 四位

272. 在连续切削方式下工作，刀具在运动到指令的终点后(　　)而继续执行下一个程序段。

A. 停一次　B. 停止　C. 减缓　D. 不减速

273. 为以后的工序提供定位基准的阶段是(　　)。

A. 粗加工阶段　B. 半粗加工阶段　C. 精加工阶段

274. 数字式位置检测装置的输出信号是(　　)。

A. 电脉冲　B. 电流量　C. 电压量　D. 电阻量

275. 选择刀具起始点时应考虑(　　)。

A. 防止与工件或夹具干涉碰撞　B. 方便工件安装测量

C. 每把刀具刀尖在起始点重合　D. 必须选在工件外侧

276. 圆柱铣刀刀位点是刀具中心线与刀具底面的交点，(　　)是球头的球头点。

A. 端面铣刀　B. 棒状铣刀　C. 球头铣刀　D. 倒角铣刀

277. 计算机应用最早的领域是(　　)。

A. 辅助设计　B. 实时控制　C. 信息处理　D. 数值计算

278. CNC系统一般可用几种方式得到工件加工程序，其中MDI是(　　)。

A. 利用磁盘机读入程序　B. 从串行通信接口接受程序

C. 利用键盘以手动方式输入程序　D. 从网络通过Modem接受程序

279. 组合夹具元件，按照用途不同，可分为(　　)类。

A. 六　B. 七　C. 八　D. 九

280. 滚珠丝杠杆的基本导程L0减小，可以(　　)。

A. 提高精度　B. 提高承载力　C. 提高传动效率　D. 加大螺旋升角

281. 用立铣刀加工曲线外形时，立铣刀的半径必须(　　)工作的凹圆弧半径。

A. 等于或小于　　B. 等于　　C. 等于或大于　　D. 大于

282. Q235-AF 中的 A 表示（　　）。

A. 高级优质钢　　B. 优质钢　　C. 质量等级　　D. 工具钢

283. 具有"坐标定位，快进、工进、孔底暂停、快速返回"动作循环的钻孔指令为（　　）。

A. G73　　B. G82　　C. G81　　D. G85

284. 经常停置不用的机床，过了梅雨天后，一开机易发生故障，主要是由于（　　）作用，导致零件损坏。

A. 物理　　B. 光和　　C. 化学　　D. 生物

285. 进给功能用于指定（　　）。

A. 进刀深度　　B. 进给速度　　C. 进给转速　　D. 进给方向

286. 选择粗基准时，应当选择（　　）的表面。

A. 任意　　B. 比较粗糙

C. 加工余量小或不加工　　D. 比较光洁

287. 数控机床几何精度检查时首先应该进行（　　）。

A. 连续空运行试验　　B. 安装水平的检查与调整

C. 数控系统功能试验

288. G01 为直线插补命令，程序段中 F 规定的速度为（　　）。

A. 单轴的直线移动速度　　B. 合成速度

C. 曲线进给的切向速度

289. 在机床执行自动方式下按进给暂停键时，（　　）立即停止，一般在编程出错或将碰撞时按此键。

A. 计算机　　B. 控制系统　　C. 主轴转动　　D. 进给系统

290. 高压胶管接头装配时，胶管端部与外套螺纹部分应留有的（　　）的距离。

A. 2 m　　B. 0.5 mm　　C. 1.5 mm　　D. 1 mm

291. 对于同样工件，弯曲程度大时，工件的塑性变形量大，所需要的力（　　）。

A. 小　　B. 相同　　C. 大　　D. 大或小

292. 国产测微准直望远镜 GJ101 型的示值读数每格为（　　）。

A. 0.05 mm　　B. 0.9 mm　　C. 0.02 mm　　D. 0.2 mm

293. 右轴承双向轴向固定，左端轴承可随轴游动，工作时不会发生（　　）。

A. 轴向窜动　　B. 热伸长　　C. 径向移动　　D. 振动

294. 整体式滑动轴承压入轴套当尺寸和（　　）时，可用手柄加垫板敲入。

A. 总量小　　B. 过盈量大　　C. 过盈量较小　　D. 间隙

295. 车刀主切削刃在基面上的投影之间的夹角为（　　）。

A. 副偏角　　B. 切削角　　C. 刀尖角　　D. 主偏角

296. 钻套用在（　　）钻床上。

A. 立钻　　B. 冲击钻　　C. 手电钻　　D. 台钻

297. 冷却系统由水泵、（　　）风扇、分水管和机体及气缸盖浇铸出的水套等组成。

A. 散热器　　B. 机油滤清器　　C. 空气滤清器　　D. 分电器

298. 在大流量的液压系统中，换向阀阀芯的位移应用（　　）控制。

A. 电磁　　B. 液动　　C. 手动和液动　　D. 手动

299. 蜗杆箱孔的中心距检查时先将两个测量芯棒插入孔中，箱体用三个千斤顶支撑在平板上，调整千斤顶，使其中一个与平板平行，然后分别测量(　　)即可算出中心距。

A. 同轴度　　B. 圆轴度

C. 两芯棒与平板的距离　　D. 箱孔直径

300. 双头螺栓与机体连接时，其轴心线必须与机体表面垂直，可用(　　)检查。

A. 百分表　　B. 块规　　C. 游标卡尺　　D. 角尺

301. 钻铸铁钻头为了增大容削空间，钻头后刀面磨去一块，即形成(　　)度的第二重后。

A. 43　　B. 60　　C. 45　　D. 30

302. 轴颈磨损后用(　　)方法修复至原直径。

A. 焊接　　B. 镀铬　　C. 镀镍　　D. 镶套

303. 箱体工件第一次画线位置应选择待加工孔和面(　　)。

A. 最多的一个位置　　B. 最小的一个位置

C. 不多不少的一个位置　　D. 不需考虑

304. 装配图主要表达机器或部件中各零件的(　　)，工作原理和主要零件的结构特点。

A. 运动路线　　B. 装配关系　　C. 技术要求　　D. 尺寸大小

305. 蜗杆传动要有适当的齿侧间隙，闭式传动一般采用(　　)。

A. 较大保证侧隙　　B. 较小保证侧隙

C. 标准保证侧隙　　D. 无规定

306. 当一对标准圆锥齿轮传动时，必须使两齿轮的(　　)重合。

A. 齿顶圆锥　　B. 分度圆锥　　C. 两锥顶　　D. 基圆圆锥

307. 伺服系统的驱动元件，有直流伺服电机，交流伺服电机和(　　)等。

A. 步进电机　　B. 汽油机　　C. 柴油机　　D. 汽轮机

308. 一般将计算机的计算器，存储器和(　　)三者统称为主机。

A. 输入设备　　B. 输出设备　　C. 控制器　　D. 总线

309. 夹具的六点定位原则是用适当分布的六个支承点，限制工件的(　　)自由度。

A. 三　　B. 四　　C. 五　　D. 六

310. 金属再结晶温度与变形速度有关，变形速度愈快，再结晶温度(　　)。

A. 愈低　　B. 愈高　　C. 不变　　D. 很低

311. 试车在启动过程中，当发现有严重的异常情况时，有时应采取(　　)。

A. 停机　　B. 减速　　C. 加速　　D. 强行冲越

312. 精车螺纹表面有波纹，原因是(　　)。

A. 主轴轴向游隙　　B. 丝杠的轴向游隙过大

C. 方刀架不平　　D. 主轴径向游隙

313. 装配图的读法，首先是看(　　)，并了解部件的名称。

A. 明细表　　B. 零件图　　C. 标题栏　　D. 技术文件

314. 夹紧力的方向应正对着(　　)。

A. 主要定位基准面　　B. 导向基准面

C. 止推基准面　　D. 工件表面

315. 选用钢丝绳实际总安全超重量应等于每根钢丝安全起重乘钢丝绳(　　)再乘捆绑绳扣系数。

A. 截面积　B. 长度　C. 根数　D. 强度

316. 用来控制电动机正反转的开关是(　　)。

A. 闸刀开关　B. 组合开关　C. 倒顺开关　D. 铁壳开关

317. 用来将旋转运动变为直线运动的机构叫(　　)。

A. 蜗轮机构　B. 螺旋机构　C. 带传动机构　D. 链传动机构

318. 数控机床上的阅读机有光电式,气动式和(　　)三种。

A. 机械式　B. 液动式　C. 手工操作　D. 混合式

319. 中碳钢的含碳量是(　　)。

A. 0.25%～0.6%　B. 0.60%～0.80%　C. 1%～1.2%　D. 1.3%～1.5%

320. 从工件上切去多余材料层所消耗的时间称为(　　)

A. 基本时间　B. 辅助时间　C. 劳动时间　D. 作业时间

321. 油泵与原动机之间的同轴度误差一般不大于(　　)。

A. 0.01 mm　B. 0.1 mm　C. 1 mm　D. 2 mm

322. 高速转子的滑动轴承都要求有较小的表面粗糙度,其径向轴承内孔常采用(　　)。

A. 精车　B. 精磨　C. 精刨　D. 精刮

323. 预紧时轴承内外圈上,给予一定的轴向预负荷,清除了内外圈与滚动体的游隙,产生了初始的(　　)。

A. 接触弹性变形　B. 塑性变形　C. 弯曲变形　D. 挤压变形

324. 磨削硬质合金、宝石、玉石、玻璃等材料用的砂轮磨料为(　　)。

A. 熔钢玉　B. 绿色碳化硅　C. 棕刚玉　D. 自刚玉

325. 能使辅助时间与基本时间重合的加工方法是(　　)。

A. 成型加工　B. 多件加工　C. 连续加工　D. 多刀加工

326. 机械加工基本时间指的是(　　)。

A. 劳动时间　B. 作业时间　C. 机动时间　D. 辅助时间

327. 工件设计基准与定位基准重合时,基准不重合误差等于(　　)。

A. Dw　B. jB　C. DB　D. 零

328. 蜗杆传动要有适当的齿侧间隙,闭式传动一般采用(　　)。

A. 较大保证侧隙　B. 较小保证侧隙　C. 标准保证侧隙　D. 无规定

329. 皮碗式轴承密封,密封处的工作温度一般为(　　)℃。

A. －50～0　B. －40～100　C. 0～50　D. 50～100

330. 用铅丝法检验齿侧间隙铅丝被挤压后(　　)的尺寸为侧隙。

A. 最后处　B. 最薄处　C. 厚薄平均值　D. 厚处 1/2

331. 轴承外圈在箱体孔内安装时,箱体孔一般有(　　)固定轴承位置。

A. 轴肩　B. 凸肩　C. 凹槽　D. 缺口

332. 噪声的频率范围在(　　)。

A. 15～20Hz　B. 20～40 Hz

C. 40～60 Hz　D. 40 Hz～10 kHz

333. 增加主要定位支承的定位刚性和稳定性的支承称(　　)。

A. 支撑钉　B. 支承板　C. 可调支承　D. 自位支承

334. 干式油底壳润滑系统主要用于(　　)。

A. 船用柴油机　B. 汽车内燃机　C. 拖拉机内燃机　D. 机车内燃机

335. 滚动轴承内孔为基准孔,即基本偏差为零,公差带在零线的(　　)。

A. 上方　B. 下方　C. 上下对称　D. 随使用要求定

336. 机器运行包括试车和(　　)两个阶段。

A. 停车　B. 启动　C. 正常运行　D. 修理

337. 当孔的精度要求较高和表面粗糙值较小时,加工中应取(　　)。

A. 大进给量　B. 大切削深度

C. 小速度　D. 小进给量大速度

338. 在斜面上钻孔时应(　　),然后再钻孔。

A. 电焊解平　B. 铣出一个平面

C. 锯出一个平面　D. 用榔头敲出一个平面

339. 楔块夹紧机构中,楔块的斜面升角一般要小于(　　)度。

A. 13　B. 10　C. 8　D. 16

340. 油压机,水压机运动速度很低,产生的压力为(　　)。

A. 冲击压力　B. 静压力　C. 动压力　D. 大气压力

341. 四冲程内燃机工作循环的四个行程中,有(　　)行程做功。

A. 1 个　B. 2 个　C. 3 个　D. 4 个

342. 蜗杆的轴心线应在蜗轮轮齿的(　　)面内。

A. 上　B. 下　C. 对称中心　D. 齿宽右面

343. 钻铸铁钻头为了增大容削空间,钻头后刀面磨去一块,即形成(　　)度的第二重后角。

A. 30　B. 43　C. 45　D. 60

344. 修磨钻头顶角,磨成双重或三重顶角是为加工(　　)。

A. 铜　B. 结构钢　C. 铸铁　D. 碳素工具钢

345. 启动空气控制启动阀,适用于(　　)功率柴油机。

A. 较小　B. 小　C. 中等　D. 大

346. 内燃机型号表示首部是由系列符号和(　　)组成。

A. 缸数符号　B. 缸径符号　C. 换代标志符号　D. 区分符号

347. 使用机床夹具,可以扩大加工范围,解决缺乏某种(　　)的困难。

A. 刀具　B. 样板　C. 设备　D. 量具

348. 金属冷挤压机的速度一般控制在(　　)。

A. 0.1～0.4 m/s　B. 0.3～0.8 m/s

C. 0.5～0.9 m/s　D. 1 m/s 以上

349. 属于挤压加工的设备是(　　)。

A. 空气锤　B. 冲床　C. 压力机　D. 轧钢机

350. 汽油机点火系统由蓄电池、发电机、火花线圈、(　　)和磁电机等组成。

A. 分火器　B. 散热器　C. 冷却器　D. 滤清器

351. 用于精基准的导向定位用(　　)。

A. 支承钉　B. 支承板　C. 可调支承　D. 自位支承

352. 对夹紧装置的基本要求之一为:夹紧作用准确,安全(　　)。

A. 可靠　B. 省力　C. 安全　D. 紧凑

353. 加工硬材料时,为保证钻头刀刃强度,可将靠近外缘处(　　)磨小。

A. 前角　B. 后角　C. 顶角　D. 螺旋角

354. 影响蜗轮副啮合精度以(　　)为最大。

A. 蜗轮轴线倾斜　B. 蜗轮轴线对称,蜗轮中心面偏移

C. 中心距　D. 箱体

355. 试件粗糙度差,原因是刀架部分有松动或接触精度差和(　　)。

A. 滑枕压板间隙大　B. 滑枕憋劲

C. 压板过紧　D. 拆极卡死

356. 麻花钻将棱边转角处副后刀面磨出副后角主要用于(　　)。

A. 铸铁　B. 碳钢　C. 合金钢　D. 铜

357. 在麻花钻上开分屑槽主要应用于(　　)。

A. 铸铁　B. 胶木　C. 铝　D. 钢

358. 内燃机型号表示中,后部是由(　　)和用途特征符号组成。

A. 换代标志符号　B. 结构特征符号

C. 缸数符号　D. 缸径符号

359. 燃料直接在工作气缸内部燃烧,将产生的热能转变成(　　)的热力发动机。

A. 动能　B. 势能　C. 机械能　D. 光能

360. 装夹工件时应考虑(　　)。

A. 专用夹具　B. 组合夹具

C. 夹紧力靠近支承点　D. 夹紧力不变

361. 数控闭环伺服系统的速度反锁装置装在(　　)。

A. 伺服电机主轴上　B. 伺服电机主轴上

C. 工作台上　D. 工作台丝杠上

362. (　　)控制系统的反馈装置一般装在电机轴上。

A. 开环　B. 半闭环　C. 闭环　D. 增环

363. 选择粗基准时,应当选择(　　)的表面。

A. 任意　B. 比较粗糙

C. 加工余量小或不加工　D. 比较光洁

364. 数控程序编制功能中常用的删除键是(　　)。

A. INSRT　B. ALTER　C. DELET　D. POS

365. 进行轮廓铣削时,应避免(　　)切入和退出轮廓。

A. 切向　B. 法向　C. 平行　D. 斜向

366. 对设备进行局部解体和检查,由操作者每周进行一次的保养是(　　)。

A. 例行保养　B. 日常保养　C. 一级保养　D. 二级保养

367. 请找出下列数控机床操作英文词汇 BOTTON 对应（　　）。

A. 软键　B. 硬键　C. 按钮　D. 开关

368. 如果孔加工固定循环中间出现了 01 组的 G 代码，则孔加工方式及孔加工数据也会全部自动（　　）。

A. 运行　B. 编程　C. 保存　D. 取消

369. 常用的夹紧机构中，自锁性能最可靠的是（　　）。

A. 斜楔　B. 螺旋　C. 偏心　D. 铰链

370. 数控机床（　　）时，要使用解除模式。

A. 自动状态　B. 手动数据输入　C. 回零　D. X、Z 超程

371. 选用液压油时，应（　　）。

A. 尽量选择密度高的

B. 尽量选择低饱和度的

C. 尽量选择质量较重的

D. 应根据液压系统的液压元件种类进行选择

372. 主轴噪声增加的原因分析主要包括（　　）。

A. 机械手转位是否准确　B. 主轴部件松动或脱开

C. 变压器有无问题　D. 速度控制单元有无故障

373. 加工一般金属材料用的高速钢，常用牌号有 W18Cr4V 和（　　）两种。

A. CrWMn　B. 9SiCr　C. W12Cr4V4Mo　D. W6Mo5Cr4V2

374. 采用数控机床加工的零件应该是（　　）。

A. 单一零件　B. 中小批量、形状复杂、型号多变

C. 大批量

375. 按数控机床发生的故障性质分类有（　　）和系统性故障。

A. 随机性故障　B. 伺服性故障　C. 控制器故障　D. 部件故障

376. 接通电源时，数控机床执行存储于计算机中的（　　）指令，机床主轴不会自动旋转。

A. M05　B. M04　C. M03　D. M90

377. V 形块属于（　　）。

A. 定位元件　B. 加紧元件　C. 导向元件　D. 测量元件

378. 钻孔一般属于（　　）。

A. 精加工　B. 半精加工

C. 粗加工　D. 半精加工和精加工

379. 暂停指令是（　　）。

A. G00　B. G01　C. G04　D. M02

380. 下列材料中，（　　）属于超硬刀具。

A. 高速钢　B. 立方碳化硼　C. 硬质合金　D. 陶瓷

381. 在 CRT/MDI 操作面板上页面变换键是（　　）。

A. PAGA　B. CURSOR　C. EOB　D. POS

382. 数控机床伺服系统是以（　　）为直接控制目标的自动控制系统。

A. 机械运动速度　B. 机械位移

C. 切削力　　D. 切削速度

383. 下列测量中属于相对测量的是(　　)。

A. 用千分尺测量外径　　B. 用内径百分表测量内径

C. 用内径千分尺测量内径　　D. 用游标卡尺测量外径

384. 某一表面在一道工序中所切除的金属层深度为(　　)。

A. 加工余量　　B. 切削深度　　C. 工序余量　　D. 总余量

385. 步进电动机的角位移与(　　)呈正比。

A. 步距角　　B. 通电频率　　C. 脉当量　　D. 脉冲数量

386. 双头螺栓与机体连接时，其轴心线必须与机体表面垂直，可用(　　)检查。

A. 百分表　　B. 块规　　C. 游标卡尺　　D. 角尺

387. 程序编制中首件试切的作用是(　　)。

A. 检验零件图样设计的正确性

B. 检验零件工艺方案的正确性

C. 检验程序单及控制介质的正确性，综合检验所加工零件是否符合图样的要求

D. 测试数控程序的效率

388. 为提高 CNC 系统的可靠性，可(　　)。

A. 采用单片机　　B. 采用双 CPU

C. 提高时钟频率　　D. 采用光电隔离电路

389. 原理误差是由于采用了近似的加工运动或近似的(　　)而产生的。

A. 零件轮廓　　B. 刀具轮廓　　C. 机床　　D. 电压

390. 属于形状公差的是(　　)。

A. 面轮廓度　　B. 圆跳动　　C. 同轴度　　D. 平行度

391. 为以后的工序提供定位基准的阶段是(　　)。

A. 粗加工阶段　　B. 半粗加工阶段　　C. 精加工阶段

392. 封闭环的最大极限尺寸等于各增环的最大极限尺寸(　　)各减环的最小极限尺寸。

A. 之差乘以　　B. 之差除以　　C. 之和减去　　D. 除以

393. 对切削力影响最大的是(　　)。

A. 工件材料　　B. 切削深度　　C. 刀具角度　　D. 切削速度

394. 数控机床在轮廓拐角处产生“欠程”现象，应采用(　　)方法控制。

A. 提高进给速度　　B. 修改坐标点

C. 人工补偿　　D. 减速或暂停

395. 基准是(　　)。

A. 用来确定生产对象上几何要素关系的点、线、面

B. 在工件上特意设计的测量点

C. 工件上于机床接触的点

D. 工件的运动中心

396. 如果忽略了重复调用子程序的次数，则认为重复次数为(　　)。

A. 0 次　　B. 1 次　　C. 99 次　　D. 100 次

397. 数控机床是在(　　)产生的。

A. 美国　　B. 日本　　C. 英国　　D. 法国

398.(　　)不适合将复杂加工程序输入数控装置。

A. 纸带　　B. 磁盘　　C. 电脑　　D. 键盘

399. 国际上广泛应用(　　)(国际标准组织)制定的G代码和M代码标准。

A. ITO　　B. WHO　　C. WTO　　D. ISO

二、是非题

1. 当数控加工程序编制完成后即可进行正式加工。

2. 数控机床是在普通机床的基础上将普通电气装置更换成CNC控制装置。

3. 圆弧插补中,对于整圆,其起点和终点相重合,用R编程无法定义,所以只能用圆心坐标编程。

4. 插补运动的实际插补轨迹始终不可能与理想轨迹完全相同。

5. 数控机床编程有绝对值和增量值编程,使用时不能将它们放在同一程序段中。

6. 用数显技术改造后的机床就是数控机床。

7. G代码可以分为模态G代码和非模态G代码。

8. G00、G01指令都能使机床坐标轴准确到位,因此它们都是插补指令,

9. 圆弧插补用半径编程时,当圆弧所对应的圆心角大于180°时半径取负值。

10. 不同的数控机床可能选用不同的数控系统,但数控加工程序指令都是相同的。

11. 数控机床按控制系统的特点可分为开环、闭环和半闭环系统。

12. 在开环和半闭环数控机床上,定位精度主要取决于进给丝杠的精度。

13. 点位控制系统不仅要控制从一点到另一点的准确定位,还要控制从一点到另一点的路径。

14. 常用的位移执行机构有步进电机、直流伺服电机和交流伺服电机。

15. 通常在命名或编程时,不论何种机床,都一律假定工件静止刀具移动。

16. 数控机床适用于单品种,大批量的生产。

17. 一个主程序中只能有一个子程序。

18. 子程序的编写方式必须是增量方式。

19. 数控机床的常用控制介质就是穿孔纸带。

20. 程序段的顺序号,根据数控系统的不同,在某些系统中是可以省略的。

21. 绝对编程和增量编程不能在同一程序中混合使用。

22. 数控机床在输入程序时,不论何种系统坐标值不论是整数和小数都不必加入小数点。

23. RS232主要作用是用于程序的自动输入。

24. 车削中心必须配备动力刀架。

25. Y坐标的圆心坐标符号一般用K表示。

26. 非模态指令只能在本程序段内有效。

27. X坐标的圆心坐标符号一般用K表示。

28 数控铣床属于直线控制系统。

29. 采用滚珠丝杠作为X轴和Z轴传动的数控车床机械间隙一般可忽略不计。

30. 旧机床改造的数控车床,常采用梯形螺纹丝杠作为传动副,其反向间隙需事先测量出来进行补偿。

31. 顺时针圆弧插补(G02)和逆时针圆弧插补(G03)的判别方向是:沿着不在圆弧平面内的坐标轴正方向向负方向看去,顺时针方向为 G02,逆时针方向为 G03。

32. 顺时针圆弧插补(G02)和逆时针圆弧插补(G03)的判别方向是:沿着不在圆弧平面内的坐标轴负方向向正方向看去,顺时针方向为 G02,逆时针方向为 G03。

34. 直线控制的特点只允许在机床的各个自然坐标轴上移动,在运动过程中进行加工。

35. 数控车床的特点是 Z 轴进给 1 mm,零件的直径减小 2 mm。

36. 只有采用 CNC 技术的机床才叫数控机床。

37. 数控机床按工艺用途分类,可分为数控切削机床、数控电加工机床、数控测量机等。

38. 数控机床按控制轴数分类,可分为两坐标数控机床、三坐标数控机床、多坐标数控机床和五面加工数控机床等。

39. 数控车床刀架的定位精度和垂直精度中影响加工精度的主要是前者。

40. 四坐标数控铣床是在三坐标数控铣床上增加一个数控回转工作台。

41. 液压系统的输出功率就是液压缸等执行元件的工作功率。

42. 液压系统的效率是由液阻和泄漏来确定的。

43. 调速阀是一个节流阈和一个减压阀串联而成的组合阀。

44. 液压缸的功能是将液压能转化为机械能。

45. 数控铣床加工时保持工件切削点的线速度不变的功能称为恒线速度控制。

46. 由存储单元在加工前存放最大允许加工范围,而当加工到约定尺寸时数控系统能够自动停止,这种功能称为软件形行程限位。

47. 点位控制的特点是,可以以任意途径达到要计算的点,因为在定位过程中不进行加工。

48. 数控车床加工球面工件是按照数控系统编程的格式要求,写出相应的圆弧插补程序。

49. 伺服系统包括驱动装置和执行机构两大部分。

50. 不同结构布局的数控机床有不同的运动方式,但无论何种形式,编程时都认为刀具相对于工件运动。

51. 不同结构布局的数控机床有不同的运动方式,但无论何种形式,编程时都认为工件相对于刀具运动。

52. 一个主程序调用另一个主程序称为主程序嵌套。

53. 数控车床的刀具功能字 T 既指定了刀具数,又指定了刀具号。

54. 数控机床的编程方式是绝对编程或增量编程。

55. 数控机床用恒线速度控制加工端面、锥度和圆弧时,必须限制主轴的最高转速。

56. 螺纹指令 G32 X41. W-43.0 F1.5;是以每分钟 1.5 mm 的速度加工螺纹。

57. 经试加工验证的数控加工程序就能保证零件加工合格。

58. 数控机床的镜像功能适用于数控铣床和加工中心。

59. 数控机床加工时选择刀具的切削角度与普通机床加工时是不同的。

60. 数控铣床加工时保持工件切削点的线速度不变的功能称为恒线速度控制。

61. 在数控加工中,如果圆弧指令后的半径遗漏,则圆弧指令作直线指令执行。

62. 车床的进给方式分每分钟进给和每转进给两种,一般可用 G94 和 G95 区分。

63. 在数控机床上加工零件,应尽量选用组合夹具和通用夹具装夹工件。避免采用专用夹具。

64. 保证数控机床各运动部件间的良好润滑就能提高机床寿命。

65. 数控机床加工过程中可以根据需要改变主轴速度和进给速度。

66. 车床主轴编码器的作用是防止切削螺纹时乱扣。

67. 跟刀架是固定在机床导轨上来抵消车削时的径向切削力的。

68. 切削速度增大时,切削温度升高,刀具耐用度大。

69. 数控机床进给传动机构中采用滚珠丝杠的原因主要是为了提高丝杠精度。

70. 数控车床可以车削直线、斜线、圆弧、公制和英制螺纹、圆柱管螺纹、圆锥螺纹,但是不能车削多头螺纹。

71. 平行度的符号是//,垂直度的符号是⊥,圆度的符号是○。

72. 数控机床为了避免运动件运动时出现爬行现象,可以通过减少运动件的摩擦来实现。

73. 切削中,对切削力影响较小的是前角和主偏角。

74. 同一工件,无论用数控机床加工还是用普通机床加工,其工序都一样。

75. 数控机床的定位精度与数控机床的分辨率精度是一致的。

76. 刀具半径补偿是一种平面补偿,而不是轴的补偿。

77. 固定循环是预先给定一系列操作,用来控制机床的位移或主轴运转。

78. 数控车床的刀具补偿功能有刀尖半径补偿与刀具位置补偿。

79. 刀具补偿寄存器内只允许存入正值。

80. 数控机床的机床坐标原点和机床参考点是重合的。

81. 机床参考点在机床上是一个浮动的点。

82. 外圆粗车循环方式适合于加工棒料毛坯除去较大余量的切削。

83. 固定形状粗车循环方式适合于加工已基本铸造或锻造成型的工件。

84. 外圆粗车循环方式适合于加工已基本铸造或锻造成型的工件。

85. 刀具补偿功能包括刀补的建立、刀补的执行和刀补的取消三个阶段。

86. 刀具补偿功能包括刀补的建立和刀补的执行二个阶段。

87. 数控机床配备的固定循环功能主要用于孔加工。

88. 数控铣削机床配备的固定循环功能主要用于钻孔、镗孔、攻螺纹等。

89. 编制数控加工程序时一般以机床坐标系作为编程的坐标系。

90. 机床参考点是数控机床上固有的机械原点,该点到机床坐标原点在进给坐标轴方向上的距离可以在机床出厂时设定。

91. 因为毛坯表面的重复定位精度差,所以粗基准一般只能使用一次。

92. 表面粗糙度高度参数 Ra 值愈大,表示表面粗糙度要求愈高;Ra 值愈小,表示表面粗糙度要求愈低。

93. 标准麻花钻的横刃斜角为 50°~55°。

94. 数控机床的位移检测装置主要有直线型和旋转型。

95. 基本型群钻是群钻的一种,即在标准麻花钻的基础上进行修磨,形成“六尖一七刃”的结构特征。

96. 陶瓷的主要成分是氧化铝,其硬度、耐热性和耐磨性均比硬质合金高。

97. 车削外圆柱面和车削套类工件时,它们的切削深度和进给量通常是相同的。

98. 热处理调质工序一般安排在粗加工之后，半精加工之前进行。

99. 为了保证工件达到图样所规定的精度和技术要求，夹具上的定位基准应与工件上设计基准、测量基准尽可能重合。

100. 为了防止工件变形，夹紧部位要与支承对应，不能在工件悬空处夹紧。

101. 在批量生产的情况下，用直接找正装夹工件比较合适。

102. 刀具切削部位材料的硬度必须大于工件材料的硬度。

103. 加工零件在数控编程时，首先应确定数控机床，然后分析加工零件的工艺特性。

104. 数控切削加工程序时一般应选用轴向进刀。

105. 因为试切法的加工精度较高，所以主要用于大批、大量生产。

106. 具有独立的定位作用且能限制工件的自由度的支承称为辅助支承。

107. 切削用量中，影响切削温度最大的因素是切削速度。

108. 积屑瘤的产生在精加工时要设法避免，但对粗加工有一定的好处。

109. 硬质合金是一种耐磨性好，耐热性高，抗弯强度和冲击韧性都较高的一种刀具材料。

110. 在切削时，车刀出现溅火星属正常现象，可以继续切削。

111. 刃磨车削右旋丝杠的螺纹车刀时，左侧工作后角应大于右侧工作后角。

112. 套类工件因受刀体强度、排屑状况的影响，所以每次切削深度要少一点，进给量要慢一点。

113. 切断实心工件时，工件半径应小于切断刀刀头长度。

114. 切断空心工件时，工件壁厚应小于切断刀刀头长度。

115. 数控机床对刀具的要求是能适合切削各种材料、能耐高温且有较长的使用寿命。

116. 数控机床对刀具材料的基本要求是高的硬度、高的耐磨性、高的红硬性和足够的强度和韧性。

117. 工件定位时，被消除的自由度少于六个，但完全能满足加工要求的定位称不完全定位。

118. 定位误差包括工艺误差和设计误差。

119. 数控机床中 MDI 是机床诊断智能化的英文缩写。

120. 数控机床中 CCW 代表顺时针方向旋转，CW 代表逆时针方向旋转。

121. 一个完整尺寸包含的四要素为尺寸线、尺寸数字、尺寸公差和箭头等四项要素。

122. 高速钢刀具具有良好的淬透性、较高的强度、韧性和耐磨性。

123. 长 V 形块可消除五个自由度。短的 V 形块可消除二个自由度。

124. 长的 V 形块可消除四个自由度。短的 V 形块可消除二个自由度。

125. 高速钢是一种含合金元素较多的工具钢，由硬度和熔点很高的碳化物和金属黏结剂组成。

126. 零件图中的尺寸标注要求是完整、正确、清晰、合理。

127. 硬质合金是用粉末冶金法制造的合金材料，由硬度和熔点很高的碳化物和金属黏结剂组成。

128. 工艺尺寸链中，组成环可分为增环与减环。

129. 尺寸链按其功能可分为设计尺寸链和工艺尺寸链。按其尺寸性质可分为线性尺寸链和角度尺寸链。

130. 直线型检测装置有感应同步器、光栅、旋转变压器。

131. 常用的间接测量元件有光电编码器和感应同步器。

132. 直线型检测元件有感应同步器、光栅、磁栅、激光干涉仪。

133. 旋转型检测元件有旋转变压器、脉冲编码器、测速发电机。

134. 开环进给伺服系统的数控机床,其定位精度主要取决于伺服驱动元件和机床传动机构精度、刚度和动态特性。

135. 按数控系统操作面板上的 RESET 键后就能消除报警信息。

136. 若普通机床上的一把刀只能加工一个尺寸的孔,而在数控机床这把刀可加工尺寸不同的无数个孔。

137. 数控机床的反向间隙可用补偿来消除,因此对顺铣无明显影响。

138. 公差就是加工零件实际尺寸与图纸尺寸的差值。

139. 国家规定上偏差为零,下偏差为负值的配合称基轴制配合。

140. 配合可以分为间隙配合和过盈配合两种。

141. 在基轴制中,经常用钻头、铰刀、量规等定值刀具和量具,有利于生产和降低成本。

142. 公差是零件允许的最大偏差。

143. 量块通常可以用于测量零件的长度尺寸。

144. 检查加工零件尺寸对应选精度高的测量器具。

145. 过盈配合的结合零件加工时表面粗糙度应该选小为好。

146. 加工零件的表面粗糙度小要比大好。

147. 用一个精密的塞规可以检查加工孔的质量。

148. 有安全门的加工中心在安全门打开的情况下也能进行加工。

149. 若泵的代号为 YB－25,其含义为:叶片式液压泵,压力等级为 25 MPa。

150. 塑性材料切削时前角、后角应越小越好。

151. 加工中心主轴的特有装置是主轴准停和拉刀换刀。

152. 只要 G 指令格式应用正确定能加工出合格零件。

153. 全闭环的数控机床的定位精度主要取决于检测装置的精度。

154. 数控机床操作面板上有倍率修调开关,操作人员加工时可随意调节主轴或进给的倍率。

155. 单孔加工时应遵循先中心占领头后钻头钻孔,接着镗孔或铰孔的路线。

156. 数控机床具有机、电、液集于一体的特点,因此只要掌握机械或电子或液压技术的人员,就可作为机床维护人员。

157. 为排除缸内的空气,对要求不高的液压缸,可将油管设在缸体的最高处。

158. 单位时间内流过某过流截面的液体的体积称为流速,常用单位为 m/min。

159. 数控机床和普通机床一样都是通过刀具切削完成对零件毛坯的加工,因此二者的工艺路线是相同的。

160. 对于具有几个相同几何形状的零件,编程时只要编制某一个几何形状的加工程序即可。

161. 大型数控机床多数采用闭环控制系统。

162. 自动换刀装置的形式有回转刀架换刀、更换主轴换刀、更换主轴箱换刀、带刀库的自动换刀系统。

163. 数控机床编程人员在编程的过程中，必须对加工工艺过程、工艺路线、刀具、切削用量等进行正确、合理的确定和选择。

164. 合理选择数控机床是十分重要的，对于非常复杂的曲面零件应选用加工中心。

165. G41/G42 和 G40 之间可以出现子程序和镜像加工。

166. 转子的动能转换成电能，而后又变成热能，消耗在转子电路中称反接制动。

167. 测量零件的正确度高，则该零件的精确度亦高。

168. 在数控机床上也能精确测量刀具的长度。

165. 液压缸的功能是将液压能转化为机械能。

170. 主轴上刀具松不开的原因之一可能是系统压力不足。

171. 数控系统的参数是依靠电池维持的，一旦电池电压出现报警，就必须立即关机，更换电池。

172. 精加工时，进给量是按表面粗糙度的要求选择的，表面粗糙度小应选较小的进给量，因此表面粗糙度与进给量呈正比。

173. 轮廓加工中，在接近拐角处应适当降低进给量，以克服“超程”或“欠程”现象。

174. 保证数控机床各运动部件间的良好润滑就能提高机床寿命。

175. 数控车床加工凹槽完成后需快速退回换刀点，现用 N200 G00 X80；N210 Z50；程序完成退刀。

176. 在加工 Z-X 平面上的轮廓时应从 Y 方向切入和切出工件。

177. 精镗循环 G76 只能在有主轴准停功能的机床上使用。

178. 数控闭环系统比开环系统具有更高稳定性。

179. 在切削用量中，对刀具耐用度影响最大的是切削速度，其次是切削深度，影响最小的是进给量。

180. 对碳素钢含碳量小于 0.25％为低碳钢，碳素钢含碳量在 0.25％～0.6％范围内为中碳钢，含碳量在 0.6％～1.4％范围内为高碳钢。

181. 车外圆时，车刀装得低于工件中心时，车刀的工作前角减小，工作后角增大。

182. 数控刀具应具有较高的耐用度和刚度、良好的材料热脆性、良好的断屑性能、可调、易更换等特点。

183. 只有当工件的六个自由度全部被限制时，才能保证加工精度。

184. 检验数控车床主轴轴线与尾座锥孔轴线等高情况时，通常只允许尾座轴线稍低。

185. 加工锥螺纹时，螺纹车刀的安装应使刀尖角的中分线垂直于工件轴线。

185. 安装内孔加工刀具时，应尽可能使刀尖齐平或稍高于工件中心。

187. 铝合金材料在钻削过程中，由于铝合金易产生积屑瘤，残屑易粘在刃口上造成排屑困难，故需把横刃修磨得短些。

188. 铰削加工时，铰出的孔径可能比铰刀实际直径小，也可能比铰刀实际直径大。

189. 使用刀具圆弧半径补偿功能时，圆头车刀的刀位点方向号一般不可设为 3 号。

190. 数控车床在按 F 速度进行圆弧插补时，其 X、Z 两个轴分别按 F 速度运行。

191. 法后角为零的数控机夹刀片，安装后要形成正常使用的刀具后角，则刀具的前角不可能为正。

192. 数控加工螺纹时，为了提高螺纹表面质量，最后精加工时应提高主轴转速。

193. 三相异步电动机经改装后可以作为数控机床的伺服电机采用电流失量控制方法的控制器可以控制三相异步电动机的转速和方向。

194. 硬质合金切断中碳钢，不许用切削液以免刀片破裂。

195. 调质的目的是提高材料的硬度和耐磨性。

196. 偏刀车端面，采用从中心向外进给，不会产生凹面。

197. 螺纹精加工过程中需要进行刀尖圆弧补偿。

198. 通常车间生产过程仅仅包含以下四个组成部分：基本生产过程、辅助生产过程、生产技术准备过程、生产服务过程。

199. 车间技术管理工作的主要内容是确定生产专业化原则、车间生产线的组织、设备的管理等。

国家职业技能鉴定题库参考答案

1	2	3	4	5	6	7	8	9	10	11	12	13	14	15
C	B	B	C	B	B	B	B	D	A	D	D	C	D	C
16	17	18	19	20	21	22	23	24	25	26	27	28	29	30
C	D	B	B	A	D	D	D	C	C	D	B	A	A	A
31	32	33	34	35	36	37	38	39	40	41	42	43	44	45
C	C	A	B	D	B	A	B	A	D	C	B	C	C	D
46	47	48	49	50	51	52	53	54	55	56	57	58	59	60
D	B	B	B	A	A	A	C	D	D	A	B	C	A	D
61	62	63	64	65	66	67	68	69	70	71	72	73	74	75
D	B	C	D	A	A	A	D	B	D	B	D	B	A	A
76	77	78	79	80	81	82	83	84	85	86	87	88	89	90
D	D	C	B	C	C	A	D	C	B	B	B	C	A	D
91	92	93	94	95	96	97	98	99	100	101	102	103	104	105
D	B	C	B	C	C	B	C	C	C	B	B	D	C	A
106	107	108	109	110	111	112	113	114	115	116	117	118	119	120
B	C	B	B	B	B	C	C	B	C	A	A	C	B	A
121	122	123	124	125	126	127	128	129	130	131	132	133	134	135
C	A	B	B	C	B	D	A	A	B	B	B	C	B	A
136	137	138	139	140	141	142	143	144	145	146	147	148	149	150
B	B	C	C	B	B	C	A	D	B	B	B	B	A	B
151	152	153	154	155	156	157	158	159	160	161	162	163	164	165
B	B	C	C	D	B	D	D	D	A	C	B	C	B	C
166	167	168	169	170	171	172	173	174	175	176	177	178	179	180
C	C	D	B	A	B	A	C	C	C	C	A	B	C	A
181	182	183	184	185	186	187	188	189	190	191	192	193	194	195
C	B	A	B	D	C	B	A	A	B	B	B	B	C	A
196	197	198	199											
B	C	B	A											

参考文献

1. 徐国权.数控加工工艺编程与操作:FANUC 系统铣床与加工中心分册. 北京:中国劳动和社会保障出版社,2008.

2. 王增杰.数控加工工艺编程与操作:国产数控系统铣床与加工中心分册. 北京:中国劳动和社会保障出版社,2008.

3. 法那克 FANUC 0i-MB/MC 系统编程与操作说明书.

4. 郑书华,张凤辰.数控铣削编程与操作训练.北京:高等教育出版社,2007.

5. 沈剑锋,虞俊.数控铣工/加工中心操作工(高级).北京:机械工业出版社,2007.

6. 顾雪艳.数控加工编程操作技巧与禁忌.北京:机械工业出版社,2007.

7. 朱明松, 王翔.数控铣床编程与操作项目教程.北京:机械工业出版社,2007.

8. 庞恩全.数控加工技术一体化教程.济南:山东大学出版社,2009.

9. 刘书华.数控机床与编程.北京:机械工业出版社, 2001.

10. 吴明友.数控铣床培训教程 北京:机械工业出版社,2007.

11. 肖庆中.金属切削原理与刀具.北京:中国劳动和社会保障出版社,2006.

12. 杨伟群.数控工艺培训教材(数控铣部分). 北京:清华大学出版社,2006.

13. 沈建峰,黄俊刚.数控铣床/加工中心技能鉴定考点分析和试题集萃. 北京:化学工业出版社,2007.